O LIVRO DA FÍSICA

O LIVRO DA
FÍSICA

GLOBOLIVROS

DK LONDRES

EDITOR DE ARTE SÊNIOR
Gillian Andrews

EDITORES SENIORES
Camilla Hallinan, Laura Sandford

EDITORES
John Andrews, Jessica Cawthra, Joy Evatt,
Claire Gell, Richard Gilbert, Tim Harris, Janet
Mohun, Victoria Pyke, Dorothy Stannard,
Rachel Warren Chadd

ILUSTRAÇÕES
James Graham

GERENTE DE DESENVOLVIMENTO DE CAPA
Sophia MTT

PRODUTOR, PRÉ-PRODUÇÃO
Gillian Reid

PRODUTORA
Nancy-Jane Maun

GERENTE EDITORIAL DE ARTE SÊNIOR
Lee Griffiths

DIRETORA ASSOCIADA DE PUBLICAÇÕES
Liz Wheeler

DIRETOR DE DESIGN
Philip Ormerod

DIRETOR DE PUBLICAÇÕES
Jonathan Metcalf

PROJETO ORIGINAL
STUDIO8 DESIGN

GLOBO LIVROS

EDITOR RESPONSÁVEL
Lucas de Sena Lima

ASSISTENTE EDITORIAL
Renan Castro

TRADUÇÃO
Maria da Anunciação Rodrigues

CONSULTORIA
Pedro Guaranho

PREPARAÇÃO DE TEXTO
Marcela Isensee

REVISÃO DE TEXTO
Rita Godoy
Hellen Suzuki

EDITORAÇÃO ELETRÔNICA
Equatorium Design

Publicado originalmente na Grã-Bretanha em 2019 por Dorling Kindersley Limited, 80 Strand, London, WC2R 0RL.

Copyright © 2019, Dorling Kindersley Limited, parte da Penguin Random House

Copyright © 2021, Editora Globo S/A

Todos os direitos reservados. Nenhuma parte desta edição pode ser utilizada ou reproduzida – em qualquer meio ou forma, seja mecânico ou eletrônico, fotocópia, gravação etc. – nem apropriada ou estocada em sistema de banco de dados sem a expressa autorização da editora.

1ª edição, 2021 – 3ª reimpressão, 2024

Impressão: COAN

FOR THE CURIOUS
www.dk.com

CIP-BRASIL. CATALOGAÇÃO NA PUBLICAÇÃO
SINDICATO NACIONAL DOS EDITORES DE LIVROS, RJ

L762

    O livro da física / [Ben Still ... [et al.]] ; [tradução Maria da Anunciação Rodrigues]. - 1. ed. - Rio de Janeiro : Globo Livros, 2021.
336 p.

Tradução de: The physics book
Inclui índice
ISBN 978-65-5567-034-9

1. Física. I. Still, Ben. II. Rodrigues, Maria da Anunciação.

21-70100   CDD: 530
                                                                        CDU: 53

Leandra Felix da Cruz Candido - Bibliotecária - CRB-7/6135
31/03/2021 05/04/2021

COLABORADORES

DR. BEN STILL, EDITOR CONSULTOR

Divulgador científico premiado, físico de partículas e escritor, Ben ensina física no ensino médio e também é pesquisador visitante da Universidade Queen Mary, em Londres. Após o mestrado em ciência espacial, o PhD em física de partículas e anos de pesquisa, adentrou o mundo da divulgação e educação em 2014. É autor de uma coleção crescente de livros de ciência para o público geral e viaja o mundo ensinando física de partículas usando LEGO®.

JOHN FARNDON

John Farndon foi cinco vezes finalista do Prêmio de Livros Infantis de Ciência da Real Sociedade, entre outras premiações. Escritor amplamente publicado de obras de divulgação sobre ciência e natureza, escreveu cerca de mil livros de variados temas, entre eles títulos aclamados internacionalmente como *The Oceans Atlas*, *Do You Think You're Clever?* e *Do Not Open*, e colaborou em obras importantes como *Science* e *Science Year by Year*.

TIM HARRIS

Escritor amplamente publicado de obras sobre ciência e natureza para crianças e adultos, Tim Harris escreveu mais de cem livros, na maioria obras de referência educacionais, e colaborou em muitas outras, entre as quais *An Illustrated History of Engineering*, *Physics Matters!*, *Great Scientists*, *Exploring the Solar System* e *Routes of Science*.

HILARY LAMB

Hilary Lamb estudou física na Universidade de Bristol e divulgação científica no Imperial College, em Londres. É jornalista contratada da *Engineering & Technology Magazine*, na qual cobre ciência e tecnologia, e escreveu para outros títulos da Dorling Kindersley (DK), entre eles *How Technology Works* e *Explanatorium of Science*.

JONATHAN O'CALLAGHAN

Com formação em astrofísica, Jonathan O'Callaghan foi jornalista de ciência e espaço por quase uma década. Seu trabalho apareceu em diversas publicações, como *New Scientist*, *Wired*, *Scientific American* e *Forbes*. Participou como especialista em espaço de vários programas de rádio e televisão e atualmente trabalha numa série de livros educacionais de ciência para crianças.

MUKUL PATEL

Mukul Patel estudou ciências naturais no King's College, em Cambridge, e matemática no Imperial College, em Londres. É autor de *We've Got Your Number*, livro infantil de matemática, e nos últimos 25 anos colaborou em várias outras obras dos campos científico e tecnológico para público geral. Atualmente investiga questões de ética em inteligência artificial.

ROBERT SNEDDEN

Robert Snedden trabalha com publicações há quarenta anos, pesquisando e escrevendo livros de ciência e tecnologia para jovens sobre temas que vão da ética médica à exploração espacial, engenharia, computadores e internet. Colaborou também em histórias da matemática, engenharia, biologia e evolução. Escreveu livros para o público adulto sobre revoluções na matemática e na medicina e as obras de Albert Einstein.

GILES SPARROW

Escritor de divulgação científica especializado em física e astronomia, Giles Sparrow estudou astronomia no University College e divulgação científica no Imperial College, em Londres. É autor de livros como *Physics in Minutes*, *Physics Squared*, *The Genius Test* e *What Shape is Space?*, além de *Spaceflight*, da DK, tendo colaborado em best-sellers dessa editora, como *Universe* e *Science*.

JIM AL-KHALILI, APRESENTAÇÃO

Professor, escritor, apresentador e membro da Real Sociedade, Jim al-Khalili é titular da cadeira de física teórica e de compromisso público com a ciência na Universidade de Surrey. Escreveu doze livros de ciência popular, traduzidos em mais de vinte línguas. Presença regular na TV britânica, apresenta também o programa *The Life Scientific* da Radio 4. Recebeu a Medalha Michael Faraday da Real Sociedade, a Medalha Kelvin do Instituto de Física e a Medalha Stephen Hawking por divulgação da ciência.

SUMÁRIO

10 INTRODUÇÃO

MEDIDA E MOVIMENTO
A FÍSICA E O MUNDO DO DIA A DIA

18 O homem é a medida de todas as coisas
A medida de distâncias

20 Uma pergunta sensata é metade da sabedoria
Método científico

24 Tudo é número
A linguagem da física

32 Os corpos só sofrem resistência do ar
Queda livre

36 Uma máquina nova para multiplicar forças
Pressão

37 O movimento continuará
Momento

38 As produções mais incríveis das artes mecânicas
A medida do tempo

40 Toda ação tem uma reação
Leis do movimento

46 O quadro do sistema do mundo
Leis da gravidade

52 A oscilação está em todo lugar
Movimento harmônico

54 Não há destruição de força
Energia cinética e energia potencial

55 A energia não pode ser criada nem destruída
Conservação da energia

56 Um novo tratado de mecânica
Energia e movimento

58 Precisamos olhar o céu para medir a Terra
Unidades SI e constantes físicas

ENERGIA E MATÉRIA
MATERIAIS E CALOR

68 Os princípios fundamentais do Universo
Modelos de matéria

72 Como a extensão, assim a força
Distender e comprimir

76 As mínimas partes da matéria estão em rápido movimento
Fluidos

80 Em busca do segredo do fogo
Calor e transferência

82 Energia elástica no ar
Leis dos gases

86 A energia do Universo é constante
Energia interna e primeira lei da termodinâmica

90 O calor pode ser uma causa de movimento
Máquinas térmicas

94 A entropia do Universo tende a um máximo
Entropia e segunda lei da termodinâmica

100 O fluido e seu vapor se tornam um só
Mudanças de estado e criação de ligações

104 A colisão de bolas de bilhar numa caixa
Desenvolvimento da mecânica estatística

112 Tirando algum ouro do Sol
Radiação térmica

ELETRICIDADE E MAGNETISMO
DUAS FORÇAS UNIDAS

- **122** Forças espantosas
  Magnetismo

- **124** A atração da eletricidade
  Carga elétrica

- **128** Energia potencial se torna movimento palpável
  Potencial elétrico

- **130** Uma taxa sobre a energia elétrica
  Corrente elétrica e resistência

- **134** Cada metal tem certo poder
  Criação de ímãs

- **136** Eletricidade em movimento
  Efeito motor

- **138** O domínio das forças magnéticas
  Indução e efeito gerador

- **142** A própria luz é uma perturbação eletromagnética
  Campos de força e equações de Maxwell

- **148** Os humanos captam o poder do Sol
  Geração de eletricidade

- **152** Um pequeno passo para o domínio da natureza
  Eletrônica

- **156** Eletricidade animal
  Bioeletricidade

- **157** Uma descoberta científica totalmente inesperada
  Armazenamento de dados

- **158** Uma enciclopédia na cabeça de um alfinete
  Nanoeletrônica

- **159** Um só polo, ou norte ou sul
  Monopolos magnéticos

SOM E LUZ
AS PROPRIEDADES DAS ONDAS

- **164** Há geometria no murmúrio das cordas
  Música

- **168** A luz segue o caminho do menor tempo
  Reflexão e refração

- **170** Um novo mundo visível
  Focar a luz

- **176** A luz é uma onda
  Luz como grão e como onda

- **180** Nunca se soube que a luz se desviasse para a sombra
  Difração e interferência

- **184** Os lados norte e sul do raio
  Polarização

- **188** Os trompetistas e o trem de ondas
  Efeito Doppler e desvio para o vermelho

- **192** Essas ondas misteriosas que não podemos ver
  Ondas eletromagnéticas

- **196** A linguagem dos espectros é uma verdadeira música das esferas
  Luz que vem do átomo

- **200** Ver com o som
  Piezeletricidade e ultrassom

- **202** Um grande eco flutuante
  Ver além da luz

O MUNDO QUÂNTICO
NOSSO INCERTO UNIVERSO

- **208** A energia da luz se distribui de modo descontínuo no espaço
  Quanta de energia

- **212** Elas não se comportam como nada que você viu antes
  Partículas e ondas

- **216** Uma nova ideia de realidade
  Números quânticos

- **218** Tudo é onda
  Matrizes e ondas

- **220** O gato está vivo e morto
  Princípio da incerteza, de Heisenberg

222 **Ação fantasmagórica a distância**
Emaranhamento quântico

224 **A joia da física**
Teoria quântica de campo

226 **Colaboração entre universos paralelos**
Aplicações quânticas

FÍSICA NUCLEAR E DE PARTÍCULAS
DENTRO DO ÁTOMO

236 **A matéria não é infinitamente divisível**
Teoria atômica

238 **Uma verdadeira transformação da matéria**
Raios nucleares

240 **A constituição da matéria**
O núcleo

242 **Os tijolos com que se constroem os átomos**
Partículas subatômicas

244 **Pequenos tufos de nuvem**
Partículas numa câmara de nuvens

246 **Os opostos podem explodir**
Antimatéria

247 **Em busca da cola atômica**
A força forte

248 **Quantidades assustadoras de energia**
Bombas nucleares e energia

252 **Uma janela para a criação**
Aceleradores de partículas

256 **À procura do quark**
Zoo de partículas e os quarks

258 **Partículas nucleares idênticas nem sempre agem igual**
Mediadores de força

260 **A natureza é absurda**
Eletrodinâmica quântica

261 **O mistério dos neutrinos faltantes**
Neutrinos massivos

262 **Acho que o pegamos**
Bóson de Higgs

264 **Onde foi parar toda a antimatéria?**
Assimetria matéria-antimatéria

265 **Estrelas nascem e morrem**
Fusão nuclear em estrelas

A RELATIVIDADE E O UNIVERSO
NOSSO LUGAR NO COSMOS

270 **A dança dos corpos celestes**
Os céus

272 **A Terra não é o centro do Universo**
Modelos do Universo

274 **Sem tempo ou comprimento verdadeiros**
Da física clássica à relatividade especial

275 **O Sol como era cerca de oito minutos atrás**
A velocidade da luz

276 **Oxford para neste trem?**
Relatividade especial

280 **Uma união de espaço e tempo**
Curvatura do espaço-tempo

281 **A gravidade é equivalente à aceleração**
O princípio da equivalência

282 **Por que o gêmeo que viaja é mais novo?**
Paradoxos da relatividade especial

284 **Evolução das estrelas e vida**
Massa e energia

286 **Onde o espaço-tempo simplesmente acaba**
Buracos negros e buracos de minhoca

290 **A fronteira do Universo conhecido**
A descoberta de outras galáxias

294 **O futuro do Universo**
Universo estático ou em expansão

296 **O ovo cósmico, explodindo no momento da criação**
O Big Bang

302 **A matéria visível só não é suficiente**
Matéria escura

306 **Um ingrediente desconhecido domina o Universo**
Energia escura

308 **Fios de uma tapeçaria**
Teoria das cordas

312 **Ondulações no espaço-tempo**
Ondas gravitacionais

316 **OUTROS GRANDES NOMES DA FÍSICA**
324 **GLOSSÁRIO**
328 **ÍNDICE**
335 **CRÉDITOS DAS CITAÇÕES**
336 **AGRADECIMENTOS**

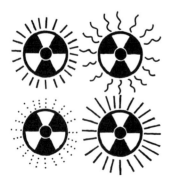

APRESENTAÇÃO

Eu me apaixonei pela física quando menino, ao descobrir que era o que melhor respondia muitas das perguntas que eu fazia sobre o mundo ao redor – questões como o funcionamento dos ímãs, se o espaço é infinito, por que os arco-íris se formam e de que modo sabemos como deve ser o interior de um átomo ou de uma estrela. Percebi também que estudando física eu poderia ter uma compreensão melhor de alguns dos temas que giravam em minha cabeça, como: qual a natureza do tempo? Como seria cair num buraco negro? Como o Universo começou e como vai acabar?

Hoje, décadas depois, tenho respostas para algumas das minhas perguntas, mas continuo em busca de outras para novas questões. A física, como se vê, continua viva. Embora haja muitas coisas que saibamos com confiança sobre as leis da natureza, e tenhamos usado esse conhecimento para desenvolver tecnologias que transformaram o mundo, ainda há muito mais que não sabemos. É isso o que faz da física, para mim, a área mais instigante do conhecimento. Na verdade, às vezes fico pensando por que alguém não amaria a física como eu.

Mas para que algo seja vivo – para que transmita a sensação de encantamento – é preciso muito mais que juntar um monte de fatos áridos. Explicar como nosso mundo funciona é contar histórias, é dizer como chegamos a conhecer o que sabemos sobre o Universo e é partilhar a alegria da descoberta feita por muitos dos grandes cientistas que primeiro desvendaram os segredos da natureza. Como chegamos à atual compreensão da física pode ser tão importante e incitante como o próprio conhecimento em si.

É por isso que sempre fui fascinado pela história da física. Muitas vezes penso que é uma pena não nos ensinarem na escola como surgiram os conceitos e as ideias da ciência. Espera-se apenas que os aceitemos sem questionar. Mas a física, e na verdade toda a ciência, não é assim. Fazemos perguntas sobre como o mundo funciona e desenvolvemos teorias e hipóteses. Ao mesmo tempo, realizamos observações e experimentos, revisando e aperfeiçoando o que sabemos. Com frequência damos voltas equivocadas ou descobrimos depois de anos que certa descrição ou teoria está errada, ou que é só uma aproximação da realidade. Às vezes, surgem descobertas que nos chocam e forçam a revisar por inteiro nossas concepções.

Um belo exemplo que ocorreu em minha vida foi a descoberta, em 1998, de que o Universo está se expandindo num ritmo acelerado, levando à ideia da assim chamada energia escura. Até há pouco tempo, ela era vista como um total mistério. O que era esse campo invisível que atuava esticando o espaço, contra a atração da gravidade? Gradualmente, estamos aprendendo que, com grande probabilidade, trata-se de algo chamado energia do vácuo. Talvez você pense: como mudar o nome de algo (de "energia escura" para "energia do vácuo") pode significar um avanço no conhecimento? Mas o conceito de energia do vácuo não é novo. Einstein o propôs há uns cem anos, depois mudou de ideia, pensando ter se enganado, e chamou-o de seu "maior erro". São histórias como essa que, para mim, tornam a física tão estimulante.

É também por isso que O livro da física é tão cativante. Para tornar os tópicos mais acessíveis, foram introduzidas figuras-chave, casos fascinantes e a linha do tempo da evolução das ideias. Esse não é só um modo mais correto de narrar a forma como a ciência evolui; é também uma maneira mais eficaz de torná-la viva.

Espero que você aproveite o livro tanto quanto eu.

Jim al-Khalili

INTRODU

ÇÃO

INTRODUÇÃO

Nós, humanos, temos alta sensibilidade para o que nos cerca. Evoluímos assim para vencer predadores mais fortes e rápidos. Para isso, tivemos de prever o comportamento do mundo animado e inanimado. O saber obtido com as experiências foi passado por gerações através do sistema da linguagem, em constante evolução, e a destreza cognitiva e a habilidade para usar ferramentas levaram nossa espécie ao topo da cadeia alimentar.

Saímos da África há cerca de 60 mil anos, ampliando com engenhosidade nossas habilidades de sobrevivência em locais inóspitos. Nossos ancestrais desenvolveram técnicas para produzir comida abundante para suas famílias e se estabeleceram em comunidades.

Métodos experimentais

As sociedades antigas extraíram significado de eventos não relacionados, viram padrões que não existiam e criaram mitologias. Elas também inventaram novas ferramentas e métodos de trabalho, que exigiam conhecimento avançado do funcionamento do mundo – fossem as estações ou o transbordamento anual do Nilo – para expandir recursos. Em algumas regiões, houve épocas de relativa paz e abundância. Nessas sociedades civilizadas, algumas pessoas ficaram livres para pensar sobre nosso lugar no Universo. Primeiro os gregos, depois os romanos, tentaram dar sentido ao mundo por meio de padrões observados na natureza. Tales de Mileto, Sócrates, Platão, Aristóteles e outros começaram a rejeitar as explicações sobrenaturais e a produzir respostas racionais, buscando criar um conhecimento absoluto – eles passaram a fazer experimentos.

Com a queda do Império Romano, muitas dessas ideias se perderam no mundo ocidental, que caiu numa era de trevas de guerras religiosas, mas continuaram a florescer no mundo árabe e na Ásia. Os estudiosos desses lugares seguiram fazendo perguntas e experimentos. A linguagem da matemática foi inventada para documentar os saberes recém-descobertos. Ibn al-Haytham e Ibn Sahl foram só dois dos sábios árabes que mantiveram acesa a chama do conhecimento científico nos séculos X e XI, embora suas descobertas, em especial nos campos da óptica e da astronomia, tenham ficado ignoradas por séculos fora do mundo islâmico.

Uma nova era de ideias

Com o comércio e a exploração global surgiu a troca de ideias. Mercadores e marinheiros levavam livros, histórias e maravilhas tecnológicas de leste a oeste. Essa riqueza cultural impeliu a Europa da idade das trevas a uma nova era de luz chamada renascimento. Uma revolução em nossa visão do mundo começou quando as ideias de antigas civilizações foram atualizadas ou ultrapassadas, substituídas por novas concepções sobre nosso lugar no Universo. Uma nova geração de experimentadores cutucou e espetou a natureza para extrair seus segredos. Na Polônia e na Itália, Copérnico e Galileu desafiaram ideias consideradas, há dois milênios, intocáveis – e sofreram dura perseguição por isso.

Quem quer que estude obras científicas deve [...] examinar os testes e as explicações com o maior rigor.
Ibn al-Haytham

INTRODUÇÃO 13

Então, na Inglaterra do século XVII, as leis do movimento de Isaac Newton fixaram a base da física clássica, que reinaria suprema por mais de dois séculos. Compreender o movimento permitiu criar novas ferramentas – máquinas – e aproveitar as que já existiam para usar a energia de muitas formas para produzir trabalho. Duas das mais importantes delas foram a máquina a vapor e o moinho de água, que levaram à Revolução Industrial (1760–1840).

A evolução da física

No século XIX, os resultados de experimentos eram testados diversas vezes por uma nova rede internacional de cientistas. Eles partilhavam descobertas por meio de artigos, explicando os padrões observados na linguagem da matemática. Outros construíam modelos com os quais tentavam explicar essas equações empíricas de correlação. Os modelos simplificavam as complexidades da natureza em porções digeríveis, facilmente descritas por relações e geometrias simples. Esses modelos faziam previsões sobre novos comportamentos na natureza, testados por uma nova onda de experimentalistas pioneiros – se as previsões se mostrassem verdadeiras, os modelos seriam considerados leis às quais toda a natureza parecia obedecer. A relação entre calor e energia foi explorada pelo físico francês Sadi Carnot e outros, fundando a nova ciência da termodinâmica. O físico britânico James Clerk Maxwell produziu equações para descrever a relação íntima entre eletricidade e magnetismo – o eletromagnetismo.

Em 1900, parecia haver leis que cobriam todos os grandes fenômenos do mundo físico. Então, na primeira década do século XX, uma série de descobertas provocou ondas de choque através da comunidade científica, desafiando "verdades" passadas e gerando a física moderna. Um alemão, Max Planck, desvelou o mundo da física quântica. Depois, seu compatriota Albert Einstein revelou a teoria da relatividade. Outros descobriram a estrutura do átomo e o papel de partículas ainda menores, subatômicas. Ao fazer isso, lançaram o estudo da física de partículas. Novas descobertas não se confinaram ao microscópio – telescópios mais avançados franquearam o estudo do Universo.

Em poucas gerações, a humanidade deixou de viver no centro do Universo para morar num grão de poeira na beira de uma galáxia entre bilhões. Não só examinamos o coração da matéria e liberamos sua energia como mapeamos os mares do espaço com luz que viajou desde pouco depois do Big Bang. A física evoluiu ao longo dos anos como ciência, ramificou-se e abriu novos horizontes conforme descobertas eram feitas. Suas áreas principais de interesse hoje estão nos confins do mundo físico, em escalas maiores que a vida e menores que os átomos. A física moderna achou aplicações em novas tecnologias, como química, biologia e astronomia. Este livro traz as maiores ideias da física, do mundo do dia a dia e antigo, passando pela física clássica até o minúsculo mundo atômico e terminando com as vastas extensões do espaço. ∎

>
> É impossível não se deslumbrar com a contemplação dos mistérios da eternidade, da vida e da maravilhosa estrutura da realidade.
> **Albert Einstein**
>

MEDIDA E MOVIMEN

A FÍSICA E O MUNDO DO DIA A DIA

TO

INTRODUÇÃO

Os egípcios **usam o côvado para medir distâncias** e gerir propriedades.

O filósofo grego Euclides escreve *Elementos*, um dos **principais textos** da época sobre **geometria e matemática**.

O astrônomo italiano Nicolau Copérnico publica *De revolutionibus orbium coelestium* (Das revoluções das esferas celestes), marcando o início da **Revolução Científica**.

O físico holandês Christiaan Huygens **inventa o relógio de pêndulo**, permitindo aos cientistas medir com precisão o movimento de objetos.

3000 a.C. — **SÉCULO III a.C.** — **1543** — **1656**

SÉCULO IV a.C. — **1361** — **1603**

Aristóteles desenvolve o **método científico** usando induções a partir de observações para chegar a deduções sobre o mundo.

O filósofo francês Nicole d'Oresme prova o **teorema da velocidade média**, que descreve a distância coberta por objetos submetidos à aceleração constante.

Galileu Galilei mostra que bolas descendo planos inclinados são **aceleradas com a mesma taxa** a despeito de sua massa.

Nossos instintos de sobrevivência nos tornaram criaturas que comparam. A antiga luta pela sobrevivência, para assegurar comida suficiente para a família ou reproduzir-nos com o par certo, foi superada. Esses instintos primais evoluíram em nossa sociedade para equivalentes modernos como riqueza e poder. Não podemos evitar avaliar a nós, aos outros e ao mundo ao nosso redor por meio de unidades de medida. Algumas delas são interpretativas, focando traços de personalidade que usam como referência nossos próprios sentimentos. Outras, como altura, peso ou idade, são absolutas.

Para muitas pessoas no mundo antigo, e também no moderno, uma medida do sucesso era a fortuna. Para reunir riquezas, aventureiros comercializavam mercadorias ao redor do globo. Os mercadores compravam barato grandes quantidades de bens e depois os transportavam e vendiam a preço maior em outro local onde eram escassos. Conforme o comércio cresceu, tornando-se global, os líderes locais criaram taxas e impuseram padrões de preços. Para pô-los em vigor, precisavam de medidas-padrão de coisas físicas que lhes permitissem fazer comparações.

A linguagem da mensuração

Vendo que a experiência de cada um é relativa, os egípcios antigos criaram um sistema de medidas que podia ser comunicado sem desvios de uma pessoa a outra – um método-padrão para medir o mundo a seu redor. O côvado egípcio permitiu aos engenheiros egípcios planejar construções que não foram igualadas por milênios e criar sistemas agrícolas para alimentar uma população crescente. Quando o comércio com o antigo Egito se expandiu, a ideia de uma linguagem comum de mensuração se espalhou pelo mundo. A Revolução Científica (1543–1700) trouxe uma nova necessidade de medidas. Para o cientista, elas não se destinavam ao uso no comércio de bens – eram uma ferramenta para entender a natureza. Desconfiando dos próprios instintos, os cientistas desenvolveram ambientes controlados em que testavam conexões entre diferentes comportamentos – eles faziam experimentos. De início, estes focaram o movimento de objetos comuns, que tinham efeito direto sobre a vida diária. Os cientistas

MEDIDA E MOVIMENTO 17

O clérigo inglês John Wallis propõe que o **momento** – produto de massa e velocidade – **é conservado** em todos os processos.

Isaac Newton publica *Principia* e **revoluciona nossa compreensão de como os objetos se movem** na Terra e no cosmos.

As leis do movimento do matemático suíço Leonhard Euler definem o **momento linear** e a taxa de mudança do **momento angular**.

O físico britânico James Joule conduz experimentos que mostram que **a energia não é perdida nem adquirida** ao ser convertida de uma forma em outra.

1668 **1687** **1752** **1845**

1663 **1670** **1740** **1788** **2019**

Na França, Blaise Pascal descobre que a **pressão** aplicada a qualquer parte de um líquido num espaço fechado **é transmitida igualmente** a todas as partes do líquido.

O astrônomo e matemático francês Gabriel Mouton propõe o **sistema métrico de unidades**, que usa o metro, o litro e o grama.

A matemática francesa Émilie du Châtelet descobre como calcular a **energia cinética** de um objeto em movimento.

O físico francês Joseph-Louis Lagrange produz **equações** para simplificar cálculos sobre **movimento**.

As **unidades** usadas como referência para o Universo são redefinidas para depender **apenas da natureza**.

---

descobriram padrões no movimento linear, circular, repetitivo e oscilatório. Esses padrões foram imortalizados na linguagem da matemática, um presente das antigas civilizações aprimorado durante séculos no mundo islâmico. A matemática forneceu um modo inequívoco de partilhar os resultados dos experimentos e permitiu aos cientistas fazer previsões e testá-las com novos experimentos. Com uma linguagem e unidades de medida comuns, a ciência avançou. Esses pioneiros descobriram vínculos entre distância, tempo e velocidade e apresentaram sua própria explicação, testada e reprodutível, da natureza.

Medidas de movimento
As teorias científicas evoluíram rápido e, com elas, a linguagem da matemática mudou. Enquanto desenvolvia suas leis do movimento, o físico inglês Isaac Newton inventou o cálculo, que possibilitaria descrever a mudança em sistemas ao longo do tempo, em vez de apenas calcular instantâneos. Para explicar a aceleração de objetos em queda e, por fim, a natureza do calor, ideias de uma entidade não visível chamada energia começaram a emergir. Nosso mundo não podia mais ser definido só por distância, tempo e massa; novas unidades de medida eram necessárias para a mensuração da energia.

Os cientistas usam unidades de medida para transmitir resultados de experimentos, pois elas fornecem uma linguagem inequívoca que lhes permite interpretar esses achados e repetir procedimentos para checar se suas conclusões estão corretas. Hoje, eles empregam o conjunto de unidades de medida do Sistema Internacional (SI) para expressar seus resultados. O valor de cada uma dessas unidades SI e sua ligação com o mundo ao nosso redor são definidos e decididos por um grupo internacional de cientistas, os metrologistas. Este primeiro capítulo mapeia os anos iniciais da ciência que hoje chamamos de física, o modo como ela opera pela experimentação e como os resultados desses testes são partilhados com o mundo. Dos objetos em queda que o polímata italiano Galileu Galilei usou para estudar a aceleração até a oscilação de pêndulos que preparou o caminho para a precisão dos horários, esta é a história de como os cientistas começaram a medir distância, tempo, energia e movimento, revolucionando nosso conhecimento sobre o que faz o mundo funcionar. ■

O HOMEM É A MEDIDA DE TODAS AS COISAS
A MEDIDA DE DISTÂNCIAS

EM CONTEXTO

CIVILIZAÇÃO-CHAVE
Egito antigo

ANTES
c. 4000 a.C. Administradores usam um sistema para medir os campos na antiga Mesopotâmia.

c. 3100 a.C. Funcionários do Egito antigo usam cordas pré-esticadas com nós a intervalos regulares para medir terras e alicerces de construções.

DEPOIS
1585 Nos Países Baixos, Simon Stevin propõe um sistema de números decimal.

1799 O governo francês adota o metro.

1875 Assinada por dezessete nações, a Convenção do Metro define um comprimento consistente para a unidade.

1960 A 11ª Conferência Geral de Pesos e Medidas define o sistema métrico como o Sistema Internacional de Unidades (SI).

Quando as pessoas começaram a construir estruturas de modo organizado, precisaram de um modo de medir altura e comprimento. Os instrumentos mais antigos de medida devem ter sido varetas de madeira marcadas com furos, sem uma convenção aceita de comprimento da unidade. A primeira unidade comum foi o côvado, que surgiu entre o quarto e o terceiro milênio a.C. nos povos do Egito, da Mesopotâmia e do vale do Indo. Também chamado de cúbito (nome que deriva do latim para cotovelo, *cubitum*), era a distância do cotovelo à ponta do dedo médio esticado. Claro que nem todos têm o mesmo comprimento de braço e dedo, então esse "padrão" era apenas aproximado.

Medida imperial
Como prodigiosos arquitetos e construtores de monumentos de grande escala, os egípcios antigos precisavam de uma unidade-padrão de distância. Assim, o côvado real do Antigo Império é a primeira medida conhecida de côvado padronizado no mundo. Em uso desde pelo menos 2700 a.C., tinha de 523 a 529 mm de comprimento e era dividido em 28 dígitos iguais, baseados na largura de um dedo.

Escavações arqueológicas em pirâmides revelaram varetas de côvados de madeira, ardósia, basalto e bronze, que teriam sido usadas por artesãos e arquitetos. A Grande Pirâmide de Gizé, onde uma vareta de côvado foi achada na Câmara Real, foi construída para ter 280 côvados de altura e uma base de 440 côvados quadrados. Os egípcios subdividiram os côvados em palmas (4 dígitos), mãos (5 dígitos), pequenos palmos (12 dígitos), grandes palmos (14 dígitos ou metade do côvado) e *t'sers* (16

O côvado real egípcio se baseava no comprimento do antebraço, do cotovelo à ponta do dedo médio. Os côvados se subdividiam em 28 dígitos (cada um a largura de um dedo) e uma série de unidades intermediárias, como palmas e mãos.

Ver também: Queda livre 32-35 ▪ A medida do tempo 38-39 ▪ Unidades SI e constantes físicas 58-63 ▪ Calor e transferência 80-81

MEDIDA E MOVIMENTO

dígitos ou 4 palmas). O *khet* (100 côvados) era usado para medir limites de campos e o *ater* (20 mil côvados), para definir distâncias maiores.

Houve côvados de vários comprimentos no Oriente Médio. Os assírios os usavam em c. 700 a.C. e a Bíblia hebraica contém muitas referências a essa medida – em especial no Êxodo, na narrativa da construção do Tabernáculo, a tenda sagrada que abrigava os Dez Mandamentos. Os gregos antigos desenvolveram seu próprio côvado de 24 unidades, além do estádio (*stade*, plural *stadia*), uma nova unidade que representava 300 côvados. No século III a.C., o sábio grego Eratóstenes (c. 276 a.C.-c. 194 a.C.) estimou a circunferência da Terra em 250 mil estádios, número que depois refinou para 252 mil estádios. Os romanos também adotaram o côvado, além da

Varetas de côvados – como a deste exemplo da 18ª dinastia do Egito, c. século XIV a.C. – eram amplamente usadas no mundo antigo para obter medidas coerentes.

polegada – o dedão de um homem adulto –, pé e milha. A milha romana tinha mil passos, ou *mille passus*, cada um dos quais com cinco pés romanos. A expansão romana do século III a.C. ao III d.C. levou essas unidades a grande parte da Ásia ocidental e Europa, inclusive à Inglaterra, onde a milha foi redefinida como 5.280 pés em 1593 pela rainha Elizabeth I.

A chegada do metro

No panfleto *De Thiende* (A arte dos décimos), o físico flamengo Simon Stevin propôs, em 1585, um sistema de medidas decimal, prognosticando que, com o tempo, ele seria amplamente aceito. Mais de dois séculos depois, um comitê da Academia Francesa de Ciências começou a trabalhar sobre o sistema métrico, definindo o metro como um décimo milionésimo da distância do equador ao polo norte terrestre. A França foi a primeira nação a adotar essa unidade, em 1799.

O reconhecimento internacional só viria em 1960, quando o *Système International* (SI) definiu o metro como unidade básica de distância. Ficou acertado que 1 metro (m) é igual a 1.000 milímetros (mm) ou 100 centímetros (cm) e que 1.000 m fazem 1 quilômetro (km). ▪

Definições transitórias

Em 1668, o clérigo inglês John Wilkins propôs uma nova definição para a unidade de comprimento de base decimal de Stevin: 1 metro equivaleria à distância do balanço de um pêndulo com período de 2 segundos. O físico holandês Christiaan Huygens (1629–1695) calculou isso como 39,26 polegadas (997 mm).

Em 1889, uma barra de liga de platina (90%) e irídio (10%) foi fundida para representar o comprimento definitivo de 1 metro, mas como se contraía e expandia muito levemente com a temperatura, só era precisa no ponto de fusão do gelo. Essa barra ainda é mantida no Bureau Internacional de Pesos e Medidas em Paris, na França. Quando as definições SI foram adotadas em 1960, o metro foi redefinido em termos de comprimento de onda de emissões eletromagnéticas do átomo de criptônio. Em 1983, outra definição ainda foi adotada: a distância que a luz viaja no vácuo em 1/299.792.458 de segundo.

Faça armações verticais de madeira de acácia para o Tabernáculo. Cada armação terá dez côvados de comprimento e largura de um côvado e meio.
Êxodo 26,15-16
A Bíblia

Uma milha deve conter oito *furlongs*, cada *furlong* 40 *poles*, e cada *pole* 16 pés e meio.
Rainha Elizabeth I

UMA PERGUNTA SENSATA É METADE DA SABEDORIA
MÉTODO CIENTÍFICO

EM CONTEXTO

FIGURA CENTRAL
Aristóteles (c. 384–322 a.C.)

ANTES
585 a.C. Tales de Mileto, matemático e filósofo grego, analisa os movimentos do Sol e da Lua para prever um eclipse solar.

DEPOIS
1543 *De revolutionibus orbium coelestium* (Da revolução das esferas celestes), de Nicolau Copérnico, e *De humani corporis fabrica* (Do funcionamento do corpo humano), de Andreas Vesalius, se baseiam na observação detalhada, marcando o início da Revolução Científica.

1620 Francis Bacon propõe o método indutivo, que envolve fazer generalizações com base em observações acuradas.

Fazer observações cuidadosas e questionar descobertas são centrais no método científico de investigação, que é a base da física e de todas as ciências. Uma vez que conhecimentos ou suposições anteriores distorcem com facilidade a interpretação dos dados, o método científico segue um procedimento definido. Uma hipótese é levantada com base em descobertas e então testada experimentalmente. Se a hipótese falha, pode ser revista e reexaminada, mas, se for robusta, é compartilhada para revisão pelos pares – uma avaliação independente por especialistas.

As pessoas sempre buscaram entender o mundo ao redor. A necessidade de obter comida e

MEDIDA E MOVIMENTO   21

Ver também: Queda livre 32-35 ▪ Unidades SI e constantes físicas 58-63 ▪ Focar a luz 170-175 ▪ Modelos do Universo 272-273 ▪ Matéria escura 302-305

Aristóteles

Filho do médico da corte da família real macedônia, Aristóteles foi criado por um tutor depois que seus pais morreram quando ele era jovem. Por volta dos dezessete anos, entrou na Academia de Atenas, de Platão, o principal centro de aprendizado da Grécia. Nas duas décadas seguintes, estudou e escreveu sobre filosofia, astronomia, biologia, química, geologia e física, além de política, poesia e música. Ele também viajou para Lesbos, onde fez observações inovadoras sobre a botânica e zoologia da ilha.

Em c. 343 a.C., Aristóteles foi convidado por Filipe II da Macedônia a ser tutor de seu filho, o futuro Alexandre, o Grande. Ele criou uma escola no Liceu de Atenas em 335 a.C., onde escreveu muitos de seus mais célebres tratados científicos. Aristóteles deixou Atenas em 322 a.C. e se fixou na ilha de Eubeia, onde morreu aos 62 anos.

Obras principais

Metafísica
Do céu
Física

compreender as mudanças do tempo eram questões de vida ou morte muito antes de as ideias serem escritas. Em muitas sociedades, mitologias se desenvolveram para explicar fenômenos naturais; em outras, acreditava-se que tudo era um presente dos deuses e que os eventos eram predeterminados.

Primeiras investigações

As mais antigas civilizações, na Mesopotâmia, no Egito, na Grécia e na China, eram avançadas o bastante para manter "filósofos naturais", pensadores que buscavam interpretar o mundo e registrar seus achados. Um dos primeiros a rejeitar explicações sobrenaturais de fenômenos naturais foi o pensador grego Tales de Mileto. Depois, os filósofos Sócrates e Platão introduziram o debate e a argumentação como método de geração de conhecimento, mas foi Aristóteles – um prolífico investigador da física, biologia e zoologia – que começou a desenvolver o método científico da pesquisa, aplicando o raciocínio

MÉTODO CIENTÍFICO

Todas as verdades são fáceis de entender depois de descobertas. A questão é descobri-las.
Galileu Galilei

lógico a fenômenos observados. Ele era um empirista, alguém que acredita que todo saber se baseia na experiência derivada dos sentidos e que a razão sozinha não basta para resolver problemas científicos – é preciso evidências.

Aristóteles viajou muito e foi o primeiro a fazer observações zoológicas detalhadas, em busca de evidências para agrupar seres vivos por comportamento e anatomia. Ele navegou com pescadores para coletar e dissecar peixes e outros organismos marinhos. Após descobrir que os golfinhos têm pulmões, concluiu que deviam ser classificados com as baleias, não com os peixes, e separou os animais de quatro patas que dão à luz filhotes (mamíferos) dos que botam ovos (répteis e anfíbios).

No entanto, em outros campos, Aristóteles ainda era influenciado por ideias tradicionais que careciam de uma base em boa ciência. Ele não questionou a ideia geocêntrica prevalecente de que o Sol e as estrelas giram ao redor da Terra. No século III a.C., outro pensador grego, Aristarco de Samos, afirmou que a Terra e os planetas conhecidos orbitam o Sol, que as estrelas são equivalentes muito distantes do "nosso" Sol e que a Terra gira em seu eixo. Embora corretas, essas ideias foram descartadas porque tanto Aristóteles quanto seu discípulo Ptolomeu tinham autoridade maior. Na verdade, a visão geocêntrica do Universo foi sustentada como verdadeira – em parte por coação da Igreja Católica, que desencorajava ideias que desafiassem sua interpretação da Bíblia – até o século XVII, quando foi desbancada pelas ideias de Copérnico, Galileu e Newton.

Testes e observações
O estudioso árabe Ibn al-Haytham (conhecido como Alhazen) foi um dos primeiros proponentes do método científico. Trabalhando nos séculos X e XI d.C., ele desenvolveu seu próprio método de experimentação para provar ou refutar hipóteses. Sua obra mais importante foi no campo da óptica, mas ele também deu importantes contribuições à astronomia e à matemática. Al-Haytham fez experimentos com a luz solar, luz

Desenhos anatômicos de 1543 refletem a maestria de Vesalius na dissecação e estabeleceram um novo padrão para o estudo do corpo humano, inalterado desde o médico grego Galeno (129–216 d.C.).

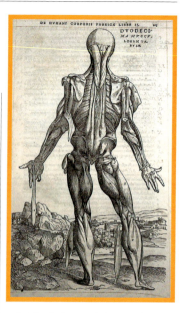

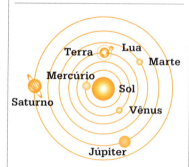

O modelo heliocêntrico de Copérnico, assim chamado por colocar o Sol (em grego *helios*) no centro das órbitas planetárias, foi endossado por alguns cientistas, mas proscrito pela Igreja.

refletida de fontes de luz artificial e luz refratada. Por exemplo, testou – e provou – a hipótese de que todo ponto de um objeto luminoso irradia luz ao longo de todas as linhas retas e em todas as direções.

Infelizmente, os métodos de Al-Haytham não foram adotados além do mundo islâmico e só quinhentos anos depois uma abordagem similar emergiria de modo independente na Europa, durante a Revolução Científica. Porém, a ideia de que teorias aceitas podem ser questionadas e derrubadas se provas de uma alternativa puderem ser apresentadas não era a visão predominante na Europa do século XVI. As autoridades da Igreja rejeitaram muitas ideias científicas, como o trabalho do astrônomo polonês Nicolau Copérnico. Ele fez minuciosas observações do céu noturno a olho nu, explicando o movimento temporariamente retrógrado dos planetas. Copérnico percebeu que o fenômeno era devido ao fato de a Terra e os planetas se

MEDIDA E MOVIMENTO   23

Se um homem começar com certezas, deve terminar com dúvidas, mas se ele se contentar em começar com dúvidas, deve terminar com certezas.
Francis Bacon

moverem ao redor do Sol em órbitas diferentes. Embora ele não tivesse as ferramentas para provar o heliocentrismo, seu uso da argumentação racional para questionar concepções aceitas o caracterizou como um verdadeiro cientista. Na mesma época, o anatomista flamengo Andreas Vesalius transformou o pensamento médico com uma obra de vários volumes sobre o corpo humano em 1543. Assim como Copérnico baseou suas teorias em observações detalhadas, Vesalius analisou o que descobriu ao dissecar partes do corpo humano.

Abordagem experimental

Para o polímata italiano Galileu Galilei, a experimentação era essencial à abordagem científica. Ele cuidadosamente registrou observações sobre temas tão variados como o movimento dos planetas, a oscilação de pêndulos e a velocidade de corpos em queda. Produziu teorias para explicá-las e então fez mais observações para testar as teorias. Usou a nova tecnologia dos telescópios para estudar as quatro luas que orbitam Júpiter, provando o modelo heliocêntrico de Copérnico – para o geocentrismo, todos os objetos orbitavam a Terra. Em 1633, Galileu foi julgado pela Inquisição da Igreja Católica, condenado por heresia e passou a última década de sua vida em prisão domiciliar. Ele continuou a publicar, contrabandeando artigos para a Holanda, longe da censura da Igreja. Ainda no século XVII, Francis Bacon reforçou a importância de uma abordagem metódica e cética à pesquisa científica. Ele afirmava que os únicos meios de construir conhecimento verdadeiro era basear axiomas e leis em fatos observados, sem confiar (mesmo que em parte) em conjecturas e deduções não provadas. O método baconiano envolve observações sistemáticas para estabelecer fatos verificáveis, generalizar a partir de uma série de fatos para criar axiomas ("indução"), com o cuidado de evitar generalizar além do que os fatos nos dizem, e então juntar mais fatos para produzir uma base mais complexa de conhecimento.

Ciência não provada

Quando alegações científicas não podem ser provadas, não são necessariamente erradas. Em 1997, cientistas do laboratório Gran Sasso, na Itália, detectaram evidências de matéria escura, que constituiria cerca de 27% do Universo. A fonte mais provável eram partículas massivas que interagem fracamente (WIMPs, na sigla em inglês). Estas deveriam ser detectadas como minúsculos *flashes* de luz (cintilações) quando uma partícula atinge o núcleo de um átomo "alvo". Apesar dos esforços para reproduzir o experimento, nenhuma evidência de matéria escura foi achada. Talvez haja uma explicação não identificada – ou as cintilações foram produzidas por átomos de hélio, presentes nos tubos fotomultiplicadores do experimento. ∎

O método científico na prática

A Foto 51, tirada por Franklin em 1952, é uma imagem de DNA humano por difração de raios X. A forma de X se deve à estrutura do DNA.

O ácido desoxirribonucleico (DNA) foi identificado como portador da informação genética no corpo humano em 1944. Compunha-se de quatro moléculas chamadas nucleotídeos. Porém, não estava claro como a informação genética era armazenada no DNA. Três cientistas – Linus Pauling, Francis Crick e James Watson – apresentaram a hipótese de que o DNA tinha estrutura helicoidal e perceberam a partir de trabalhos de outros cientistas que, se fosse assim, seu padrão de difração em raios X teria forma de X. A cientista britânica Rosalind Franklin testou essa teoria realizando difração de raios X sobre DNA puro cristalizado, a partir de 1950. Depois de refinar a técnica por dois anos, sua análise revelou um padrão em forma de X (evidenciado na "Foto 51"), provando que o DNA tem estrutura helicoidal. A hipótese de Pauling, Crick e Watson foi provada, dando início a mais estudos sobre o DNA.

TUDO É NÚMERO

A LINGUAGEM DA FÍSICA

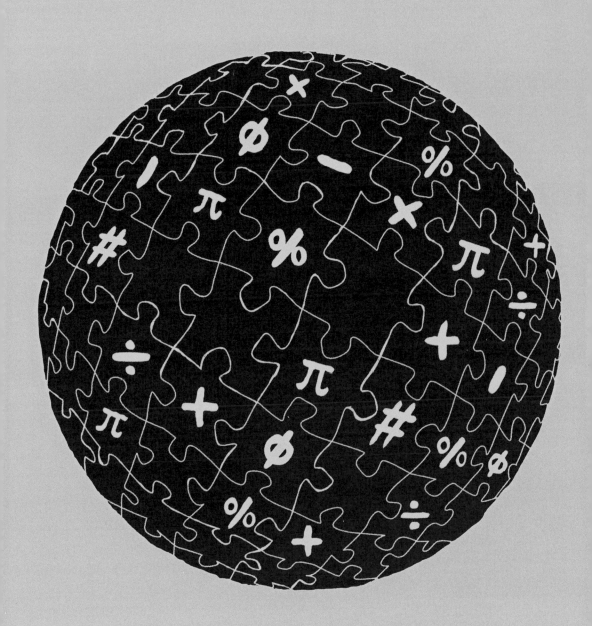

A LINGUAGEM DA FÍSICA

EM CONTEXTO

FIGURA CENTRAL
Euclides de Alexandria (c. 325–c. 270 a.C.)

ANTES
3000–300 a.C. As civilizações antigas mesopotâmica e egípcia desenvolvem técnicas e sistemas numéricos para resolver problemas matemáticos.

600–300 a.C. Sábios gregos, como Pitágoras e Tales, formalizam a matemática usando lógica e provas.

DEPOIS
c. 630 d.C. O matemático indiano Brahmagupta usa o zero e números negativos na aritmética.

c. 820 d.C. O sábio persa Al-Khwarizmi estabelece os princípios da álgebra.

c. 1670 Gottfried Leibniz e Isaac Newton desenvolvem o cálculo, o estudo matemático da mudança contínua.

A física busca entender o Universo pela observação, experimentação e construção de modelos e teorias. Tudo isso está intimamente ligado à matemática. A matemática é a linguagem da física – usada tanto em medidas e análise de dados em ciência experimental quanto na expressão rigorosa de teorias ou na descrição do "referencial" fundamental em que toda a matéria existe e os eventos acontecem. A investigação de espaço, tempo, matéria e energia só é possível com uma compreensão prévia de dimensão, forma, simetria e mudança.

O impulso da necessidade prática

A história da matemática é marcada por crescente abstração. As primeiras ideias sobre número e forma evoluíram com o tempo para uma linguagem mais geral e precisa. Na Pré-História, antes do advento da escrita, a criação de animais e o comércio de bens sem dúvida levaram às primeiras tentativas de contagem e cálculo.

Quando culturas complexas emergiram no Oriente Médio e na

O número é o regente das formas e ideias e a causa dos deuses e demônios.
Pitágoras

América Central, as demandas por maior precisão e previsões aumentaram. O poder se ligava ao conhecimento de ciclos astronômicos e padrões sazonais, como o das cheias. A agricultura e a arquitetura exigiam calendários precisos e medição de terras. O sistema numérico posicional (em que a posição de um dígito num número indica seu valor) e os métodos para resolver equações mais antigos remontam a civilizações na Mesopotâmia e no Egito, há mais de 3.500 anos, e (depois) na América Central.

Com a lógica e a análise

A ascensão da Grécia antiga provocou uma mudança fundamental

Euclides

Embora *Elementos* tenha sido tremendamente influente, poucos detalhes da vida de Euclides são conhecidos. Ele nasceu por volta de 325 a.C., no reinado do faraó egípcio Ptolomeu I, e morreu em cerca de 270 a.C. Viveu principalmente em Alexandria, então um importante centro de ensino, mas pode ter estudado também na academia de Platão, em Atenas. Em *Comentário sobre Euclides*, escrito no século v d.C., o filósofo grego Proclo nota que Euclides arranjou os teoremas de Eudoxo, um matemático grego anterior, e acrescentou "demonstrações irrefutáveis" às ideias vagas de outros estudiosos. Os teoremas dos treze volumes de *Elementos*, de Euclides, não são originais, mas por dois milênios determinaram o padrão de exposição matemática. As edições mais antigas remanescentes de *Elementos* datam do século xv.

Obras principais

Elementos
Dados
Catóptrica
Óptica

MEDIDA E MOVIMENTO

Ver também: A medida de distâncias 18-19 ▪ A medida do tempo 38-39 ▪ Leis do movimento 40-45 ▪ Unidades SI e constantes físicas 58-63 ▪ Antimatéria 246 ▪ Zoo de partículas e os quarks 256-257 ▪ Curvatura do espaço-tempo 280

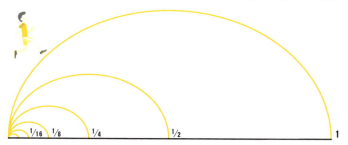

O paradoxo da dicotomia é um dos paradoxos de Zenão que mostram que o movimento é logicamente impossível. Antes de andar certa distância, uma pessoa precisa andar metade dessa distância; antes de andar metade da distância, precisa andar um quarto da distância, e assim por diante. Andar qualquer distância implicará, assim, um número infinito de etapas, que tomam uma infinita quantidade de tempo para ser realizadas.

de foco. Os sistemas numéricos e de medida não eram mais só ferramentas práticas; os sábios gregos também os estudavam por seu próprio valor, assim como a forma e a mudança. Embora tenham herdado muitos saberes matemáticos específicos de culturas anteriores, como elementos do teorema de Pitágoras, os gregos introduziram o rigor da argumentação lógica e uma abordagem embasada na filosofia; a palavra antiga grega *filosofia* significa "amor à sabedoria".

As ideias de teorema (uma declaração geral que é verdadeira em todo lugar e todo tempo) e prova (argumento formal que usa leis da lógica) surgem na geometria do filósofo grego Tales de Mileto no início do século VI a.C. Pela mesma época, Pitágoras e seus seguidores alçaram os números a "tijolos" do Universo.

Para os pitagóricos, os números tinham de ser "comensuráveis" – mensuráveis em termos de razões e frações – para preservar sua ligação com a natureza. Essa visão de mundo foi destruída com a descoberta dos números irracionais (como $\sqrt{2}$, que não pode ser expresso com precisão como um número inteiro dividido por outro) pelo filósofo pitagórico Hipasso. Segundo a lenda, ele foi assassinado pelos escandalizados colegas.

Titãs da matemática
No século V a.C., o filósofo grego Zenão de Eleia criou paradoxos sobre movimento, como o de Aquiles e a tartaruga. A ideia era de que, em qualquer corrida em que alguém tem uma vantagem no início, seu perseguidor está sempre o alcançando – por fim numa quantidade infinitesimal. Tais enigmas eram lógicos – apesar de simples de refutar na prática – e preocupariam gerações de matemáticos. Eles foram resolvidos ao menos em parte no século XVII, com o desenvolvimento do cálculo, ramo da matemática que trata de quantidades em contínua mudança.

Os filósofos gregos desenhavam na areia ao ensinar geometria, como mostrado aqui. Diz-se que Arquimedes estava desenhando círculos na areia ao ser morto por um soldado romano.

A ideia de calcular infinitesimais (quantidades infinitamente pequenas) é central ao cálculo e foi antecipada por Arquimedes de Siracusa, que viveu no século III a.C. Para calcular o volume aproximado de uma esfera, por exemplo, ele a dividiu ao meio, inscreveu o hemisfério num cilindro e então imaginou fatiá-lo na horizontal do topo do hemisfério, onde o raio é infinitamente pequeno, para baixo. Ele sabia que, quanto mais finas as fatias, mais preciso seria o volume. Consta que gritou "Eureca!" ao descobrir que uma força de empuxo dirigida para cima de um objeto imerso em água é igual ao peso do fluido que ele desloca. Arquimedes é notável por ter aplicado a matemática à mecânica e outros ramos da física para resolver problemas com alavancas, roscas, roldanas e bombas.

Ele estudou em Alexandria, numa escola fundada por Euclides, muitas vezes chamado "Pai da Geometria". Foi ao analisar a própria geometria que Euclides »

A LINGUAGEM DA FÍSICA

estabeleceu o modelo de argumentação matemática para os 2 mil anos seguintes. Seu tratado de treze volumes *Elementos* introduziu o "método axiomático" para a geometria. Ele definiu termos, como "ponto", e delineou cinco axiomas (também chamados postulados, ou verdades autoevidentes), como "um segmento de linha pode ser desenhado entre quaisquer dois pontos". Partindo desses axiomas, usou as leis da lógica para deduzir teoremas.

Pelos padrões de hoje, os axiomas de Euclides são incompletos; há várias suposições que um matemático hoje esperaria que fossem declaradas de modo formal. *Elementos* continua, apesar disso, a ser uma obra prodigiosa, cobrindo não só a geometria plana e tridimensional, como razão e proporção, teoria dos números e os "incomensuráveis" que os pitagóricos tinham rejeitado.

Linguagem e símbolos

Na Grécia antiga e antes, os estudiosos descreviam e resolviam problemas algébricos (determinar quantidades desconhecidas, dadas certas quantidades conhecidas e relações) na linguagem do dia a dia e usando geometria. A linguagem simbólica da matemática moderna, altamente abreviada e precisa – muito mais eficaz para analisar problemas e universalmente entendida –, é um tanto recente. Por volta de 250 d.C., porém, o matemático grego Diofante de Alexandria introduziu o uso parcial de símbolos para resolver problemas algébricos em sua obra principal, *Arithmetica*, que influenciou o desenvolvimento da álgebra arábica após a queda do Império Romano.

O estudo da álgebra floresceu no Oriente durante a Era de Ouro do Islã (do século VIII ao XIV). Bagdá se tornou a sede principal do aprendizado. Ali, num centro acadêmico chamado Casa da Sabedoria, matemáticos podiam estudar traduções de textos gregos sobre geometria e teoria dos números ou obras indianas sobre o sistema decimal posicional. No fim do século VIII, Muhammad ibn Musa al-Khwarizmi (de cujo nome vem a palavra "algoritmo") compilou métodos para balancear e resolver equações em seu livro *Al jabr* (radical da palavra "álgebra"). Ele difundiu o uso dos numerais indianos, que evoluíram em numerais arábicos, mas ainda descrevia os problemas algébricos em palavras.

Por fim, o matemático francês François Viète deu início ao uso de

Os números imaginários são um leve e maravilhoso refúgio do espírito divino [...] quase um anfíbio entre ser e não ser.
Gottfried Leibniz

símbolos em equações em seu livro *Introdução às artes analíticas*, de 1591. A linguagem ainda não era padronizada, mas os matemáticos podiam agora escrever expressões complicadas de forma compacta, sem recorrer a diagramas. Em 1637, o filósofo e matemático francês René Descartes reuniu a álgebra e a geometria, criando o sistema de coordenadas.

Números mais abstratos

Ao longo de milênios, tentando resolver diferentes problemas, os matemáticos estenderam o sistema numérico, expandindo os números de contagem 1, 2, 3... para incluir frações e números irracionais. A adição do zero e dos números negativos indicou uma crescente abstração. Nos sistemas numéricos antigos, o zero era usado como marcador de posição – um modo de distinguir 10 de 100 por exemplo. Por volta do século VII d.C., números negativos foram usados para representar dívidas. Em 628 d.C., o matemático indiano Brahmagupta foi o primeiro a tratar inteiros

Sábios islâmicos se reúnem numa biblioteca de Bagdá nesta imagem de 1237 de Yahya al-Wasiti. Os estudiosos vinham à cidade de todas as partes do Império Islâmico, como Pérsia, Egito, Arábia e até Ibéria (Espanha).

negativos do mesmo modo que inteiros positivos em aritmética. Mesmo mil anos depois, porém, muitos estudiosos europeus ainda consideravam os números negativos inaceitáveis como soluções formais de equações.

O polímata italiano do século XVI Gerolamo Cardano não só usou números negativos como, em *Ars magna*, introduziu a ideia de números complexos (que combinam um número real e um imaginário) para resolver equações cúbicas (as que têm ao menos uma variável elevada a três, como x^3, mas não mais). Os números complexos tomam a forma de $a + bi$, em que a e b são números reais e i é a unidade imaginária, em geral expressa como $i = \sqrt{-1}$. A unidade é chamada "imaginária" porque ao ser elevada ao quadrado é negativa, e elevar ao quadrado qualquer número real, seja positivo ou negativo, produz um número positivo. Embora Rafael Bombelli, contemporâneo de Cardano, tenha apresentado as primeiras regras para o uso de números complexos e imaginários, só duzentos anos depois o matemático suíço Leonhard Euler introduziu o

Uma linguagem nova, ampla e poderosa é desenvolvida para o uso futuro da análise, na qual erga suas verdades, de modo que estas possam se tornar de mais rápida e prática aplicação para os fins da humanidade.
Ada Lovelace
Cientista da computação britânica

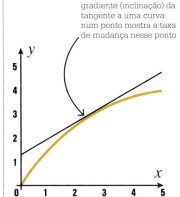

CÁLCULO DIFERENCIAL

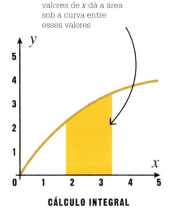

No cálculo diferencial, o gradiente (inclinação) da tangente a uma curva num ponto mostra a taxa de mudança nesse ponto

Integrar a equação de uma curva entre dois valores de x dá a área sob a curva entre esses valores

CÁLCULO INTEGRAL

O cálculo diferencial examina a taxa de mudança ao longo do tempo, mostrada geometricamente aqui como a taxa de mudança de uma curva. O cálculo integral examina áreas, volumes ou deslocamentos limitados por curvas.

símbolo i para denotar a unidade imaginária.

Como os negativos, os números complexos enfrentaram resistência até mesmo o século XVIII. No entanto, foram um avanço importante na matemática. Não só permitem resolver equações cúbicas como, à diferença dos números reais, podem ser usados para solucionar todas as equações polinomiais de ordem mais alta (que envolvem dois ou mais termos somados e potências mais altas de uma variável x, como x^4 ou x^5). Os números complexos emergem naturalmente em muitos ramos da física, como a mecânica quântica e o eletromagnetismo.

Cálculo infinitesimal

Do século XIV ao XVII, ao lado do crescente uso dos símbolos, muitos novos métodos e técnicas surgiram. Um dos mais importantes para a física foi o desenvolvimento de métodos "infinitesimais" para estudar curvas e mudança. O antigo método grego da exaustão – encontrar a área de uma forma preenchendo-a com polígonos menores – foi aperfeiçoado para computar áreas limitadas por curvas. Por fim, evoluiu para um ramo da matemática chamado cálculo integral. No século XVII, o estudo de tangentes a curvas pelo advogado francês Pierre de Fermat inspirou o desenvolvimento do cálculo diferencial – o cômputo de taxas de mudança.

Por volta de 1670, o físico inglês Isaac Newton e o filósofo alemão Gottfried Leibniz elaboraram de modo independente uma teoria que unia o cálculo integral e diferencial ao cálculo infinitesimal. A ideia subjacente é obter a aproximação de uma curva (uma quantidade cambiante) considerando que ela é feita de muitas linhas retas (uma série de quantidades fixas diferentes). No limite teórico, a curva é idêntica a um número »

Geometrias euclidianas e não euclidianas

Na geometria euclidiana, assume-se que o espaço é "plano". Linhas paralelas se mantêm à mesma distância umas das outras e nunca se encontram.

Na geometria hiperbólica, desenvolvida por Bolyai e Lobatchevski, a superfície se curva como uma sela e as linhas na superfície se curvam afastando-se umas das outras.

Na geometria elíptica, a superfície se curva para fora como uma esfera e as linhas paralelas se curvam umas para as outras, por fim se cruzando.

infinito de aproximações infinitesimais.

Nos séculos XVIII e XIX as aplicações do cálculo na física dispararam. Os físicos agora podiam modelar com precisão sistemas dinâmicos (em mudança), desde cordas vibrando à difusão do calor. A obra do físico escocês James Clerk Maxwell, no século XIX, influenciou muito o desenvolvimento do cálculo vetorial, cujos modelos mudam em fenômenos que têm tanto quantidade quanto direção. Maxwell também foi pioneiro no uso de técnicas estatísticas para o estudo de números grandes de partículas.

Geometrias não euclidianas

O quinto axioma, ou postulado, de geometria que Euclides apresentou em *Elementos* também é chamado postulado das paralelas. Ele era polêmico já na Antiguidade, pois parece menos autoevidente que os outros, embora muitos teoremas dependam dele. Esse postulado afirma que, dada uma linha e um ponto fora dela, exatamente uma linha pode ser desenhada através do ponto dado, paralela à linha dada. Ao longo da história, vários matemáticos, como Proclo de Atenas, no século V, ou o matemático árabe Al-Haytham, tentaram em vão mostrar que o postulado das paralelas pode ser derivado dos outros postulados. No início dos anos 1800, os matemáticos János Bolyai, húngaro, e Nikolai Lobatchevski, russo, desenvolveram de modo independente uma versão de geometria (geometria hiperbólica) em que o quinto postulado é falso e linhas paralelas nunca se encontram. Nessa geometria, a superfície não é plana como na de Euclides, mas

Do nada, criei um estranho novo universo. Tudo o que lhe mandei antes é como uma casa de cartas comparada a uma torre.
János Bolyai
em carta ao pai

curva para dentro. Em contraste, na geometria elíptica e na geometria esférica, também descritas no século XIX, não há linhas paralelas; todas as linhas se cruzam.

O matemático alemão Bernhard Riemann e outros formalizaram tais geometrias não euclidianas. Einstein usou a teoria riemanniana na teoria da relatividade geral – a explicação mais avançada da gravidade – em que a massa "curva" o espaço-tempo, tornando-o não euclidiano, embora o espaço permaneça homogêneo (uniforme, com as mesmas propriedades em todos os pontos).

Álgebra abstrata

No século XIX, a álgebra sofreu um abalo sísmico, tornando-se um estudo de simetria abstrata. O matemático francês Évariste Galois foi responsável por um avanço crucial. Em 1830, enquanto investigava certas simetrias mostradas pelas raízes (soluções) de equações polinomiais, ele elaborou uma teoria de objetos matemáticos abstratos, chamados grupos, para codificar diferentes tipos de simetrias. Por exemplo, todos os quadrados apresentam as

MEDIDA E MOVIMENTO

mesmas simetrias reflexivas e rotacionais, e são assim associados a certo grupo. A partir de sua pesquisa, Galois determinou que, à diferença das equações quadráticas (com uma variável elevada a dois, como x^2, mas não mais que dois), não há fórmula geral para resolver equações polinomiais de grau cinco (com termos como x^5) ou mais alto. Esse foi um resultado surpreendente; ele provou que não poderia haver tal fórmula, não importa que desenvolvimentos futuros ocorressem na matemática.

A seguir, a álgebra evoluiu para o estudo abstrato de grupos e objetos similares, e as simetrias que eles codificavam. No século XX, grupos e simetria se provaram vitais para descrever fenômenos naturais num nível mais profundo. Em 1915, a algebrista alemã Emmy Noether conectou a simetria em equações às leis da conservação, como a conservação da energia, em física. Nos anos 1950 e 1960, os físicos usaram a teoria dos grupos para desenvolver o modelo-padrão da física de partículas.

Modelagem da realidade

A matemática é o estudo abstrato de números, quantidades e formas, que a física usa para modelar a realidade, expressar teorias e prever resultados futuros – muitas vezes com incrível precisão. Por exemplo, o fator g do elétron – uma medida de seu comportamento em um campo magnético – é calculado em 2,0023193043616, enquanto o valor determinado experimentalmente é 2,0023193043625 (diferindo só uma parte em um trilhão).

Certos modelos matemáticos duraram séculos, só exigindo pequenos ajustes. Por exemplo, o modelo do Sistema Solar do astrônomo alemão Johannes Kepler, de 1619, continua válido hoje, com alguns aperfeiçoamentos de Newton e Einstein. Os físicos aplicam ideias que os matemáticos desenvolveram, às vezes muito antes, só para pesquisar um padrão; por exemplo, a aplicação da teoria dos grupos do século XIX à física quântica moderna. Há também muitos exemplos de estruturas matemáticas impelindo o entendimento da natureza. Quando o físico britânico Paul Dirac encontrou o dobro de expressões esperadas em suas equações que descreviam o comportamento dos elétrons, consistentes com a relatividade e a mecânica quântica, postulou a existência do antielétron; ele foi devidamente descoberto, anos depois.

Enquanto os físicos investigam o que "há" no Universo, os matemáticos se dividem se seu estudo trata da natureza ou da mente humana, ou da manipulação abstrata de símbolos. Numa estranha virada histórica, os físicos que pesquisam teoria das cordas propõem hoje avanços revolucionários na matemática pura aos geômetras (matemáticos que estudam geometria). Como exatamente isso ilumina a relação entre matemática, física e a "realidade" é algo que ainda falta ver. ■

Emmy Noether, algebrista muito criativa, ensinava na Universidade de Göttingen, na Alemanha. Como judia, foi forçada a sair em 1933. Morreu nos EUA em 1935, aos 53 anos.

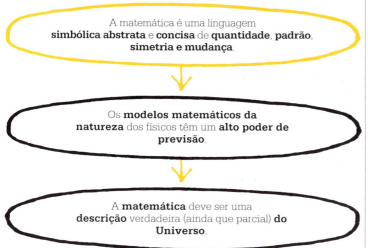

A matemática é uma linguagem **simbólica abstrata** e **concisa** de **quantidade**, **padrão**, **simetria e mudança**.

Os **modelos matemáticos da natureza** dos físicos têm um **alto poder de previsão**.

A **matemática** deve ser uma **descrição** verdadeira (ainda que parcial) **do Universo**.

OS CORPOS SÓ SOFREM RESISTÊNCIA DO AR

QUEDA LIVRE

EM CONTEXTO

FIGURA CENTRAL
Galileu Galilei (1564–1642)

ANTES
c. 350 a.C. Em *Física*, Aristóteles explica a gravidade como uma força que move os corpos para seu "lugar natural", descendo para o centro da Terra.

1576 Giuseppe Moletti escreve que objetos de pesos diversos em queda livre caem à mesma velocidade.

DEPOIS
1651 Giovanni Riccioli e Francesco Grimaldi medem o tempo de queda de objetos, permitindo calcular sua taxa de aceleração.

1687 Em *Principia*, Isaac Newton expõe a teoria gravitacional em detalhes.

1971 David Scott mostra que um martelo e uma pena caem à mesma velocidade na Lua.

Quando a gravidade é a única força que atua num objeto em movimento, diz-se que está em "queda livre". Um paraquedista que pulou do avião não está bem em queda livre – pois a resistência do ar atua sobre ele. Já planetas orbitando o Sol ou outra estrela estão. O filósofo grego antigo Aristóteles acreditava que o movimento para baixo dos objetos soltos de uma altura se devia a sua natureza – moviam-se para o centro da Terra, seu lugar natural. Da época de Aristóteles até a Idade Média, aceitou-se como fato que a velocidade de um objeto em queda livre era proporcional a seu peso e inversamente proporcional à

MEDIDA E MOVIMENTO

Ver também: A medida de distâncias 18-19 ▪ A medida do tempo 38-39 ▪ Leis do movimento 40-45 ▪ Leis da gravidade 46-51 ▪ Energia cinética e energia potencial 54

Galileu Galilei

O mais velho de seis irmãos, Galileu nasceu em Pisa, na Itália, em 1564. Ele se inscreveu na escola de medicina da Universidade de Pisa aos dezesseis anos, mas seus interesses logo se alargaram e foi nomeado para a cátedra de matemática da Universidade de Pádua em 1592. Suas contribuições à física, matemática, astronomia e engenharia o distinguiram como uma das figuras centrais da Revolução Científica da Europa dos séculos XVI e XVII. Ele criou o primeiro termoscópio (um antigo termômetro), defendeu a ideia copernicana de um Sistema Solar heliocêntrico e fez importantes descobertas sobre a gravidade. Algumas de suas ideias questionavam dogmas da Igreja, e a Inquisição Romana o convocou em 1633, declarou-o herético e condenou-o à prisão domiciliar até sua morte, em 1642.

Obras principais

1623 *O ensaiador*
1632 *Diálogo sobre os dois principais sistemas do mundo*
1638 *Discursos sobre duas novas ciências*

densidade do meio em que caía. Assim, se dois objetos de pesos diferentes fossem soltos ao mesmo tempo, o mais pesado cairia mais rápido e atingiria o chão antes do mais leve. Aristóteles também entendia que a forma e orientação do objeto afetavam a velocidade de queda, de modo que um pedaço de papel desdobrado cairia mais devagar que o mesmo papel amassado numa bola.

Esferas em queda

Em algum momento entre 1589 e 1592, segundo seu aluno e biógrafo Vincenzo Viviani, o polímata italiano Galileu Galilei deixou cair duas esferas de pesos diferentes da Torre de Pisa, para testar a hipótese de Aristóteles. Embora seja mais provável que tenha sido um experimento mental que um evento real, consta que Galileu se empolgou ao descobrir que a esfera mais leve chegava ao chão tão rápido quanto a mais pesada. Isso contradizia a ideia Aristotélica de que um objeto mais pesado em queda livre cairia mais rápido que um mais leve – uma visão questionada pouco antes por vários outros cientistas.

Em 1576, Giuseppe Moletti, o antecessor de Galileu na cadeira de matemática da Universidade de Pádua, tinha escrito que objetos de pesos diferentes mas feitos do mesmo material caíam ao chão na mesma velocidade. Ele também acreditava que corpos de mesmo volume, mas feitos de materiais diversos, caíam à mesma taxa. Dez »

A natureza é inexorável e imutável; nunca transgride as leis impostas a ela.
Galileu Galilei

34 QUEDA LIVRE

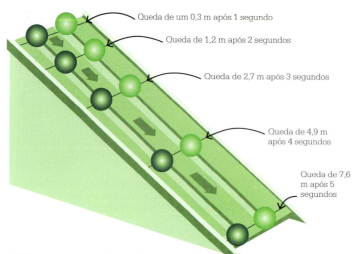

- Queda de um 0,3 m após 1 segundo
- Queda de 1,2 m após 2 segundos
- Queda de 2,7 m após 3 segundos
- Queda de 4,9 m após 4 segundos
- Queda de 7,6 m após 5 segundos

● Bola mais leve
● Bola mais pesada

Galileu mostrou que objetos de massas diferentes aceleram a uma taxa constante. Medindo o tempo que uma bola levava para descer certa distância num declive, ele pôde calcular sua aceleração. A distância era sempre proporcional ao quadrado do tempo gasto para percorrê-la.

---

anos depois, os cientistas holandeses Simon Stevin e Jan Cornets de Groot subiram 10 m numa torre de igreja em Delft para soltar duas bolas de chumbo, uma dez vezes maior e mais pesada que a outra. Eles atestaram que ambas atingiam o chão ao mesmo tempo. A velha ideia de objetos mais pesados caindo mais rápido que os mais leves ia sendo gradualmente desacreditada.

Outra das crenças de Aristóteles – que um objeto em queda livre desce a velocidade constante – já tinha sido questionada antes. Por volta de 1361, o matemático francês Nicole d'Oresme estudara o movimento dos corpos. Ele descobriu que se a aceleração de um objeto aumenta uniformemente, sua velocidade aumenta em proporção direta com o tempo, e que a distância que ele percorre é proporcional ao quadrado do tempo em que estiver acelerando. Talvez tenha surpreendido que Oresme questionasse a "verdade" aristotélica estabelecida, considerada sagrada na época pela Igreja Católica, da qual Oresme era bispo. Não se sabe se os estudos de Oresme influenciaram o trabalho posterior de Galileu.

Bolas em rampas

Em 1603, Galileu decidiu estudar a aceleração de objetos em queda livre. Duvidando que caíssem a velocidade constante, pensava que aceleravam no processo – mas o problema era provar isso. A tecnologia para registrar com precisão tais velocidades simplesmente não existia. A solução engenhosa de Galileu foi retardar o movimento até uma velocidade mensurável, substituindo o objeto em queda por uma bola descendo um plano inclinado. Ele mediu o tempo do experimento com um relógio de água – instrumento que pesava a água jorrando num vaso enquanto a bola andava – e seu próprio pulso. Ao dobrar o período de tempo que a bola rolava, ele descobriu que a distância percorrida era quatro vezes maior.

Sem deixar nada ao acaso, Galileu repetiu o experimento "cem vezes completas" até alcançar "uma precisão tal que o desvio entre duas observações nunca excedia um décimo de pulsação".

Neste afresco de Giuseppe Bezzuoli, Galileu aparece demonstrando seu experimento das bolas rolando na presença da poderosa família Medici, em Florença.

Ele também mudou a inclinação da rampa: conforme ficava mais íngreme, a aceleração crescia uniformemente. Como os experimentos de Galileu não foram feitos no vácuo, eram imperfeitos – as bolas em movimento estavam sujeitas à resistência do ar e ao atrito com a rampa. Apesar disso, Galileu concluiu que no vácuo todos os objetos – a despeito de seu peso ou forma – acelerariam a uma taxa uniforme: o quadrado do tempo de queda é proporcional à distância percorrida.

Quantificação da aceleração gravitacional

Apesar da obra de Galileu, a questão da aceleração de objetos em queda livre ainda era controversa em meados do século XVII. De 1640 a 1650, os jesuítas Giovanni Riccioli e Francesco Grimaldi realizaram várias investigações em Bolonha. Cruciais para seu sucesso foram os pêndulos de Riccioli – da maior precisão possível à época –, para medir o tempo, e uma torre muito alta. Os dois sacerdotes e seus assistentes derrubaram objetos pesados de vários níveis da Torre Asinelli, de 98 m, marcando o tempo de sua

O martelo e a pena

Em 1971, o astronauta americano David Scott – comandante da missão Apollo 15 – realizou um famoso experimento de queda livre. Quarta expedição da NASA a descer na Lua, a Apollo 15 permaneceu mais tempo que as anteriores no satélite e sua tripulação foi a primeira a usar um veículo explorador lunar.

A Apollo 15 também teve um foco maior na ciência que aterrissagens na Lua anteriores. No final da última caminhada lunar da missão, Scott deixou cair um martelo geológico de 1,32 kg e uma pena de falcão de 0,03 kg de uma altura de 1,6 m. Nas condições de vácuo virtual da superfície da Lua, sem resistência do ar, a pena ultraleve caiu ao chão com a mesma velocidade que o pesado martelo. O experimento foi filmado, e assim essa confirmação da teoria de Galileu de que todos os objetos aceleram a uma taxa uniforme, a despeito da massa, foi testemunhada pela TV por milhões de pessoas.

descida. Riccioli e Grimaldi descreveram sua metodologia em detalhes e repetiram os experimentos várias vezes.

Riccioli pensava que objetos em queda livre aceleravam exponencialmente, mas os resultados mostraram que estava errado. O tempo de queda de uma série de objetos foi medido por pêndulos no topo e no pé da torre. Eles caíram 15 pés romanos (1 pé romano = 29,57 cm) em 1 segundo, 60 pés em 2 segundos, 135 pés em 3 segundos e 240 pés em 4 segundos. Os dados, publicados em 1651, provaram que a distância da descida era proporcional ao quadrado da duração do tempo de queda do objeto – confirmando os experimentos de Galileu com a rampa. E pela primeira vez, devido às medidas de tempo relativamente precisas, foi possível calcular o valor da aceleração devida à gravidade: 9,36 (± 0,22) m/s². Esse número é apenas cerca de 5% menor que o aceito hoje, por volta de 9,81 m/s².

O valor de g (gravidade) varia de acordo com vários fatores: é maior nos polos da Terra que no equador, mais baixo a altas altitudes que ao nível do mar, e varia muito de leve com a geologia local, por exemplo, se houver rochas especialmente densas perto da superfície. Se a aceleração constante de um objeto em queda livre perto da superfície da Terra for representada por g, a altura da qual é liberado, por z_0, e o tempo, por t, então em qualquer etapa de sua descida a altura do corpo sobre a superfície z é igual a $z_0 - \frac{1}{2}gt^2$, em que gt é a velocidade do corpo e g, sua aceleração. Um corpo de massa m à altura z_0 acima da superfície da Terra tem energia potencial gravitacional U, que pode ser calculada pela equação $U = mgz_0$ (massa × aceleração × altura acima da superfície da Terra). ∎

Quando Galileu fez as bolas [...] rolarem num plano inclinado, uma luz se acendeu sobre todos os estudantes da natureza.
Immanuel Kant
Filósofo alemão

Em questões de ciência, a autoridade de mil não vale o humilde raciocínio de um só indivíduo.
Galileu Galilei

UMA MÁQUINA NOVA PARA MULTIPLICAR FORÇAS
PRESSÃO

EM CONTEXTO

FIGURA CENTRAL
Blaise Pascal (1623–1662)

ANTES
1643 O físico italiano Evangelista Torricelli demonstra a existência do vácuo usando mercúrio num tubo; seu princípio foi usado depois na invenção do barômetro.

DEPOIS
1738 Em *Hidrodinâmica*, o matemático suíço Daniel Bernoulli afirma que a energia num fluido é devida à altitude, movimento e pressão.

1796 O inventor britânico Joseph Bramah usa a lei de Pascal para patentear a primeira prensa hidráulica.

1851 Richard Dudgeon, inventor escocês-americano, patenteia um macaco hidráulico.

1906 Um sistema óleo-hidráulico é instalado para subir e descer os canhões do navio de guerra americano *Virginia*.

Ao estudar hidráulica (as propriedades mecânicas dos líquidos), o matemático e físico francês Blaise Pascal fez uma descoberta que acabaria revolucionando muitos processos industriais. A lei de Pascal, como ficou conhecida, afirma que a pressão aplicada a qualquer ponto de um fluido em repouso em um recipiente transmite-se integralmente a todos os pontos do fluido e às paredes do reservatório.

O impacto de Pascal

Segundo a lei de Pascal, a pressão exercida num pistão numa ponta de um cilindro cheio de fluido produz um aumento igual de pressão em outro pistão na outra ponta. Mais importante, se a seção transversal do segundo pistão for duas vezes a do primeiro, a força sobre ele será o dobro. Assim, uma carga de 1 kg sobre o pistão pequeno permitirá ao pistão maior levantar 2 kg; quanto maior a razão entre as seções transversais, mais peso o pistão maior poderá levantar.

As descobertas de Pascal só foram publicadas em 1663, um ano após sua morte, mas seriam usadas por engenheiros para tornar a operação de máquinas muito mais fácil. Em 1796, Joseph Bramah aplicou o princípio para construir uma prensa hidráulica que achatava papel, tecido e aço com muito mais eficiência e potência que as prensas de madeira anteriores. ■

Os líquidos não podem ser comprimidos e são usados para transmitir forças em sistemas hidráulicos como macacos para carro. Uma pequena força aplicada em uma pequena área se torna maior em uma área maior, permitindo levantar uma carga pesada.

Ver também: Leis do movimento 40-45 ▪ Distender e comprimir 72-75 ▪ Fluidos 76-79 ▪ Leis dos gases 82-85

O MOVIMENTO CONTINUARÁ
MOMENTO

EM CONTEXTO

FIGURA CENTRAL
John Wallis (1616–1703)

ANTES
1518 O filósofo natural francês Jean Buridan descreve o "ímpeto", cuja medida mais tarde será entendida como momento.

1644 Em *Principia philosophiae* (Princípios de filosofia), o cientista francês René Descartes descreve momento como "quantidade de movimento".

DEPOIS
1687 Isaac Newton descreve suas leis do movimento na obra em três volumes *Principia*.

1927 O físico teórico alemão Werner Heisenberg afirma que quanto mais precisamente se conhecer a posição de uma partícula subatômica, como um elétron, menos precisamente seu momento poderá ser conhecido e vice-versa.

Quando objetos colidem, várias coisas acontecem. Eles mudam a velocidade e a direção, e a energia cinética do movimento pode ser convertida em calor ou som.

Em 1666, a Real Sociedade de Londres desafiou os cientistas a apresentar uma teoria que explicasse o que ocorre quando objetos colidem. Dois anos depois, três indivíduos publicaram suas teorias: da Inglaterra, John Wallis e Christopher Wren, e, da Holanda, Christiaan Huygens.

Todos os corpos em movimento têm momento (o produto de sua massa pela velocidade). Corpos parados não têm momento, pois sua velocidade é zero. Wallis, Wren e Huygens concordaram que, em uma colisão elástica (qualquer colisão em que nenhuma energia cinética é perdida pela criação de calor ou ruído), o momento se conserva, desde que não haja outras forças externas em ação. Colisões realmente elásticas são raras na natureza; o empurrão de uma bola de bilhar por outra chega perto, mas ainda há alguma perda de energia cinética. Em *Tratamento geométrico da mecânica do movimento*, John Wallis foi além, afirmando com acerto que o momento também é conservado em colisões inelásticas em que os objetos ficam ligados após colidir, causando perda de energia cinética. Um exemplo é um cometa atingindo um planeta.

Hoje, os princípios de conservação de momento têm muitas aplicações práticas, como determinar a velocidade de veículos após acidentes na estrada. ∎

Um corpo em movimento é capaz de continuar seu movimento.
John Wallis

Ver também: Leis do movimento 40-45 ▪ Energia cinética e energia potencial 54 ▪ Conservação da energia 55 ▪ Energia e movimento 56-57

AS PRODUÇÕES MAIS INCRÍVEIS DAS ARTES MECÂNICAS
A MEDIDA DO TEMPO

Um pêndulo leva o **mesmo tempo para balançar em cada sentido**, devido à gravidade.

Quanto **mais longo** o **pêndulo**, **mais lentamente** ele balança.

Quanto **menor o balanço**, **maior a precisão** do pêndulo para marcar o tempo.

Um **mecanismo de escape** mantém o pêndulo em movimento.

O pêndulo é um **instrumento simples de marcação de tempo**.

EM CONTEXTO

FIGURA CENTRAL
Christiaan Huygens
(1629–1695)

ANTES
c. 1275 O primeiro relógio todo mecânico é construído.

1505 O relojoeiro alemão Peter Henlein usa a força de uma mola desenrolada para fazer o primeiro relógio de bolso.

1637 Galileu Galilei tem a ideia de um relógio de pêndulo.

DEPOIS
c. 1670 O mecanismo de escape de âncora torna o relógio de pêndulo mais preciso.

1761 Aprovado em teste no mar o H4, quarto cronômetro marítimo de John Harrison.

1927 Construído o primeiro relógio eletrônico, com cristal de quartzo.

1955 Os físicos britânicos Louis Essen e Jack Parry fazem o primeiro relógio atômico.

Duas invenções de meados dos anos 1650 anunciaram o início da era da precisão na medida de tempo. Em 1656, o matemático, físico e inventor holandês Christiaan Huygens construiu o primeiro relógio de pêndulo. Logo depois, foi inventado o mecanismo de escape de âncora, provavelmente pelo cientista inglês Robert Hooke. Nos anos 1670, a precisão dos instrumentos de medida do tempo tinha se revolucionado.

Os primeiros relógios totalmente mecânicos apareceram na Europa no século XIII, substituindo os que dependiam do movimento do Sol, do fluxo de água ou da queima de uma vela. Esses relógios mecânicos se baseavam num "mecanismo de escape iminente", que transmitia força de um peso suspenso através da engrenagem do instrumento, uma série de rodas dentadas. Nos três séculos seguintes, houve avanços crescentes na precisão desses relógios, mas era preciso dar-lhes corda regularmente e não eram ainda muito exatos.

Em 1637, Galileu Galilei percebeu o potencial dos pêndulos para criar relógios mais precisos. Ele descobriu que um pêndulo oscilando era quase

MEDIDA E MOVIMENTO

Ver também: Queda livre 32-35 ▪ Movimento harmônico 52-53 ▪ Unidades SI e constantes físicas 58-63 ▪ Partículas subatômicas 242-243

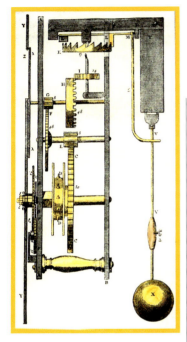

O relógio de pêndulo de Christiaan Huygens melhorou tremendamente a precisão dos instrumentos de medida do tempo. Esta xilogravura do século XVII mostra o mecanismo de seu relógio, com as rodas dentadas e o pêndulo.

isócrono, ou seja, o tempo que levava para voltar ao ponto de partida (seu período) era praticamente o mesmo qualquer que fosse a extensão de seu balanço. O balanço de um pêndulo podia produzir um modo mais exato de marcar o tempo que os relógios mecânicos existentes. Mas ele não conseguiu construir um antes de sua morte, em 1642. O primeiro relógio de pêndulo de Huygens tinha um balanço de oitenta a cem graus, grande demais para total precisão. A introdução do escape de âncora de Hooke, que mantinha o balanço do pêndulo dando-lhe um pequeno empurrão a cada retorno, permitiu o uso de um pêndulo mais longo com um balanço menor, de apenas quatro a seis graus, dando-lhe uma precisão muito melhor. Antes disso, mesmo os relógios sem pêndulo mais avançados se atrasavam quinze minutos por dia; agora a margem de erro podia ser reduzida para até quinze segundos.

Quartzo e relógios atômicos

Os relógios de pêndulo continuaram os mais precisos até os anos 1930, quando ficaram disponíveis os sincronizados por corrente elétrica. Estes contavam as oscilações da corrente alternada da eletricidade doméstica; certo número de oscilações se traduzia em movimentos dos ponteiros.

O primeiro relógio a quartzo foi construído em 1927, aproveitando a qualidade piezelétrica do quartzo cristalino. Quando vergado ou comprimido, ele gera uma voltagem elétrica minúscula e, em contrapartida, se sujeito a uma voltagem elétrica, vibra. Uma bateria dentro do relógio emite a voltagem, e o pedacinho de quartzo vibra, causando uma mudança na tela de LCD ou fazendo um minúsculo motor mover os ponteiros de segundos, minutos e horas. O primeiro relógio atômico preciso, construído em 1955, usava o isótopo césio-133. Eles medem a frequência de sinais eletromagnéticos regulares que os elétrons emitem quando mudam de um nível de energia para outro, ao serem bombardeados por micro-ondas. Os elétrons de um átomo de césio "excitado" oscilam, ou vibram, 9.192.631.770 vezes por segundo, tornando um relógio calibrado com base nessas oscilações extremamente preciso. ▪

O cronômetro marítimo de Harrison

No início do século XVIII, nem os relógios de pêndulo mais exatos funcionavam no mar – um problema para a navegação. Sem marcos em terra visíveis, calcular a posição de um barco dependia de leituras precisas de latitude e longitude. Embora fosse fácil estimar a latitude pela posição do Sol, a longitude só podia ser determinada mediante o horário em relação a um ponto fixo, como o Meridiano de Greenwich. Sem relógios que funcionassem no mar, isso era impossível. Navios se perdiam e pessoas morriam. Em 1714, o governo britânico ofereceu um prêmio para estimular a invenção de um relógio marítimo. O inventor britânico John Harrison resolveu o problema em 1761. Seu cronômetro marítimo usava uma roda de balanço de batida rápida e uma mola espiral com compensação de temperatura, obtendo uma marcação de tempo precisa em viagens transatlânticas. Isso salvou vidas e revolucionou a exploração e o comércio.

O protótipo do cronômetro H1 de John Harrison foi testado no mar da Inglaterra até Portugal em 1736, perdendo só alguns segundos em toda a viagem.

TODA AÇÃO TEM UMA REAÇÃO

LEIS DO MOVIMENTO

LEIS DO MOVIMENTO

EM CONTEXTO

FIGURAS CENTRAIS
Gottfried Leibniz (1646–1716),

Isaac Newton (1642–1726)

ANTES
c. 330 a.C. Em *Física*, Aristóteles expõe a teoria de que é preciso força para produzir movimento.

1638 Publicação de *Discursos sobre duas novas ciências*, de Galileu, que mais tarde Albert Einstein diria ter antecipado a obra de Leibniz e Newton.

1644 René Descartes publica *Princípios de filosofia*, que inclui leis do movimento.

DEPOIS
1827–1833 William Rowan Hamilton estabelece que os objetos tendem a se mover ao longo do caminho que requer menor energia.

1907–1915 Einstein propõe a teoria da relatividade geral.

Antes do fim do século XVI, não se entendia bem por que os corpos em movimento aceleram ou desaceleram – a maioria das pessoas pensava que alguma qualidade inata, indeterminada, fazia os objetos caírem no chão ou subirem flutuando no céu. Mas isso mudou no início da Revolução Científica, quando os cientistas começaram a perceber que várias forças são responsáveis por mudar a velocidade (módulo e direção) de um objeto em movimento, como atrito, resistência do ar e gravidade.

Antigas noções

Por muitos séculos, as ideias em geral aceitas sobre movimento foram as do filósofo grego antigo Aristóteles, que classificava tudo no mundo por sua composição elementar: terra, água, ar, fogo e quintessência, um quinto elemento que formava os "céus". Para Aristóteles, uma pedra cai no chão porque tem composição similar ao chão ("terra"). A chuva cai no chão porque o lugar natural da água é na superfície da Terra. A fumaça sobe porque é em grande parte feita de ar. Porém, não se considerava que o movimento circular dos objetos celestes fosse governado pelos elementos, mas pela mão de uma divindade.

Aristóteles acreditava que os corpos só se movem quando empurrados, e que, assim que a força que empurra fosse removida, eles parariam. Alguns perguntaram por que uma flecha disparada de um arco continua a voar pelo ar muito depois de o contato direto com o arco ter cessado, mas as ideias de Aristóteles continuaram em grande parte incontestadas por mais de dois milênios.

Em 1543, o astrônomo polonês Nicolau Copérnico publicou a teoria de que a Terra não era o centro do Universo, mas que ela e os outros planetas orbitavam o Sol num sistema "heliocêntrico". Entre 1609 e 1619, o astrônomo alemão Johannes Kepler desenvolveu as leis do movimento planetário, que descrevem a forma e velocidade das órbitas dos planetas. Então, nos anos 1630, Galileu questionou as ideias de Aristóteles sobre objetos em queda, explicou que uma flecha disparada continua a voar por causa da inércia e descreveu como o atrito faz parar um livro deslizando numa mesa.

Gottfried Leibniz

Nascido em Leipzig (hoje na Alemanha) em 1646, Leibniz foi um grande filósofo, matemático e físico. Após estudar filosofia na Universidade de Leipzig, conheceu Christiaan Huygens em Paris e decidiu estudar sozinho matemática e física. Tornou-se conselheiro político, historiador e bibliotecário da casa real de Brunswick, em Hanover, em 1676, papel que lhe deu a chance de trabalhar numa gama de projetos, como o desenvolvimento do cálculo infinitesimal. Porém, ele também foi acusado de ter visto ideias não publicadas de Newton e tê-las divulgado como suas. Embora depois, em geral, se tenha aceitado que Leibniz chegou a suas ideias de modo independente, ele não conseguiu se livrar desse escândalo em sua época. Morreu em Hanover em 1716.

Obras principais

1684 "Nova methodus pro maximis et minimis" (Novo método para máximos e mínimos)
1687 *Ensaio sobre dinâmica*

MEDIDA E MOVIMENTO

Ver também: Queda livre 32-35 ▪ Leis da gravidade 46-51 ▪ Energia cinética e energia potencial 54 ▪ Energia e movimento 56-57 ▪ Os céus 270-271 ▪ Modelos do Universo 272-273 ▪ Da física clássica à relatividade especial 274

Não há nem mais nem menos poder num efeito que em sua causa.
Gottfried Leibniz

Esses cientistas lançaram as bases para o filósofo francês René Descartes e o polímata alemão Gottfried Leibniz formularem suas próprias ideias sobre movimento, e para o físico inglês Isaac Newton juntar todos os fios em *Princípios matemáticos de filosofia natural* (*Principia*).

Uma nova compreensão

Em *Princípios de filosofia*, Descartes propôs suas três leis do movimento, que rejeitavam as ideias de Aristóteles sobre o tema e um Universo guiado por um deus e explicavam o movimento em termos de forças, momento e colisões. No *Ensaio sobre dinâmica*, de 1687, Leibniz questionou as leis do movimento de Descartes. Compreendendo que muitas das críticas de Descartes a Aristóteles eram justificadas, Leibniz passou a desenvolver suas próprias teorias sobre "dinâmica", seu termo para movimento e impacto, nos anos 1690.

A obra de Leibniz ficou inacabada e é possível que ele tenha se desmotivado ao ler as meticulosas leis do movimento de Newton em *Principia*, que – como a *Dinâmica* – foi publicado em 1687.

O **movimento** não ocorre devido a propriedades inerentes, invisíveis, de um objeto.

↓

As **forças atuam** sobre o objeto, fazendo-o **mover-se ou parar**. Essas forças podem ser calculadas e previstas.

↓

Os objetos se movem com **velocidade e orientação constantes**, ou ficam em repouso, a menos que uma força externa atue sobre eles.

A menos que se mova no vácuo, um objeto em movimento é **sujeito ao atrito**, que o desacelera.

↓

A **aceleração** é **proporcional** à **massa** do objeto e à **força** aplicada a ele.

↓

O espaço e o tempo são mais bem entendidos como sendo **relativos entre objetos**, e não como qualidades absolutas que permanecem constantes em toda parte, todo o tempo.

Newton respeitou a rejeição de Descartes às ideias de Aristóteles, mas afirmou que os cartesianos (seguidores de Descartes) não fizeram uso suficiente das técnicas matemáticas de Galileu nem dos métodos experimentais do químico Robert Boyle. As duas primeiras leis do movimento de Descartes, porém, receberam o apoio de Newton e Leibniz e se tornaram a base da primeira lei do movimento de Newton.

As três leis de Newton (ver p. 44-45) explicavam com clareza as forças que atuam sobre todos os corpos, revolucionando o entendimento da mecânica do mundo físico e lançando as bases da mecânica clássica (o estudo do movimento dos corpos). Nem todas as ideias de Newton foram aceitas em sua época – um dos que o criticaram foi o próprio Leibniz –, mas após sua morte foram largamente incontestes até o início do século xx, assim como as crenças de Aristóteles sobre o movimento tinham dominado o pensamento científico pela maior »

LEIS DO MOVIMENTO

A bicicleta está em movimento devido à força fornecida quando o ciclista pedala, até que a força externa da pedra atue sobre ela, fazendo-a parar.

Atrito

Movimento para frente

Bicicleta em movimento porque a força fornecida pelo ciclista pedalando é maior que o atrito e o arrasto (resistência do ar)

O ciclista voa sobre o guidão, pois ele ou ela não sofreu a ação de uma força externa (a pedra)

A pedra fornece a força externa, maior em quantidade que o movimento para a frente da bicicleta, fazendo-a parar

parte de 2 mil anos. Porém, algumas das críticas a Newton e ideias sobre movimento de Leibniz estavam muito adiante de seu tempo e receberam crédito na teoria geral da relatividade de Albert Einstein dois séculos depois.

Lei da inércia

A primeira lei do movimento de Newton, chamada às vezes de lei da inércia, explica que um objeto em repouso permanece em repouso e um objeto em movimento permanece em movimento com a mesma velocidade, a menos que uma força externa atue sobre ele. Por exemplo, se a roda da frente de uma bicicleta em velocidade bate numa grande pedra, uma força externa atua sobre a bicicleta, fazendo-a parar. Infelizmente para o ciclista, a mesma força não atuará sobre ele ou ela, que continuará em movimento – por cima do guidão.

Pela primeira vez, a lei de Newton permitia fazer previsões acuradas de movimento. A força é definida como um empurrão ou puxão exercido em um objeto por outro e é medida em newtons (denotados N, sendo 1 N a força requerida para dar a 1 kg de massa uma aceleração de 1 m/s²). Se a intensidade de todas as forças sobre um objeto for conhecida, é possível calcular a força externa resultante – o total combinado das forças externas –, expressa como $\sum F$ ($\sum$ significa "soma de"). Por exemplo, se uma força de 23 N empurra uma bola para a esquerda, e uma força de 12 N, para a direita, $\sum F = 11$ N numa direção para a esquerda. Mas não é tão simples assim, pois a força para baixo, da gravidade, também atua sobre a bola, então também devem ser levadas em conta as forças resultantes horizontal e vertical.

Há outros fatores em jogo. A primeira lei de Newton afirma que um objeto em movimento que não sofra atuação de forças externas deveria continuar a se mover em linha reta a velocidade constante. Mas quando uma bola rola no chão, por exemplo, por que acaba parando? Na verdade, ao rolar, a bola sofre uma força externa: o atrito, que a faz desacelerar. Conforme a segunda lei de Newton, um objeto acelerará na direção da força resultante. Como a força de atrito tem sentido oposto à marcha, faz o objeto se retardar e, por fim, parar. No espaço interestelar, uma nave continuará a se mover à mesma velocidade devido à ausência de atrito e resistência do ar – a menos que seja acelerada pelo campo gravitacional de um planeta ou estrela, por exemplo.

A mudança é proporcional

A segunda lei de Newton é uma das mais importantes da física e descreve quanto um objeto acelera quando uma dada força resultante é aplicada a ele. Ela afirma que a taxa de mudança de momento de um corpo – o produto de sua massa e velocidade – é proporcional à força aplicada e se dá no sentido da força aplicada.

Isso pode ser expresso como $\sum F = ma$, em que F é a força resultante, a é a aceleração do objeto no sentido da força resultante e m é sua massa. Se a força cresce, a aceleração também.

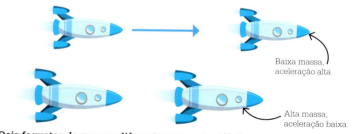

Baixa massa, aceleração alta

Alta massa, aceleração baixa

Dois foguetes de massas diferentes mas motor idêntico acelerarão a taxas diferentes. O foguete menor vai acelerar mais devido a sua massa menor.

MEDIDA E MOVIMENTO 45

As leis do movimento [...] são os decretos livres de Deus.
Gottfried Leibniz

Além disso, a taxa de mudança do momento é inversamente proporcional à massa do objeto, então se a massa do objeto aumenta, sua aceleração diminui. Isso pode ser expresso como $a = \sum F/m$. Por exemplo, quando o combustível de um foguete é queimado durante o voo, sua massa diminui e – assumindo que a propulsão dos motores continue igual – ele acelerará a uma taxa cada vez mais rápida.

Ação e reação iguais
A terceira lei de Newton afirma que para toda ação há uma reação igual e oposta. Sentada, uma pessoa exerce uma pressão para baixo na cadeira, e a cadeira exerce uma pressão igual para cima no corpo da pessoa. Uma força se chama ação, a outra, reação. O rifle recua após ser disparado devido às forças opostas de uma ação-reação. Quando o gatilho do rifle é puxado, uma explosão de pólvora cria gases quentes que se expandem, fazendo o rifle empurrar a bala para fora. Mas a bala também empurra o rifle para trás. A força que atua no rifle é a mesma que atua na bala, mas como a aceleração depende da força e da massa (conforme a segunda lei de Newton), a bala acelera muito mais rápido que o rifle devido a sua massa muito menor.

Noções de tempo, distância e aceleração são fundamentais para a compreensão do movimento. Newton afirmou que o espaço e o tempo são entidades por seu próprio direito, com existência independente da matéria. Em 1715–1716, Leibniz defendeu uma alternativa relacionista, ou seja, que espaço e tempo são sistemas de relações entre objetos. Newton acreditava que existe tempo absoluto, independentemente de qualquer observador, e que progride a um ritmo constante por todo o Universo, mas Leibniz argumentava que o tempo não tem sentido a não ser como movimento relativo de corpos. Newton achava que o espaço absoluto "se mantém sempre similar e imóvel", mas seu crítico alemão dizia que ele só tem sentido como localização relativa de objetos.

De Leibniz a Einstein
Um enigma lançado pelo bispo e filósofo irlandês George Berkeley por volta de 1710 ilustrava problemas dos conceitos de Newton sobre velocidade, espaço e tempo absolutos. Berkeley perguntava se seria possível dizer haver algum movimento numa esfera que girasse num Universo vazio à exceção dela. Embora as críticas de Leibniz a Newton tenham sido em geral

O movimento, na verdade, não é nada mais que a mudança de lugar. Então o movimento como o experimentamos é apenas uma relação.
Gottfried Leibniz

desconsideradas na época, a teoria da relatividade geral de Einstein (1907–1915) lhes deu maior sentido, dois séculos depois. Embora as leis do movimento de Newton sejam em geral verdadeiras para objetos macroscópicos (os que são visíveis a olho nu) em condições do dia a dia, elas falham a velocidades muito altas, em escalas muito pequenas e em campos gravitacionais muito fortes. ∎

Duas naves Voyager foram lançadas em 1977. Sem atrito ou resistência do ar, continuam a se mover pelo espaço hoje, conforme a primeira lei do movimento de Newton.

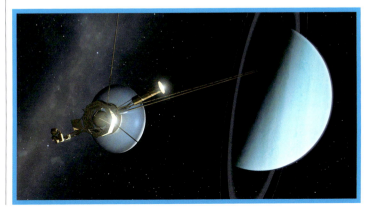

O QUADRO DO SISTEMA DO MUNDO

LEIS DA GRAVIDADE

48 LEIS DA GRAVIDADE

EM CONTEXTO

FIGURA CENTRAL
Isaac Newton (1642–1727)

ANTES
1543 Nicolau Copérnico questiona o pensamento ortodoxo com um modelo heliocêntrico do Sistema Solar.

1609 Johannes Kepler publica suas duas primeiras leis do movimento planetário em *Astronomia nova*, afirmando que os planetas se movem livremente em órbitas elípticas.

DEPOIS
1859 O astrônomo francês Urbain Le Verrier afirma que a precessão na órbita de Mercúrio (leve variação em sua rotação axial) é incompatível com a mecânica newtoniana.

1905 Em seu artigo "Sobre a eletrodinâmica dos corpos em movimento", Einstein introduz a teoria da relatividade especial.

1915 A teoria da relatividade geral de Einstein afirma que a gravidade afeta o tempo, a luz e a matéria.

O que impede as estrelas fixas de cair umas sobre as outras?
Isaac Newton

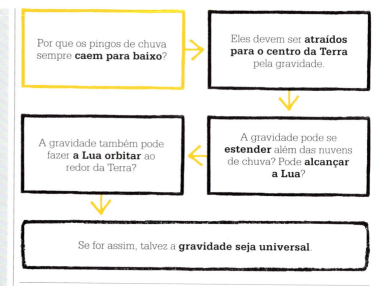

Publicada em 1687, a lei da gravitação universal de Newton continuou a ser por mais de dois séculos – com suas leis do movimento – o fundamento inconteste da "mecânica clássica". Ela afirma que toda partícula atrai qualquer outra partícula com uma força diretamente proporcional ao produto de suas massas e inversamente proporcional ao quadrado da distância entre seus centros.

Antes da era científica em que Newton formulou suas ideias, o entendimento ocidental sobre o mundo natural tinha sido dominado pelos textos de Aristóteles. O filósofo grego antigo não tinha a ideia de gravidade, acreditando em vez disso que objetos pesados caíam na Terra porque era seu "lugar natural" e que objetos celestes se moviam ao redor da Terra em círculos porque eram perfeitos. A visão geocêntrica de Aristóteles continuou praticamente incontestada até o renascimento, quando o astrônomo polonês-italiano Nicolau Copérnico defendeu um modelo de Sistema Solar com a Terra e os planetas orbitando o Sol. Segundo ele, "giramos ao redor do Sol como qualquer outro planeta". Suas ideias, publicadas em 1543, se basearam em observações detalhadas de Mercúrio, Vênus, Marte, Júpiter e Saturno feitas a olho nu.

Evidências astronômicas

Em 1609, Johannes Kepler publicou *Astronomia nova*, que, além de dar maior sustentação ao heliocentrismo, descrevia as órbitas elípticas (em vez de circulares) dos planetas. Kepler também descobriu que a velocidade orbital de cada planeta depende de sua distância do Sol.

Na mesma época, detalhadas observações de Galileu Galilei com a ajuda de telescópios vieram apoiar as ideias de Kepler. Quando focou um telescópio em Júpiter e viu luas orbitando o planeta gigante, Galileu descobriu mais uma prova de que Aristóteles estava errado: se todas as coisas orbitavam a Terra, as luas

MEDIDA E MOVIMENTO   49

Ver também: Queda livre 32-35 ▪ Leis do movimento 40-45 ▪ Os céus 270-271 ▪ Modelos do Universo 272-273 ▪ Relatividade especial 276-279 ▪ O princípio da equivalência 281 ▪ Ondas gravitacionais 312-315

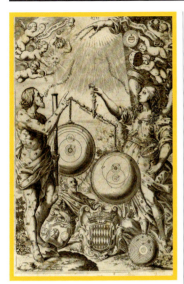

O novo Almagesto, obra de 1651 de Riccioli, ilustra a disputa entre modelos rivais de movimento planetário: a teoria centrada na Terra de Tycho Brahe aparece vencendo o heliocentrismo.

NASA. Sem resistência do ar na superfície da Lua, os dois objetos atingiram o chão ao mesmo tempo.

A maçã de Newton

Embora a história de uma maçã caindo na cabeça de Newton seja apócrifa, ver o fruto cair ao chão realmente despertou sua curiosidade. Na época em que Newton começou a pensar seriamente sobre gravidade, nos anos 1660, muito trabalho fundamental já tinha sido feito. Em sua obra seminal *Principia*, Newton creditou as obras do físico italiano Giovanni Borelli (1608–1679) e do astrônomo francês Ismael Bullialdus (1605–1694), tendo ambos descrito uma força atrativa exercida pela gravidade do Sol. Bullialdus acreditava incorretamente que a gravidade do Sol atraía um planeta em seu afélio (o ponto da curva orbital em que está mais longe do Sol), mas o repelia no periélio (quando está mais perto).

A obra de Johannes Kepler foi provavelmente a maior influência sobre as ideias de Newton. A terceira lei do movimento orbital, do astrônomo alemão, afirma que há uma relação matemática exata entre a distância de um planeta ao

Se a Terra parasse de atrair suas águas para si, todas as águas do mar se elevariam e fluiriam para o corpo da Lua.
Johannes Kepler

de Júpiter não poderiam existir. Galileu também observou fases em Vênus, demonstrando que ele orbita o Sol.

Galileu objetou também à ideia de que objetos pesados caem ao chão mais rápido que os leves. O questionamento foi apoiado pelos jesuítas Giovanni Battista Riccioli e Francesco Maria Grimaldi, que em 1640 derrubaram objetos de uma torre em Bolonha, marcando o tempo de queda até a rua embaixo. Seus cálculos chegaram a valores de razoável precisão para a taxa de aceleração da gravidade, que hoje se sabe ser de 9,8 m/s^2. O experimento foi recriado em 1971 pelo astronauta americano David Scott, que deixou cair um martelo e uma pena na missão Apollo 15 da

Grimaldi e Riccioli mostraram que a gravidade faz os objetos caírem à mesma velocidade, sem que importe sua massa. Se a resistência do ar é eliminada, os objetos aceleram à taxa constante de 9,8 m/s mais rápido a cada segundo que passa.

Sol e o tempo que ele leva para fazer uma órbita completa.

Em 1670, o filósofo natural inglês Robert Hooke afirmou que a gravitação se aplica a todos os corpos celestes e que seu poder diminui com a distância e – na ausência de quaisquer outras forças atrativas – se move em linhas retas. Em 1679, ele concluiu que a lei do quadrado da distância se aplicava, ou seja, a gravidade diminui em proporção com o quadrado da distância de um corpo. Assim, se a distância entre o Sol e outro corpo é dobrada, a força entre eles se reduz a só um quarto da original. Porém, não se sabia se essa regra se aplicaria perto da superfície de um corpo planetário grande como a Terra.

Gravitação universal

Newton publicou suas próprias leis do movimento e gravitação em »

LEIS DA GRAVIDADE

A universalidade da queda livre

O princípio da universalidade da queda livre foi empiricamente descoberto por Galileu e outros, e depois provado matematicamente por Newton. Segundo ele, todos os materiais, pesados ou leves, caem à mesma velocidade num campo gravitacional uniforme. Considere dois corpos de pesos diferentes caindo. Como a teoria da gravidade de Newton diz que, quanto maior a massa de um objeto, maior a força gravitacional, o objeto mais pesado deveria cair mais rápido. Porém, sua segunda lei do movimento diz que uma massa maior não acelera tão rápido quanto uma menor; se aplicada uma força igual, vai cair mais devagar. Os dois se cancelam, e os objetos leve e pesado cairão com a mesma aceleração desde que nenhuma outra força – como a resistência do ar – esteja presente.

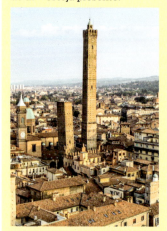

A Torre Asinelli, em Bolonha, na Itália, foi o lugar escolhido para os experimentos de queda livre de Riccioli e Grimaldi, em que a teoria de Galileu foi testada.

Newton afirmou que a gravidade é uma força atrativa universal que se aplica a toda matéria, seja grande, seja pequena. Sua intensidade varia de acordo com a massa dos objetos e a distância entre eles.

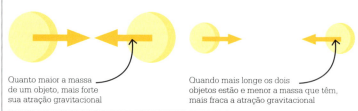

Quanto maior a massa de um objeto, mais forte sua atração gravitacional

Quando mais longe os dois objetos estão e menor a massa que têm, mais fraca a atração gravitacional

Principia, em 1687, dizendo: "Cada partícula atrai toda outra partícula [...] com uma força diretamente proporcional ao produto de suas massas". Ele explicou como toda matéria exerce uma força atrativa – a gravidade – que puxa outras matérias para seu centro. É uma força universal, cuja intensidade depende da massa do objeto. Por exemplo, o campo gravitacional do Sol tem uma intensidade maior que o da Terra, que por sua vez tem uma intensidade maior que o da Lua, que tem uma intensidade maior que uma bola que cai nela. A força gravitacional pode ser expressa pela equação $F = Gm_1m_2/r^2$, em que F é a força, m_1 e m_2 são as massas dos dois corpos, r é a distância entre seus centros e G é a constante gravitacional.

Newton continuou a aperfeiçoar suas ideias muito após a publicação de *Principia*. Seu experimento mental da bala de canhão especulou sobre a trajetória de uma bala disparada de um canhão no topo de uma montanha muito alta, num ambiente sem resistência do ar. Se a gravidade também estivesse ausente, ele afirmou, bala de canhão seguiria em linha reta para longe da Terra, na direção do disparo. Assumindo a gravidade presente, se a velocidade da bala de canhão fosse relativamente baixa, ela cairia na Terra, mas se fosse disparada a uma velocidade muito maior, continuaria a rodear a Terra numa órbita circular; essa seria sua velocidade orbital. Se sua velocidade fosse ainda mais rápida, a bola continuaria a viajar ao redor da Terra numa órbita elíptica. Se alcançasse uma velocidade maior que 11,2 km/s, deixaria o campo gravitacional da Terra e seguiria para o espaço exterior.

Mais de três séculos depois, a física dos tempos modernos colocou as teorias de Newton em prática. O fenômeno da bala de canhão pode ser visto quando um satélite, ou uma nave espacial, é lançado em órbita. Em vez da pólvora que disparava o projétil imaginário de Newton, poderosos motores de foguete elevam o satélite da superfície da Terra e o impulsionam para a frente. Ao

O disparate cairá por seu próprio peso, por um tipo de lei intelectual da gravitação. E uma nova verdade entrará em órbita.
Cecilia Payne-Gaposchkin
Astrônoma britânica-americana

MEDIDA E MOVIMENTO

atingir-se a velocidade orbital, a propulsão cessa e o satélite cai o tempo todo ao redor da Terra, nunca atingindo a superfície. O ângulo de sua rota é determinado pelo ângulo e pela velocidade iniciais. O sucesso da exploração espacial dependeu muito das leis da gravitação de Newton.

Para entender a massa

A massa inercial de um objeto é sua resistência inercial à aceleração por qualquer força, gravitacional ou não. É definida pela segunda lei do movimento de Newton como $F = ma$, em que F é a força aplicada, m é sua massa inercial e a é a aceleração. Se uma força conhecida é aplicada a um objeto, medindo sua aceleração, deduzimos que sua massa inercial é F/a. Em contraste, segundo a lei da gravitação universal de Newton, a massa gravitacional é a propriedade física de um objeto que faz com que ele interaja com outros objetos através da força gravitacional. Newton ficou perturbado com esta questão: a massa inercial de um objeto é a mesma que sua massa gravitacional? Experimentos repetidos mostraram que as duas propriedades são a mesma, um fato que fascinava Albert Einstein, que o usou como base para sua teoria da relatividade geral.

Reinterpretação da gravidade

As ideias de Newton sobre movimento e gravitação universal não foram contestadas até 1905, quando a teoria da relatividade especial de Einstein foi publicada. Enquanto a teoria de Newton dependia da suposição de que massa, tempo e distância são constantes, a teoria de Einstein os trata como entidades fluidas que são definidas pelo referencial do observador. Uma pessoa de pé na Terra, enquanto ela gira em seu eixo, está orbitando o Sol – e se movendo pelo Universo num referencial diferente de um astronauta voando pelo espaço numa nave. A teoria da relatividade geral de Einstein também afirma que a gravidade não é uma força, mas o efeito da distorção do espaço-tempo por objetos massivos.

As leis de Newton são adequadas para a maioria das aplicações do dia a dia, mas não podem explicar diferenças de movimento, massa, distância e tempo resultantes de objetos serem observados a partir de dois referenciais muito diferentes. Nesse caso, os cientistas devem se embasar nas teorias da relatividade de Einstein. A mecânica clássica e as teorias da relatividade de Einstein concordam desde que a velocidade do objeto seja baixa ou o campo gravitacional que ele experimenta seja pequeno. ∎

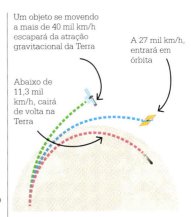

Um objeto se movendo a mais de 40 mil km/h escapará da atração gravitacional da Terra

A 27 mil km/h, entrará em órbita

Abaixo de 11,3 mil km/h, cairá de volta na Terra

Newton previu com acerto que objetos orbitariam a Terra se fossem lançados à velocidade correta. Se um satélite se move com rapidez suficiente, a curvatura de sua queda é menor que a da Terra e ele ficará em órbita, nunca voltando ao chão.

Isaac Newton

Nascido na aldeia inglesa de Woolsthorpe no Natal de 1642, Newton foi para a escola em Grantham e estudou na Universidade de Cambridge. Em *Principia*, formulou as leis do movimento e da gravitação universal, que formaram a base da mecânica clássica até o início do século XX, quando foram parcialmente superadas pelas teorias da relatividade de Einstein. Newton também deu importantes contribuições à matemática e à óptica. Figura às vezes controversa, teve longas disputas com Gottfried Leibniz sobre a autoria do cálculo e com Robert Hooke em relação à lei do quadrado da distância. Além de ser um dedicado cientista, Newton se interessava muito por alquimia e cronologia bíblica. Morreu em Londres em 1727.

Obras principais

1684 *Sobre o movimento de corpos em uma órbita*
1687 *Philosophiae naturalis principia mathematica* (Princípios matemáticos de filosofia natural)

A OSCILAÇÃO ESTÁ EM TODO LUGAR

MOVIMENTO HARMÔNICO

EM CONTEXTO

FIGURA CENTRAL
Leonhard Euler (1707–1783)

ANTES
1581 Galileu descobre a ligação entre o comprimento de um pêndulo e seu período de movimento.

1656 Christiaan Huygens constrói um relógio que usa o movimento periódico de um pêndulo para regular o mecanismo de marcação do tempo.

DEPOIS
1807 O físico francês Joseph Fourier mostra que qualquer processo periódico pode ser tratado como a soma de oscilações harmônicas simples combinadas umas às outras.

1909 O engenheiro alemão Hermann Frahm desenvolve um "absorvedor dinâmico de vibrações", instrumento que absorve energia de oscilações e a libera fora de sincronia para reduzir a vibração.

O movimento periódico (que se repete a intervalos de tempo iguais) está presente em muitos fenômenos naturais e artificiais. Estudos de pêndulos nos séculos XVI e XVII, por exemplo, ajudaram a lançar as bases das leis do movimento de Isaac Newton. Porém, por mais revolucionárias que essas leis fossem, os físicos ainda enfrentavam grandes barreiras para aplicá-las a problemas do mundo real que envolvessem sistemas (grupos de itens em interação), mais complexos que os corpos idealizados, em movimento livre, de Newton.

Oscilações musicais

Uma área de interesse especial era a vibração de cordas musicais – outra forma de movimento periódico. Na época de Newton, o princípio de que cordas vibram a diferentes frequências produzindo sons diversos estava bem estabelecido, mas a forma exata das vibrações não era clara. Em 1732, o físico e matemático suíço Daniel Bernoulli descobriu um meio de aplicar a segunda lei do movimento de Newton a cada segmento de uma corda vibrando. Ele mostrou que a força sobre a corda aumentava conforme se movia mais para longe da linha central (seu ponto de partida estático) e sempre atuava no sentido oposto ao deslocamento a partir do centro. Apesar de tender a restaurar a corda em direção ao centro, ela ultrapassava para o outro lado, criando um ciclo repetido.

Esse tipo de movimento, com uma relação específica entre deslocamento e força restauradora, é hoje chamado de movimento harmônico simples. Além de cordas vibrando, abrange fenômenos como um pêndulo balançando e um peso ricocheteando na ponta de uma mola. Bernoulli também descobriu que as

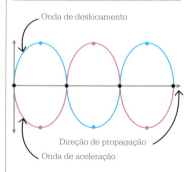

Onda de deslocamento
Direção de propagação
Onda de aceleração

Para qualquer sistema em movimento harmônico simples, o deslocamento e a aceleração podem ser descritos por oscilações de ondas senoidais que são imagens espelhadas umas das outras.

MEDIDA E MOVIMENTO 53

Ver também: A medida do tempo 38-39 ▪ Leis do movimento 40-45 ▪ Energia cinética e energia potencial 54 ▪ Música 164-167

Nada acontece no mundo cujo sentido não seja de algum máximo ou mínimo.
Leonhard Euler

oscilações harmônicas plotadas num gráfico formam uma onda senoidal – uma função matemática facilmente manipulada para obter soluções de problemas físicos. O movimento harmônico tem também algumas aplicações mais surpreendentes. Por exemplo, tanto o movimento circular (como o de um satélite orbitando a Terra) quanto a rotação de objetos (a Terra girando sobre seu eixo) poderiam ser tratados como oscilações para a frente e para trás em duas ou mais direções.

Usando a lei de Newton

O matemático e físico suíço Leonhard Euler estava intrigado com as forças que fazem os barcos arfar (balançar para cima e para baixo no comprimento, da proa à popa) e rolar (inclinar-se de um lado para outro). Por volta de 1736, ele percebeu que o movimento de um barco podia ser dividido em um elemento de translação (movimento entre dois lugares) e um elemento rotacional.

Buscando uma equação para descrever a parte de rotação do

Como jovem auxiliar médico na marinha russa, Leonhard Euler ficou fascinado pelo modo como as ondas afetam o movimento dos barcos.

movimento, Euler se baseou no trabalho de Daniel Bernoulli e acabou chegando a uma forma que espelhava a estrutura da segunda lei de Newton. Em 1752, Euler foi a primeira pessoa a expressar essa famosa lei na hoje familiar equação $F = ma$ (a força que atua sobre um corpo é igual a sua massa multiplicada por sua aceleração). Em paralelo, sua equação para rotação diz que $L = I\, d\omega/dt$, em que L é o torque (a força rotacional que atua sobre o objeto), I é o "momento de inércia" do objeto (grosso modo, a resistência ao giro) e $d\omega/dt$ é a taxa de mudança de sua velocidade angular ω (em outras palavras, sua "aceleração angular").

O movimento harmônico simples apresentou incontáveis aplicações, até em campos nem sonhados na época de Euler, indo do aproveitamento de oscilações de campos elétricos e magnéticos em circuitos elétricos ao mapeamento de vibrações de elétrons entre níveis de energia nos átomos. ▪

Leonhard Euler

Nascido em 1707 numa família religiosa de Basileia, na Suíça, Leonhard Euler foi o mais importante matemático de sua geração, interessado em matemática pura e aplicada – como no desenho de barcos, mecânica, astronomia e teoria musical. Ele entrou na universidade de Basileia aos treze anos, onde foi aluno de Johann Bernoulli. Passou catorze anos ensinando e pesquisando na Academia Imperial Russa, em São Petersburgo, antes de Frederico, o Grande, convidá-lo a ir para Berlim. Apesar de ter perdido a visão de um olho em 1738 e do outro em 1766, Euler continuou num ritmo prodigioso, estabelecendo áreas totalmente novas de investigação matemática. Ao voltar a São Petersburgo, trabalhou até morrer de uma hemorragia cerebral em 1783.

Obras principais

1736 *Mecânica*
1744 *Método para encontrar linhas curvas com propriedades de máximo ou mínimo*
1749 *Ciência náutica*
1765 *Teoria do movimento de corpos sólidos ou rígidos*

NÃO HÁ DESTRUIÇÃO DE FORÇA
ENERGIA CINÉTICA E ENERGIA POTENCIAL

EM CONTEXTO

FIGURA CENTRAL
Émilie du Châtelet (1706–1749)

ANTES
1670 John Wallis propõe uma lei da conservação do momento – a primeira em forma moderna.

DEPOIS
1798 O físico americano nascido britânico Benjamin Thompson, conde de Rumford, faz medidas que indicam que o calor é outra forma de energia cinética, contribuindo para a energia total de um sistema.

1807 O polímata britânico Thomas Young usa pela primeira vez o termo "energia" para a *vis viva* investigada por Du Châtelet.

1833 O matemático irlandês William Rowan Hamilton mostra como a evolução de um sistema mecânico pode ser pensada em termos de mudança de equilíbrio entre as energias potencial e cinética.

As leis do movimento de Isaac Newton incorporaram a ideia fundamental de que a soma de momento em todos os objetos envolvidos é a mesma antes e após uma colisão. Ele tinha pouco a dizer, porém, sobre o conceito de energia como entendido hoje. Nos anos 1680, Gottfried Leibniz notou que outra propriedade dos corpos em movimento, chamada por ele *vis viva* (força viva), também parecia se conservar.

Os seguidores de Newton, que achavam que energia e momento deviam ser indistinguíveis, rejeitaram a ideia de Leibniz, mas ela foi recuperada nos anos 1740. A filósofa francesa marquesa Émilie du Châtelet, que trabalhava numa translação dos *Principia* de Newton, provou a importância da *vis viva*. Ela repetiu um experimento – já realizado pelo filósofo holandês Willem's Gravesande – em que deixou cair de alturas variadas bolas de metal de diferentes pesos sobre argila, medindo a profundidade das crateras resultantes. Isso mostrou que uma bola que viajava duas vezes mais rápido fazia uma cratera quatro vezes mais funda.

Du Châtelet concluiu que a *vis viva* de cada bola (grosso modo o mesmo conceito de energia cinética atribuído a partículas em movimento) era proporcional a sua massa, mas também ao quadrado de sua velocidade (). Sua hipótese era de que, por ser a *vis viva* conservada (ou transferida em grande quantidade) em tais colisões, deveria existir de forma diferente quando o peso estava suspenso antes da queda. Essa forma é hoje chamada energia potencial e atribuída à posição de um objeto num campo de força. ■

A física é uma construção imensa, que ultrapassa os poderes de um só homem.
Émilie du Châtelet

Ver também: Momento 37 ▪ Leis do movimento 40–45 ▪ Energia e movimento 56–57 ▪ Campos de força e equações de Maxwell 142–147

MEDIDA E MOVIMENTO

A ENERGIA NÃO PODE SER CRIADA NEM DESTRUÍDA
CONSERVAÇÃO DA ENERGIA

EM CONTEXTO

FIGURA CENTRAL
James Joule (1818–1889)

ANTES
1798 Benjamin Thompson, conde de Rumford, usa a perfuração de um cano de canhão imerso em água por um aparelho sem corte para mostrar que o calor é criado por movimento mecânico.

DEPOIS
1847 No artigo "Da conservação de força", o físico alemão Hermann von Helmholtz explica a convertibilidade de todas as formas de energia.

1850 O engenheiro civil escocês William Rankine cria a expressão "lei da conservação da energia" para descrever o princípio.

1905 Albert Einstein introduz, na teoria da relatividade, o princípio de equivalência massa-energia – a ideia de que todo objeto, mesmo em repouso, tem energia equivalente a sua massa.

A lei da conservação da energia afirma que a energia total de um sistema isolado se mantém constante ao longo do tempo. A energia não pode ser criada nem destruída, mas transformada de uma forma em outra. Embora o químico e físico alemão Julius von Mayer tenha apresentado a ideia antes, em 1841, o crédito é dado ao físico britânico James Joule. Em 1845, Joule publicou os resultados de um experimento crucial. Ele projetou um peso em queda girando uma roda com pás num cilindro fechado com água, e usou a gravidade para realizar o trabalho mecânico. Medindo o aumento de temperatura da água, calculou a quantidade precisa de calor que uma quantidade exata de trabalho mecânico criaria. Ele mostrou também que nenhuma energia se perdia na conversão. A descoberta de Joule de que o calor tinha sido criado mecanicamente não foi aceita até 1847, quando Hermann von Helmholtz propôs uma relação entre mecânica, calor, luz, eletricidade e magnetismo – cada um deles uma forma de energia. Joule foi homenageado ao ter seu nome atribuído à unidade-padrão de energia, em 1882. ∎

Para o experimento, Joule usou um recipiente cheio de água e pesos em queda que giravam uma roda com pás de latão. O aumento de temperatura da água mostrou que trabalho mecânico cria calor.

Ver também: Energia e movimento 56-57 ▪ Calor e transferência 80-81 ▪ Energia interna e primeira lei da termodinâmica 86-89 ▪ Massa e energia 284-285

UM NOVO TRATADO DE MECÂNICA
ENERGIA E MOVIMENTO

EM CONTEXTO

FIGURA CENTRAL
Joseph-Louis Lagrange
(1736–1813)

ANTES
1743 O físico e matemático francês Jean Le Rond d'Alembert assinala que a inércia de um corpo acelerado é proporcional e oposta à força que causa a aceleração.

1744 Pierre-Louis Maupertuis, um matemático francês, mostra que um "princípio do comprimento mínimo" para o movimento da luz pode ser usado para descobrir suas equações de movimento.

DEPOIS
1861 James Clerk Maxwell aplica o trabalho de Lagrange e William Rowan Hamilton ao cálculo dos efeitos dos campos de força eletromagnética.

1925 Erwin Schrödinger deriva as equações de onda do princípio de Hamilton.

Ao longo do século XVIII, os físicos desenvolveram muito as leis do movimento apresentadas por Isaac Newton em 1687. Grande parte desses avanços foi impulsionada por inovações matemáticas que tornaram os princípios centrais das leis de Newton mais fáceis de aplicar a uma gama maior de problemas.

A questão central era como abordar melhor o desafio de sistemas com restrições, em que corpos são obrigados a se mover de modo limitado. Um exemplo é o movimento de um peso na ponta de um pêndulo fixo, que não pode se soltar de seu fio. Acrescentar qualquer forma de restrição complica muito os cálculos newtonianos – em qualquer ponto no movimento de um objeto, todas as forças que atuam sobre ele devem ser levadas em conta e o efeito resultante delas, descoberto.

Equações lagrangianas

Em 1788, o matemático e astrônomo francês Joseph-Louis Lagrange propôs uma nova abordagem radical que chamou de "mecânica analítica". Ele apresentou duas técnicas matemáticas que permitiam usar mais facilmente as leis do movimento numa ampla variedade de situações. As "equações lagrangianas do primeiro tipo" eram apenas uma estrutura de equação que permitia às restrições serem consideradas como elementos separados ao determinar o movimento de um ou mais objetos.

Mais importantes ainda foram as equações "do segundo tipo", que abandonaram as "coordenadas cartesianas" implícitas nas leis de Newton. A identificação da localização em três dimensões (em geral denotadas x, y e z) de René Descartes é intuitivamente fácil de interpretar, mas torna todos os problemas da física newtoniana (salvo os mais simples) muito difíceis

Newton foi o maior gênio que já existiu, e o mais afortunado, pois não se pode encontrar mais de uma vez um sistema do mundo para estabelecer.
Joseph-Louis Lagrange

MEDIDA E MOVIMENTO

Ver também: Leis do movimento 40-45 ▪ Conservação da energia 55 ▪ Campos de força e equações de Maxwell 142-147 ▪ Reflexão e refração 168-169

> As **leis do movimento de Newton** descrevem o movimento em **coordenadas cartesianas** (coordenadas 3D x-, y- e z-).

> É muito **difícil calcular problemas complexos de movimento** usando coordenadas cartesianas.

> Joseph-Louis Lagrange **criou equações** que permitiam resolver problemas de movimento com o **sistema de coordenadas mais adequado**.

> Isso revelou que, **em geral, os objetos se movem** pelo caminho que requer **menor energia**.

---

de calcular. O método elaborado por Lagrange permitia que os cálculos fossem feitos com qualquer sistema de coordenadas mais adequado ao problema em estudo. A generalização proposta por Lagrange para equações do segundo tipo era mais que uma ferramenta matemática; ela indicava o caminho para uma compreensão mais profunda da natureza de sistemas dinâmicos.

Solução de problemas

Entre 1827 e 1833, o matemático irlandês William Rowan Hamilton expandiu o trabalho de Lagrange, levando a mecânica a um novo nível. A partir do "princípio de mínimo tempo" em óptica, proposto primeiro pelo matemático francês Pierre de Fermat no século XVII, Hamilton desenvolveu um método para calcular equações de movimento para qualquer sistema baseado num princípio de mínima ação (ou estacionária) – ou seja, a ideia de que os objetos, como os raios de luz, tenderão a se mover pelo caminho que exija menor energia. Usando esse princípio, ele provou que qualquer sistema mecânico poderia ser descrito resolvendo-o com um método matemático similar a identificar os pontos de virada num gráfico.

Por fim, em 1833 Hamilton apresentou uma poderosa nova abordagem à mecânica por equações que descrevem a evolução de um sistema mecânico ao longo do tempo, em termos de coordenadas generalizadas e da energia total do sistema (denotada H e hoje conhecida como "hamiltoniana"). As equações de Hamilton permitiam calcular o equilíbrio de energias cinética e potencial do sistema para um tempo particular, e assim prever não só trajetórias, como a localização exata de objetos. Com o princípio geral de "mínima ação", elas teriam aplicações em várias outras áreas da física, como gravitação, eletromagnetismo e até física quântica. ∎

Joseph-Louis Lagrange

Nascido em Turim, na Itália, em 1736, Lagrange estudou direito antes de se interessar por matemática, aos dezessete anos. Desde então, estudou sozinho e ampliou rápido seu conhecimento, lecionando matemática e balística na academia militar local. A seguir, tornou-se membro fundador da Academia de Ciências de Turim e publicou trabalhos que atraíram a atenção de outros, como Leonhard Euler.

Em 1766, foi para Berlim, onde sucedeu a Euler como diretor de matemática na Academia de Ciências. Lá, produziu sua obra mais importante sobre mecânica analítica e dedicou-se a problemas astronômicos como a relação gravitacional entre três corpos. Mudou-se para Paris em 1786, onde passou o resto da carreira até sua morte, em 1813.

Obras principais

1758–1773 *Miscellanea taurinensia*: artigos publicados pela Academia de Ciências de Turim
1788–1789 *Mecânica analítica*

PRECISAMOS OLHAR O CÉU PARA MEDIR A TERRA

UNIDADES SI E CONSTANTES FÍSICAS

UNIDADES SI E CONSTANTES FÍSICAS

EM CONTEXTO

FIGURA CENTRAL
Bryan Kibble (1938–2016)

ANTES
1875 A Convenção do Metro é firmada por dezessete nações.

1889 O Protótipo Internacional do Quilograma e do Metro é construído.

1946 Novas definições do ampere e do ohm são adotadas.

DEPOIS
1967 O segundo é redefinido em termos de frequências ligadas ao átomo de césio.

1983 O metro é redefinido em termos de c, a velocidade da luz no vácuo.

1999 É apresentada uma nova unidade SI derivada, o katal, que mede a atividade catalítica.

2019 Todas as unidades básicas SI são redefinidas em termos de constantes físicas universais.

Cada molécula, em todo o Universo, tem impresso o selo de um sistema métrico tão distintamente como o metro dos Arquivos Nacionais em Paris.
James Clerk Maxwell

As **medidas** costumavam ser definidas por referência a uma **"unidade-padrão"** (como o Protótipo Internacional do Quilograma). Essas unidades-padrão mudavam com o tempo.

Os **valores** de constantes físicas universais nessas unidades-padrão eram **determinados por experimentação**.

As **constantes físicas universais** se baseiam em **coisas da natureza** reconhecidas como **invariantes**.

Fixando um valor para uma constante física, **uma unidade pode ser definida** em termos de uma verdadeira invariante.

Medir uma quantidade física exige a especificação de uma unidade (como o metro para comprimento) e comparar medidas requer que cada lado defina a unidade do mesmo modo exato. Embora medidas-padrão tenham sido usadas em culturas antigas, como a romana, o aumento do comércio internacional e a industrialização nos séculos XVII e XVIII tornou imperativa a necessidade de uniformidade e precisão.

O sistema métrico foi introduzido nos anos 1790, na Revolução Francesa, para racionalizar medidas, simplificar o comércio e unir a França. Na época, centenas de milhares de unidades diferentes estavam em uso, variando de uma cidade a outra. A ideia era substituí-las por padrões universais e permanentes de comprimento, área, massa e volume baseados na natureza. O metro, por exemplo, foi definido como uma fração da circunferência da Terra ao longo do meridiano de Paris. Em 1799, os protótipos de platina do metro e do quilograma foram criados, e cópias, enviadas para exposição em locais públicos de toda a França; o comprimento do metro foi também gravado em pedra em locais de Paris e outras cidades.

No século seguinte, outros países na Europa e alguns da América do Sul adotaram o sistema métrico. Em 1875, preocupados com o desgaste dos protótipos de platina e sua tendência a se deformar, representantes de trinta nações se reuniram em Paris com o fim de estabelecer um padrão global de medidas.

O tratado resultante, a Convenção do Metro (Convention du Mètre), estipulou novos protótipos

MEDIDA E MOVIMENTO

Ver também: A medida de distâncias 18-19 ▪ A medida do tempo 38-39 ▪ Desenvolvimento da mecânica estatística 104-111 ▪ Carga elétrica 124-127 ▪ A velocidade da luz 275

para o metro e o quilograma, feitos de liga de platina e irídio. Eles foram mantidos em Paris, e cópias foram produzidas para os institutos de padrões das dezessete nações signatárias. A Convenção delineou procedimentos para calibração periódica dos padrões nacionais com base nos novos protótipos e também encarregou o Bureau Internacional de Pesos e Medidas (BIPM) de inspecioná-los.

A versão do sistema métrico do SI (Sistema Internacional), iniciada em 1948, foi aprovada pelas nações signatárias em Paris em 1960. Desde então, é usada para quase todas as medidas científicas e tecnológicas e muitas cotidianas. Ainda há exceções, como as distâncias em estradas no Reino Unido e nos Estados Unidos, mas mesmo as medidas imperiais britânicas ou usuais nos EUA, como jarda e libra, foram definidas em termos de padrões métricos.

Unidades de 10

Com os sistemas tradicionais de unidades que usam razões de 2, 3 e múltiplos – por exemplo, 12 polegadas dão um pé –, algumas somas do dia a dia são fáceis, mas a aritmética mais complicada pode ser de difícil manejo. O sistema métrico só especifica razões decimais (contadas em unidades de 10), tornando a aritmética muito mais fácil; é claro que 1/10 de 1/100 de um metro é 1/1.000 de um metro.

O sistema métrico também especifica prefixos e símbolos para muitos múltiplos, como quilo- (k) para multiplicação por 1.000, centi- (c) para um centésimo e micro- (μ) para um milionésimo. Os prefixos permitidos pelo SI vão de iocto- (y), que significa 10^{-24}, até iota- (Y), ou seja, 10^{24}.

CGS, MKS e SI

Em 1832, o matemático alemão Carl Gauss propôs um sistema de

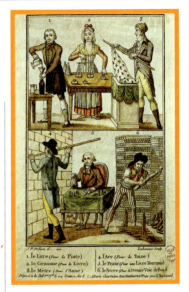

O sistema métrico entrou em uso na França por volta de 1795. Esta gravura de L. F. Labrousse mostra as novas unidades decimais para medir coisas e uma lista de unidades métricas, com as substituídas.

medidas baseado em três unidades fundamentais de comprimento, massa e tema. A ideia de Gauss era que todas as quantidades físicas pudessem ser mensuradas nessas unidades ou combinações delas. Cada quantidade fundamental teria uma unidade, à »

O IPK tem só 4 cm de altura e está sob três campânulas de vidro no BIPM (Bureau Internacional de Pesos e Medidas) em Paris, na França.

O IPK

Durante 130 anos, o quilograma foi definido por um cilindro de platina e irídio, o Protótipo Internacional de Quilograma (IPK, na sigla em inglês) ou "*Le Grand K*". Institutos de metrologia, como o Laboratório Nacional Físico do Reino Unido e o Instituto Nacional de Padrões e Tecnologia, dos EUA, tinham cópias do cilindro, comparadas ao IPK uma vez a cada quarenta anos. Embora a liga de platina e irídio seja muito estável, discrepâncias de até 50 μg surgiam, com o tempo, entre os cilindros. Como outras unidades básicas dependiam da definição do quilograma, esse desvio afetava medidas de muitas quantidades. Com a demanda de cientistas e indústria por maior precisão para experimentos e tecnologia, a instabilidade do IPK se tornou um problema. Em 1960, quando o metro foi redefinido em termos de um comprimento de luz particular emitido pelo átomo de criptônio, o quilograma se tornou a única unidade básica cujo padrão dependia de um objeto físico. Com a redefinição do SI em 2019, não é mais assim.

62 UNIDADES SI E CONSTANTES FÍSICAS

Unidades básicas SI

Hoje, as unidades básicas SI são determinadas em termos de constantes físicas, cujos valores numéricos são fixos, e – à exceção do segundo e do mol – de definições de outras unidades básicas.

Tempo	Segundo (s)	O segundo (s) é definido fixando $\Delta\nu_{cs}$, a frequência da transição hiperfina do estado básico não perturbado do átomo de césio-133, em 9.192.631.770 Hz (isto é, 9.192.631.770 s^{-1}).
Comprimento	Metro (m)	O metro (m) é definido fixando c, a velocidade da luz no vácuo, em 299.792.458 m s^{-1}, em que o segundo é definido em termos de $\Delta\nu_{cs}$.
Massa	Quilograma (kg)	O quilograma (kg) é definido fixando h, a constante de Planck, em 6,62607015 $\times$ 10^{-34} J s (isto é, 6,62607015 x 10^{-34} kg m^2 s^{-1}, sendo o metro e o segundo definidos em termos de c e $\Delta\nu_{cs}$).
Corrente elétrica	Ampere (A)	O ampere (A) é definido fixando e, a carga elementar, em 1,602176634 $\times$ 10^{-19} C (isto é, 1,602176634 x 10^{-19} A s, sendo o segundo definido em termos de $\Delta\nu_{cs}$).
Temperatura termo-dinâmica	Kelvin (K)	O kelvin (K) é definido fixando k, a constante de Boltzmann, em 1,380649 x 10^{-23} J K^{-1} (isto é, 1,380649 x 10^{-23} kg m^2 s^{-2} K^{-1}, em que quilograma, metro e segundo são definidos em termos de h, c e $\Delta\nu_{cs}$).
Quantidade de substância	Mol (mol)	O mol é definido fixando N^A, a constante de Avogadro, exatamente em 6,02214076 $\times$ 10^{23} mol^{-1} (isto é, um mol de uma substância contém 6,02214076 $\times$ 10^{23} partículas como átomos, moléculas ou elétrons).
Intensidade luminosa	Candela (cd)	A candela (cd) é definida fixando K$_{cd}$, a eficiência luminosa da radiação de frequência 540 x 10^{12} Hz, em 683 lm W^{-1} (isto é, 683 cd sr kg^{-1} m^{-2} s^3, em que sr é o ângulo sólido em esferorradianos e quilograma, metro e segundo são definidos em termos de h, c e $\Delta\nu_{cs}$).

diferença de alguns sistemas tradicionais que usavam várias unidades diferentes para uma quantidade (por exemplo, polegada, jarda e *furlong* para comprimento). Em 1873, físicos britânicos propuseram o centímetro, o grama e o segundo (cGs) como unidades fundamentais. Esse sistema cGs funcionou bem por muitos anos, mas gradualmente deu lugar ao sistema MKS (metro, quilograma e segundo). Ambos foram substituídos pelo SI, que incluiu unidades padronizadas em áreas mais novas de estudo, como a eletricidade e o magnetismo.

Unidades SI básicas e derivadas

O SI especifica sete "unidades básicas" (e símbolos) para medida de sete quantidades fundamentais, como metro (m) para comprimento, quilograma (kg) para massa e segundo (s) para tempo. Essas quantidades fundamentais são consideradas independentes umas das outras, embora as definições de suas unidades não sejam – por exemplo, comprimento e tempo são independentes, mas a definição do metro depende da de segundo.

Outras quantidades são mensuradas em "unidades derivadas", que são combinações de unidades básicas, de acordo com a relação entre as quantidades. Por exemplo, velocidade escalar, que é distância por tempo, é medida em metros por segundo (m s^{-1}). Além dessas unidades derivadas, há hoje 22 "unidades derivadas com nomes especiais" – como a força, que é medida em newtons (N), em que 1 N = 1 kg m s^{-2}.

Precisão crescente

Conforme a teoria e a tecnologia avançavam, as unidades básicas SI foram redefinidas. A metrologia – ciência da mensuração – moderna depende de instrumentos de grande precisão. O desenvolvimento, em 1975, da balança de Watt de bobina móvel, do metrologista Bryan Kibble, aumentou muito a precisão de definição do ampere. A balança de Watt compara a potência desenvolvida por uma massa em movimento com a corrente e a voltagem em uma bobina eletromagnética. Kibble passou a colaborar com Ian Robinson no Reino Unido em 1978, criando um instrumento prático – o Mark I – que permitiu medir o ampere com precisão inédita. Em 1990, seguiu-se a balança Mark II. Construído numa câmara de vácuo, o instrumento tornou possível medir a constante de Planck com precisão o bastante para permitir a redefinição do quilograma. Modelos posteriores da balança de Kibble contribuíram de modo significativo para a versão mais recente do SI.

Historicamente, as definições foram feitas em termos de artefatos físicos (como o Protótipo Internacional do Quilograma – IPK, na sigla em inglês) ou de propriedades medidas (como a frequência de radiação emitida por certo tipo de átomo), com a inclusão de uma ou mais constantes físicas universais.

MEDIDA E MOVIMENTO

É natural ao ser humano relacionar as unidades de distância pelas quais viaja às dimensões do globo que habita.
Pierre-Simon Laplace
Matemático e filósofo francês

Essas constantes (como c, a velocidade da luz no vácuo, ou $\Delta\nu_{\mathrm{Cs}}$, frequência associada a um elétron movendo-se entre níveis de energia particulares – a "transição hiperfina" – num átomo de césio) são invariantes naturais. Ou seja, constantes físicas universais são as mesmas ao longo do tempo e espaço e, portanto, mais estáveis que qualquer determinação experimental delas ou artefato material.

Unidades SI redefinidas

A redefinição das unidades SI em termos de constantes físicas fundamentais em 2019 foi uma virada filosófica. Antes disso, as definições de unidades eram explícitas. Por exemplo, desde 1967, o segundo era definido como 9.192.631.770 ciclos da radiação emitida pela transição hiperfina do césio. Esse número foi obtido experimentalmente, comparando $\Delta\nu_{\mathrm{Cs}}$ com a definição mais rigorosa do segundo então existente, baseada na órbita da Terra ao redor do Sol. Hoje, a definição é diferente.

A constante – aqui, o valor de $\Delta\nu_{\mathrm{Cs}}$ – é definida primeiro explicitamente (como 9.192.631.770). Isso expressa nossa confiança em que $\Delta\nu_{\mathrm{Cs}}$ nunca muda. Não interessa o valor numérico atribuído a ele, porque o tamanho da unidade com que é medido é arbitrário. Porém, há uma unidade conveniente – o segundo – que pode ser refinada, e assim é atribuído um valor que torna o segundo recentemente definido tão próximo quanto possível do segundo pela definição antiga. Em outras palavras, em vez de ter uma definição fixa do segundo e medir o $\Delta\nu_{\mathrm{Cs}}$ relativo a ele, os metrologistas fixam um número conveniente para $\Delta\nu_{\mathrm{Cs}}$ e definem o segundo relativo a ele.

Sob a antiga definição do quilograma, o IPK era considerado uma constante. Sob a nova definição, o valor da constante de Planck

A balança de Kibble do Instituto Nacional de Padrões e Tecnologia dos EUA produz medidas precisas e contribuiu para a recente redefinição das unidades de medida básicas em termos de constantes físicas.

($6{,}62607015 \times 10^{-34}$ joule-segundos) é fixo, e o quilograma foi redefinido para se ajustar a esse valor numérico.

O novo SI agora tem uma fundamentação mais firme, com a redefinição de unidades. A maioria não mudou, mas sua estabilidade e precisão a escalas muito pequenas ou muito grandes foram aperfeiçoadas. ∎

Bryan Kibble

Nascido em 1938, o físico britânico e metrologista Bryan Kibble mostrou cedo uma aptidão para a ciência e ganhou uma bolsa para estudar na Universidade de Oxford, onde obteve um doutorado em espectroscopia atômica em 1964. Após um período curto de pós-doutorado no Canadá, ele voltou ao Reino Unido em 1967 e trabalhou como pesquisador no Laboratório Físico Nacional até 1998.

Kibble fez várias contribuições significativas à metrologia, a maior das quais foi o desenvolvimento da balança de Watt de bobina móvel, que permitiu fazer medidas (inicialmente do ampere) com grande precisão sem referência a um artefato físico.

Após sua morte em 2016, a balança de Watt foi renomeada balança de Kibble em sua homenagem.

Obras principais

1984 *Coaxial AC Bridges* (com G. H. Raynor)
2011 *Coaxial Electrical Circuits for Interference-Free Measurements* (com Shakil Awan e Jürgen Schurr)

ENERGIA E MATÉRIA

MATERIAIS E CALOR

INTRODUÇÃO

Os filósofos gregos Demócrito e Leucipo estabelecem a escola do **atomismo**, acreditando que o mundo é feito de **pequenos fragmentos indestrutíveis**.

SÉCULO V a.C.

Isaac Newton sugere que os **átomos** se mantêm unidos graças a uma **força invisível de atração**.

1704

James Watt cria uma **máquina a vapor** eficiente, que se revela a força motriz da **Revolução Industrial**.

1769

O físico e inventor britânico Benjamin Thompson, conde de Rumford, fornece uma definição abalizada de **conservação da energia**.

1798

1678

O polímata inglês Robert Hooke publica a **lei de Hooke**, que descreve o modo como os objetos **se deformam sob tensão**.

1738

O matemático suíço Daniel Bernoulli descobre que a **pressão de um fluido cai** com o **aumento de sua velocidade**.

1787

Jacques Charles descobre a relação entre o **volume de um gás e sua temperatura a pressão constante**, mas não publica seu trabalho.

1802

Joseph-Louis Gay-Lussac redescobre a lei dos gases de Charles e também a **relação entre a temperatura e pressão de um gás**.

Algumas coisas em nosso Universo são tangíveis, podemos tocá-las e segurá-las com as mãos. Outras parecem etéreas e irreais até que observemos seu efeito sobre os objetos que seguramos. Nosso Universo é construído de matéria tangível, mas governado pela troca de energia intangível.

Matéria é o nome dado a qualquer coisa na natureza com forma, estrutura e massa. Os filósofos naturais da Grécia antiga foram os primeiros a propor que a matéria é feita de muitos pequenos "tijolos" chamados átomos. Os átomos se unem formando materiais, feitos de um ou mais átomos diferentes combinados de várias formas. Essas estruturas microscópicas diversas dão a esses materiais propriedades muito diferentes; alguns são flexíveis e elásticos, outros, duros e quebradiços. Muito antes dos gregos, os primeiros humanos usaram os materiais a seu redor para realizar tarefas. De vez em quando, um material novo era descoberto, em geral por acidente, mas às vezes por experimentos de tentativa e erro. Acrescentando coque (carbono) a ferro, produziram aço, um metal mais forte, porém mais quebradiço, que produzia lâminas melhores do que só com o ferro.

A era da experimentação

Na Europa do século XVII, a experimentação deu lugar a leis e teorias, e essas ideias levaram a novos materiais e métodos. Durante a Revolução Industrial europeia (1760–1840), os engenheiros selecionaram materiais para construir máquinas que poderiam suportar grandes forças e temperaturas. Essas máquinas eram movidas a água na forma gasosa de vapor. O calor era a chave para criar vapor de água. Nos anos 1760, os engenheiros escoceses Joseph Black e James Watt fizeram a importante descoberta de que o calor é uma quantidade e a temperatura é uma medida. Entender como o calor é transferido e como os fluidos se movem tornou-se crucial para o êxito no mundo industrial, com engenheiros e físicos competindo para construir as maiores e melhores máquinas.

Os experimentos sobre propriedades físicas dos gases começaram com a criação da bomba de vácuo por Otto von Guericke na Alemanha, em 1650. No século seguinte, os químicos Robert Boyle na Inglaterra e Jacques Charles e Joseph-Louis Gay-Lussac na França descobriram três leis que

ENERGIA E MATÉRIA

Sadi Carnot analisa a eficiência de máquinas a vapor e desenvolve a ideia de um processo reversível, dando início à **ciência da termodinâmica**.

James Joule descobre que o **calor é uma forma de energia** e que outras formas de energia podem ser convertidas em calor.

O holandês Johannes Diderik van der Waals propõe a **equação de estado** para descrever matematicamente o comportamento dos gases quando se condensam em líquido.

O físico alemão Max Planck propõe uma nova teoria para a **radiação de corpo negro** e apresenta a ideia do **quantum** de energia.

1824   **1844**   **1873**   **1900**

1803   **1834**   **1865**   **1874**

O químico britânico John Dalton propõe um **modelo atômico** moderno a partir da razão com que certos elementos químicos **se combinam para formar compostos**.

O francês Émile Clapeyron **combina as leis dos gases** de Boyle, Charles, Gay-Lussac e Amedeo Avogadro na **equação do gás ideal**.

O físico alemão Rudolf Clausius apresenta a **definição de entropia** moderna.

William Thomson (depois chamado de lorde Kelvin), engenheiro e físico nascido na Irlanda, expõe formalmente a **segunda lei da termodinâmica**, que acaba levando à **seta do tempo** da termodinâmica.

---

relacionavam temperatura, volume e pressão de um gás. Em 1834, essas leis foram combinadas numa única equação, apresentando de modo decisivo a relação entre pressão do gás, volume e temperatura.

Experimentos conduzidos pelo físico britânico James Joule mostraram que calor e trabalho mecânico são formas intercambiáveis de uma mesma coisa, que chamamos hoje energia. Os industriais queriam trabalho mecânico em troca de calor. Vastas quantidades de combustíveis fósseis, em especial carvão, foram queimadas para ferver água e criar vapor. O calor aumentava a energia interna do vapor antes de ele se expandir e realizar trabalho mecânico, empurrando pistões e girando turbinas. A relação entre calor, energia e trabalho foi expressa na primeira lei da termodinâmica. Os físicos projetaram novos motores a calor para extrair todo o trabalho que podiam de cada porção de calor. O francês Sadi Carnot descobriu o modo mais eficiente para isso, colocando um limite superior à quantidade de trabalho possível de obter de cada unidade de calor trocada entre dois recipientes a temperaturas diferentes. Ele confirmou que o calor só se move de modo espontâneo do quente para o frio. Máquinas foram imaginadas para fazer o oposto, mas esses refrigeradores só foram construídos anos depois.

Entropia e teoria cinética

O sentido único da transferência de calor de quente para frio indica uma lei da natureza subjacente, e a ideia de entropia surgiu. A entropia descreve a quantidade de desordem entre as partículas de um sistema. O calor fluindo só de quente para frio era um exemplo especializado da segunda lei da termodinâmica, que afirma que a entropia e a desordem de um sistema isolado só podem sempre aumentar.

As variações de temperatura, volume, pressão e entropia parecem ser apenas médias de processos microscópicos que envolvem inúmeras partículas. A transição de enormes números microscópicos para um único número macroscópico foi alcançada pela teoria cinética. Os físicos puderam modelar sistemas complexos e ligar a energia cinética das partículas de um gás a sua temperatura. Entender a matéria em todos os seus estados ajudou os físicos a resolver alguns dos mais profundos mistérios do Universo. ■

OS PRINCÍPIOS FUNDAMENTAIS DO UNIVERSO
MODELOS DE MATÉRIA

EM CONTEXTO

FIGURA CENTRAL
Demócrito (c. 460–370 a.C.)

ANTES
c. 500 a.C. Na Grécia antiga, Heráclito declara que tudo está em estado de fluxo.

DEPOIS
c. 300 a.C. Epicuro acrescenta o conceito de "desvio" atômico ao atomismo, permitindo que alguns comportamentos sejam imprevisíveis.

1658 É postumamente publicado *Syntagma philosophicum* (Tratado filosófico), do clérigo francês Pierre Gassendi, que tenta juntar atomismo e cristianismo.

1661 O físico anglo-irlandês Robert Boyle define elementos em *The Sceptical Chymist*.

1803 John Dalton propõe sua teoria atômica, baseada em evidência empírica.

Entre os vários mistérios que os estudiosos contemplaram ao longo de milênios está a questão do que tudo é feito. Os filósofos antigos – da Grécia ao Japão – tendiam a pensar que toda a matéria é feita de um conjunto limitado de substâncias simples ("elementos"), em geral terra, ar ou vento, fogo e água, combinados em proporções e arranjos diferentes para criar todas as coisas materiais.

Cada cultura imaginou de modo diverso esse sistema de elementos, algumas ligando-o a divindades (como na mitologia babilônica) ou a grandes referenciais filosóficos (como na filosofia chinesa de Wu Xing).

ENERGIA E MATÉRIA 69

Ver também: Mudanças de estado e criação de ligações 100-103 ▪ Teoria atômica 236-237 ▪ O núcleo 240-241 ▪ Partículas subatômicas 242-243

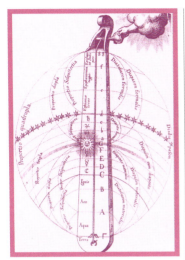

O sistema clássico de elementos se centrava em terra, água, ar e fogo. Esta ilustração, de um manuscrito datado de c. 1617, mostra esses elementos num Universo divino.

No subcontinente indiano, por exemplo, já no século VIII a.C. o sábio védico Aruni havia descrito "partículas pequenas demais para serem vistas [que] se juntam em substâncias e objetos da experiência". Uma série de outros filósofos indianos haviam desenvolvido de modo independente suas próprias teorias atômicas.

Uma abordagem materialista

No século V a.C., o filósofo grego Demócrito e seu mestre Leucipo também adotaram uma abordagem mais materialista desses sistemas de elementos. Demócrito, que valorizava mais o pensamento racional que apenas a observação, baseou sua teoria do atomismo na ideia de que deve ser impossível continuar dividindo matéria eternamente. Ele defendia que, assim, toda matéria deve ser feita de partículas minúsculas, pequenas demais para serem vistas. Ele nomeou essas partículas "átomos", da palavra *atomos*, que significa indivisível. Segundo Demócrito, os átomos são infinitos e eternos. As propriedades de um objeto dependem não só do tamanho e forma de seus átomos, mas também do modo como são reunidos. Ele afirmava que, com o tempo, os objetos poderiam mudar devido a alterações em seu arranjo atômico. Por exemplo, ele propôs que comidas mais amargas eram feitas de átomos pontudos, que rasgam a língua ao serem mastigados; comidas doces, por outro lado, eram feitas de átomos lisos, que fluíam com suavidade sobre a língua. Embora a teoria atômica moderna pareça muito diferente da que foi apresentada por Leucipo e Demócrito quase 2,5 mil anos atrás, sua ideia de que as propriedades das substâncias são afetadas pelo arranjo dos átomos continua relevante.

Por volta de 300 a.C., o filósofo grego Epicuro aperfeiçoou as ideias de Demócrito, propondo a noção »

Por convenção doce e por convenção amargo, por convenção quente, por convenção frio, por convenção cor; mas na verdade átomos e vazio.
Demócrito

Demócrito

Demócrito nasceu numa família rica de Abdera, na região histórica da Trácia, no sudeste europeu, por volta de 460 a.C. Ele viajou muito por regiões da Ásia ocidental e Egito quando jovem, antes de ir para a Grécia a fim de se familiarizar com a filosofia natural. Demócrito reconhecia seu mestre Leucipo como sua maior influência, e os classicistas, às vezes, têm dificuldade em distinguir as contribuições de ambos à filosofia – em especial porque nenhuma de suas obras originais sobreviveu até os dias de hoje.

Mais conhecido por formular o "atomismo", Demócrito também é famoso por ser um dos pioneiros da estética, da geometria e da epistemologia. Ele acreditava que o pensamento racional era uma ferramenta necessária para buscar a verdade, pois observações feitas pelos sentidos humanos sempre seriam subjetivas.

Demócrito era um homem modesto e consta que adotou uma abordagem humorística do ensino, que lhe valeu o apelido "Filósofo Risonho". Ele morreu por volta de 370 a.C.

MODELOS DE MATÉRIA

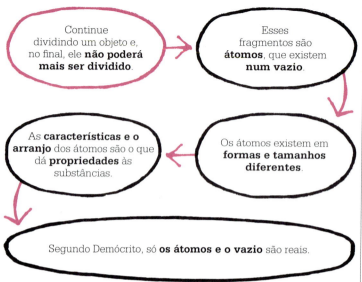

abandonado o conceito de atomismo por vários séculos, filósofos islâmicos como Al-Ghazali (1058–1111) elaboraram suas próprias formas distintas de atomismo. Filósofos budistas indianos como Dhamakirti, no século VII, descreveram os átomos como erupções de energia similares a pontos.

Retomada do atomismo

Com o despertar do renascimento na Itália, no século XIV, as artes, a ciência e a política clássicas reviveram por toda a Europa. Com isso ressurgiu também a teoria do atomismo, tal como descrita por Leucipo e Demócrito. O atomismo era controverso, porém, por sua ligação com o epicurismo, que muitos pensavam que violava os ensinamentos cristãos estritos. No século XVII, o clérigo francês Pierre Gassendi se dedicou a conciliar o cristianismo com o epicurismo, incluindo o atomismo. Ele apresentou uma versão do atomismo epicurista em que os átomos têm algumas das características físicas dos objetos que constituem, como solidez e peso. Sobretudo, a teoria de Gassendi afirmava que Deus criou um número finito de átomos no início do Universo, defendendo que

de "desvio" atômico. A ideia de que os átomos podem se afastar de ações esperadas introduziu a imprevisibilidade na escala atômica, permitindo preservar o "livre-arbítrio", uma crença essencial defendida por Epicuro. O desvio atômico poderia ser visto como uma iteração antiga da incerteza no coração da mecânica quântica: já que todos os objetos têm propriedades semelhantes à onda, é impossível medir com precisão sua posição e momento ao mesmo tempo.

A rejeição do atomismo

Alguns dos filósofos gregos mais influentes rejeitaram o atomismo, defendendo em seu lugar a teoria dos quatro ou cinco elementos fundamentais. No século IV, em Atenas, Platão propôs que tudo era composto de cinco sólidos geométricos (os sólidos platônicos), que davam aos tipos de matéria suas características. Por exemplo, o fogo era feito de minúsculos tetraedros, que – com seus vértices e arestas agudos – o tornavam mais móvel que a terra, feita de cubos estáveis e assentados. Aristóteles – aluno de Platão que odiava Demócrito e que supostamente queria queimar suas obras – propôs que havia cinco elementos (acrescentando o elemento celestial do "éter") e nenhuma unidade básica de matéria. Embora a Europa ocidental tenha efetivamente

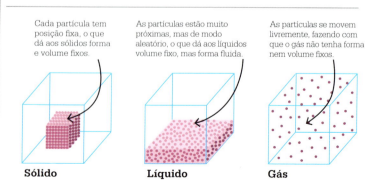

A teoria atômica de Dalton propunha que sólidos, líquidos e gases consistem em partículas (átomos ou moléculas). O movimento das partículas e a distância entre elas podem variar.

ENERGIA E MATÉRIA

Átomo de oxigênio
16 unidades de massa

Átomos de hidrogênio
1 unidade de massa cada um

Molécula de água
18 unidades de massa

John Dalton propôs que os átomos se combinam para produzir moléculas em razões simples de massa. Por exemplo, dois átomos de hidrogênio (cada um com massa 1) se combinam com um de oxigênio (com massa 16), criando uma molécula de água de massa 18.

---

tudo poderia ser feito desses átomos e ainda ser regido por Deus. Essa ideia ajudou a devolver o atomismo ao pensamento dominante entre os estudiosos europeus, com a ajuda do apoio de Isaac Newton e Robert Boyle.

Em 1661, Boyle publicou *The Sceptical Chymist* (O químico cético), que rejeitava a teoria dos cinco elementos de Aristóteles e definia elementos como "corpos perfeitamente sem mistura". Segundo Boyle, diversos elementos, como mercúrio e enxofre, eram feitos de muitas partículas de diferentes formas e tamanhos.

Como os elementos se combinam

Em 1803, o físico britânico John Dalton criou um modelo básico de como os átomos se combinam para formar esses elementos. Foi o primeiro modelo construído a partir de fundamentos científicos. Baseado em seus experimentos, Dalton notou que os mesmos pares de elementos, como hidrogênio e oxigênio, podiam se combinar de modos diferentes para formar vários compostos, e sempre com razões de massa de números inteiros (ver diagrama acima). Ele concluiu que cada elemento era composto de átomos próprios, com massa e outras propriedades únicas. Segundo a teoria atômica de Dalton, os átomos não podem ser divididos, criados ou destruídos, mas podem ser ligados ou separados de outros átomos para formar novas substâncias. A teoria de Dalton foi confirmada em 1905, quando Einstein usou a matemática para explicar o fenômeno do movimento browniano – a dança de minúsculos grãos de pólen na água – com a teoria atômica. Segundo Einstein, o pólen é bombardeado o tempo todo pelo movimento aleatório de muitos átomos. Discussões sobre isso foram resolvidas em 1911, quando o físico francês Jean Perrin verificou que os átomos eram responsáveis pelo movimento browniano. A ideia de que os átomos são ligados a outros átomos ou separados deles para formar substâncias diferentes é simples, mas continua útil para entender fenômenos como os átomos de ferro e oxigênio se combinarem para formar ferrugem.

Estados da matéria

Platão ensinava que a consistência das substâncias dependia das formas geométricas de que eram feitas, mas a teoria atômica de Dalton explica de modo mais preciso os estados da matéria. Como ilustrado na página ao lado, os átomos em sólidos são muito próximos, o que lhes dá forma e tamanho estáveis; átomos em líquidos são fracamente conectados, e por isso têm formas indefinidas, mas tamanho em geral estável; e átomos em gases são móveis e distantes uns dos outros, e geram uma substância sem forma ou volume fixo.

O átomo é divisível

Os átomos são o menor objeto comum a ter as propriedades de um elemento. Porém, eles não são mais considerados indivisíveis. Nos dois séculos desde que Dalton construiu a teoria atômica moderna, ela foi adaptada para explicar novas descobertas. Por exemplo, o plasma – o quarto estado básico da matéria, após sólido, líquido e gasoso – só é explicável se os átomos puderem ser mais divididos. O plasma é criado quando os elétrons são tirados de seus átomos. No fim do século XIX e começo do XX, descobriu-se que os átomos são feitos de várias partículas subatômicas – elétrons, prótons e nêutrons; e esses nêutrons e prótons são compostos de partículas ainda menores, subatômicas. Esse modelo mais complexo permitiu entender fenômenos que Demócrito e Dalton nunca imaginaram, como o decaimento beta radiativo e a aniquilação matéria-antimatéria. ∎

[Epicuro] supõe que não só todos os corpos misturados, mas todos os outros, são produzidos por choques variados e casuais de átomos, movendo-se de cá para lá [...] no [...] vácuo infinito.
Robert Boyle

COMO A EXTENSÃO, ASSIM A FORÇA

DISTENDER E COMPRIMIR

EM CONTEXTO

FIGURAS CENTRAIS
Robert Hooke (1635–1703),
Thomas Young (1773–1829)

ANTES
1638 Galileu Galilei estuda a flexão de vigas de madeira.

DEPOIS
1822 O matemático francês Augustin-Louis Cauchy mostra como ondas de tensão se movem por um material elástico.

1826 Claude-Louis Navier, engenheiro e físico francês, desenvolve o módulo de Young em sua forma moderna, o módulo elástico.

1829 O minerador alemão Wilhelm Albert demonstra a fadiga do metal (enfraquecimento do metal por tensão).

1864 Os físicos Jean Claude Saint-Venant (francês) e Gustav Kirchhoff (alemão) descobrem materiais hiperelásticos.

O físico e polímata britânico Robert Hooke fez muitas contribuições cruciais à Revolução Científica do século XVII, mas nos anos 1660 interessou-se por molas porque queria fazer um relógio. Até então, o marcador do tempo típico era movido a pêndulo, mas os relógios a pêndulo ficavam erráticos ao serem usados em barcos. Se Hooke conseguisse criar um marcador de tempo movido a mola em vez de pêndulo, seu relógio poderia manter o tempo no mar, resolvendo assim o problema náutico decisivo da época – o cálculo da longitude (distância leste-oeste) de um barco exigia precisão nas medidas de tempo.

ENERGIA E MATÉRIA 73

Ver também: Pressão 36 ▪ A medida do tempo 38-39 ▪ Leis do movimento 40-45 ▪ Energia cinética e energia potencial 54 ▪ Leis dos gases 82-85

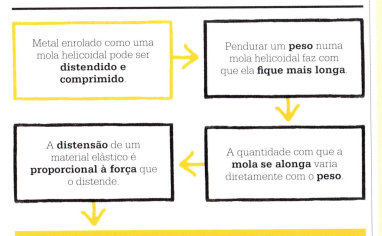

Metal enrolado como uma mola helicoidal pode ser **distendido e comprimido**.

Pendurar um **peso** numa mola helicoidal faz com que ela **fique mais longa**.

A **distensão** de um material elástico é **proporcional à força** que o distende.

A quantidade com que a **mola se alonga** varia diretamente com o **peso**.

Como a extensão, assim a força.

Usar uma mola em vez de pêndulo também significava que Hooke poderia fazer um relógio pequeno o bastante para pôr no bolso.

A força da mola

Nos anos 1670, Hooke ouviu dizer que o cientista holandês Christiaan Huygens também estava desenvolvendo um relógio movido a mola. Temendo ser ultrapassado, Hooke decidiu trabalhar com o mestre relojoeiro Thomas Tompion para fazer seu relógio.

Trabalhando com Tompion, Hooke percebeu que uma mola helicoidal deveria se desenrolar a uma taxa constante para manter o tempo. Ele experimentou distender e comprimir molas e descobriu a relação simples representada na lei de elasticidade, que depois receberia seu nome. A lei de Hooke diz que a quantidade com que uma mola é comprimida ou distendida é precisamente proporcional à força aplicada. Se for aplicado o dobro de força, ela esticará o dobro. A relação pode ser sintetizada numa equação simples, $F = kx$, em que F é a força, x é a distância distendida e k é uma constante (um valor fixo). Essa lei simples se revelou uma chave para a compreensão de como os sólidos se comportam.

Hooke escreveu sua ideia como um anagrama em latim, *ceiiinosssttvu*, um modo comum de os cientistas da época manterem em segredo seu trabalho até estarem prontos para publicá-lo. »

O livro mais engenhoso que já li na vida.
Samuel Pepys
Memorialista inglês, sobre o livro
Micrographia, de Hooke

Robert Hooke

Nascido na ilha de Wight em 1635, Robert Hooke conseguiu ingressar na Universidade de Oxford, onde se apaixonou por ciência. Em 1661, a Real Sociedade debateu um artigo sobre o fenômeno da água subindo em estreitos tubos de vidro, e a explicação de Hooke foi publicada num periódico. Cinco anos depois, a Real Sociedade o contratou como curador de experimentos.

A abrangência das realizações de Hooke é imensa. Entre suas muitas invenções estão a corneta acústica e o nível. Ele também fundou a ciência da meteorologia, foi o grande pioneiro de estudos microscópicos (descobrindo que os seres vivos são feitos de células) e desenvolveu a lei-chave da elasticidade, conhecida como lei de Hooke. Colaborou também com Robert Boyle nas leis dos gases e com Isaac Newton nas leis da gravidade.

Obras principais

1665 *Micrographia*
1678 "Sobre a mola"
1679 *Coletânea de palestras*

DISTENDER E COMPRIMIR

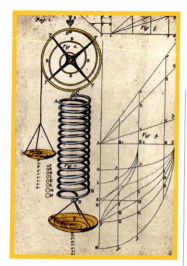

Decifrado, o anagrama dizia: *Ut tensio sic vis*, que significa "como a extensão, assim a força" – ou seja, a extensão é proporcional à força. Hooke prosseguiu, após concluir o relógio, publicando suas ideias sobre molas dois anos depois, na brochura "De potentia restitutiva" (Sobre a mola), de 1678. Ele começava propondo uma demonstração simples para as pessoas tentarem em casa – entortar arame como uma mola e pendurar pesos diferentes para ver a extensão da mola. Ele tinha inventado a balança de mola.

O artigo de Hooke, porém, teve importância duradoura. Não era uma simples observação de como as molas se comportam, mas uma compreensão essencial sobre a força dos materiais e o comportamento dos sólidos sob tensão – fatores centrais na engenharia moderna.

Molas em miniatura

Buscando achar uma explicação para o comportamento das molas, Hooke suspeitou que se ligasse a uma propriedade fundamental da

A balança de mola de Hooke usava a distensão de uma mola para mostrar o peso de algo. Hooke apresentou esta ilustração para explicar o conceito na palestra "Sobre a mola".

matéria. Ele especulou que os sólidos fossem feitos de partículas em vibração que colidiam constantemente umas com as outras (antecipando em mais de 160 anos a teoria cinética dos gases). Aventou que comprimir um sólido aproximava as partículas e aumentava as colisões, tornando-o mais resistente; estirá-lo reduzia as colisões e o sólido ficava menos apto a resistir à pressão do ar a seu redor.

Há claros paralelos entre a lei de Hooke, publicada em 1678, e a de Boyle (1662) sobre pressão dos gases, que Robert Boyle chamava de "mola do ar". Além disso, a ideia de Hooke do papel de partículas invisíveis na força e elasticidade dos materiais parece notavelmente próxima da concepção atual. Hoje sabemos que a força e a elasticidade realmente dependem das ligações e estrutura molecular do material. Os metais são muito resilientes, por

exemplo, devido às ligações metálicas entre seus átomos. Embora os cientistas só tenham entendido isso mais de duzentos anos depois, os engenheiros da Revolução Industrial logo perceberam os benefícios da lei de Hooke quando começaram a construir pontes e outras estruturas de ferro nos anos 1700.

Matemática da engenharia

Em 1694, o matemático suíço Jacob Bernoulli aplicou a expressão "força por unidade de área" à força deformante – de distensão ou de compressão. A força por unidade de área veio a se chamar "tensão", e a quantidade de distensão ou compressão do material receberia o nome de "deformação". A relação direta entre tensão e deformação varia – por exemplo, alguns materiais deformarão muito mais sob certa tensão que outros. Em 1727, outro matemático suíço, Leonhard Euler, formulou essa variação de tensão e deformação em diferentes materiais como o coeficiente (número pelo qual outro número é multiplicado) "E", e a equação de

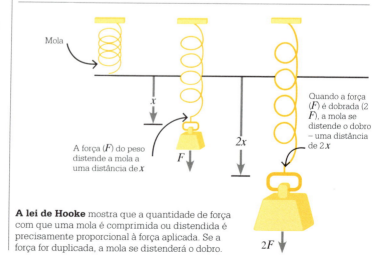

A lei de Hooke mostra que a quantidade de força com que uma mola é comprimida ou distendida é precisamente proporcional à força aplicada. Se a força for duplicada, a mola se distenderá o dobro.

A força (F) do peso distende a mola a uma distância de x.

Quando a força (F) é dobrada ($2F$), a mola se distende o dobro – uma distância de $2x$.

ENERGIA E MATÉRIA 75

Tensão de ruptura

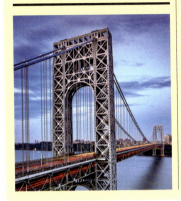

Quando os materiais são distendidos além de seu limite elástico, não voltam ao tamanho original, mesmo se removida a tensão. Se forem distendidos ainda mais, poderão se romper. A tensão máxima que um material pode receber – o mais longe que pode ser puxado – antes de quebrar é a chamada tensão de ruptura, e ela é crucial para decidir a adequação de um material para determinada tarefa. Alguns dos primeiros testes de tensão de ruptura foram feitos por Leonardo da Vinci, que em 1500 escreveu "Teste de resistência de fios de ferro de vários comprimentos". Hoje sabemos que o aço estrutural tem alto valor de tensão de ruptura, de mais de 400 MPa (megapascals). Um pascal é a unidade de medida para pressão: 1 Pa é definido como 1 N (newton) por metro quadrado. O nome pascal vem do matemático e físico Blaise Pascal. O aço estrutural é usado hoje com frequência em pontes suspensas, como a Ponte George Washington, em Nova Jersey, EUA (ver à esq.). Nanotubos de carbono podem ser mais de cem vezes mais fortes que aço estrutural (63 mil MPa).

Hooke se tornou $\sigma = E\varepsilon$, na qual σ é a tensão e ε, a deformação.

A medida de Young

Durante experimentos realizados em 1782, o cientista italiano Giordano Riccati descobriu que o aço era duas vezes mais resistente à distensão e compressão que o latão. Esses experimentos eram muitos similares em conceito ao trabalho de Euler e, 25 anos depois, ao de Thomas Young.

Young era, como Robert Hooke, um polímata britânico. Ele ganhava a vida como médico, mas suas realizações científicas eram de amplo alcance, e seu trabalho sobre tensão e deformação de materiais foi uma pedra angular da engenharia do século XIX. Em 1807, Young revelou a propriedade mecânica que era o coeficiente "E" de Euler. Em uma notável série de palestras, no mesmo ano, chamadas "Filosofia natural e artes mecânicas", Young introduziu o conceito de "módulo" ou medida para descrever a elasticidade de um material.

Tensão e deformação

Young se interessava pelo que chamava de "resistência passiva" de um material, com o que queria dizer elasticidade, e testou a resistência de vários materiais para derivar suas medidas. O módulo de Young é uma medida da capacidade de um dado material de resistir à distensão ou compressão em uma direção. É a razão entre a tensão e a deformação. Um material como a borracha tem módulo de Young baixo – menos de 0,1 Pa (pascais) –, então distenderá muito com pouca tensão. A fibra de carbono tem módulo por volta de 40 Pa, o que significa que é quatrocentas ou mais vezes mais resistente à distensão do que a borracha.

Limite elástico

Young percebeu que a relação linear (em que uma quantidade cresce em proporção direta com outra) entre tensão e deformação de um material funciona num intervalo limitado. Ela varia entre materiais, mas em qualquer material sujeito à tensão demais, uma relação não linear (desproporcional) entre tensão e deformação acabará se desenvolvendo. Se a tensão continuar, o material atingirá seu limite elástico (o ponto em que para de voltar ao comprimento original após a tensão ser removida). O módulo de Young só se aplica quando a relação entre tensão e deformação de um material é linear. As contribuições de Young sobre a resistência dos materiais, e também sua resistência à tensão, foram de enorme valor para os engenheiros. O módulo de Young e suas equações ajudaram a criar séries inteiras de sistemas que permitem aos engenheiros descobrir de modo preciso as tensões e deformações sobre estruturas propostas antes de construí-las. Esses sistemas de cálculo são fundamentais para projetar tudo, de carros esportivos a pontes suspensas. A queda total de tais estruturas é rara. ∎

Uma alteração permanente de forma limita a resistência dos materiais com relação a fins práticos.
Thomas Young

AS MÍNIMAS PARTES DA MATÉRIA ESTÃO EM RÁPIDO MOVIMENTO

FLUIDOS

EM CONTEXTO

FIGURA CENTRAL
Daniel Bernoulli (1700–1782)

ANTES
1647 Blaise Pascal define a transmissão da mudança de pressão num fluido estático.

1687 Isaac Newton explica a viscosidade de um fluido em *Philosophiae naturalis principia mathematica* (Princípios matemáticos de filosofia natural).

DEPOIS
1757 Influenciado por Bernoulli, Leonhard Euler escreve sobre mecânica dos fluidos.

1859 James Clerk Maxwell explica as qualidades macroscópicas dos gases.

1918 O engenheiro alemão Reinhold Platz projeta o aerofólio do avião Fokker D.VII para produzir maior sustentação.

Um fluido é definido como uma fase da matéria que não tem forma fixa, cede facilmente à pressão externa, se deforma conforme o formato do recipiente e flui de um ponto a outro. Os líquidos e gases estão entre os tipos mais comuns. Todos os fluidos podem ser comprimidos em algum grau, mas é preciso uma grande pressão para comprimir um líquido, mesmo só um pouco. Gases são comprimidos mais facilmente porque há mais espaço entre seus átomos e moléculas. Uma das maiores contribuições ao campo da dinâmica de fluidos – o estudo de como forças afetam o movimento de fluidos – foi a do matemático e físico

ENERGIA E MATÉRIA 77

Ver também: Pressão 36 ▪ Leis do movimento 40-45 ▪ Energia cinética e energia potencial 54 ▪ Leis dos gases 82-85 ▪ Desenvolvimento da mecânica estatística 104-111

O **aumento de velocidade num fluido** causa **redução em sua pressão**.

A **diminuição de velocidade num fluido** causa **aumento em sua pressão**.

Este princípio é conhecido como lei de Bernoulli.

Daniel Bernoulli

Nascido em 1700 em Groningen, nos Países Baixos, em uma família de importantes matemáticos, Bernoulli estudou medicina na Universidade de Basileia, na Suíça, na Universidade de Heidelberg, na Alemanha, e na Universidade de Estrasburgo (na época também na Alemanha). Ele obteve um doutorado em anatomia e botânica em 1721.

O artigo de 1724 de Bernoulli sobre equações diferenciais e a física do fluxo de água lhe valeu um posto na Academia de Ciências de São Petersburgo, na Rússia, onde ensinou e produziu importante obra matemática. *Hydrodynamica* foi publicado após sua volta à Universidade de Basileia. Ele trabalhou com fluxo de fluidos, em especial o sangue no sistema circulatório, com Leonhard Euler, e também com a conservação de energia em fluidos. Foi eleito para a Real Sociedade de Londres em 1750 e morreu em 1782 em Basileia, na Suíça, aos 82 anos.

Obra principal

1738 *Hydrodynamica* (Hidrodinâmica)

suíço Daniel Bernoulli, cuja *Hydrodynamica* (Hidrodinâmica) lançou as bases da teoria cinética dos gases. Seu princípio diz que um aumento na velocidade de movimento de um fluido ocorre de modo simultâneo a uma redução de pressão e energia potencial.

De banheiras a barris

O princípio de Bernoulli se baseou nas descobertas de cientistas anteriores. A primeira grande obra sobre fluidos foi *Sobre os corpos flutuantes*, do filósofo grego antigo Arquimedes. Esse texto do século III a.C. afirma que um corpo imerso em líquido recebe uma força de flutuação igual ao peso do fluido que desloca. Consta que Arquimedes percebeu na banheira esse fato, que levou ao famoso grito "Eureca!" (Descobri!). Séculos depois, em 1643, o matemático e inventor italiano Evangelista Torricelli formulou a lei de Torricelli. Esse princípio da dinâmica de fluidos explica que a velocidade de fluxo (v) de um fluido que sai de um reservatório por um buraco, sendo h a profundidade do fluido sobre o buraco, é igual à velocidade que uma gotinha de fluido adquiriria caindo livremente da altura h. Se h aumenta, o mesmo acontece

com a velocidade de queda da gotinha e do fluido saindo pelo buraco. A velocidade com que o fluido deixa o buraco é proporcional à altura do fluido acima do buraco. Assim, $v = \sqrt{2gh}$, em que g é a aceleração decorrente da gravidade. »

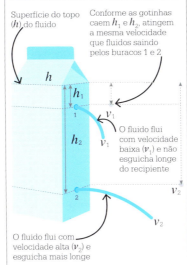

Superfície do topo (h) do fluido

Conforme as gotinhas caem h_1 e h_2, atingem a mesma velocidade que fluidos saindo pelos buracos 1 e 2

O fluido flui com velocidade baixa (v_1) e não esguicha longe do recipiente

O fluido flui com velocidade alta (v_2) e esguicha mais longe

Segundo a lei de Torricelli, o fluido esguicha dos buracos 1 e 2 – situados às distâncias h_1 e h_2 do topo do fluido – de um recipiente. Conforme h aumenta, a velocidade do fluido também cresce. Isso se aplica a gotinhas em queda livre.

78 FLUIDOS

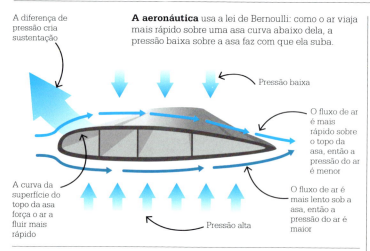

A diferença de pressão cria sustentação

A aeronáutica usa a lei de Bernoulli: como o ar viaja mais rápido sobre uma asa curva abaixo dela, a pressão baixa sobre a asa faz com que ela suba.

Pressão baixa

O fluxo de ar é mais rápido sobre o topo da asa, então a pressão do ar é menor

A curva da superfície do topo da asa força o ar a fluir mais rápido

O fluxo de ar é mais lento sob a asa, então a pressão do ar é maior

Pressão alta

A lei de Bernoulli

Bernoulli estudou pressão, densidade e velocidade em fluidos estáticos e em movimento. Ele conhecia tanto os *Principia* de Newton quanto a descoberta de Robert Boyle de que a pressão de uma dada massa de gás, a temperatura constante, aumenta conforme o volume do recipiente que o contém diminui. Bernoulli defendia que os gases são feitos de um enorme número de moléculas movendo-se aleatoriamente em todas as direções, e que seu impacto numa superfície causa pressão. Ele escreveu que o que é experimentado como calor é a energia cinética de seu movimento e que – dado o movimento aleatório das moléculas – o movimento e a pressão aumentam com a elevação da temperatura. Com essas conclusões, Bernoulli lançou as bases da teoria cinética dos gases. Ela não foi amplamente aceita na época da publicação, em 1738, pois o princípio da conservação da energia só seria provado dali a mais de um século. Bernoulli descobriu que, conforme os fluidos fluem mais rápido, produzem menos pressão e, em contrapartida,

Outro grande avanço ocorreu em 1647, quando o cientista francês Blaise Pascal provou que, para um fluido incompressível dentro de um reservatório, qualquer mudança de pressão é transmitida igualmente para toda parte daquele fluido. Esse é o princípio por trás da prensa e do macaco hidráulicos. Pascal também provou que a pressão hidrostática (a pressão de um fluido devido à força da gravidade) não depende do peso do fluido sobre ele, mas da altura entre aquele ponto e o topo do líquido. No famoso (embora apócrifo) experimento do barril de Pascal, consta que ele inseriu um tubo longo, estreito e cheio de água num barril também cheio de água. Quando o tubo foi levantado sobre o barril, o aumento de pressão hidrostática rompeu o barril.

Viscosidade e fluxo

Nos anos 1680, Isaac Newton estudou a viscosidade dos fluidos – a facilidade com que fluem. Quase todos os fluidos são viscosos, exercendo alguma resistência à deformação. A viscosidade é uma medida da resistência interna de um fluido a fluir: fluidos com baixa viscosidade têm baixa resistência e fluem com facilidade; já fluidos com alta viscosidade resistem à deformação e não fluem com facilidade. Segundo a lei da viscosidade de Newton, a viscosidade de um fluido é sua "tensão de cisalhamento" dividida por sua "taxa de cisalhamento". Nem todos os líquidos seguem essa lei, mas os que o fazem são chamados líquidos newtonianos. A tensão e a taxa de cisalhamento podem ser visualizadas como um fluido imprensado entre duas placas. Uma foi fixada sob o fluido, a outra desliza levemente na superfície dele. O fluido está sujeito à tensão de cisalhamento (a força que move a placa de cima, dividida pela área da placa). A taxa de cisalhamento é a velocidade da placa que se move dividida pela distância entre as placas. Estudos posteriores mostraram que também há tipos diferentes de fluxo de fluidos. Um fluxo é descrito como "turbulento" quando exibe recirculação, redemoinhos e aparente aleatoriedade. Fluxos que não têm essas características são descritos como "laminares".

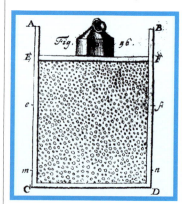

Um diagrama de *Hydrodynamica*, de Bernoulli, mostra moléculas de ar colidindo com as paredes, o que cria pressão para sustentar um peso apoiado numa superfície móvel.

ENERGIA E MATÉRIA 79

A natureza sempre tende a atuar das maneiras mais simples.
Daniel Bernoulli

ao fluir mais devagar, produzem pressão maior. Isso se tornou conhecido como lei de Bernoulli, que hoje tem muitas aplicações, como a sustentação gerada pelo fluxo de ar em aeronáutica.

Teoria cinética
Enquanto Bernoulli e outros cientistas lançavam as bases da teoria cinética dos gases, o cientista escocês James Clerk Maxwell tentava quantificar a natureza do movimento molecular dentro deles. Ele explicou as qualidades macroscópicas dos gases: sua pressão, temperatura, viscosidade e condutividade térmica. Com o físico austríaco Ludwig Boltzmann, Maxwell desenvolveu um modo estatístico de descrever essa teoria. Em meados do século XIX, cientistas acreditavam que todas as moléculas de gás viajam à mesma velocidade, mas Maxwell discordava. Em seu artigo "Ilustração da teoria dinâmica dos gases", de 1859, apresentou uma equação para descrever uma curva de distribuição, hoje chamada distribuição de Maxwell-Boltzmann, que mostrava o intervalo de diferentes velocidades das moléculas de gás. Também calculou o caminho livre médio (a distância média percorrida por moléculas de gás entre colisões) e o número de colisões a dada temperatura. Descobriu que, quanto maior a temperatura, mais rápido o movimento molecular e maior o número de colisões. Ele concluiu que a temperatura de um gás é uma medida de sua energia cinética média. Maxwell confirmou também a lei de Amedeo Avogadro, de 1811, que afirma que volumes iguais de dois gases, a iguais temperatura e pressão, contêm número igual de moléculas.

Os superfluidos
O século XX revelou como os fluidos se comportam a temperaturas muito baixas. Em 1938, John F. Allen e Don Misener (canadenses) e Piotr Kapitsa (russo) descobriram que um isótopo do hélio se comportava de modo estranho ao ser resfriado próximo ao zero absoluto. Abaixo de seu ponto de ebulição, –268,94 °C, ele se

Quando resfriados, os átomos passam a se empilhar no estado de energia mais baixo possível.
Lene Hau
Física dinamarquesa, sobre superfluidos

comportava como um líquido normal incolor, mas abaixo de –270,97 °C exibia viscosidade zero, fluindo sem perder energia cinética. A temperaturas tão baixas, os átomos quase param. Os cientistas tinham descoberto um "superfluido". Mexidos, os superfluidos formam vórtices que rodam indefinidamente. Eles têm condutividade térmica maior que qualquer substância conhecida – centenas de vezes maior que a do cobre, cuja condutividade térmica é alta –, e os superfluidos chamados "condensados de Bose-Einstein" são usados como resfriadores. Em 1998 a física dinamarquesa Lene Hau os utilizou para diminuir a velocidade da luz para 17 km/h. Tais comutadores ópticos de "luz lenta" poderiam baixar muito as exigências de energia. ∎

Dinâmica de fluidos aplicada

Prever o comportamento dos fluidos é fundamental a muitos processos tecnológicos modernos. Por exemplo, sistemas da indústria alimentícia são projetados para conduzir os ingredientes e produtos finais – de xaropes aglutinantes a sopas – por canos e dutos. Parte desse processo é a dinâmica de fluidos computacional (DFC), ramo da dinâmica de fluidos que pode maximizar a eficiência, cortar custos e manter a qualidade. A DFC tem raízes no trabalho de Claude-Louis Navier. A partir de trabalhos anteriores do suíço Leonhard Euler, Navier publicou em 1822 equações que aplicavam a segunda lei do movimento de Isaac Newton aos fluidos. Chamadas equações Navier-Stokes, após contribuições do físico anglo-irlandês George Stokes em meados do século XIX, elas explicavam o movimento da água em canais. A DFC é um ramo da dinâmica de fluidos que usa a modelagem de fluxos e outras ferramentas para analisar problemas e prever fluxos. Pode levar em conta variáveis como mudança na viscosidade devido à temperatura, velocidades de fluxo alteradas por mudança de fase (como derretimento, congelamento e fervura) e até prever os efeitos de fluxo turbulento em peças de uma tubulação.

EM BUSCA DO SEGREDO DO FOGO
CALOR E TRANSFERÊNCIA

EM CONTEXTO

FIGURAS CENTRAIS
Joseph Black (1728–1799),

James Watt (1736–1819)

ANTES
1593 Galileu Galilei cria o termoscópio para mostrar mudanças de aquecimento.

1654 Ferdinando II de Medici, grão-duque da Toscana, faz o primeiro termômetro selado.

1714 Daniel Fahrenheit faz o primeiro termômetro de mercúrio.

1724 Fahrenheit cria uma escala de temperatura.

1742 Anders Celsius inventa uma escala centígrada.

DEPOIS
1777 Carl Scheele identifica o calor radiante.

c. 1780 Jan Ingenhousz elucida a ideia da condução do calor.

No início dos anos 1600, começaram a aparecer termoscópios na Europa. Esses tubos de vidro cheios de líquido (ver página ao lado) foram os primeiros instrumentos para medir quão quentes as coisas estão. Em 1714, o fabricante de instrumentos e cientista holandês nascido na Alemanha Daniel Fahrenheit criou o primeiro termômetro moderno com mercúrio – ele propôs sua famosa escala de temperatura em 1724. O cientista sueco Anders Celsius inventou uma escala centígrada, mais conveniente, em 1742.

A partir de 1712, cientistas como o químico e físico escocês Joseph Black quiseram saber mais sobre o que faz as máquinas a vapor funcionarem. Numa palestra em 1761, Black falou sobre experimentos que havia feito com derretimento. Eles mostravam que a temperatura não mudava quando o gelo se derretia em água, embora derreter o gelo exigisse o mesmo calor usado para aquecer água do

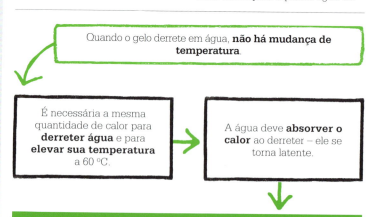

ENERGIA E MATÉRIA

Ver também: Leis dos gases 82-85 ▪ Energia interna e primeira lei da termodinâmica 86-89 ▪ Máquinas térmicas 90-93 ▪ Entropia e segunda lei da termodinâmica 94-99 ▪ Radiação térmica 112-117

O calor que desaparece na conversão de água em vapor não é perdido, mas retido no vapor.
Joseph Black

Termoscópios galileanos são tubos cheios de líquido (em geral etanol) que contêm "boias" também cheias de líquido. O calor muda a densidade dos líquidos, fazendo as boias subirem ou descerem.

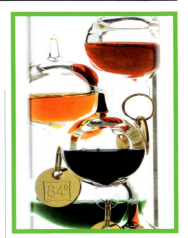

ponto de derretimento até 60 °C. Black percebeu que devia haver absorção de calor quando o gelo derretia e chamou o calor absorvido de "calor latente". O calor latente (oculto) é a energia requerida para mudar um material para outro estado. Black tinha chegado a uma distinção crucial entre calor, que hoje sabemos ser uma forma de energia, e temperatura, que é uma medida de energia.

James Watt também descobriu o conceito de calor latente em 1764. Ele estava fazendo experimentos em máquinas a vapor e notou que adicionar um pouco de água fervente a muita água fria mal afetava a temperatura da água fria, mas borbulhar um pouco de vapor pela água logo a levava a ferver.

Como o calor se move

Em 1777, um boticário da Suécia, Carl Scheele, fez algumas observações simples, mas cruciais – como o fato de que num dia frio é possível sentir o calor de uma fogueira alguns metros distante, mesmo ainda vendo a própria respiração no ar frio. Esse é o calor radiante, e é uma radiação em infravermelho (emitida por uma fonte, como o fogo ou o Sol), que viaja como luz – a radiação é muito diferente do calor convectivo. A convecção é como o calor se move por um líquido ou gás; o calor faz as moléculas e átomos se espalharem – por exemplo, o ar aquecido sobre um forno sobe.

Enquanto isso, por volta de 1780 o cientista holandês Jan Ingenhousz identificou um terceiro tipo de transferência de calor: a condução. Ela ocorre quando átomos de parte quente de um sólido vibram muito, colidindo com átomos vizinhos, e assim transferem energia (calor). Ingenhousz revestiu fios de diferentes metais com cera, aqueceu uma ponta de cada um e anotou a rapidez com que a cera derretia em cada metal. ■

James Watt

O engenheiro escocês James Watt foi uma das figuras centrais na história da máquina a vapor. Filho de um fabricante de aparelhos náuticos, Watt ganhou muita habilidade na construção de instrumentos na oficina do pai e ao trabalhar em Londres como aprendiz. Depois, voltou a Glasgow para fazer instrumentos para a universidade. Em 1764, pediram a Watt que consertasse uma máquina a vapor modelo Newcomen. Antes de fazer o reparo, Watt realizou alguns experimentos científicos, descobrindo, com isso, o calor latente. Watt notou que a máquina perdia muito vapor e criou um aperfeiçoamento revolucionário, introduzindo um segundo cilindro – um operaria quente, e o outro, frio. Essa mudança transformou a máquina a vapor de uma bomba de uso limitado na fonte de energia universal que impulsionou a Revolução Industrial.

Principais invenções

1775 Máquina a vapor de Watt
1779 Máquina de copiar
1782 Cavalo-vapor

ENERGIA ELÁSTICA NO AR
LEIS DOS GASES

EM CONTEXTO

FIGURAS CENTRAIS
Robert Boyle (1627–1691),
Jacques Charles (1746–1823),
Joseph Gay-Lussac (1778–1850)

ANTES
1618 Isaac Beeckman sugere que, como a água, o ar exerce pressão.

1643 O físico italiano Evangelista Torricelli faz o primeiro barômetro e mede a pressão do ar.

1646 O matemático francês Blaise Pascal mostra que a pressão do ar varia com a altitude.

DEPOIS
1820 O cientista britânico John Herapath apresenta a teoria cinética dos gases.

1859 Rudolf Clausius mostra que a pressão se relaciona à velocidade das moléculas de gás.

O fato de os gases serem tão transparentes e de aparência insubstancial fez com que os filósofos levassem muito tempo para avaliar se eles tinham alguma propriedade.

Nos séculos XVII e XVIII, porém, aos poucos os cientistas europeus perceberam que, como os líquidos e sólidos, os gases na verdade têm propriedades físicas, e a relação essencial entre sua temperatura, pressão e volume foi descoberta. Num período de 150 anos, os estudos de três pessoas – o britânico Robert Boyle e os franceses Jacques Charles e Joseph Gay-Lussac – levaram, por fim, às leis que explicam o comportamento dos gases.

ENERGIA E MATÉRIA 83

Ver também: Pressão 36 ▪ Modelos de matéria 68-71 ▪ Fluidos 76-79 ▪ Máquinas térmicas 90-93 ▪ Mudanças de estado e criação de ligações 100-103 ▪ Desenvolvimento da mecânica estatística 104-111

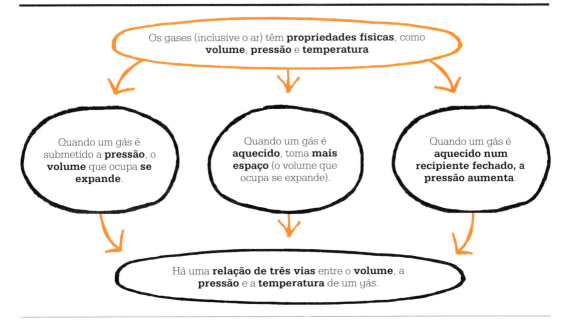

Os gases (inclusive o ar) têm **propriedades físicas**, como **volume**, **pressão** e **temperatura**

Quando um gás é submetido a **pressão**, o **volume** que ocupa **se expande**.

Quando um gás é **aquecido**, toma **mais espaço** (o volume que ocupa se expande).

Quando um gás é **aquecido num recipiente fechado, a pressão aumenta**.

Há uma **relação de três vias** entre o **volume**, a **pressão** e a **temperatura** de um gás.

A pressão do ar

No início do século XVII, o cientista holandês Isaac Beeckman aventou que, como a água, o ar exerce pressão. O grande cientista italiano Galileu Galilei discordou, mas um jovem protegido de Galileu, Evangelista Torricelli, não só provou que Beeckman estava certo como mostrou o modo de medir a pressão, inventando o primeiro barômetro do mundo.

Galileu tinha observado que um sifão nunca elevava a água acima de 10 m. Na época, acreditava-se que os vácuos "sugavam" os líquidos, e Galileu pensava, de modo equivocado, que esse era o peso máximo de água que um vácuo sobre ela poderia puxar. Em 1643, Torricelli mostrou que o limite era, na verdade, o peso máximo de água que a pressão do ar fora poderia suportar.

Para provar isso, Torricelli encheu um tubo fechado numa ponta com mercúrio, um líquido muito mais denso que a água, e o virou de ponta-cabeça. O mercurio desceu até cerca de 76 cm abaixo da ponta fechada e então parou de cair. Ele concluiu que essa era a altura máxima que a pressão do ar fora podia suportar. A altura do mercúrio no tubo variaria levemente em resposta a mudanças de pressão do ar, e é por isso que esse foi descrito como o primeiro barômetro.

A "mola do ar" de Boyle

A inovadora invenção de Torricelli abriu caminho para a descoberta da primeira lei dos gases, chamada lei de Boyle, a partir do nome de Robert Boyle. Filho mais novo de Richard Boyle, primeiro conde de Cork e então o homem mais rico da Irlanda, Robert Boyle usou a fortuna herdada para instalar em Oxford seu laboratório particular de pesquisa científica, o primeiro a existir. Ele foi um defensor pioneiro da ciência experimental e foi lá que realizou »

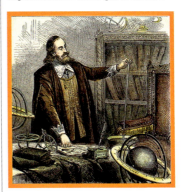

Evangelista Torricelli usou uma coluna de mercúrio para medir a pressão do ar. Ele deduziu que o ar pressionando o mercúrio para baixo na cuba contrabalançava a coluna no tubo.

LEIS DOS GASES

O ar, reduzido à metade de sua extensão [volume] usual, obteve [...] uma mola [pressão] duas vezes mais fortalecida.
Robert Boyle

experimentos cruciais sobre pressão do ar, descritos em seu livro *Touching the Spring and Weight of the Air* (Tocando a mola e o peso do ar), publicado em 1662. "Mola" era o nome que dava à pressão – ele via a ação do ar premido como se tivesse molas que recuassem ao ser empurradas.

Inspirado no barômetro de Torricelli, Boyle despejou mercúrio num tubo de vidro em forma de J fechado na ponta mais baixa. Ele verificou que o volume de ar aprisionado naquela ponta variava de acordo com a quantidade de mercúrio que ele adicionava – ou seja, havia uma clara relação entre quanto mercúrio o ar podia suportar e o volume do próprio ar.

Boyle afirmou que o volume (v) de um gás e sua pressão (p) variam em proporção inversa, desde que a temperatura permaneça igual. Matematicamente isso é expresso como $pv = k$, uma constante (um número que não muda). Em outras palavras, se o volume de um gás diminui, sua pressão aumenta. Algumas pessoas creditam a descoberta crucial a Richard Townley, amigo de Boyle, e a um amigo de Townley, o físico Henry Power. O próprio Boyle chamava a ideia de "hipótese de Townley", mas foi Boyle quem tornou a ideia conhecida.

A descoberta de Charles sobre ar quente

Pouco mais de um século depois, o cientista francês e pioneiro dos balões Jacques Charles acrescentou um terceiro elemento à relação entre volume e pressão – a temperatura. Charles foi a primeira pessoa a testar balões cheios de hidrogênio em vez de ar quente e em 27 de agosto de 1783, em Paris, soltou o primeiro grande balão de hidrogênio.

Em 1787, Charles fez um experimento com um recipiente de gás cujo volume podia variar livremente. Ele aqueceu o gás e mediu o volume conforme a temperatura subia e viu que, para cada grau a mais, o gás se expandia em $1/273$ de seu volume a 0 °C. Ao esfriar, ele se contraía à mesma taxa. Plotado num gráfico, isso mostrava que o volume encolhia a zero em −273 °C, hoje chamado zero absoluto e o ponto zero da escala Kelvin. Charles tinha descoberto uma lei que descreve como o volume varia com a temperatura, desde que a pressão fique estável.

Charles nunca escreveu suas ideias. Elas foram descritas e explicadas num artigo do início dos anos 1800 do colega cientista francês Joseph Gay-Lussac, ao mesmo tempo que o cientista inglês John Dalton mostrava que a regra se aplicava universalmente a todos os gases.

Uma terceira dimensão

Gay-Lussac acrescentou uma terceira lei dos gases às de Boyle e Charles. Conhecida como lei de Gay-Lussac, ela mostra que, se a massa e o volume de um gás se mantiverem constantes, a pressão sobe linearmente com a temperatura. Como logo ficou claro, há uma relação simples de três vias entre volume, pressão e temperatura dos gases. Essa relação se aplica a gases ideais

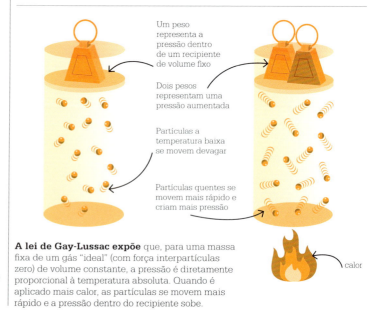

A lei de Gay-Lussac expõe que, para uma massa fixa de um gás "ideal" (com força interpartículas zero) de volume constante, a pressão é diretamente proporcional à temperatura absoluta. Quando é aplicado mais calor, as partículas se movem mais rápido e a pressão dentro do recipiente sobe.

ENERGIA E MATÉRIA 85

Joseph Gay-Lussac usou balões atmosféricos em vários experimentos. Neste voo com Jean-Baptiste Biot, em 1804, ele estudou como a intensidade eletromagnética da Terra varia com a altitude.

(gases com zero força interpartículas), embora seja aproximadamente verdadeira para todos os gases.

Como os gases se combinam

Gay-Lussac acabou dando outra importante contribuição a nossa compreensão dos gases. Em 1808, ele percebeu que, quando se combinam, os gases fazem isso em proporções simples por volume – e que, quando dois gases reagem, o volume de gases produzido depende dos volumes originais. Assim, dois volumes de hidrogênio se unem a um volume de oxigênio à razão 2:1, resultando em dois volumes de vapor de água.

Dois anos depois, o cientista italiano Amedeo Avogadro explicou essa descoberta ligando-a a ideias que logo surgiram sobre átomos e outras partículas. Ele teorizou que, a dada temperatura e pressão, volumes iguais de todos os gases têm o mesmo número de "moléculas". Na verdade, o número de moléculas varia exatamente com o volume. Chamada hipótese de Avogadro, a proposição explicava a descoberta de Gay-Lussac de que os gases se combinam em proporções específicas.

A hipótese de Avogadro tinha o mérito de indicar que o oxigênio por si só existia em moléculas de dois átomos, que se separavam para combinar com dois átomos de hidrogênio em vapor de água – é preciso que seja assim para que haja tantas moléculas de água quantas havia de hidrogênio e oxigênio.

Esse trabalho foi importante para o desenvolvimento da teoria atômica e da relação entre átomos e moléculas. Foi também vital para a teoria cinética dos gases, de James Clerk Maxwell e outros. Isso estabelece que partículas de gás se movem de modo aleatório e produzem calor ao colidir, o que ajuda a explicar a relação entre pressão, volume e temperatura. ∎

Compostos de uma substância gasosa com outra são sempre formados em razões muito simples, de modo que, ao representar uma pela unidade, a outra será 1, 2 ou, no máximo, 3.
Joseph Gay-Lussac

Joseph Gay-Lussac

O químico e físico Joseph Gay era filho de um rico advogado. A família possuía tanto na aldeia de Lussac, no sudoeste francês, que em 1803 o pai e o filho incorporaram Lussac ao nome. Joseph estudou química em Paris antes de trabalhar como pesquisador no laboratório de Claude-Louis Berthollet. Aos 24 anos, já tinha descoberto a lei dos gases que leva o seu nome.

Gay-Lussac foi também um pioneiro do balonismo e, em 1804, subiu num balão a mais de 7 mil m com o colega físico francês Jean-Baptiste Biot para coletar amostras do ar a diversas altitudes. Com esses experimentos, ele mostrou que a composição da atmosfera não muda com a altitude e decréscimo da pressão. Além do trabalho com gases, Gay-Lussac descobriu dois novos elementos, o boro e o iodo.

Obras principais

1802 "Sobre a expansão dos gases e vapores", *Anais de química*
1828 *Lições de física*

A ENERGIA DO UNIVERSO É CONSTANTE
ENERGIA INTERNA E PRIMEIRA LEI DA TERMODINÂMICA

EM CONTEXTO

FIGURA CENTRAL
William Rankine (1820–1872)

ANTES
1749 Émilie du Châtelet apresenta tacitamente a ideia de energia e sua conservação.

1798 Benjamin Thompson afirma que o calor é uma forma de energia cinética.

1824 O cientista francês Sadi Carnot conclui que não há processos reversíveis na natureza.

Anos 1840 James Joule, Hermann von Helmholtz e Julius von Mayer desenvolvem a teoria da conservação da energia.

DEPOIS
1854 William Rankine apresenta a ideia da energia potencial.

1854 Rudolf Clausius publica seu enunciado da segunda lei da termodinâmica.

No fim do século XVIII, os cientistas começaram a entender que calor é diferente de temperatura. Joseph Black e James Watt tinham mostrado que calor é uma quantidade e temperatura é uma medida, e o desenvolvimento de máquinas a vapor na Revolução Industrial focou o interesse científico em como exatamente o calor dava tal energia a essas máquinas.

Na época, os cientistas adotavam a teoria "calórica" – a ideia de que o calor era um fluido misterioso ou um gás sem peso chamado calórico que fluía de corpos mais quentes para mais frios. A ligação entre calor e movimento era reconhecida há

ENERGIA E MATÉRIA 87

Ver também: Energia cinética e energia potencial 54 ▪ Conservação da energia 55 ▪ Calor e transferência 80-81 ▪ Máquinas térmicas 90-93 ▪ Entropia e segunda lei da termodinâmica 94-99 ▪ Radiação térmica 112-117

Geração de eletricidade

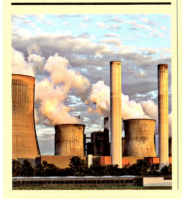

A queima de combustíveis fósseis (carvão, petróleo e gás natural) para gerar eletricidade é um exemplo clássico de uma cadeia de conversões de energia. Ela começa com a energia dos raios de Sol. As plantas convertem a energia solar em energia química, que fica então "armazenada" como energia potencial química nas ligações químicas feitas. A energia armazenada é concentrada quando as plantas são comprimidas como carvão, petróleo e gás. O combustível é queimado, criando energia do calor, que aquece água e produz vapor. Este faz turbinas girarem (convertendo a energia do calor em energia cinética), gerando eletricidade (energia potencial elétrica). Por fim, a eletricidade é convertida em formas úteis de energia, como luz nas lâmpadas ou som em alto-falantes. Ao longo de todas essas conversões, a energia total continua sempre a mesma. Em todo o processo, a energia é convertida de uma forma em outra, mas nunca é criada nem destruída, e não há perda de energia quando uma forma é transformada em outra.

---

muito, mas ninguém valorizava totalmente quanto esse vínculo era fundamental. Nos anos 1740, a matemática francesa Émilie du Châtelet estudou o conceito de momento e apresentou a ideia de "energia" mecânica – a capacidade de fazer coisas acontecerem –, embora não tenha usado esse nome na época. Mas estava ficando claro que objetos em movimento tinham energia, identificada depois como energia "cinética".

O calor é energia

Em 1798, o físico nascido nos EUA Benjamin Thompson, depois chamado conde de Rumford, realizou um experimento numa fundição de canhões em Munique. Ele queria medir o calor gerado pelo atrito durante a perfuração de tubos para canhões. Após muitas horas de fricção contínua com um aparelho sem gume, o calor continuava a ser gerado, apesar de não haver mudanças na estrutura do metal do canhão – então ficou claro que o metal não estava perdendo nada físico (e nenhum fluido calórico). Parecia que o calor devia estar no movimento. Em outras palavras, o calor é energia cinética – a energia do movimento. Mas poucas pessoas aceitaram a ideia e a teoria calórica se manteve por mais cinquenta anos.

O grande avanço veio nos anos 1840, de vários cientistas ao mesmo tempo, como James Joule, na Grã-Bretanha, e Hermann von Helmholtz e Julius von Mayer, na Alemanha. O que eles viram foi que o calor era uma forma de energia com a capacidade de fazer algo

Você vê, assim, que a força viva pode ser convertida em calor, e o calor, convertido em força viva.
James Joule

acontecer, como a energia muscular. E acabaram percebendo que todas as formas de energia são intercambiáveis.

Julius von Mayer tinha estudado o sangue de marinheiros nos trópicos e em 1840 descobriu que ele voltava aos pulmões ainda rico em oxigênio. Em lugares mais frios, o sangue das pessoas voltaria aos pulmões com muito menos oxigênio. Isso significava que, nos trópicos, o corpo precisava queimar menos oxigênio para manter-se quente. A conclusão de Mayer foi que o calor e todas as formas de energia (como as que observou: energia muscular, calor corporal e do Sol) são intercambiáveis e podem passar de uma a outra, mas nunca ser criadas. A energia total será sempre a mesma. Porém, Mayer era auxiliar de medicina, e os físicos deram pouca atenção a seu trabalho.

Conversão de energia

Enquanto isso, o jovem James Joule iniciou experimentos num laboratório na casa da família em Salford, perto de Manchester. Em »

1841, ele descobriu quanto calor é produzido por uma corrente elétrica. Testou, então, modos de converter movimento mecânico em calor e elaborou o célebre experimento em que um peso caindo aquece a água ao fazer girar nela uma roda com pás (ver abaixo). Medindo o aumento de temperatura da água, Joule pôde descobrir quanto calor certa quantidade de trabalho mecânico criaria. Os cálculos de Joule o levaram a acreditar que nenhuma energia jamais é perdida nessa conversão. Mas, como a pesquisa de Mayer, as ideias de Joule foram de início largamente ignoradas pela comunidade científica.

Então, em 1847, Hermann von Helmholtz publicou um artigo crucial, baseado em seus próprios estudos e nos de outros cientistas, como Joule. O texto de Helmholtz sintetizava a teoria da conservação da energia. No mesmo ano, Joule apresentou o trabalho numa reunião da Associação Britânica em Oxford. Após o encontro, Joule conheceu William Thomson (que mais tarde seria lorde Kelvin), e os dois trabalharam na teoria dos gases e como os gases esfriam ao se expandir – a base da refrigeração. Joule também fez a primeira estimativa clara da velocidade média de moléculas num gás.

A primeira lei

Ao longo da década seguinte, Helmholtz e Thomson – com o alemão Rudolf Clausius e o escocês William Rankine – começaram a fazer avanços juntos. Thomson usou pela primeira vez a palavra "termodinâmica" em 1849, para descrever a energia do calor. No ano seguinte, Rankine e Clausius (ao que parece de modo independente) desenvolveram o que é hoje chamada primeira lei da termodinâmica. Como Joule, Rankine e Clausius se concentraram em trabalho – a força usada para mover um objeto a uma certa distância. Em seus estudos, eles verificaram uma ligação universal entre calor e trabalho. De modo significativo, Clausius também começou a usar a palavra "energia" para descrever a capacidade de fazer trabalho.

> A ciência torna preciosos os objetos mais comuns.
> **William Rankine**

Na Grã-Bretanha, Thomas Young tinha cunhado a palavra "energia" em 1802 para explicar o efeito combinado de massa e velocidade. Por volta do fim do século XVII, o polímata alemão Gottfried Leibniz tinha se referido a isso como *vis viva*, ou "força viva", termo ainda usado por Rankine. Mas foi só nos anos 1850 que seu pleno significado emergiu, e a palavra "energia" em sentido moderno começou a ser usada regularmente.

Clausius e Rankine trabalharam o conceito de energia como uma quantidade matemática – do mesmo modo que Newton tinha revolucionado nossa compreensão da gravidade ao apenas olhar para ela como uma regra matemática universal, sem na verdade descrever como funciona. Eles podiam, por fim, banir a ideia calórica do calor como substância. O calor é energia, uma capacidade de fazer trabalho e deve assim se conformar a outra regra matemática simples: a lei da conservação da energia. Essa lei mostra que a energia não pode ser criada nem destruída: só pode ser transferida de um lugar a outro ou convertida em outras formas de energia. Em termos simples, a primeira lei da termodinâmica é a lei da conservação da energia aplicada a calor e trabalho.

As ideias e pesquisas de Clausius e Rankine tinham surgido com a tentativa de entender de

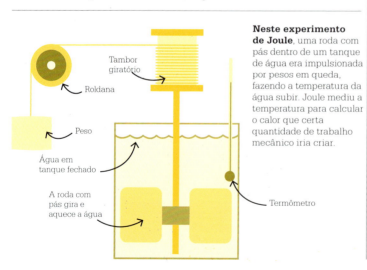

Neste experimento de Joule, uma roda com pás dentro de um tanque de água era impulsionada por pesos em queda, fazendo a temperatura da água subir. Joule mediu a temperatura para calcular o calor que certa quantidade de trabalho mecânico iria criar.

ENERGIA E MATÉRIA

modo teórico como as máquinas funcionam. Assim, Clausius observou a energia total de um sistema fechado (onde a matéria não pode se mover para dentro e fora, mas a energia sim, como nos cilindros de uma máquina a vapor) e examinou sua "energia interna". Não se pode medir a energia interna de um sistema, mas pode-se medir aquela que entra e sai. O calor é uma transferência de energia para dentro do sistema e a combinação de calor e trabalho é uma transferência para fora.

Segundo a lei da conservação da energia, qualquer mudança na energia interna deve sempre ser a diferença entre a energia movendo-se para dentro do sistema e a energia movendo-se para fora – o que também é igual à diferença total entre calor e trabalho. Coloque mais calor no mesmo sistema e você obterá mais trabalho, e vice-versa – isso condiz com a primeira lei da termodinâmica. Precisa ser assim porque a energia total no Universo (toda a energia que envolve o sistema) é constante, então as transferências para dentro e fora precisam se equiparar.

Categorias de Rankine

Rankine era engenheiro mecânico, gostava de abordagens práticas. Assim, ele criou uma divisão útil da energia em dois tipos: armazenada e de trabalho. Energia armazenada é aquela que se mantém parada, pronta para se mover – como uma mola comprimida ou um esquiador parado no topo de um declive. Hoje descrevemos a energia armazenada como energia potencial. O trabalho é ou a ação de armazenar energia ou o movimento para liberá-la. A classificação de energia de Rankine foi um modo simples e de duradoura eficácia de ver a energia em suas fases de repouso e movimento. No fim dos anos 1850, o notável trabalho de Du Châtelet, Joule, Helmholtz, Mayer, Thomson, Rankine e Clausius tinha transformado nossa compreensão do calor. Os jovens cientistas revelaram a relação recíproca entre calor e movimento. Também começaram a entender e mostrar a importância universal dessa relação e a sintetizaram no termo "termodinâmica" – a ideia de que a quantidade total de energia no Universo deve ser sempre constante e não pode mudar. ■

William Rankine

O escocês William Rankine nasceu em Edimburgo em 1820. Como o pai, foi engenheiro ferroviário, mas o trabalho com máquinas a vapor despertou seu interesse por ciência e ele dedicou-se a estudá-la.

Com os cientistas Rudolf Clausius e William Thomson, Rankine se tornou um dos fundadores da termodinâmica. Ele ajudou a estabelecer as duas principais leis da termodinâmica e definiu a ideia de energia potencial. Rankine e Clausius também descreveram de modo independente a função da entropia (a ideia de que o calor é transferido de modo desordenado). Rankine escreveu uma teoria completa da máquina a vapor e de todas as máquinas térmicas, e contribuiu para o abandono da teoria calórica, do calor visto como fluido. Morreu em Glasgow em 1872, aos 52 anos.

Principais obras

1853 "Sobre a lei geral da transformação de energia"
1855 "Esboços sobre a ciência da energética"

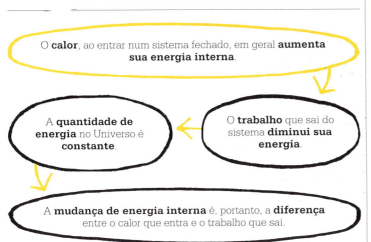

O CALOR PODE SER UMA CAUSA DE MOVIMENTO
MÁQUINAS TÉRMICAS

EM CONTEXTO

FIGURA CENTRAL
Sadi Carnot (1796–1832)

ANTES
c. 50 d.C. Heron de Alexandria constrói uma pequena máquina movida a vapor chamada eolípila.

1665 Robert Boyle publica *Uma história experimental do frio*, uma tentativa de definir a natureza do frio.

1712 Thomas Newcomen constrói a primeira máquina a vapor bem-sucedida.

1769 James Watt cria uma máquina a vapor aperfeiçoada.

DEPOIS
1834 O inventor britânico-americano Jacob Perkins faz o primeiro refrigerador.

1859 O engenheiro belga Étienne Lenoir desenvolve a máquina a combustão interna.

É difícil superestimar o impacto do surgimento das máquinas a vapor, no século XVIII. Elas deram às pessoas uma fonte de energia antes inimaginável. Eram máquinas práticas, construídas por engenheiros e, postas em uso em grande escala, impulsionaram a Revolução Industrial. A curiosidade dos cientistas, fascinados com a incrível potência das máquinas a vapor, levou a uma revolução centrada no calor.

A ideia da energia a vapor é antiga. Muito atrás, no século III a.C., um inventor grego de Alexandria chamado Ctesíbio percebeu que o vapor jorrava com força do bico de

ENERGIA E MATÉRIA

Ver também: Energia cinética e energia potencial 54 ▪ Calor e transferências 80-81 ▪ Energia interna e primeira lei da termodinâmica 86-89 ▪ Entropia e segunda lei da termodinâmica 94-99

> Tirar hoje da Inglaterra suas máquinas a vapor seria tirar ao mesmo tempo seu carvão e ferro.
> **Sadi Carnot**

um recipiente cheio de água aquecido no fogo. Ele começou a brincar com a ideia de uma eolípila (ou bola de vento), uma esfera oca sobre um eixo. Quando a água dentro dela fervia, o vapor em expansão escapava em jatos por dois bicos curvos direcionados, um de cada lado. Os jatos faziam a esfera girar. Cerca de 350 anos depois, Heron, também alexandrino, criou um projeto funcional de eolípila – réplicas foram feitas desde então. Hoje se sabe que, quando água líquida se torna vapor, as ligações que mantêm as moléculas unidas se quebram, fazendo-a se expandir.

O aparelho de Heron, porém, era só um brinquedo, e embora vários inventores tenham feito experiências com vapor, foi só depois de 1,6 mil anos que a primeira máquina prática a vapor foi construída. O grande avanço foi a descoberta, no século XVII, do vácuo e do poder da pressão do ar. Numa famosa demonstração em 1654, o físico alemão Otto von Guericke mostrou que a pressão atmosférica era poderosa o bastante para evitar que a força de oito cavalos fortes pudesse separar duas metades de uma esfera esvaziada de ar. Essa descoberta revelou um novo uso do vapor, muito diferente dos jatos de

A primeira máquina a vapor
bem-sucedida foi inventada por Thomas Newcomen para bombear água de minas. Esfriava vapor num cilindro para criar um vácuo parcial e puxar um pistão para cima.

Heron. O inventor francês Denis Papin notou, nos anos 1670, que se o vapor preso num cilindro esfria e condensa, encolhe muito, criando um vácuo poderoso, forte o bastante para puxar para cima um pesado pistão, um componente móvel das máquinas. Assim, em vez de usar o poder de expansão do vapor, a nova descoberta utilizava a imensa contração de quando ele esfria e condensa.

A revolução do vapor
Em 1698, o inventor inglês Thomas Savery construiu a primeira grande máquina a vapor a usar o princípio de Papin. Essa máquina, porém, utilizava vapor em alta pressão, o que a tornava perigosamente explosiva e não confiável. Uma versão muito mais segura, com vapor a baixa pressão, foi construída em Devon pelo ferreiro Thomas Newcomen em 1712. Porém, apesar de seu sucesso e de ter sido instalada em milhares de minas por toda a Grã-Bretanha e Europa continental ao redor de 1755, a máquina de Newcomen era ineficiente porque o cilindro tinha de ser esfriado a cada batida para condensar o vapor, e isso usava uma enorme quantidade de energia.

Nos anos 1760, para aperfeiçoar a máquina de Newcomen, o engenheiro escocês James Watt realizou os primeiros experimentos científicos sobre o modo como o calor se move numa máquina a vapor. Seus resultados o levaram a descobrir, com seu compatriota Joseph Black, que é o calor, não a temperatura, que fornece força motriz ao vapor. Watt também percebeu que a eficiência das máquinas a vapor poderia ser muito melhorada usando não um cilindro, mas dois – um dos quais ficava quente o tempo todo e um frio, separado, para condensar o vapor. Watt introduziu também uma manivela para converter o movimento para cima e para baixo do pistão no movimento giratório necessário para impelir uma roda. Isso suavizou a ação das batidas do pistão, mantendo uma força constante. As inovações de Watt foram tremendamente bem-sucedidas e pode-se dizer que lançaram a era do vapor.

Energia e termodinâmica
A eficiência das máquinas a vapor intrigava o jovem engenheiro militar francês Sadi Carnot. Ele visitou fábrica após fábrica, estudando não só as máquinas a vapor como as movidas a água. Em 1824, ele »

MÁQUINAS TÉRMICAS

A potência da água depende de uma **diferença nos níveis da água** que permite à água cair.

Máquinas térmicas dependem de uma **diferença de temperatura**.

Para que uma máquina térmica funcione, deve haver um **lugar frio para o qual o calor flua**.

A máquina é **movida pelo fluxo de calor** de quente para frio.

teoria calórica – a falsa ideia de que o calor era um fluido. Esse erro, porém, permitiu-lhe perceber uma analogia central entre a água e a força do vapor. A força da água depende de uma queda d'água, uma diferença de níveis que permita à água cair. Do mesmo modo, Carnot via que uma máquina térmica depende de uma queda de calor que possibilite uma "queda de calórico". Em outras palavras, para que uma máquina térmica funcionasse, devia haver não só calor, mas um lugar frio para onde ele fluísse. A máquina é movida não pelo calor, mas pelo fluxo de calor do quente para o frio. Assim, a força motriz é a diferença entre quente e frio, não o calor em si.

Eficiência perfeita

Carnot teve uma segunda percepção essencial – que para a geração de potência máxima não deve haver perda de fluxo de calor em nenhum lugar ou tempo. Uma máquina ideal é aquela em que todo fluxo de calor é convertido em movimento útil. Qualquer perda de calor que não gere força motriz é uma redução na eficiência da máquina térmica.

escreveu um pequeno livro, *Reflexões sobre a força motriz do calor*. Carnot percebeu que o calor é a base de todo movimento na Terra, impulsionando ventos e correntes marinhas, terremotos e outros deslocamentos geológicos, além dos movimentos dos músculos do corpo. Ele via o cosmos como uma máquina térmica gigante feita de incontáveis máquinas térmicas menores, sistemas movidos pelo calor. Esse foi o primeiro reconhecimento do real significado do calor no Universo, lançando as bases da ciência da termodinâmica.

Ver e comparar água e vapor em fábricas deu a Carnot uma percepção essencial sobre a natureza das máquinas térmicas. Como a maioria de seus contemporâneos, ele acreditava na

Sadi Carnot

Nascido em Paris em 1796, Sadi Carnot veio de uma família de famosos cientistas e políticos. Seu pai, Lazare, foi pioneiro no estudo científico do calor, além de ter alta patente no Exército Revolucionário Francês. Sadi seguiu o pai na carreira militar. Após se graduar em 1814, juntou-se aos engenheiros militares como oficial e foi enviado França afora para fazer um relatório sobre suas fortalezas. Cinco anos depois, fascinado com as máquinas a vapor, afastou-se do exército para seguir seus interesses científicos.

Em 1824, Carnot escreveu o revolucionário *Reflexões sobre a força motriz do calor*, que chamou atenção para a importância das máquinas térmicas e apresentou o ciclo de Carnot. Pouca atenção se deu na época a sua obra, cujo significado como ponto de partida da termodinâmica só foi reconhecido após sua morte, por cólera, em 1832.

Obra principal

1824 *Reflexões sobre a força motriz do calor*

ENERGIA E MATÉRIA

Sozinha, a produção de calor não é suficiente para fazer surgir o poder de impulsão; é preciso haver também frio.
Sadi Carnot

Para modelar isso, Carnot esboçou uma máquina térmica teórica ideal reduzida a seus elementos básicos. Conhecida hoje como máquina de Carnot, ela trabalha num ciclo de quatro estágios. Primeiro, o gás é aquecido por condução por uma fonte externa (como um reservatório de água quente) e se expande. Segundo, o gás quente é mantido isolado (num cilindro, por exemplo) e conforme se expande realiza trabalho ao seu redor (como empurrar um pistão). Quando se expande, o gás esfria. Terceiro, o ambiente empurra o pistão para baixo, comprimindo o gás. O calor é transferido de um sistema para um reservatório frio. Por fim, como o sistema é mantido isolado e o pistão continua a empurrar para baixo, a temperatura do gás sobe de novo.

Nos primeiros dois estágios, o gás se expande e, nos dois segundos, se contrai. Mas tanto a expansão quanto a contração passam por duas fases: isotérmica e adiabática. No ciclo de Carnot, isotérmico significa que há uma troca de calor com o ambiente, mas nenhuma mudança de temperatura no sistema. Adiabático significa que nenhum calor vai para dentro ou fora do sistema.

Carnot calculou a eficiência dessa máquina térmica ideal: se a temperatura mais quente atingida for T_Q e a mais fria T_F, a fração de

O ciclo de Carnot

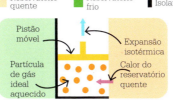

Estágio 1: Há uma transferência de calor do reservatório quente para o gás no cilindro. O gás se expande, empurrando o pistão. Este estágio é isotérmico porque não há mudança de temperatura no sistema.

Estágio 2: O gás, agora isolado dos reservatórios, continua a se expandir conforme o peso é retirado do pistão. O gás se resfria quando expande, embora nenhum calor se perca no sistema como um todo. Esta expansão é adiabática.

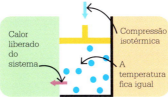
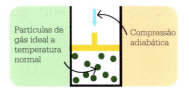

Estágio 3: O peso sobre o pistão aumenta. Como o calor pode agora ser transferido do cilindro para o reservatório frio, a temperatura do gás não sobe; portanto, este estágio é isotérmico.

Estágio 4: Mais peso é acrescentado sobre o pistão, comprimindo o gás no cilindro. Como o gás agora está isolado dos reservatórios de novo, a compressão faz sua temperatura subir adiabaticamente.

energia térmica que sai como trabalho (a eficiência) pode ser expressa como $(T_Q - T_F)/T_Q = 1 - (T_F/T_Q)$. Mesmo a máquina ideal de Carnot está longe de 100% de eficiência, mas máquinas reais são muito menos eficientes que a de Carnot. Diversamente da máquina ideal de Carnot, máquinas reais usam processos irreversíveis. Uma vez que o petróleo queime, fica queimado. O calor disponível para transferência é o tempo todo reduzido. Parte da produção de trabalho da máquina é perdida como calor pelo atrito das peças em movimento. A maioria dos motores de carros mal tem eficiência de 25%, e até turbinas de vapor são só 60% eficientes no máximo, ou seja, muito calor é desperdiçado.

O trabalho de Carnot sobre calor só estava começando quando ele morreu de cólera, aos 36 anos. Suas muitas anotações foram queimadas para combater a infecção, e nunca saberemos até onde ele chegou. Dois anos após sua morte, Benoît Paul Émile Clapeyron publicou um sumário da obra de Carnot usando gráficos para tornar as ideias mais claras e atualizando-a com a remoção do elemento calórico. Como resultado, o trabalho pioneiro de Carnot sobre máquinas térmicas revolucionou nossa compreensão do papel central do calor no Universo e lançou as bases da ciência da termodinâmica. ∎

A ENTROPIA DO UNIVERSO TENDE A UM MÁXIMO

ENTROPIA E SEGUNDA LEI DA TERMODINÂMICA

ENTROPIA E SEGUNDA LEI DA TERMODINÂMICA

EM CONTEXTO

FIGURA CENTRAL
Rudolf Clausius (1822–1888)

ANTES
1749 A matemática e física francesa Émilie du Châtelet apresenta uma das primeiras ideias de energia e como ela se conserva.

1777 Na Suécia, o boticário Carl Scheele descobre como o calor pode se mover irradiando pelo espaço.

1780 O cientista holandês Jan Ingenhousz descobre que o calor pode se mover por condução através dos materiais.

DEPOIS
1876 O cientista americano Josiah Gibbs introduz a ideia de energia livre.

1877 O físico austríaco Ludwig Boltzmann expõe a relação entre entropia e probabilidade.

Em meados dos anos 1800, um grupo de físicos europeus revolucionou o conhecimento sobre o calor. Esses cientistas, entre eles os britânicos William Thomson e William Rankine, os alemães Hermann von Helmholtz, Julius von Mayer e Rudolf Clausius e o francês Sadi Carnot, demonstraram que calor e trabalho mecânico são intercambiáveis. Ambos são manifestações do que veio a se chamar transferência de energia.

Além disso, os físicos descobriram que o intercâmbio de calor e trabalho mecânico é totalmente equilibrado: quando uma forma de energia aumenta, a outra deve diminuir. A energia total nunca pode ser perdida; ela apenas troca de forma. Chamou-se a isso lei da conservação da energia e foi a primeira lei da termodinâmica. Mais tarde, ela foi expandida e reformulada por Rudolf Clausius como "a energia do Universo é constante".

Fluxo de calor

Os cientistas logo notaram que havia outra teoria fundamental da termodinâmica referente ao fluxo de calor. Em 1824, o cientista militar francês Sadi Carnot imaginou uma máquina térmica ideal em que, ao contrário do que ocorre na natureza, as trocas de energia são reversíveis: quando uma forma era convertida em outra, podia mudar de volta sem perda de energia. Na verdade, porém, uma grande parte da energia das máquinas a vapor não se traduzia em movimento mecânico, mas era perdida como calor. Embora as máquinas de meados dos anos 1800 fossem mais eficientes que as dos anos 1700, estavam muito abaixo da taxa de conversão de 100%. Foram, em parte, os esforços dos

> Nenhuma outra parte da ciência contribuiu tanto para a liberação do espírito humano como a segunda lei da termodinâmica.
> **Peter William Atkins**
> Químico britânico

Rudolf Clausius

Filho de um professor e pastor, Rudolf Clausius nasceu na Pomerânia, na Prússia (hoje na Polônia), em 1822. Após estudar na Universidade de Berlim, ele se tornou professor da Escola de Engenharia e Artilharia de Berlim e, em 1855, passou a ensinar física no Instituto Federal Suíço de Tecnologia, em Zurique. Em 1867, voltou à Alemanha.

A publicação de seu artigo "Sobre a força motriz do calor", em 1850, foi um passo importante no desenvolvimento da termodinâmica. Em 1865, ele expôs o conceito de entropia, levando a suas sínteses históricas das leis da termodinâmica: "A energia do Universo é constante" e "A entropia do Universo tende a um máximo". Clausius morreu em Bonn em 1888.

Obras principais

1850 "Sobre a força motriz do calor"
1856 "Sobre uma forma modificada do segundo teorema fundamental da teoria mecânica do calor"
1867 *A teoria mecânica do calor*

ENERGIA E MATÉRIA

Ver também: Energia cinética e energia potencial 54 ▪ Calor e transferência 80-81 ▪ Energia interna e primeira lei da termodinâmica 86-89 ▪ Máquinas térmicas 90-93 ▪ Radiação térmica 112-117

Clausius percebeu que numa máquina térmica real é impossível extrair uma quantidade de calor (Q_Q) de um reservatório quente e usar todo o calor extraído para realizar trabalho (W). Algum calor (Q_F) deve ser transferido para um reservatório frio. Uma máquina térmica perfeita, em que todo o calor extraído (Q_Q) possa ser usado para realizar trabalho (W), é impossível, conforme a segunda lei da termodinâmica.

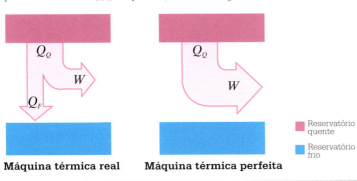

Máquina térmica real | Máquina térmica perfeita

■ Reservatório quente
■ Reservatório frio

cientistas para entender essa perda de energia que levaram à descoberta da segunda lei da termodinâmica. Clausius percebeu, como Thomson e Rankine, que o calor flui só num sentido: do quente para o frio, não o contrário.

Ajuda externa

Em 1850, Clausius escreveu sua primeira formulação da segunda lei da termodinâmica: "O calor não pode por si só fluir de um corpo mais frio para um mais quente". Clausius não estava dizendo que o calor nunca pode fluir do frio para o quente, mas que precisa de ajuda externa para fazer isso. Ele precisa realizar trabalho: o efeito da energia. É assim que os refrigeradores modernos funcionam. Como máquinas térmicas invertidas, transferem o calor das regiões frias dentro do aparelho para regiões quentes fora, esfriando ainda mais as partes frias. Tal transferência exige trabalho, que é fornecido por um líquido refrigerante em expansão.

Clausius logo notou que as implicações do fluxo de sentido único do calor eram muito mais complexas do que pensava. Ficou claro que máquinas térmicas estão fadadas à ineficiência. Por mais engenhosamente que sejam projetadas, alguma energia sempre vazará como calor, seja como atrito, exaustão (gás ou vapor) ou radiação, sem fazer nenhum trabalho útil.

O trabalho é feito pelo fluxo de calor de um lugar para outro. Para Clausius e outros cientistas que pesquisavam termodinâmica, logo ficou claro que, se o trabalho é feito pelo fluxo de calor, deve haver uma concentração de energia armazenada em um lugar para iniciar o fluxo; uma área deve ser mais quente que outra. Porém, se há perda de calor cada vez que o trabalho é realizado, o calor aos poucos se espalha e dissipa. As

Uma erupção do vulcão Sakurajima, no Japão, transfere energia térmica do interior muito quente da Terra para o exterior mais frio, demonstrando a segunda lei da termodinâmica.

concentrações de calor ficam menores e mais raras, até mais nenhum trabalho poder ser feito. O suprimento de energia disponível para trabalho não é inesgotável; com o tempo, ele todo se reduz a calor e, assim, tudo tem uma duração limitada.

A energia do Universo

No início dos anos 1850, Clausius e Thomson começaram de modo independente a especular se a própria Terra seria uma máquina térmica com duração finita, e se isso poderia ser verdade para todo o Universo. Em 1852, Thomson conjecturou que algum dia a energia do Sol poderia se esgotar. Para a Terra, isso implicava ela ter um início e um fim – um conceito novo. Thomson tentou então descobrir a idade da Terra calculando o tempo que ela levaria para esfriar até a temperatura atual, considerando o período em que o Sol poderia gerar calor à medida que lentamente se contraísse por sua própria gravidade.

O cálculo de Thomson mostrou que a Terra teria só alguns milhões de anos, o que o colocou em grave »

ENTROPIA E SEGUNDA LEI DA TERMODINÂMICA

conflito com geólogos e evolucionistas, que estavam convencidos de que ela era muito mais velha.

A explicação para essa disparidade é que nada se sabia então sobre radiatividade, e só em 1905 Einstein descobriria que a matéria pode se converter em energia. É a energia da matéria que mantém a Terra quente por muito mais tempo que só a radiação solar. Isso empurra a história da Terra para mais de 4 bilhões de anos antes.

Thomson foi além, aventando que com o tempo toda a energia do Universo se dissiparia como calor. Ela se espalharia como uma massa de calor em "equilíbrio" uniforme, sem nenhuma concentração de energia. Nesse ponto, nada mais poderia mudar no Universo e ele efetivamente estaria morto. Porém, Thomson também afirmava que a teoria da "morte térmica" dependia da existência de uma quantidade finita de matéria no Universo, algo em que ele não acreditava. Por isso, dizia, seus processos dinâmicos continuariam. Os cosmólogos sabem hoje muito mais sobre o Universo que Thomson poderia conhecer e não aceitam mais a teoria de morte térmica, embora o destino final do Universo continue desconhecido.

Exposição da segunda lei

Em 1865, Clausius introduziu a palavra "entropia" (a partir dos termos gregos para "inerente" e "direção") para sintetizar o fluxo de sentido único do calor. O conceito de entropia reunia o trabalho que Clausius, Thomson e Rankine tinham feito nos quinze anos anteriores, elaborando o que se tornaria a segunda lei da termodinâmica. No entanto, a entropia veio a significar muito mais que o fluxo de sentido único. Conforme as ideias de Clausius tomaram forma, a entropia se desenvolveu para uma medida matemática de quanto a energia é dissipada.

Clausius afirmava que, como uma concentração de energia é necessária para manter a forma e ordem do Universo, a dissipação leva a uma confusão aleatória de energia de nível baixo. Em resultado, a entropia hoje é considerada uma medida do grau de dissipação ou, mais precisamente, do grau de aleatoriedade. Mas Clausius e seus pares estavam falando especificamente sobre calor. Na verdade, Clausius definia entropia como uma medida do calor que um corpo transfere por unidade de temperatura. Quando um corpo contém muito calor, mas sua temperatura é baixa, o calor deve se dissipar.

O destino de todas as coisas

Clausius sintetizou assim sua versão da segunda lei da termodinâmica: "A entropia do Universo tende a um máximo". Como o enunciado é vago, muitas pessoas imaginam hoje que isso se aplique a tudo. Tornou-se

> Formei a palavra "entropia" intencionalmente para que fosse tão similar quanto possível com "energia".
> **Rudolf Clausius**

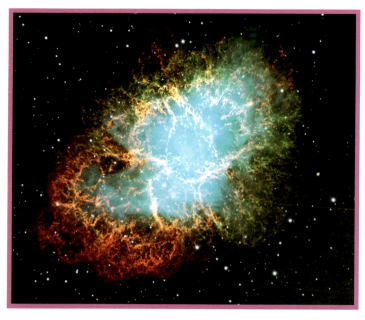

A nebulosa do Caranguejo é uma supernova, uma estrela que explodiu. Segundo a teoria da morte térmica, o calor liberado por tais explosões levará a um equilíbrio térmico.

Quando há uma **grande reserva de energia térmica interna**, a temperatura é **alta**.

Quando um sistema tem **baixa energia térmica interna**, a temperatura é **baixa**.

O calor **flui** das áreas **quentes para** as **frias**.

O calor se **dissipa** naturalmente (se espalha) com o passar do tempo.

O grau de dissipação, ou entropia, do Universo tende a um máximo.

---

uma metáfora do destino de todas as coisas – que acabarão sendo consumidas pelo caos.

Em 1854, porém, Clausius estava falando especificamente sobre calor e energia. Sua definição continua a primeira formulação matemática de entropia, embora na época ele a chamasse "valor de equivalência", com uma equação para S (entropia) para sistemas de energia abertos e outra para sistemas fechados. Um sistema de energia é uma região onde a energia flui – pode ser um motor de carro ou toda a atmosfera. Um sistema aberto pode trocar tanto energia quanto matéria com a vizinhança; um sistema fechado pode apenas trocar energia (como calor ou trabalho).

Thomson apresentou um modo de descrever a segunda lei da termodinâmica em relação aos limites das máquinas térmicas. Isso se tornou a base do que é hoje chamado enunciado de Kelvin-Planck da lei (lorde Kelvin foi o título de nobreza que Thomson recebeu do Reino Unido em 1892). O físico alemão Max Planck refinou a ideia de Kelvin, que ficou assim: "É impossível imaginar uma máquina térmica que opere ciclicamente, cujo efeito seja absorver energia na forma de calor a partir de um só reservatório térmico e liberar uma quantidade equivalente de trabalho". Ou seja, é impossível fazer uma máquina térmica 100% eficiente. Não é fácil perceber que isso é o que Clausius também dizia – o que desde então causa confusão. Essas ideias se baseiam todas na mesma lei da termodinâmica: a inevitabilidade da perda de calor quando o calor flui num sentido. ■

> Dentro de um período de tempo finito, a Terra vai se tornar imprópria à habitação humana novamente.
> **William Thomson**

A seta do tempo

O significado da descoberta da segunda lei da termodinâmica é muitas vezes negligenciado, porque outros cientistas logo aprofundaram o trabalho de Clausius e seus pares. Na verdade, a segunda lei da termodinâmica é tão crucial para a física como a descoberta das leis do movimento por Newton e teve um papel central para modificar a visão newtoniana do Universo que prevalecia até então.

No Universo de Newton, todas as ações ocorrem igualmente em todas as direções, então o tempo não tem direção – como um mecanismo eterno que pode correr para trás ou para a frente. A segunda lei da termodinâmica de Clausius derrubou essa visão. Se o calor flui num sentido, o mesmo deve acontecer com o tempo. As coisas decaem, se esgotam, chegam ao termo, e a seta do tempo aponta só num sentido – para o fim. As implicações dessa descoberta chocaram muitas pessoas religiosas que acreditavam num Universo perpétuo.

Depois que uma vela queima, a cera queimada não pode ser restaurada. A seta do tempo da termodinâmica aponta num sentido: para o fim.

O FLUIDO E SEU VAPOR SE TORNAM UM SÓ

MUDANÇAS DE ESTADO E CRIAÇÃO DE LIGAÇÕES

EM CONTEXTO

FIGURA CENTRAL
Johannes Diderik van der Waals (1837–1923)

ANTES
c. 75 a.C. O pensador romano Lucrécio aventa que os líquidos são feitos de átomos redondos e lisos, mas os sólidos são unidos por átomos enganchados.

1704 Isaac Newton teoriza que os átomos são unidos por uma força invisível de atração.

1869 O químico e físico irlandês Thomas Andrews descobre a continuidade entre os dois estados fluidos da matéria – líquido e gás.

DEPOIS
1898 O químico escocês James Dewar liquefaz hidrogênio.

1908 O físico holandês Heike Kamerlingh Onnes liquefaz hélio.

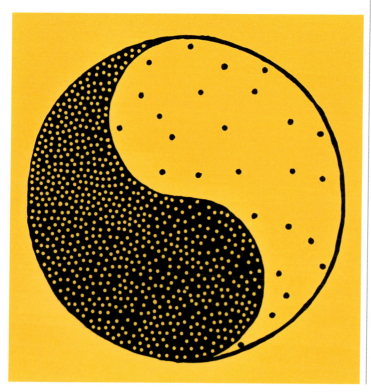

Há muito se sabia que a mesma substância pode existir em pelo menos três fases – sólida, líquida e gasosa. A água, por exemplo, pode ser gelo, água líquida e vapor. Mas, em grande parte do século XIX, o que acontece nas passagens entre essas fases parecia apresentar um obstáculo às leis dos gases estabelecidas no fim do século XVIII.

Um tópico especial eram os dois estados fluidos – líquido e gás. Em ambos, a substância flui, assumindo a forma de qualquer recipiente, e não é capaz de manter uma forma própria como a de um sólido. Os cientistas tinham mostrado que, se um gás é comprimido cada vez

ENERGIA E MATÉRIA 101

Ver também: Modelos de matéria 68-71 ▪ Fluidos 76-79 ▪ Calor e transferência 80-81 ▪ Leis dos gases 82-85 ▪ Entropia e segunda lei da termodinâmica 94-99 ▪ Desenvolvimento da mecânica estatística 104-111

Como poderei nomear esse ponto em que o fluido e seu vapor se tornam um só, segundo uma lei de continuidade?
Michael Faraday
Em carta ao colega cientista William Whewell (1844)

mais, sua pressão não aumenta indefinidamente, e por fim ele se torna líquido. De modo similar, se um líquido é aquecido, um pouco evapora no início e, no final, ele todo evapora. O ponto de ebulição da água (a temperatura máxima que a água pode atingir) é fácil de medir, e sobe de modo mensurável com a pressão – esse é o princípio da panela de pressão.

Os pontos de mudança
Os cientistas queriam ir além dessas observações para saber o que ocorre numa substância quando o líquido se torna gás. Em 1822, o engenheiro e físico francês barão Charles Cagniard de la Tour testou um "digestor a vapor", um aparelho pressurizado que gerava vapor de água aquecida além de seu ponto normal de ebulição. Ele encheu parte do cilindro do digestor com água e deixou cair uma bola de sílex nele. Rolando o cilindro como um tronco, ele podia ouvir a bola batendo na água. O cilindro foi então aquecido a uma temperatura estimada por De la Tour em 362 °C, momento em que nenhuma batida foi ouvida. O limite entre o gás e o líquido acabou.

Sabia-se que manter um líquido sob pressão pode impedi-lo de se tornar gás, mas os experimentos de De la Tour revelaram que há uma temperatura em que um líquido sempre vai se tornar gás, não importa a pressão a que esteja sujeito. Nessa temperatura, não há distinção entre a fase líquida e a gasosa – ambas se tornam igualmente densas. Diminuir a temperatura então restaura as diferenças entre as fases.

O ponto em que o líquido e o gás ficam em equilíbrio permaneceu um conceito vago até os anos 1860, quando o físico Thomas Andrews investigou o fenômeno. Ele estudou a relação entre temperatura, pressão e volume, e como ela pode afetar as fases de uma substância. Em 1869, descreveu experimentos em que aprisionou dióxido de carbono sobre mercúrio num tubo de vidro. Empurrando o mercúrio para cima, pôde aumentar a pressão do gás até se tornar líquido. No entanto, nunca conseguiu liquefazê-lo acima de 32,92 °C, qualquer que fosse a pressão aplicada. Ele chamou essa temperatura de "ponto crítico" do dióxido de carbono. Andrews observou ainda: "Vimos que, em essência, as fases gasosa e líquida são só estágios distintos do mesmo estado da matéria e que podem passar de uma a outra por mudança contínua".

A ideia da continuidade entre as fases líquida e gasosa foi um *insight* importante, que destacou »

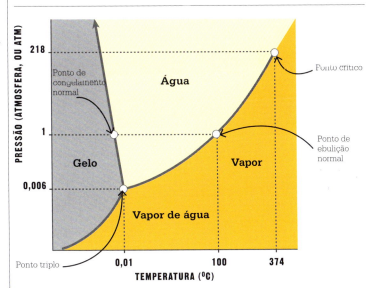

Um diagrama de fase plota a temperatura e pressão em que uma substância – neste caso, água – é sólida, líquida ou gasosa. No "ponto triplo", uma substância pode existir simultaneamente como sólido, líquido e gás. No "ponto crítico", um líquido e seu gás se tornam idênticos.

Ligações moleculares

No início do século XIX, o cientista britânico Thomas Young sugeriu que a superfície de um líquido se mantém coesa graças a ligações intermoleculares. É essa "tensão superficial" que une a água em gotas e forma uma curva no topo de um copo cheio de água, conforme as moléculas são agrupadas. Esse trabalho foi levado além pelo físico holandês Johannes Diderik van der Waals, que observou o que ocorria quando a tensão superficial se rompia, permitindo às moléculas se separar e transformando a água líquida em vapor de água.

Van der Waals propôs que a mudança de estado é parte de um contínuo e não uma ruptura distinta entre líquido e gás. Há uma camada de transição em que a água não é só nem líquido nem gás. Ele descobriu que conforme a temperatura sobe a tensão superficial diminui e que, a temperatura crítica, a tensão superficial desaparece totalmente, permitindo que a camada de transição se torne infinitamente espessa. Aos poucos, Van der Waals desenvolveu então uma "equação de estado" crucial para descrever de modo matemático o comportamento dos gases e sua condensação em líquido, aplicável a diferentes substâncias.

O trabalho de Van der Waals ajudou a estabelecer a realidade das moléculas e a identificar ligações intermoleculares. Estas são bem mais fracas que aquelas entre os átomos, baseadas em poderosas forças eletrostáticas. Moléculas da mesma substância se unem de modo diverso nas fases líquida e gasosa. Por exemplo, as ligações que dão coesão às moléculas de água não são as mesmas que ligam átomos de oxigênio e hidrogênio dentro de cada molécula de água.

Quando um líquido vira gás, as forças entre as moléculas precisam ser vencidas para permitir que essas moléculas se movam livremente. O calor fornece a energia para fazer as moléculas vibrar. Quando as vibrações são poderosas o bastante, as moléculas se liberam das forças que as unem e se tornam gás.

Forças de atração

As três forças principais de atração intermolecular – dipolo-dipolo, dispersão de London e pontes de hidrogênio – são chamadas coletivamente de forças de Van der Waals. As forças dipolo-dipolo ocorrem em moléculas "polares", em que os elétrons são compartilhados de modo desigual entre os átomos da molécula. No ácido clorídrico, por exemplo, o átomo de cloro tem um elétron a mais, tirado do átomo de hidrogênio. Isso dá à parte do cloro da molécula uma carga levemente negativa, diversamente da parte do hidrogênio. O resultado é que na solução líquida de ácido clorídrico os lados negativos de algumas moléculas são atraídos pelos lados positivos de outras – e isso as mantém unidas.

A força da dispersão de London (nomeada em homenagem ao cientista teuto-americano Fritz London, o primeiro a reconhecê-la, em 1930) ocorre entre moléculas não polares. Por exemplo, no cloro gasoso, os dois átomos de cada molécula têm carga igual dos dois lados. Mas os elétrons de cada átomo estão em constante movimento. Isso significa que um lado da molécula pode ficar brevemente negativo enquanto o outro se torna brevemente positivo, então as ligações entre moléculas são feitas e refeitas o tempo todo.

A terceira força, pontes de hidrogênio, é um tipo especial de ligação dipolo-dipolo que ocorre dentro do hidrogênio. É a interação entre um átomo de hidrogênio e um de oxigênio, flúor ou nitrogênio. É especialmente forte para uma ligação

Fiquei bem convencido da existência real das moléculas.
Johannes Diderik van der Waals

intermolecular, porque os átomos de oxigênio, flúor e nitrogênio são fortes atratores de elétrons, enquanto o hidrogênio é propenso a perdê-los. Assim, uma molécula que os combina se torna fortemente polar, criando, por exemplo, as pontes de hidrogênio robustas que dão coesão à água (H_2O).

Ligações de dispersão são as forças de Van der Waals mais fracas. Alguns elementos unidos por elas, como cloro e flúor, continuam gasosos a menos que sejam resfriados a temperatura muito baixa (−188 °C e −186 °C, respectivamente), quando as ligações se tornam fortes o bastante para que entrem na fase líquida. As pontes de hidrogênio são as mais fortes, e é por isso que a água tem um ponto de ebulição invulgarmente alto para uma substância feita de oxigênio e hidrogênio.

Descobertas críticas

Ao mostrar que as forças de atração entre moléculas de gás não eram zero, mas podiam ser forçadas, sob pressão, a ligações de mudança de estado, Van der Waals lançou as bases para compreender como os líquidos passam a gases e vice-versa. Sua "equação de estado" permitiu encontrar o ponto crítico de uma variedade de substâncias, tornando possível liquefazer gases como oxigênio, nitrogênio e hélio. Isso levou à descoberta dos supercondutores – substâncias que perdem toda resistência elétrica quando resfriadas a temperaturas ultrabaixas. ■

Não pode haver dúvida de que o nome de Van der Waals logo estará entre os principais da ciência molecular.
James Clerk Maxwell

Numa fábrica de oxigênio líquido, gás de oxigênio é extraído do ar em colunas de separação e resfriado até sua temperatura de liquefação (−186 °C) ao passar por trocadores de calor.

Johannes Diderik van der Waals

Nascido de pai carpinteiro na cidade holandesa de Leiden em 1837, Johannes Diderik van der Waals não tinha escolaridade suficiente para entrar no ensino superior. Ele se tornou professor de matemática e física e estudou em meio período na Universidade de Leiden, só obtendo o doutorado – em atração molecular – em 1873.

Van der Waals foi logo aclamado como um dos principais físicos da época e, em 1876, tornou-se professor de física na Universidade de Amsterdã. Ele continuou lá pelo resto de sua carreira, até ser sucedido como professor por seu filho, também chamado Johannes. Em 1910, Van der Waals recebeu o Prêmio Nobel de Física "por seu trabalho na equação de estado para gases e líquidos". Ele morreu em Amsterdã em 1923.

Obras principais

1873 *Sobre a continuidade do estado gasoso e líquido*
1880 *Lei dos estados correspondentes*
1890 *Teoria das soluções binárias*

A COLISÃO
DE BOLAS DE BILHAR
NUMA CAIXA

DESENVOLVIMENTO DA MECÂNICA ESTATÍSTICA

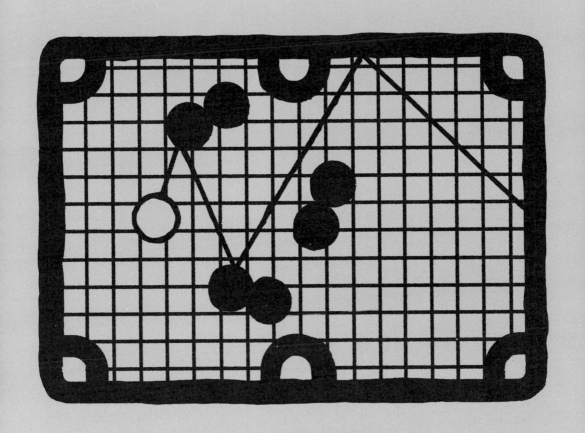

DESENVOLVIMENTO DA MECÂNICA ESTATÍSTICA

EM CONTEXTO

FIGURA CENTRAL
Ludwig Boltzmann (1844–1906)

ANTES
1738 Daniel Bernoulli faz a primeira análise estatística do movimento de partículas.

1821 John Herapath apresenta o primeiro enunciado claro da teoria cinética.

1845 John Waterston calcula a velocidade média de moléculas de gás.

1859 James Klerk Maxwell expõe sua teoria cinética.

DEPOIS
1902 Willard Gibbs publica o primeiro grande livro didático sobre mecânica estatística.

1905 Marian von Smoluchowski e Albert Einstein demonstram o movimento browniano como mecânica estatística em ação.

Um **gás** consiste em um **enorme número de moléculas**.

As moléculas se movem a **velocidades altas** e em **direções infinitamente variadas**.

É **impossível** calcular o movimento de **qualquer molécula individual**.

Médias estatísticas e **probabilidades matemáticas** podem nos ajudar a entender o **movimento da soma das moléculas** de um sistema.

A ideia de que as propriedades da matéria – e em especial dos gases – dependem do comportamento de átomos e moléculas é aceita hoje como um fato. Mas essa teoria demorou a ganhar aprovação e se manteve como tema de disputa acirrada, em particular no século XIX. Vários pioneiros enfrentaram descaso e até zombarias, e passou-se muito tempo até que a "teoria cinética" – a ideia de que o calor é o movimento rápido de moléculas – fosse de verdade reconhecida.

No século XVII, Robert Boyle mostrou que o ar é elástico e se expande e contrai. Ele conjecturou que talvez seja assim porque o ar é composto de partículas que se repelem à maneira de uma mola. Isaac Newton provou que essa característica de "mola" do ar – sua pressão – vem da repulsão das partículas, então a força repulsiva deve ser inversamente proporcional às distâncias entre as partículas. Mas Newton pensava que as partículas eram fixas e vibravam num lugar.

Gases e calor

O matemático suíço Daniel Bernoulli apresentou a primeira proposta séria da teoria cinética (do movimento) dos gases em 1738. Antes disso, os cientistas já sabiam que o ar exerce pressão – por exemplo, pressão suficiente para sustentar para cima uma coluna alta de mercúrio, como Evangelista Torricelli demonstrara com seu barômetro nos anos 1640. A explicação aceita era que o ar é feito de partículas, que na época se acreditava flutuarem numa substância invisível chamada "éter".

Inspirado pela invenção recente da máquina a vapor, Bernoulli propôs uma nova ideia radical. Ele pediu a seus leitores que imaginassem um pistão dentro de um cilindro que continha minúsculas partículas redondas zunindo para lá e para cá. Bernoulli

Vivemos submersos no fundo de um oceano do elemento ar.
Evangelista Torricelli

Ver também: Energia cinética e energia potencial 54 ▪ Fluidos 76-79 ▪ Máquinas térmicas 90-93 ▪ Entropia e segunda lei da termodinâmica 94-99

ENERGIA E MATÉRIA

Uma teoria bem construída é, em alguns aspectos, indubitavelmente uma produção artística. Um bom exemplo é a famosa teoria cinética.
Ernest Rutherford

afirmava que, conforme colidiam com o pistão, as partículas criavam pressão. Se o ar fosse aquecido, as partículas se acelerariam, batendo com mais frequência no pistão e empurrando-o através do cilindro. A proposta, que sintetizava a teoria cinética dos gases e do calor, foi esquecida, primeiro, devido à teoria de que combustíveis materiais contêm um elemento do fogo chamado flogisto e, depois, porque a teoria calórica – de que o calor é um tipo de fluido – foi dominante pelos 130 anos seguintes, até a análise estatística de Ludwig Boltzmann, em 1868, bani-la de vez.

Calor e movimento
Houve outros pioneiros não reconhecidos, como o polímata russo Mikhail Lomonossov, que em 1745 afirmou que o calor é uma medida do movimento das partículas – ou seja, a teoria cinética do calor. Ele foi além, dizendo que o zero absoluto seria alcançado quando as partículas parassem de se mover, mais de um século antes de William Thomson (depois lorde Kelvin, para sempre lembrado na escala Kelvin de temperatura) chegar à mesma conclusão em 1848.

Foi em 1821 que o físico britânico John Herapath propôs o primeiro enunciado claro da teoria cinética. O calor ainda era visto como um fluido e pensava-se que os gases eram feitos de partículas que se repeliam, como Newton sugerira. Mas Herapath rejeitou a ideia, sugerindo em vez dela que os gases eram feitos de "átomos que se impactavam uns aos outros". Se tais partículas fossem infinitamente pequenas, raciocinou, as colisões aumentariam conforme um gás fosse comprimido, então a pressão subiria e seria gerado calor. Infelizmente, o trabalho de Herapath foi rejeitado pela Real Sociedade de Londres por ser considerado conceitual demais e infundado.

Em 1845, a Real Sociedade também recusou um artigo importante sobre teoria cinética do escocês John Waterston, que usou regras estatísticas para explicar como a energia se distribui entre átomos e moléculas de gás. Waterston percebeu que as moléculas não se movem todas à mesma velocidade, mas num intervalo de diferentes velocidades ao redor de uma média estatística. A importante contribuição de Waterston, como a de Herapath antes, foi ignorada, e a única cópia de seu trabalho revolucionário foi perdida pela Real Sociedade. Quando foi redescoberta em 1891, Waterston estava desaparecido. Presume-se que tenha se afogado num canal perto de sua casa em Edimburgo.

Universo bagunçado
O trabalho de Waterston era especialmente significativo porque era a primeira vez que a física »

Movimento browniano

Em 1827, o botânico escocês Robert Brown descreveu o movimento aleatório de grãos de pólen em suspensão na água. Embora não fosse o primeiro a notar o fenômeno, foi o primeiro a estudá-lo em detalhes. Outras investigações mostraram que os minúsculos movimentos de um lado para outro dos grãos de pólen ficavam mais rápidos com o aumento da temperatura.

A existência de átomos e moléculas ainda era motivo de aceso debate no início do século XX, mas em 1905 Einstein afirmou que o movimento browniano poderia ser explicado por átomos e moléculas invisíveis bombardeando as minúsculas, mas visíveis partículas em suspensão num líquido, fazendo-as vibrar para a frente e para trás. Um ano depois, o físico polonês Marian Smoluchowski publicou uma teoria similar, e em 1908 o francês Jean Baptiste Perrin realizou experimentos que confirmaram essa teoria.

O movimento browniano de partículas num fluido resulta de colisões com moléculas de movimento rápido do fluido. Ele foi explicado pela mecânica estatística.

DESENVOLVIMENTO DA MECÂNICA ESTATÍSTICA

rejeitava o mecanismo de relógio perfeito do Universo newtoniano. Em vez dele, Waterston observava valores cujo alcance era tão desordenado que só poderiam ser examinados em termos de médias estatísticas e probabilidades, não de certezas. Embora de início os conceitos de Waterston tenham sido rejeitados, a ideia de entender gás e calor em termos de movimentos de partículas diminutas em velocidade alta começava afinal a se firmar. O trabalho dos físicos britânicos James Joule e William Thomson, do físico alemão Rudolf Clausius e outros estava mostrando que calor e movimento mecânico são formas intercambiáveis de energia – tornando obsoleta a ideia de que o calor é algum tipo de "fluido calórico".

Movimento molecular

Em 1847, Joule tinha calculado com certa precisão as velocidades muito altas das moléculas de gás, mas presumia que todas se moviam a mesma taxa. Dez anos depois, Clausius foi além, com a proposta de um "caminho livre médio". Segundo ele, as moléculas colidem o tempo todo e quicam umas nas outras em direções diferentes. O caminho livre médio é a distância média que cada molécula percorre antes de bater em outra. Clausius calculou isso em

A energia disponível é o principal objeto em jogo na luta pela existência e na evolução do mundo.
Ludwig Boltzmann

Uma molécula de gás colide repetidamente com outras, fazendo-a mudar de direção. A molécula mostrada aqui tem 25 dessas colisões, e a distância média que percorre entre duas colisões foi chamada por Rudolf Clausius de "caminho livre médio". Compare a menor distância entre os pontos A e B com a distância realmente percorrida.

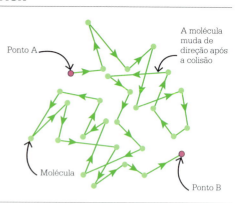

apenas um milionésimo de milímetro a temperatura ambiente, o que significa que cada molécula colide com outra mais de 8 bilhões de vezes por segundo. São o tamanho tão diminuto e a frequência dessas colisões que fazem um gás parecer ser fluido e liso, em vez de um mar agitado.

Dali a poucos anos, James Clerk Maxwell forneceu uma exposição tão sólida da teoria cinética que, por fim, ela se tornou mais amplamente aceita. É significativo que, em 1859, Maxwell tenha desenvolvido a primeira lei estatística da física, a distribuição de Maxwell, que mostra a proporção provável de moléculas movendo-se a certa velocidade num gás ideal. Maxwell também estabeleceu que a taxa de colisões moleculares corresponde à temperatura – quanto mais frequentes as colisões, mais alta a temperatura. Em 1873, Maxwell estimou que há 19 trilhões de moléculas num centímetro cúbico de gás em condições ideais – não muito longe da atual estimativa de 26,9 trilhões.

Maxwell também comparou a análise molecular à ciência da estatística de populações, que dividia as pessoas segundo fatores como instrução, cor do cabelo e compleição, e os analisava para determinar características médias. Maxwell observou que a vasta população de átomos em só um centímetro cúbico de gás é, na verdade, muito menos variada que isso, tornando bem mais simples a tarefa estatística de analisá-los.

A descoberta de Boltzmann

A figura central no desenvolvimento da análise estatística do movimento de moléculas foi o físico austríaco Ludwig Boltzmann. Em artigos importantes de 1868 e 1877, Boltzmann desenvolveu a abordagem estatística de Maxwell num ramo inteiro da ciência – a mecânica estatística. O interessante é que essa nova disciplina permitia explicar e prever as propriedades de gases e do calor em termos mecânicos simples, como massa, momento e velocidade. Essas partículas, apesar de minúsculas, se comportavam segundo as leis do movimento de Newton, e a variação de seus movimentos se devia só ao acaso. O calor, que antes tinha sido pensado como um fluido misterioso e intangível chamado "calórico", podia agora ser entendido como o movimento de partículas em alta velocidade – um fenômeno totalmente mecânico. Boltzmann enfrentou um desafio especial ao testar sua teoria: as moléculas são tão numerosas e pequenas que fazer cálculos individuais seria impossível. Mais ainda, seus movimentos variam enormemente em velocidade e infinitamente em direção. Boltzmann percebeu que o único modo de investigar a ideia de modo rigoroso e prático era usar a matemática da estatística e probabilidades. Ele foi forçado a abandonar as certezas e a precisão do mundo como mecanismo de relógio de Newton e entrar no mundo muito mais desordenado das estatísticas e médias.

Micro e macroestados

A lei da conservação da energia diz que a energia total (E) de um volume isolado de gás deve ser constante, porém a energia das moléculas individuais pode variar. Então, a energia de cada molécula não pode ser E dividido pelo número total de moléculas (E/N), 19 trilhões, por exemplo – como seria se todas tivessem a mesma energia. Em vez disso, Boltzmann observou o intervalo de energias possíveis que as moléculas individuais poderiam ter, considerando fatores como sua posição e velocidade. Boltzmann chamou esse intervalo de energias de "microestado".

Conforme os átomos em cada molécula interagem, o microestado muda muitos trilhões de vezes por segundo, mas a condição geral do gás, sua pressão, temperatura e volume, que Boltzmann chamou seu "macroestado", continua estável. Boltzmann percebeu que um macroestado pode ser calculado pela média dos microestados.

Para fazer a média dos microestados que compõem o macroestado, Boltzmann teve de inferir que todos os microestados são igualmente prováveis. Ele justificou essa suposição com o que veio a ser chamado "hipótese ergódica" – segundo a qual, ao longo de um grande período, qualquer sistema dinâmico passará, em média, a mesma quantidade de tempo em cada microestado. Essa ideia de coisas chegando a uma média era vital ao raciocínio de Boltzmann.

Termodinâmica estatística

A abordagem estatística de Boltzmann teve muitas ramificações. Ela se tornou o método primário para entender calor e energia e tornou a termodinâmica – o estudo das

Vamos criar livre alcance para todas as direções de pesquisa; abaixo o dogmatismo, atomístico ou antiatomístico.
Ludwig Boltzmann

relações entre calor e outras formas de energia – um pilar central da física. Além disso, tornou-se um modo tremendamente valioso de examinar o mundo subatômico, preparando o caminho para o desenvolvimento da ciência quântica, e sustenta grande parte da tecnologia moderna.

Os cientistas hoje entendem que o mundo subatômico pode ser explorado por probabilidades e médias, não só como um modo de entendê-lo e medi-lo, mas para ter um vislumbre de sua própria realidade – o mundo de aparência sólida em que vivemos é em essência um mar de probabilidades subatômicas. De volta aos anos »

Ludwig Boltzmann

Nascido em Viena em 1844, no auge do Império Austro-Húngaro, Ludwig Boltzmann estudou física na Universidade de Viena e escreveu sua tese de PhD sobre a teoria cinética dos gases. Aos 25 anos, tornou-se professor da Universidade de Graz e depois continuou ensinando em Viena e Munique antes de voltar a Graz. Em 1900, mudou-se para a Universidade de Leipzig para escapar de seu implacável e antigo rival, Ernst Mach.

Foi em Graz que Boltzmann concluiu seu trabalho sobre mecânica estatística. Ele estabeleceu a teoria cinética dos gases e as bases matemáticas da termodinâmica em relação aos movimentos prováveis dos átomos. Suas ideias lhe trouxeram inimigos, e ele sofria ataques de depressão. Cometeu suicídio em 1906.

Obras principais

1871 Artigo sobre distribuição de Maxwell-Boltzmann
1877 Artigo sobre a segunda lei da termodinâmica e probabilidades

1870, porém, Boltzmann enfrentou oposição persistente a suas ideias quando expôs os fundamentos matemáticos da termodinâmica. Ele escreveu dois artigos centrais sobre a segunda lei da termodinâmica (desenvolvida antes por Rudolf Clausius, William Thomson e William Rankine), que mostram que o calor só flui num sentido, de quente para frio, não de frio para quente. Boltzmann explicou que a lei podia ser entendida precisamente aplicando ao movimento dos átomos as leis básicas da mecânica (ou seja, as leis do movimento de Newton) e a teoria da probabilidade.

Em outras palavras, a segunda lei da termodinâmica é uma lei estatística. Ela diz que um sistema tende ao equilíbrio, ou entropia máxima – o estado de maior desordem de um sistema físico – porque esse é, de longe, o resultado mais provável do movimento atômico; com o tempo, as coisas tendem à média. Em 1871, Boltzmann também tinha desenvolvido a lei da distribuição de Maxwell, de 1859, como uma regra que define a distribuição das velocidades das moléculas para um gás a certa temperatura. A distribuição de Maxwell-Boltzmann resultante é central à teoria cinética dos gases. Ela pode ser usada para mostrar a velocidade média das moléculas e também a velocidade mais provável. A distribuição destaca a "equipartição" da energia – que mostra que a energia dos átomos em movimento tem média igual em qualquer direção.

Negação atômica

A abordagem de Boltzmann era tão nova que ele enfrentou oposição feroz de alguns contemporâneos seus. Muitos consideraram suas ideias fantasiosas, e é possível que a hostilidade a seu trabalho tenha contribuído para seu suicídio. Uma razão dessa oposição era que muitos cientistas da época não estavam convencidos da existência dos átomos. Alguns, como o físico austríaco Ernst Mach – um rival feroz de Boltzmann, conhecido por seu trabalho sobre ondas de choque –, acreditavam que os cientistas só deveriam aceitar o que pudessem observar de modo direto, e na época os átomos não podiam ser vistos.

A maioria dos cientistas só aceitou a existência dos átomos após as contribuições de Albert Einstein e do físico polonês Marian Smoluchowski. Trabalhando de modo independente, eles exploraram o movimento browniano, a inexplicada dança aleatória para um lado e outro de minúsculas partículas em suspensão num fluido. Einstein em 1905 e Smoluchowski no ano seguinte mostraram que ele poderia ser explicado pela mecânica estatística como resultado de colisões das partículas com moléculas de movimento rápido do próprio fluido.

Aceitação maior

Apesar de ser um professor brilhante, de quem os alunos gostavam muito, Boltzmann não ganhou popularidade maior por seu

Na Exposição Mundial de St. Louis, em 1904, Boltzmann deu uma palestra sobre matemática aplicada. Sua viagem pelos EUA também incluiu visitas às universidades de Berkeley e Stanford.

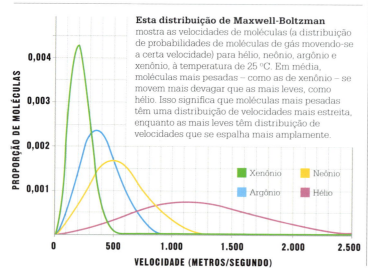

Esta distribuição de Maxwell-Boltzman mostra as velocidades de moléculas (a distribuição de probabilidades de moléculas de gás movendo-se a certa velocidade) para hélio, neônio, argônio e xenônio, à temperatura de 25 °C. Em média, moléculas mais pesadas – como as de xenônio – se movem mais devagar que as mais leves, como hélio. Isso significa que moléculas mais pesadas têm uma distribuição de velocidades mais estreita, enquanto as mais leves têm distribuição de velocidades que se espalha mais amplamente.

ENERGIA E MATÉRIA

trabalho, talvez porque não o promoveu. A ampla aceitação de sua abordagem teórica se deve em parte ao físico americano Willard Gibbs, que escreveu o primeiro grande livro didático sobre o tema, *Mecânica estatística*, em 1902.

Foi Gibbs quem cunhou a expressão "mecânica estatística" para sintetizar o estudo do movimento mecânico das partículas. Ele também criou a ideia de um "ensemble", um conjunto de microestados comparáveis que se combinam formando um macroestado similar. Essa ideia se tornou uma das principais da termodinâmica, com aplicações também em outras áreas da ciência, do estudo de vias neurais à previsão do tempo.

Desagravo final
Graças a Gibbs, Boltzmann foi convidado a fazer uma turnê de palestras nos EUA em 1904. Na época, a hostilidade contra o trabalho de sua vida começava a cobrar seu preço. Ele tinha um histórico médico de transtorno bipolar e em 1906 se enforcou quando estava de férias com a família em Trieste, na Itália.

 Átomos? Você já viu algum?
Ernst Mach

Sua morte ocorreu no mesmo ano em que a obra de Einstein e Smoluchowski ganhava aceitação, desagravando Boltzmann. Sua ideia era de que a matéria e todas as coisas complexas estão sujeitas à probabilidade e à entropia. É impossível superestimar a mudança de atitude que isso criou. As certezas da física newtoniana foram substituídas por uma visão do Universo em que só há um mar efervescente de probabilidades e só se podem assumir como certos o decaimento e a desordem. ∎

Um tornado é um sistema caótico que pode ser analisado com mecânica estatística. Projetar a distribuição de moléculas atmosféricas pode ajudar a estimar sua temperatura e intensidade.

Previsões do tempo

Os métodos desenvolvidos na mecânica estatística para analisar e prever movimentos de partículas em massa são usados em muitas situações além da termodinâmica.

Uma aplicação no mundo real, por exemplo, é o cálculo de previsões do tempo "ensemble". Métodos mais convencionais de previsão numérica do tempo envolvem coletar dados de instrumentos e estações meteorológicos pelo mundo e usá-los para simular condições futuras. Em contraste, a previsão ensemble se baseia num grande número de previsões do tempo futuras possíveis, e não num simples resultado previsto. A probabilidade de que uma só previsão esteja errada é relativamente alta, mas os profissionais podem ter um alto grau de confiança em que o tempo recairá dentro de um dado intervalo da previsão ensemble. A ideia foi proposta pelo matemático americano Edward Lorenz num artigo de 1963, que também esboçou a "teoria do caos". Conhecida pelo chamado "efeito borboleta", sua teoria explorou como os eventos ocorrem num sistema caótico como a atmosfera da Terra. Lorenz é famoso por ter sugerido que o bater das asas de uma borboleta pode causar uma cadeia de eventos que acabará deflagrando um furacão.

O poder de uma abordagem estatística é imenso, e deixar que a incerteza desempenhe um papel permitiu à previsão do tempo se tornar muito mais confiável. Os meteorologistas podem prever o tempo localmente com confiança semanas antes – dentro de um dado intervalo.

TIRANDO ALGUM OURO DO SOL

RADIAÇÃO TÉRMICA

114 RADIAÇÃO TÉRMICA

EM CONTEXTO

FIGURA CENTRAL
Gustav Kirchhoff (1824–1887)

ANTES
1798 Benjamin Thompson (conde de Rumford) conjectura que o calor se relaciona a movimento.

1844 James Joule afirma que o calor é uma forma de energia e que outras formas podem ser convertidas em calor.

1848 William Thomson (lorde Kelvin) define o zero absoluto de temperatura.

DEPOIS
1900 Max Planck propõe uma nova teoria para a radiação de corpo negro e desenvolve a ideia do quantum de energia.

1905 Albert Einstein usa a ideia de radiação de corpo negro de Planck para resolver o problema do efeito fotoelétrico.

Um material que **absorve energia** em certo comprimento de onda **emite energia no mesmo comprimento de onda**.

↓

Um corpo negro **absorve toda a energia** que o atinge.

↓

A **energia da radiação emitida** por um corpo negro só depende de **sua temperatura**.

↓

Quando o corpo negro está em **equilíbrio com o ambiente**, a **radiação absorvida** é igual à **emitida**.

A energia térmica pode ser transferida de um lugar para outro em um de três modos: por condução em sólidos, por convecção em líquidos e gases e por radiação. Esta, chamada radiação térmica – ou calor –, não exige contato físico. Como as ondas de rádio, a luz visível e os raios X, a radiação térmica é uma forma de radiação eletromagnética que viaja em ondas pelo espaço.

James Clerk Maxwell foi o primeiro a propor a existência de ondas eletromagnéticas, em 1865. Ele previu que haveria uma gama inteira, ou espectro, de ondas eletromagnéticas, e experimentos posteriores mostraram que sua teoria estava certa. Tudo o que tem

temperatura acima do zero absoluto (igual a −273,15 °C) emite radiação. Os objetos do Universo trocam radiação eletromagnética o tempo todo. Esse fluxo constante de energia de um objeto a outro evita que alguma coisa esfrie até o zero absoluto, o mínimo teórico de temperatura, em que um objeto não transmitiria nenhuma energia.

Calor e luz
O astrônomo britânico nascido na Alemanha William Herschel foi um dos primeiros cientistas a observar uma conexão entre calor e luz. Em 1800, ele usou um prisma para separar a luz e mediu a temperatura em diversos pontos do espectro obtido. Herschel notou que ela

aumentava quando movia o termômetro da parte violeta para a vermelha do espectro.

Para sua surpresa, Herschel descobriu que a temperatura também aumentava além do extremo vermelho do espectro, onde não se via nenhuma luz. Ele tinha descoberto a radiação infravermelha – um tipo de energia que é invisível ao olho, mas pode ser detectada como calor. Por exemplo, as torradeiras atuais usam radiação infravermelha para transmitir energia térmica ao pão.

A quantidade de radiação térmica fornecida por um objeto depende de sua temperatura. Quanto mais quente o objeto, mais energia emite. Se for quente o

ENERGIA E MATÉRIA 115

Ver também: Conservação da energia 55 ▪ Calor e transferência 80-81 ▪ Energia interna e primeira lei da termodinâmica 86-89 ▪ Máquinas térmicas 90-93 ▪ Ondas eletromagnéticas 192-195 ▪ Quanta de energia 208-211

Gás e poeira muito frios na nebulosa da Águia são representados com vermelhos (–263 °C) e azuis (–205 °C) pelo telescópio de infravermelho distante do Observatório Espacial Herschel.

bastante, uma grande porção da radiação que emite poderá ser vista como luz visível. Por exemplo, uma haste de metal aquecida a temperatura alta o bastante começará a brilhar primeiro em vermelho opaco, depois amarelo e por fim com um branco brilhante. Uma haste de metal tem brilho vermelho quando atinge temperatura de mais de 700 °C. Objetos com propriedades radiativas iguais emitem luz da mesma cor quando alcançam a mesma temperatura.

Absorção igual à emissão

Em 1858, o físico escocês Balfour Stewart apresentou um artigo intitulado "Relato de alguns experimentos com calor radiante". Ao investigar a absorção e a emissão de calor em placas finas de diversos materiais, ele descobriu que, a todas as temperaturas, os comprimentos de onda da radiação absorvida e emitida eram iguais. Um material que tende a absorver energia a certo comprimento de onda também tende a emitir energia no mesmo comprimento de onda. Stewart notou que "a absorção de uma placa é igual a sua radiação [emissão] e isso para todas as descrições [comprimentos de onda] do calor".

Pode-se imaginar corpos que [...] absorvam completamente todos os raios incidentes e não reflitam nem transmitam nenhum. Chamarei a tais corpos [...] corpos negros.
Gustav Kirchhoff

Dois anos após o artigo de Stewart, o físico alemão Gustav Kirchhoff, sem conhecer o trabalho do escocês, publicou conclusões similares. Na época, a comunidade acadêmica julgou o trabalho de Kirchhoff mais rigoroso que as investigações de Stewart e descobriu mais aplicações imediatas a outros campos, como a astronomia. Apesar de sua descoberta ter sido anterior, a

Gustav Kirchhoff

Nascido em 1824, Kirchhoff foi educado em Königsberg, na Prússia (atual Kaliningrado, na Rússia). Ele demonstrou sua capacidade matemática quando estudante, em 1845, ao estender a lei de Ohm da corrente elétrica numa fórmula que permitia calcular correntes, voltagens e resistências de circuitos elétricos. Em 1857, descobriu que a velocidade da eletricidade num fio altamente condutor era quase exatamente igual à da luz, mas descartou isso como uma coincidência, sem inferir que a luz era um fenômeno eletromagnético.

Em 1860, ele mostrou que cada elemento químico tem um espectro único característico. Trabalhou então com Robert Bunsen em 1861 para identificar os elementos da atmosfera solar examinando seu espectro.

Apesar de saúde debilitada impedir o trabalho de laboratório, Kirchhoff continuou a lecionar. Morreu em Berlim em 1887.

Obra principal

1876 *Vorlesungen über mathematische Physik* (Palestras de física matemática)

116 RADIAÇÃO TÉRMICA

Como podemos produzir todos os tipos de luz com corpos quentes, podemos atribuir à radiação em equilíbrio térmico com corpos quentes a temperatura desses corpos.
Wilhelm Wien

contribuição de Stewart à teoria da radiação térmica foi largamente ignorada.

Radiação de corpo negro

As descobertas de Kirchhoff podem ser explicadas como segue. Imagine um objeto que absorva com perfeição toda radiação eletromagnética que o atinja. Como nenhuma radiação é refletida dele, toda a energia que ele emite depende só de sua temperatura, e não da composição química ou forma física. Em 1862, Kirchhoff cunhou a expressão "corpo negro" para descrever esse objeto hipotético. Corpos negros perfeitos não existem na natureza.

Um corpo negro ideal absorve e emite energia com 100% de eficiência. A maior parte de sua produção de energia se concentra ao redor de um pico de emissão – denotado $\lambda_{MÁX}$, em que λ é o comprimento de onda da radiação emitida –, que cresce conforme a temperatura sobe. Quando plotada num gráfico, a distribuição dos comprimentos de onda de energia emitida ao redor do pico de emissão do objeto assume um perfil distinto conhecido como "curva de corpo negro". A curva de corpo negro do Sol, por exemplo, tem o pico no centro do intervalo da luz visível. Como corpos negros perfeitos não existem, Kirchhoff imaginou, para ajudar a explicar sua teoria, um objeto oco com um só buraco minúsculo. A radiação só pode entrar no objeto pelo buraco e é então absorvida dentro da cavidade, de modo que o buraco atua como um absorsor perfeito. Alguma radiação será emitida pelo buraco e pela superfície da cavidade. Kirchhoff provou que a radiação dentro da cavidade só depende da temperatura do objeto, e não de sua forma, tamanho ou do material de que é feita.

Lei da radiação térmica

A lei da radiação térmica de Kirchhoff, de 1860, expõe que, quando um objeto está em equilíbrio termodinâmico – à mesma temperatura que os objetos ao seu redor –, a quantidade de radiação absorvida pela superfície é igual à emitida, a qualquer temperatura e em todos os comprimentos de onda. Assim, a eficiência com que um objeto absorve radiação a dado comprimento de onda é a mesma com que emite energia naquele comprimento de onda. Isso pode ser expresso com mais concisão como: a capacidade de absorção é igual à de emissão.

Em 1893, o físico alemão Wilhelm Wien descobriu a relação matemática entre a mudança de temperatura e a forma da curva de corpo negro. Ele verificou que, ao multiplicar o comprimento de onda da máxima quantidade de radiação emitida pela temperatura do corpo negro, o valor resultante era sempre uma constante.

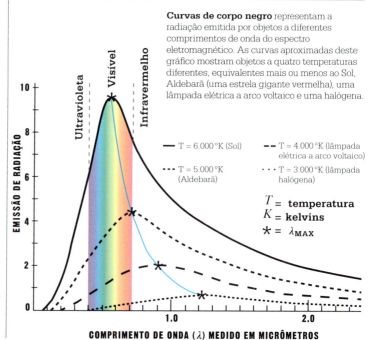

Curvas de corpo negro representam a radiação emitida por objetos a diferentes comprimentos de onda do espectro eletromagnético. As curvas aproximadas deste gráfico mostram objetos a quatro temperaturas diferentes, equivalentes mais ou menos ao Sol, Aldebarã (uma estrela gigante vermelha), uma lâmpada elétrica a arco voltaico e uma halógena.

ENERGIA E MATÉRIA 117

Kirchhoff imaginou o corpo negro como um objeto oco com um pequeno buraco. A maior parte da radiação que entra ficará presa. A quantidade de radiação emitida depende do ambiente.

Essa descoberta significava que o comprimento de onda do pico poderia ser calculado para qualquer temperatura e explicava por que os objetos mudam de cor ao ficar mais quentes. Quando a temperatura sobe, o comprimento de onda do pico diminui, movendo-se das ondas mais longas do infravermelho para as mais curtas do ultravioleta. Por volta de 1899, porém, experimentos cuidadosos mostraram que as previsões de Wien não eram precisas para comprimentos de onda da gama infravermelha.

Catástrofe do ultravioleta

Em 1900, os físicos britânicos lorde Rayleigh e sir James Jeans publicaram uma fórmula que parecia explicar o que tinha sido observado no lado infravermelho do espectro. Seus achados, porém, logo foram questionados. Segundo a teoria deles, não havia realmente um limite superior para as frequências mais altas do ultravioleta geradas pela radiação de corpo negro, o que significava que seria produzido um número infinito de ondas altamente energéticas. Se fosse assim, abrir a porta do forno para verificar um bolo assando resultaria em aniquilação instantânea, numa irrupção de intensa radiação. Isso foi chamado "catástrofe do ultravioleta", e era obviamente incorreto. Mas explicar por que os cálculos de Rayleigh e Jeans estavam errados exigia uma física teórica ousada, de um tipo nunca tentado.

As origens do quantum

Na mesma época do anúncio dos achados de Rayleigh e Jeans, Max Planck, em Berlim, trabalhava em sua própria teoria da radiação de corpo negro. Em outubro de 1900, ele propôs uma explicação para a curva de corpo negro que concordava com todas as medidas experimentais conhecidas, mas ia além do quadro teórico da física clássica. Sua solução era radical e envolveu um modo totalmente novo de olhar o mundo.

Planck descobriu que a catástrofe do ultravioleta podia ser evitada pensando numa emissão de energia de corpo negro que não ocorra em ondas contínuas, mas em pacotes discretos, que chamou de "quanta". Em 19 de dezembro de 1900, Planck apresentou seus achados numa reunião da Sociedade Física Alemã, em Berlim. Essa data é em geral aceita como o marco de nascimento da mecânica quântica e de uma nova era na física. ∎

Essas leis da luz [...] podem ter sido observadas antes, mas creio que agora, pela primeira vez, são ligadas à teoria da radiação.
Gustav Kirchhoff

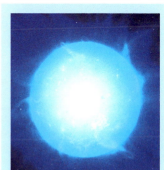

Temperaturas estelares

É possível calcular a temperatura superficial de um corpo negro medindo a energia que ele emite em comprimentos de onda específicos. As estrelas, como o Sol, produzem espectros de luz que se aproximam muito do espectro de um corpo negro, e assim é possível calcular a temperatura de uma estrela distante. A temperatura de um corpo negro é dada pela seguinte fórmula: $T = 2898/\lambda_{MÁX}$, em que T = temperatura do corpo negro (medida em kelvins) e $\lambda_{MÁX}$ = comprimento de onda (λ, medido em micrômetros) da emissão máxima do corpo negro. Essa fórmula pode ser usada para calcular a temperatura da fotosfera – a superfície que emite luz – de uma estrela, usando o comprimento de onda em que ela emite a máxima quantidade de luz. Estrelas frias emitem mais luz na parte vermelha e laranja do espectro, e estrelas mais quentes parecem azuis. Por exemplo, supergigantes azuis – como a da representação artística acima – são um tipo de estrela que pode ser mais de oito vezes mais quente que o Sol.

ELETRICID
MAGNETIS
DUAS FORÇAS UNIDAS

ADE E
MO

INTRODUÇÃO

Os gregos antigos dão **carga elétrica** ao **âmbar** friccionando-o com lã e usam sua atração para mover objetos leves.

O médico e físico inglês William Gilbert publica *De magnete* (Sobre o ímã), a primeira obra sistemática sobre **eletricidade** e **magnetismo** desde a Antiguidade. Ele cunha a nova palavra latina *electrica*, do grego para âmbar (*elektron*).

Benjamin Franklin desenvolve a **teoria de um fluido** da eletricidade, em que apresenta a ideia de **cargas positiva e negativa**.

Alessandro Volta demonstra a primeira pilha elétrica, ou **bateria**, que fornece **corrente elétrica** de modo contínuo pela primeira vez.

SÉCULO VI a.C. — **1600** — **1747** — **1800**

SÉCULO II a.C. — **1745** — **1785**

Estudiosos chineses usam fragmentos de **magnetita** como indicadores simples de direção.

O clérigo alemão Ewald Georg von Kleist e o cientista holandês Pieter van Musschenbroek inventam a **garrafa de Leiden**, um dispositivo para **armazenar carga elétrica**.

Charles-Augustin de Coulomb descobre uma lei para determinação da **força atrativa ou repulsiva** entre dois objetos com carga elétrica.

Na Grécia antiga, os estudiosos notaram que algumas pedras de Magnesia, na atual Tessália, se comportavam de modo estranho ao serem postas perto de certos metais e pedras ricas em ferro. As pedras puxavam os metais com uma atração invisível. Ao serem colocadas em certa posição, via-se que duas dessas pedras se atraíam, mas elas se repeliam quando viradas para o outro lado.

Os estudiosos gregos antigos também notaram um comportamento similar, mas sutilmente diverso, após friccionar âmbar (resina de árvore fossilizada) com lã por algum tempo – o âmbar ganhava a capacidade estranha de fazer objetos leves, como penas, pimenta moída ou cabelos, dançarem. O matemático Tales de Mileto afirmou que a força invisível que produzia esses fenômenos era uma evidência de que as pedras e o âmbar tinham alma.

As forças estranhas exibidas pelas pedras de Magnesia são hoje conhecidas como magnetismo, nome derivado da região onde se viu isso primeiro. As forças mostradas pelo âmbar receberam o nome de eletricidade, da palavra grega antiga para âmbar, *elektron*. Os sábios chineses e, mais tarde, marinheiros e outros viajantes usavam pequenos fragmentos de pedra de Magnesia colocados na água como uma antiga versão da bússola, já que as pedras se alinhavam na direção norte-sul.

Atração e repulsão

Nenhum novo uso foi achado para a eletricidade até o século XVIII. Nessa época, já se sabia que friccionar outros materiais produzia comportamento similar ao de âmbar e pele. Por exemplo, vidro esfregado com seda também fazia pequenos objetos dançar. Quando ambos, âmbar e vidro, eram friccionados, um puxava o outro, enquanto dois pedaços de âmbar ou dois de vidro se repeliam. Eles eram identificados com duas eletricidades distintas – a eletricidade vítrea para o vidro e a resinosa para o âmbar.

O polímata americano Benjamin Franklin decidiu identificar esses dois tipos de eletricidade por números positivos ou negativos, com uma magnitude que ficou conhecida como carga elétrica. Enquanto se escondia dos revolucionários para manter a cabeça presa ao corpo, o físico e engenheiro francês Charles-Augustin de Coulomb realizou uma série de experimentos. Ele descobriu

ELETRICIDADE E MAGNETISMO

O físico francês André-Marie Ampère apresenta uma derivação matemática da **força magnética** entre dois fios paralelos que conduzem corrente elétrica.

1825

Michael Faraday gera uma **corrente elétrica** de um campo magnético variável, descobrindo a **indução**.

1831

A primeira **usina de geração elétrica**, do inventor americano Thomas Edison, começa a funcionar em Londres.

1882

O químico americano Chad Mirkin inventa a **nanolitografia**, que "escreve" nanocircuitos em **lâminas de silício**.

1999

1820

O físico dinamarquês Hans Christian Ørsted descobre que um fio que conduz corrente elétrica produz um **campo magnético**.

1827

O físico alemão Georg Ohm publica sua **lei**, que estabelece a relação entre **corrente**, **voltagem** e **resistência**.

1865

James Clerk Maxwell combina todo o conhecimento sobre eletricidade e magnetismo em algumas poucas **equações**.

1911

O físico holandês Heike Kamerlingh Onnes descobre a **supercondutividade** de mercúrio resfriado próximo de zero absoluto.

---

que a força de atração ou repulsão entre objetos elétricos ficava mais fraca conforme aumentava a distância entre eles.

Observou-se, também, que a eletricidade fluía. Pequenas faíscas pulavam de um objeto carregado eletricamente para outro sem carga, buscando o equilíbrio ou a neutralização da carga. Se um objeto tinha carga diferente de outros ao redor, dizia-se que tinha potencial diferente. Qualquer diferença de potencial pode induzir um fluxo de eletricidade chamado corrente. Descobriu-se que correntes elétricas fluíam com facilidade através da maioria dos metais, enquanto materiais orgânicos pareciam menos capazes de permitir esse fluxo.

Em 1800, o físico italiano Alessandro Volta notou que diferenças na reatividade química de metais poderiam levar a uma diferença de potencial elétrico. Hoje sabemos que as reações químicas e o fluxo de eletricidade por um metal estão inextricavelmente ligados porque ambos resultam do movimento de elétrons subatômicos.

Uma força combinada

Na Grã-Bretanha de meados do século XIX, Michael Faraday e James Clerk Maxwell apresentaram a ligação entre as duas forças aparentemente distintas da eletricidade e do magnetismo, dando origem à força combinada do eletromagnetismo. Faraday criou a ideia de campos, linhas de influência que se estendem a partir de uma carga elétrica ou um ímã, evidenciando a região onde as forças elétrica e magnética são sentidas. Ele também mostrou que campos magnéticos em movimento podem induzir uma corrente elétrica e que correntes elétricas produzem campos magnéticos. Maxwell acomodou os achados de Faraday e de cientistas anteriores em apenas quatro equações. Descobriu que a luz era uma perturbação em campos elétricos e magnéticos. Realizou experimentos que evidenciaram que campos magnéticos afetam o comportamento da luz. A compreensão do eletromagnetismo revolucionou o mundo moderno por meio de tecnologias desenvolvidas para o uso de eletricidade e magnetismo de modos novos e inovadores. A pesquisa sobre ele também abriu áreas de estudo antes inimagináveis, atingindo o cerne da ciência fundamental – conduzindo-nos bem para dentro do átomo e muito longe no cosmos. ∎

FORÇAS ESPANTOSAS
MAGNETISMO

EM CONTEXTO

FIGURA CENTRAL
William Gilbert (1544–1603)

ANTES
Século VI a.C. Tales de Mileto afirma que o ferro é atraído pela "alma" da magnetita.

1086 O astrônomo Shen Kuo (Meng Xi Weng) descreve uma bússola com agulha magnética.

1269 O estudioso francês Petrus Peregrinus descreve polos magnéticos e as leis da atração e repulsão.

DEPOIS
1820 Hans Christian Ørsted descobre que uma corrente elétrica fluindo por um fio faz uma agulha magnética se desviar.

1831 Michael Faraday descreve "linhas de força" invisíveis ao redor de um ímã.

1906 O físico francês Pierre-Ernest Weiss propõe a teoria de domínios magnéticos para explicar o ferromagnetismo.

As impressionantes propriedades da magnetita – um minério do ferro raro, de ocorrência natural – fascinavam as culturas antigas da Grécia e da China. Textos daquela época dessas civilizações descrevem como a magnetita atrai o ferro, afetando-o a distância sem nenhum mecanismo visível.

Por volta do século XI, os chineses tinham descoberto que a hematita se orientava na direção norte-sul quando podia se mover de modo livre (por exemplo, colocada num vaso flutuando numa tigela de água). Mais ainda, uma agulha de ferro friccionada com magnetita recebia suas propriedades e podia ser usada para fazer uma bússola. Levada à Europa por navegantes chineses, a bússola marítima tornou possível aos barcos navegar para longe da costa. No século XVI, o instrumento impulsionou a expansão dos impérios europeus, além de ter sido usado em agrimensura e mineração.

Apesar de séculos de aplicação prática, o mecanismo físico subjacente ao magnetismo era pouco entendido. O primeiro relato sistemático sobre o magnetismo foi um texto de Petrus Peregrinus, do

> A agulha de uma bússola **aponta aproximadamente para o norte**, mas também mostra a **declinação** (desvio do norte verdadeiro) e a **inclinação** (na direção da superfície da Terra ou fora dela).

> A agulha de uma bússola mostra **exatamente o mesmo comportamento** ao ser movida sobre a superfície de uma **rocha magnética** ou de magnetita **esférica**.

> **A Terra é um ímã gigante.**

ELETRICIDADE E MAGNETISMO 123

Ver também: Criação de ímãs 134-135 ▪ Efeito motor 136-137 ▪ Indução e efeito gerador 138-141 ▪ Monopolos magnéticos 159

Basta uma magnetita apresentar de frente seu polo aos polos de barras de ferro para mudá-los, mesmo a alguma distância.
William Gilbert

século XIII, que descrevia a polaridade (a existência de polos magnéticos norte e sul aos pares). Ele também verificou que, ao fragmentar magnetita, os pedaços "herdavam" as propriedades magnéticas.

As pequenas Terras de Gilbert

Foi o trabalho revolucionário do astrônomo inglês William Gilbert que dissipou superstições de longa data sobre o magnetismo. A inovação central de Gilbert foi simular a natureza no laboratório.

Usando esferas de magnetita que chamou de *terella* (pequenas Terras, em latim), ele mostrou que uma agulha de bússola se desviava em partes diferentes de uma *terella* do mesmo modo que se estivesse em regiões correspondentes de nosso planeta. Ele concluiu que a própria Terra era um ímã gigante e publicou seus achados no inovador *De magnete* (Sobre o ímã), em 1600.

Uma nova compreensão

O magnetismo mostrado pela magnetita é chamado ferromagnetismo, uma propriedade que também é vista no ferro, cobalto, níquel e suas ligas. Quando um ímã é aproximado de um objeto feito de material ferromagnético, o próprio objeto se torna magnético. O polo do ímã a se aproximar induz um polo oposto no lado mais próximo do objeto ferromagnético e o atrai. Dependendo de sua composição exata e da interação com o ímã, o objeto ferromagnético pode ficar permanentemente magnetizado, retendo essa propriedade após a remoção do ímã original.

Quando os físicos ligaram eletricidade a magnetismo e desenvolveram a compreensão da estrutura atômica no século XIX, uma teoria razoável do ferromagnetismo começou a emergir.

A ideia é que o movimento de elétrons num átomo faz de cada átomo um dipolo magnético em miniatura (com polos norte e sul). Em materiais ferromagnéticos como o ferro, grupos de átomos vizinhos se alinham, formando regiões chamadas domínios magnéticos.

Esses domínios em geral se arranjam como voltas fechadas, mas quando um pedaço de ferro é magnetizado, os domínios se alinham ao longo de um só eixo, criando polos norte e sul nas pontas opostas do objeto. ∎

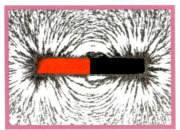

Um ímã simples, com polos norte e sul, cria linhas de força ao seu redor. Limalha de ferro espalhada em volta do ímã se alinha ao longo dessas linhas de força, mais fortes nos polos.

William Gilbert

William Gilbert nasceu numa próspera família inglesa em 1544. Após se graduar em Cambridge, ele se estabeleceu como um dos principais físicos de Londres. Conheceu importantes oficiais navais, como Francis Drake, e cultivou relações na corte de Elizabeth I. Por meio dessas ligações e em visitas às docas, aprendeu o funcionamento das bússolas no mar e comprou exemplares de magnetita. O trabalho com essas rochas magnéticas embasou sua principal obra.

Em 1600, foi eleito presidente da Real Sociedade dos Físicos e nomeado físico pessoal de Elizabeth. Ele também inventou o eletroscópio, para detectar carga elétrica, e distinguiu a força de eletricidade estática do magnetismo. Morreu em 1603, talvez devido à peste bubônica.

Obras principais

1600 *De magnete* (Sobre o ímã)
1651 *De mundo nostro sublunari philosophia nova* (Nova filosofia sobre nosso mundo sublunar)

A ATRAÇÃO DA ELETRICIDADE

CARGA ELÉTRICA

EM CONTEXTO

FIGURA CENTRAL
Charles-Augustin de Coulomb (1736–1806)

ANTES
Século VI a.C. Tales de Mileto nota efeitos eletrostáticos devidos à fricção do *elektron* (âmbar, em grego).

1747 Benjamin Franklin identifica as cargas positiva e negativa.

DEPOIS
1832 Michael Faraday mostra que os efeitos de eletricidade estática e corrente elétrica são manifestações de um só fenômeno.

1891 George J. Stoney diz que a carga ocorre em unidades discretas.

1897 J. J. Thomson descobre que os raios catódicos são fluxos de partículas subatômicas carregadas.

1909 Robert Millikan estuda a carga de um elétron.

As pessoas observaram efeitos elétricos na natureza por milênios – por exemplo, relâmpagos, choques provocados por arraias-elétricas e as forças atrativas de certos materiais ao tocar ou ser esfregados uns nos outros.

Porém, foi só nos últimos cem anos que começamos a entender esses efeitos como manifestações do mesmo fenômeno subjacente – a eletricidade. Mais exatamente, eles são efeitos eletrostáticos, devidos a forças elétricas provocadas por cargas elétricas estáticas (paradas). Os efeitos de corrente elétrica, por sua vez, são causados por cargas em movimento.

ELETRICIDADE E MAGNETISMO

Ver também: Leis da gravidade 46-51 ▪ Potencial elétrico 128-129 ▪ Corrente elétrica e resistência 130-133 ▪ Bioeletricidade 156 ▪ Partículas subatômicas 242-243

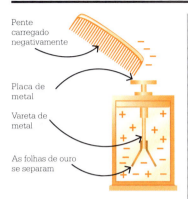

Pente carregado negativamente
Placa de metal
Vareta de metal
As folhas de ouro se separam

O eletroscópio de folha de ouro detecta eletricidade estática pelo princípio de que cargas iguais se repelem. Quando um pente com carga negativa é aproximado da placa de metal, os elétrons (que têm carga negativa) são repelidos em direção às folhas de ouro do eletroscópio, o que faz com que elas se separem.

O conceito de carga elétrica e a descrição matemática das forças entre cargas emergiram no século XVIII. Antes, os gregos antigos haviam notado que, quando um pedaço de âmbar (*elektron*) era friccionado com lã, atraía objetos leves como penas.

Na obra *De magnete* (Sobre o ímã), de 1600, William Gilbert chamou esse efeito de "*electricus*" e discutiu seus experimentos com o instrumento que inventou para detectar a força – o *versorium*. Gilbert viu que a força tinha efeito imediato a distância e propôs que devia ser conduzida por um "fluido" elétrico muito rápido liberado pelo âmbar esfregado, e não por um "eflúvio" de difusão lenta, como se pensava antes.

Em 1733, o químico francês Charles François du Fay observou que as forças elétricas poderiam ser repulsivas ou atrativas e postulou que havia dois tipos de fluido elétrico – vítreo e resinoso. Fluidos semelhantes (como dois fluidos vítreos) se repeliam e fluidos diferentes se atraíam.

Essa teoria foi simplificada pelo político e polímata americano Benjamin Franklin em 1746, quando propôs que só havia um tipo de fluido elétrico e que objetos diferentes podiam ter excesso ou falta desse fluido. Ele rotulou o excesso de fluido (carga, em temos de hoje) como positivo e a falta como negativa e afirmou que a quantidade total de fluido no Universo se conservava (constante). Ele também concebeu (e talvez tenha realizado) um experimento para mostrar que o relâmpago era um fluxo de fluido elétrico, empinando uma pipa numa tempestade. A carga ainda é rotulada como positiva ou negativa, embora isso seja só uma convenção: não há "fluido" em excesso num próton que o torne positivo nem há uma falta de algo no elétron que o faça negativo.

A lei de Coulomb

No século XVIII, cientistas sugeriram leis matemáticas que poderiam reger a intensidade da força elétrica, modeladas no inverso do quadrado »

Corpos eletrificados com o mesmo tipo de eletricidade repelem-se mutuamente.
Charles-Augustin de Coulomb

Descarga eletrostática

Uma descarga eletrostática ocorre quando os portadores da carga elétrica (tipicamente elétrons) numa região ou corpo carregado são rápida e violentamente afastados dele. Os relâmpagos são uma forma poderosa em especial de descarga eletrostática, que ocorre quando tanta carga se acumula entre regiões da atmosfera que o espaço entre elas fica ionizado (os elétrons se separam dos átomos), podendo conduzir corrente.

A corrente se torna visível porque os elétrons aquecem tanto o ar que ele emite luz. A ionização ocorre em distâncias curtas, e é por isso que os relâmpagos parecem se ramificar, mudando de direção a cada poucos metros. A descarga eletrostática acontece primeiro em pontas agudas – é por isso que seu cabelo fica em pé quando tem carga estática (as pontas do cabelo repelem umas às outras) e os para-raios e dispositivos de descarga estática em asas de avião têm forma de espeto.

CARGA ELÉTRICA

da lei de gravitação, de enorme influência, que Newton tinha estabelecido em *Principia* em 1687.

Em 1785, o engenheiro francês Charles-Augustin de Coulomb desenvolveu uma balança de torção que era sensível o bastante para medir a força elétrica entre cargas. O aparelho consistia em esferas de metal ligadas por uma vareta, uma agulha e um fio de seda. Quando Coulomb mantinha um objeto carregado perto da esfera externa, a carga era transferida para uma esfera interna e a agulha. Esta, suspensa por um fio de seda, se afastava da esfera carregada e produzia um giro (torção) no fio de seda. O grau de torção podia ser medido numa escala.

Coulomb publicou uma série de artigos detalhando seus experimentos e estabelecendo que a força entre dois corpos carregados parados era inversamente proporcional à distância entre eles. Ele também presumiu, mas não provou, que a força era proporcional ao produto das cargas nos corpos. Hoje, essa lei é chamada lei de Coulomb.

Coulomb estabeleceu que, quando cargas elétricas se atraem ou repelem, há uma relação entre a intensidade de atração ou repulsão e a distância. Porém, só mais de um século depois os cientistas começaram a entender a natureza exata da carga elétrica.

> As ciências são monumentos devotados ao bem público; cada cidadão deve a elas um tributo proporcional a seus próprios talentos.
> **Charles-Augustin de Coulomb**

Dois corpos **eletricamente carregados** experimentam uma pequena força mútua.

Uma **balança de torção** pode **medir a força** pelos giros de um fio de seda.

Quando a **distância entre os corpos carregados é dobrada**, a quantidade de torção (giros) é **reduzida a um quarto** da original.

A **força elétrica** entre corpos carregados **varia inversamente** ao **quadrado da distância** entre eles.

O portador de carga

Nos anos 1830, o cientista britânico Michael Faraday realizou experimentos com eletrólise (uso de eletricidade para induzir reações químicas) e descobriu que precisava de uma quantidade específica de eletricidade para criar uma quantidade específica de um composto ou elemento. Embora ele não estivesse convencido de que a matéria é feita de átomos (partes indivisíveis), esse resultado indicou que a eletricidade, pelo menos, podia vir em "pacotes". Em 1874, o físico irlandês George Stoney desenvolveu a ideia de que havia um pacote ou unidade de carga elétrica indivisível – ou seja, a carga era quantizada – e, em 1891, sugeriu um nome para essa unidade: elétron.

Em 1897, o físico britânico J. J. Thomson demonstrou que os raios catódicos – os "raios" brilhantes de eletricidade que se podia fazer trafegar entre duas placas carregadas num tubo de vidro selado com muito pouco gás (quase um vácuo) – eram, na verdade, feitos de partículas com carga elétrica. Ao aplicar forças elétrica e magnética de intensidade conhecida aos raios catódicos, Thomson podia desviá-los por uma quantidade mensurável. Assim ele pôde calcular quanta carga uma partícula deveria ter por unidade de massa.

Thomson também deduziu que esses portadores de carga eram muito mais leves que o menor átomo. E eram comuns a toda a matéria, porque o comportamento dos raios não variava quando ele usava placas de outros materiais. Essa partícula subatômica – a primeira a ser descoberta – recebeu então o nome elétron, sugerido para a unidade básica de carga por Stoney. Atribuiu-se valor negativo à carga do elétron; a descoberta do portador de carga positiva, o próton, ocorreria alguns anos depois.

A carga do elétron

Embora Thomson tivesse calculado a razão carga/massa do elétron, nem a carga nem a massa eram conhecidas. De 1909 a 1913, o físico americano Robert Millikan realizou uma série de experimentos para achar esses valores. Usando um aparelho especial, ele mediu o campo elétrico necessário para manter uma gota de óleo carregada suspensa no ar. Com o raio da gota, ele podia deduzir seu peso. Quando a gota estava parada, a força elétrica para cima nela equilibrava a força gravitacional para baixo, permitindo calcular a carga da gota.

Repetindo o experimento muitas vezes, Millikan descobriu que todas as gotas carregavam cargas que eram números inteiros múltiplos de certo número menor. Millikan raciocinou que esse número menor que todos deveria ser a carga de um só elétron – chamada carga elementar, e –, que calculou em –1,6 × 10^{-19} C (coulombs), muito perto do valor aceito hoje. Quase um século depois de Franklin ter sugerido que a quantidade total de "fluido" elétrico é constante, Faraday realizou experimentos que sugeriram que a carga é conservada – a quantidade total de carga no Universo se mantém a mesma.

Equilíbrio de cargas

Esse princípio da conservação da carga é fundamental na física moderna, embora haja circunstâncias – em colisões de alta energia entre partículas em aceleradores de partículas, por exemplo – em que se cria carga quando uma partícula neutra se separa em partículas negativa e positiva. Porém, nesse caso, a carga líquida é constante – números iguais de partículas positivas e negativas são criados, com quantidades iguais de carga negativa e positiva.

Esse equilíbrio entre cargas não é surpreendente, dada a intensidade da força elétrica. Com quantidades iguais de cargas positiva e negativa, o corpo humano não tem carga líquida, mas um desequilíbrio hipotético de só 1% faria com que sentisse forças de um poder devastador. O conhecimento sobre carga elétrica e seus portadores não mudou muito desde a descoberta do elétron e do próton. Descobriram-se também outros portadores de carga, como o pósitron, com carga positiva, e o antipróton, com carga negativa, que constituem uma forma exótica de matéria chamada antimatéria.

Em terminologia moderna, a carga elétrica é uma propriedade fundamental da matéria que ocorre em toda parte – em relâmpagos, no corpo de arraias-elétricas, em estrelas e dentro de nós. As cargas estáticas criam campos elétricos ao seu redor – regiões em que outras cargas elétricas "sentem" uma força. Cargas em movimento criam campos elétricos e magnéticos, e por uma interação sutil entre esses campos dão origem à radiação eletromagnética, ou luz.

Desde o desenvolvimento da mecânica quântica e da física de partículas no século XX, compreendemos que muitas das propriedades mais familiares da matéria estão ligadas basicamente ao eletromagnetismo. Na verdade, a força eletromagnética é uma das forças fundamentais da natureza. ■

Charles-Augustin de Coulomb

Nascido em 1736 numa família francesa relativamente rica, Coulomb se graduou como engenheiro militar. Ele passou nove anos na colônia francesa da Martinica, nas Antilhas, mas foi acometido de doenças e voltou à França em 1773. Enquanto construía um forte de madeira em Rochefort, no sudoeste francês, realizou um trabalho pioneiro sobre atrito e ganhou o Grande Prêmio da Académie des Sciences em 1781. Depois ele se mudou para Paris e dedicou a maior parte do seu tempo à pesquisa. Além de desenvolver a balança a torção, Coulomb escreveu memórias nas quais formulou a lei do inverso do quadrado, que tem seu nome. Foi consultor de projetos de engenharia civil e supervisionou o estabelecimento de escolas secundárias. Morreu em Paris em 1806. O nome da unidade SI de carga, o coulomb, foi em sua homenagem.

Obras principais

1784 *Pesquisa teórica e experimentos sobre força de torção e elasticidade de fios metálicos*
1785 *Memórias sobre eletricidade e magnetismo*

ENERGIA POTENCIAL SE TORNA MOVIMENTO PALPÁVEL
POTENCIAL ELÉTRICO

EM CONTEXTO

FIGURA CENTRAL
Alessandro Volta (1745–1827)

ANTES
1745 Pieter van Musschenbroek e E. Georg von Kleist inventam a garrafa de Leiden, o primeiro dispositivo prático para armazenar carga elétrica.

1780 Luigi Galvani observa a "eletricidade animal".

DEPOIS
1813 O matemático e físico francês Siméon-Denis Poisson estabelece uma equação geral para potencial.

1828 O matemático britânico George Green desenvolve as ideias de Poisson e introduz o termo "potencial".

1834 Michael Faraday explica a base química da célula voltaica (galvânica).

1836 O químico britânico John Daniell inventa a célula de Daniell.

Ao longo dos séculos XVII e XVIII, um número crescente de pesquisadores começou a estudar a eletricidade, mas ela continuou a ser um fenômeno passageiro.

A garrafa de Leiden, inventada em 1745 por dois químicos, um holandês e um alemão, trabalhando de modo independente, permitiu acumular e armazenar carga elétrica até que fosse necessária. Porém, a descarga da garrafa era rápida como uma faísca. Só no século XVIII, quando o químico italiano Alessandro Volta criou a primeira célula eletroquímica, os cientistas puderam ter o suprimento de um fluxo moderado de carga elétrica ao longo do tempo: uma corrente.

Energia e potencial

Tanto a descarga súbita da garrafa de Leiden quanto a descarga estendida (corrente) de uma pilha eram causadas por uma diferença do chamado "potencial elétrico" entre o dispositivo e o ambiente.

Hoje se pensa que o potencial elétrico é uma propriedade do campo elétrico que existe ao redor de cargas elétricas. O potencial

---

Num campo gravitacional, **diferentes altitudes** têm diferentes quantidades de **potencial gravitacional**.

Uma diferença de altitude faz **uma corrente de água** fluir.

De modo similar, o **desequilíbrio de carga** entre diferentes lugares de um campo elétrico dá a esses lugares **diferentes quantidades de potencial elétrico**.

Uma diferença de potencial elétrico faz uma **corrente elétrica** fluir.

ELETRICIDADE E MAGNETISMO

Ver também: Energia cinética e energia potencial 54 ▪ Carga elétrica 124-127 ▪ Corrente elétrica e resistência 130-133 ▪ Bioeletricidade 156

elétrico num só ponto é sempre medido em relação a outro ponto. Um desequilíbrio de carga entre dois pontos dá origem a uma diferença de potencial entre eles, que é medida em volts (V), nome que homenageia Volta, e é informalmente referida como "voltagem". O trabalho de Volta abriu caminho para descobertas fundamentais para o entendimento da eletricidade.

Da eletricidade animal às pilhas

Em 1780, o médico italiano Luigi Galvani notou que, ao tocar a perna de um sapo (morto) com dois metais diferentes ou aplicar uma faísca elétrica, a perna se contraía. Ele supôs que a fonte desse movimento fosse o corpo do sapo e deduziu que continha fluido elétrico. Volta realizou experimentos similares, mas sem animais, e acabou chegando à teoria de que a diferença entre os metais no circuito era a fonte da eletricidade.

A célula eletroquímica simples de Volta consiste em duas peças de metal (eletrodos), separadas por uma solução salina (um eletrólito). Quando cada um dos metais encontra o eletrólito, ocorre uma reação química, criando "portadores de carga" chamados íons (átomos que ganharam ou perderam elétrons e estão, assim, com carga negativa ou positiva). Íons carregados opostos aparecem nos dois eletrodos. Como cargas diferentes se atraem, separar as cargas positiva e negativa requer energia (como segurar afastados os polos opostos de dois ímãs). Essa energia vem das reações químicas na célula. Quando a célula é ligada a um circuito externo, a energia que estava "armazenada" na diferença de potencial aparece como a energia elétrica que impele a corrente pelo circuito.

Volta fez sua pilha ligando células individuais feitas de discos de prata e zinco, separadas por tecido molhado com água e sal. Ele demonstrou essa pilha voltaica na Real Sociedade, em Londres, em 1800. Células voltaicas só fornecem corrente por pouco tempo, até que as reações químicas param. Modelos posteriores, como a célula de Daniell e a célula moderna de zinco-carbono seco ou alcalina, aumentaram muito sua duração. Células secundárias, como as das baterias de polímero de lítio dos celulares, podem ser recarregadas aplicando uma diferença de potencial através dos eletrodos para reverter a reação química. ▪

A pilha voltaica consiste em uma série de discos de metal separados por tecido molhado com água e sal. Uma reação química cria uma diferença de potencial, que produz uma corrente elétrica.

Alessandro Volta

Alessandro Volta nasceu numa família aristocrática em Como, na Itália, em 1745. Quando tinha só sete anos, seu pai morreu. Os parentes dirigiram sua formação para a Igreja, mas ele realizou seus próprios estudos de eletricidade e comunicou suas ideias a importantes cientistas.

Após as primeiras publicações de Volta sobre eletricidade, ele foi nomeado professor em Como, em 1774. No ano seguinte, desenvolveu o olotróforo (instrumento para gerar carga elétrica) e em 1776 descobriu o metano. Volta se tornou professor de física em Pavia em 1779, onde iniciou uma rivalidade amistosa com Luigi Galvani, de Bolonha. As dúvidas de Volta quanto às ideias de Galvani sobre "eletricidade animal" o levaram a inventar a pilha voltaica. Agraciado por Napoleão e pelo imperador da Áustria, Volta foi um homem rico na velhice e morreu em 1827.

Obra principal

1769 *Sobre as forças de atração do fogo elétrico*

UMA TAXA SOBRE A ENERGIA ELÉTRICA
CORRENTE ELÉTRICA E RESISTÊNCIA

EM CONTEXTO

FIGURA CENTRAL
Georg Simon Ohm
(1789–1852)

ANTES
1775 Henry Cavendish antecipa uma relação entre diferença de potencial e corrente.

1800 Alessandro Volta inventa a primeira fonte contínua de corrente, a pilha voltaica.

DEPOIS
1840 O físico britânico James Joule estuda como a resistência converte energia elétrica em calor.

1845 Gustav Kirchhoff, um físico alemão, propõe regras que regem a corrente e a diferença de potencial em circuitos.

1911 O físico holandês Heike Kamerlingh Onnes descobre a supercondutividade.

Já em 1600, os cientistas tinham distinguido substâncias "elétricas", como âmbar e vidro, de "não elétricas", como os metais, com base em que só as primeiras podiam manter uma carga. Em 1729, o astrônomo britânico Stephen Gray trouxe uma nova perspectiva a essa divisão ao reconhecer que a eletricidade (então ainda considerada um tipo de fluido) podia passar de uma substância elétrica para outra através de uma substância não elétrica.

Ao pesquisar se a eletricidade podia fluir através de uma substância, e não se podia ser armazenada, Gray estabeleceu a distinção moderna entre

ELETRICIDADE E MAGNETISMO

Ver também: Carga elétrica 124-127 ▪ Potencial elétrico 128-129 ▪ Criação de ímãs 134-135 ▪ Efeito motor 136-137 ▪ Indução e efeito gerador 138-141 ▪ Ondas eletromagnéticas 192-195 ▪ Partículas subatômicas 242-243

Uma **voltagem** (diferença de potencial) aplicada entre as duas pontas de um condutor **fará uma corrente fluir por ele**.

Condutores típicos oferecem alguma **resistência** a esse fluxo de corrente.

Se a **resistência ficar constante**, a **corrente se manterá proporcional** à **voltagem** aplicada.

---

partículas com carga positiva ou negativa. Para que uma corrente flua entre dois pontos, eles devem estar ligados por um condutor como um fio de metal e os pontos precisam ter potenciais elétricos diferentes (um desequilíbrio de carga). A corrente flui do potencial mais alto para o mais baixo (por convenção científica, do positivo para o negativo).

Nos metais, os portadores de carga têm carga negativa, então uma corrente que flua num fio de metal de A para B é equivalente a elétrons de carga negativa fluindo na direção oposta (para o potencial mais alto, ou relativamente positivo). Portadores de carga em outros materiais podem ser positivos. Por exemplo, a água com sal contém íons de sódio com carga positiva (entre outros) – cujo movimento seria na mesma direção do fluxo da corrente. A corrente é medida em unidades chamadas amperes (A). Uma corrente de 1 A significa que cerca de 6 trilhões de elétrons estão passando por certo ponto a cada segundo.

Num fio de cobre, os elétrons deslocalizados se movem aleatoriamente a mais de 1.000 km por segundo. Como eles seguem direções aleatórias, a velocidade resultante (média) é zero, e assim »

condutores e isolantes. Foi a invenção da célula eletroquímica (pilha) em 1800 por Alessandro Volta que, por fim, deu aos cientistas uma fonte de fluxo contínuo de carga elétrica – uma corrente elétrica – para estudar condutância e resistência.

Conduzir e isolar
Como a invenção de Volta demonstrou, uma corrente elétrica só pode fluir se tiver um material condutor através do qual possa correr. Os metais em geral são condutores de eletricidade muito bons; as cerâmicas são em geral boas isolantes; outras substâncias, como solução salina, água ou grafite, ficam em algum lugar no meio do caminho.

Os portadores de carga elétrica em metais são os elétrons, que foram descobertos um século depois. Os elétrons em átomos ficam em orbitais a diferentes distâncias do núcleo, correspondentes a níveis diversos de energia. Nos orbitais mais externos dos metais há relativamente poucos elétrons, que se tornam fáceis de "deslocalizar", movendo-se de modo livre e aleatório por todo o material. Ouro, prata e cobre são condutores excelentes porque no orbital mais externo de seus átomos só há um elétron, que é facilmente deslocalizado. Os eletrólitos (soluções como água e sal) contêm íons carregados que podem se mover com bastante facilidade. Em contrapartida, nos isolantes os portadores de carga são localizados (ligados a átomos específicos).

Fluxo de carga
A descrição moderna de eletricidade corrente emergiu no fim do século XIX, quando a corrente foi afinal entendida como um fluxo de

---

A beleza da eletricidade [...] não está em a energia ser misteriosa e inesperada [...] mas em obedecer à lei.
Michael Faraday

CORRENTE ELÉTRICA E RESISTÊNCIA

> A corrente tem intensidade igual em todas as partes do circuito.
> **Georg Ohm**

não há corrente líquida. Aplicar uma diferença de potencial nas pontas do fio cria um campo elétrico. Esse campo faz os elétrons livres, deslocalizados, experimentarem uma força líquida em direção à ponta com potencial mais alto (porque têm carga negativa), acelerando-os de modo que se desloquem pelo fio. Essa velocidade de deslocamento constitui a corrente, e é muito pequena – tipicamente uma fração de milímetro por segundo num fio.

Embora os portadores de carga de um fio se movam relativamente devagar, interagem uns com os outros através de um campo elétrico (devido a sua carga) e de um campo magnético (criado por seu movimento). Essa interação é uma onda eletromagnética, que viaja muito rápido. O fio de cobre atua como um "guia de onda" e a energia eletromagnética viaja pelo fio a (tipicamente) 80-90% de sua velocidade no vácuo – assim, os elétrons no circuito começam todos a se mover quase instantaneamente, e uma corrente se estabelece.

Resistência elétrica

A propriedade de um objeto de se opor a uma corrente se chama resistência. A resistência (e seu oposto, a condutância) depende não só das propriedades intrínsecas do objeto (o arranjo das partículas que o compõem e em especial se os portadores de carga estão deslocalizados), mas também de fatores extrínsecos, como sua forma, e se está submetido a temperatura ou pressão alta. Um fio grosso de cobre, por exemplo, é um condutor melhor que um mais fino e do mesmo comprimento. Tais fatores são comparáveis aos sistemas hidráulicos. Por exemplo, é mais difícil empurrar água por um cano estreito que por um largo.

A temperatura também desempenha um papel na resistência do material. A resistência de muitos metais diminui com a queda de temperatura. Alguns materiais exibem resistência zero quando resfriados abaixo de uma temperatura específica muito baixa – uma propriedade chamada supercondutividade.

A resistência de um condutor pode variar com a diferença de potencial (também chamada voltagem) aplicada ou a corrente que flui por ele. Por exemplo, a resistência de um filamento de tungstênio numa lâmpada incandescente aumenta com a corrente. A resistência de muitos condutores permanece constante quando a corrente ou a voltagem varia – são os condutores ôhmicos, nome derivado de Georg Ohm, que formulou uma lei que relaciona voltagem à corrente.

A lei de Ohm

A lei que Ohm estabeleceu diz que uma corrente fluindo por um condutor é proporcional à sua voltagem. A divisão da voltagem (medida em volts) pela corrente (medida em A) dá um número constante, que é a resistência do condutor (medida em ohms).

Georg Simon Ohm

Ohm nasceu em Erlangen (hoje na Alemanha) em 1789. Seu pai, um serralheiro, lhe ensinou matemática e ciência. Ele ingressou na Universidade de Erlangen e conheceu o matemático Karl Christian von Langsdorff. Em 1806, o pai de Ohm, achando que o filho desperdiçava seu talento, mandou-o à Suíça, onde ele ensinou matemática e continuou seus estudos. Em 1811, Ohm voltou a Erlangen e obteve o doutorado. Mudou-se para Colônia para lecionar em 1817. Após saber das descobertas de Hans Christian Ørsted, iniciou experimentos com eletricidade. A princípio, suas publicações não foram bem recebidas, em parte devido à abordagem matemática, mas também por discussões sobre erros científicos. Mais tarde, porém, recebeu a Medalha Copley da Real Sociedade em 1841 e tornou-se catedrático de física na Universidade de Munique pouco antes de morrer, em 1852.

Obra principal

1827 *O circuito galvânico investigado matematicamente*

ELETRICIDADE E MAGNETISMO

A lei de Ohm sintetiza a ligação entre voltagem (diferença de potencial), corrente e resistência. Sua fórmula (ver à direita) pode ser usada para calcular quanta corrente (em amperes) passa por um componente, dependendo da voltagem (V) da fonte de energia e da resistência (medida em ohms) de itens do circuito.

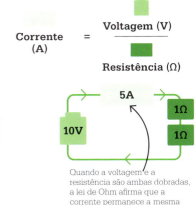

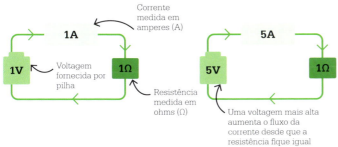

Um fio de cobre é um condutor ôhmico – obedece à lei de Ohm desde que sua temperatura não mude muito. A resistência de condutores ôhmicos depende de fatores físicos como temperatura, e não da diferença de potencial aplicada ou da corrente fluindo.

Ohm chegou a sua lei pela combinação de experimentos e teoria matemática. Em alguns dos experimentos, ele fez circuitos com células eletroquímicas para fornecer a voltagem e uma balança de torção para medir a corrente. Usou fio de diferentes comprimentos e espessuras para conduzir a eletricidade e anotou a diferença de corrente e resistência que ocorria como resultado. Seu trabalho teórico se baseou em métodos geométricos para analisar circuitos e condutores elétricos.

Ohm também comparou o fluxo de corrente com a teoria de Fourier da condução de calor (nomeada a partir do matemático francês Joseph Fourier). Segundo essa teoria, a energia térmica é transferida de uma partícula à seguinte na direção de um gradiente de temperatura. Ao descrever o fluxo de corrente elétrica, a diferença de potencial num condutor elétrico é similar à diferença de temperatura entre duas pontas de um condutor térmico. No entanto, a lei de Ohm não é universal e não se aplica a todos os condutores ou condições. Os chamados materiais não ôhmicos incluem diodos e o filamento de tungstênio de lâmpadas incandescentes. Em tais casos, a resistência depende da diferença de potencial aplicada (ou corrente fluindo).

Aquecimento Joule

Quanto mais alta a corrente num condutor metálico, mais colisões entre os elétrons e a rede cristalina. Essas colisões fazem a energia cinética dos elétrons ser convertida em calor. A lei de Joule-Lenz (nomeada em parte a partir de James Prescott Joule, que descobriu em 1840 que o calor pode ser gerado por eletricidade) diz que a quantidade de calor gerada por um condutor que transporta uma corrente é proporcional a sua resistência, multiplicada pelo quadrado da corrente. O aquecimento Joule (aquecimento ôhmico ou resistivo) é responsável, por exemplo, pelo brilho do filamento de lâmpadas incandescentes. Mas ele também pode ser um problema significativo. Em redes de transmissão de eletricidade causa grandes perdas de energia, minimizadas mantendo a corrente na rede relativamente baixa, porém com a diferença de potencial (voltagem) alta. ∎

Lâmpadas de filamento

(incandescentes) funcionam fornecendo alta resistência à corrente elétrica porque o fio (filamento) é muito fino. Essa resistência faz a energia elétrica ser convertida em calor e luz.

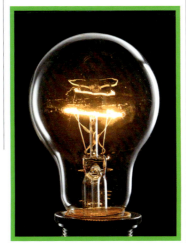

CADA METAL TEM CERTO PODER
CRIAÇÃO DE ÍMÃS

EM CONTEXTO

FIGURA CENTRAL
Hans Christian Ørsted
(1777–1851)

ANTES
1600 O astrônomo inglês William Gilbert percebe que a Terra é um ímã gigante.

1800 Alessandro Volta faz a primeira pilha, criando um fluxo contínuo de corrente elétrica pela primeira vez.

DEPOIS
1820 André-Marie Ampère desenvolve uma teoria matemática do eletromagnetismo.

1821 Michael Faraday cria o primeiro motor elétrico e mostra a rotação eletromagnética em ação.

1876 O físico escocês-americano Alexander Graham Bell inventa um telefone que usa eletroímãs e um ímã permanente em ferradura para transmitir vibrações sonoras.

Uma **bateria** num circuito completo cria uma **corrente elétrica**.

A **agulha de uma bússola** é desviada pelo **magnetismo**.

Quando uma **corrente elétrica** é ligada perto da agulha de uma bússola, a **agulha se move**.

A eletricidade produz um campo magnético

No fim do século XVIII, muitos fenômenos magnéticos e elétricos eram notados pelos cientistas. Porém a maioria acreditava que eletricidade e magnetismo fossem duas forças totalmente distintas. Sabe-se hoje que elétrons fluindo produzem um campo magnético e que ímãs rodando fazem uma corrente elétrica fluir num circuito completo. Essa relação entre eletricidade e magnetismo está presente em praticamente todo aparelho elétrico moderno, de fones de ouvido a carros, mas foi descoberta por puro acaso.

A descoberta casual de Ørsted

A invenção da pilha voltaica (uma antiga bateria) por Alessandro Volta em 1800 já tinha aberto um campo novo de estudo científico. Pela primeira vez, os físicos podiam produzir uma corrente elétrica

ELETRICIDADE E MAGNETISMO

Ver também: Magnetismo 122-123 ▪ Carga elétrica 124-127 ▪ Indução e efeito gerador 138-141 ▪ Campos de força e equações de Maxwell 142-147

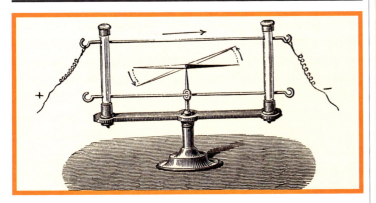

Hans Christian Ørsted

Nascido em Rudkøbing, na Dinamarca, em 1777, Ørsted estudou a maior parte do tempo em casa antes de entrar na Universidade de Copenhague em 1793. Após obter o doutorado em física e estética, recebeu uma bolsa-viagem e conheceu o pesquisador alemão Johann Ritter, que despertou seu interesse pela possível ligação entre eletricidade e magnetismo. Em 1806, Ørsted voltou a Copenhague para lecionar. Sua descoberta em 1820 do vínculo entre as duas forças lhe valeu reconhecimento internacional. Ele recebeu a Medalha Copley da Real Sociedade de Londres e depois se tornou membro da Academia Real Sueca de Ciência e da Academia Americana de Artes e Ciências. Em 1825, foi o primeiro químico a produzir alumínio puro. Morreu em Copenhague em 1851.

Obras principais

1820 "Experimentos sobre o efeito de uma corrente de eletricidade numa agulha magnética"
1821 "Observações sobre eletromagnetismo"

estável. Em 1820, o físico dinamarquês Hans Christian Ørsted estava dando uma palestra a alunos da Universidade de Copenhague. Ele notou que a agulha de uma bússola se desviava do norte magnético quando ele ligava e desligava uma corrente elétrica. Foi a primeira vez que se mostrou uma ligação entre corrente elétrica e campo magnético. Ørsted realizou mais experimentos e descobriu que uma corrente produz um campo magnético concêntrico ao redor do fio pelo qual passa.

Criação de eletroímãs

Quatro anos após a descoberta de Ørsted, o inventor britânico William Sturgeon fez um ímã com um pedaço de ferro em forma de ferradura e enrolou-o com dezoito voltas de fio de cobre. Ele passou uma corrente elétrica pelo fio, magnetizando a ferradura o bastante para atrair outros pedaços de ferro.

Nos anos 1830, o cientista americano Joseph Henry aperfeiçoou o eletroímã, isolando o fio de cobre com linha de seda e enrolando múltiplas camadas em volta do núcleo de ferro. Um dos ímãs de Henry levantou um peso de 936 kg. Nos anos 1850, pequenos

Passando uma corrente elétrica por um fio metálico, Ørsted criou um campo magnético ao redor dele. Isso desviou a agulha de uma bússola.

eletroímãs eram amplamente usados em receptores da rede americana de telégrafos elétricos. A vantagem de um eletroímã é que seu campo magnético pode ser controlado. A potência de um ímã comum é constante; já a de um eletroímã pode ser mudada alterando o fluxo da corrente em sua bobina de fio metálico (chamada solenoide). Porém os eletroímãs só funcionam com um suprimento contínuo de energia elétrica. ∎

Será mais fácil ver como essa lei concorda com a natureza pela repetição de experimentos que por uma longa explicação.
Hans Christian Ørsted

ELETRICIDADE EM MOVIMENTO
EFEITO MOTOR

EM CONTEXTO

FIGURA CENTRAL
André-Marie Ampère
(1775–1836)

ANTES
1600 William Gilbert realiza os primeiros experimentos científicos sobre eletricidade e magnetismo.

1820 Hans Christian Ørsted prova que uma corrente elétrica cria um campo magnético.

DEPOIS
1821 Michael Faraday faz o primeiro motor elétrico.

1831 Joseph Henry e Faraday usam a indução eletromagnética para criar o primeiro gerador elétrico, convertendo movimento em eletricidade.

1839 Moritz von Jacobi, um engenheiro russo, cria o primeiro motor elétrico giratório prático.

1842 O engenheiro escocês Robert Davidson constrói um motor elétrico para mover uma locomotiva.

Levando além a descoberta de Hans Christian Ørsted da relação entre eletricidade e magnetismo, o físico francês André-Marie Ampère realizou seus próprios experimentos.

Ørsted tinha descoberto que uma corrente passando por um fio metálico forma um campo magnético ao redor do fio. Ampère percebeu que dois fios paralelos conduzindo correntes elétricas se atraem ou se repelem, dependendo de as correntes fluírem em sentido igual ou oposto. Se a corrente flui no mesmo sentido em ambos, os fios são atraídos; se uma flui no sentido oposto da outra, eles se repelem.

O trabalho de Ampère levou à lei que tem seu nome, a qual diz que a ação mútua de dois fios conduzindo corrente é proporcional

---

Um ímã cria um **campo magnético**.

Uma pilha produz uma **corrente elétrica**, que flui através de um fio.

Quando uma **corrente elétrica passa por um campo magnético**, produz uma força chamada **efeito motor**.

A direção da força depende da **direção da corrente**.

Quando uma volta do fio conduz corrente em direções opostas, produz uma **força total rotacional**.

ELETRICIDADE E MAGNETISMO

Ver também: Potencial elétrico 128-129 ▪ Criação de ímãs 134-135 ▪ Indução e efeito gerador 138-141 ▪ Campos de força e equações de Maxwell 142-147 ▪ Geração de eletricidade 148-151

a seus comprimentos e às magnitudes de suas correntes. A descoberta foi a base de um novo ramo da ciência chamado eletrodinâmica.

A construção de motores

Quando um fio que conduz corrente é colocado num campo magnético, fica sujeito a uma força, porque o campo magnético interage com o campo criado pela corrente. Se a interação é forte o bastante, o fio se move. A força vai ao máximo quando a corrente flui em ângulo reto com as linhas do campo magnético.

Se uma volta de fio, com dois lados paralelos, for colocada entre os polos de um ímã de ferradura, a interação da corrente em um lado causa uma força para baixo, enquanto há uma força para cima do outro lado. Isso faz a volta de fio girar. Em outras palavras, a energia potencial elétrica é convertida em cinética (movimento), que pode realizar trabalho. Porém, após um giro de 180 graus, a força se inverte e a volta de fio se detém.

O fabricante de instrumentos Hippolyte Pixii descobriu a solução desse problema em 1832, ao ligar um anel de metal dividido em duas metades às pontas de uma bobina com núcleo de ferro. Esse aparelho, um comutador, reverte a corrente na bobina a cada vez que ela roda meio círculo – então a volta de fio continua a girar no mesmo sentido.

No mesmo ano, o cientista britânico William Sturgeon inventou o primeiro motor elétrico com comutador capaz de mover máquinas. Cinco anos depois, o engenheiro americano Thomas Davenport inventou um motor poderoso que fazia seiscentas rotações por minuto e era capaz de mover uma prensa de impressão e máquinas-ferramenta.

Um mundo eletrodinâmico

Com os anos, a tecnologia eletrodinâmica produziu motores mais poderosos e eficientes. Os torques (forças que criam movimento rotacional) foram aumentados com ímãs mais poderosos, ampliando a corrente

A pesquisa experimental com que Ampère estabeleceu a lei da ação mecânica entre correntes elétricas é um dos mais brilhantes avanços da ciência.
James Clerk Maxwell

ou usando fio muito fino para ter maior número de voltas. Quanto mais perto o ímã da bobina, maior a força motor.

Motores de corrente contínua ainda são usados em pequenos aparelhos a pilha; motores universais, que usam eletroímãs em voz de ímãs permanentes, são empregados em muitos eletrodomésticos. ∎

André-Marie Ampère

Nascido de pais ricos em Lyon, na França, em 1775, André-Marie Ampère foi estimulado a estudar sozinho em casa, onde havia uma bem abastecida biblioteca. Apesar da falta de instrução formal, ele começou a lecionar na nova École Polytechnique de Paris em 1804 e lá foi nomeado professor de matemática cinco anos depois.

Após ter ouvido sobre a descoberta do eletromagnetismo por Ørsted, Ampère concentrou as energias intelectuais em estabelecer o eletrodinamismo como um novo ramo da física. Ele também especulou sobre a existência de "moléculas eletrodinâmicas", antecipando a descoberta dos elétrons. Em reconhecimento por seu trabalho, a unidade-padrão de corrente elétrica – o ampere – tem seu nome. Ele morreu em Marselha em 1836.

Obras principais

1827 *Memórias sobre a teoria matemática dos fenômenos eletrodinâmicos, deduzidos apenas da experiência*

O DOMÍNIO DAS FORÇAS MAGNÉTICAS

INDUÇÃO E EFEITO GERADOR

EM CONTEXTO

FIGURA CENTRAL
Michael Faraday (1791–1867)

ANTES
1820 Hans Christian Ørsted descobre a ligação entre eletricidade e magnetismo.

1821 Michael Faraday inventa um instrumento que usa a interação de eletricidade e magnetismo para produzir movimento mecânico.

1825 William Sturgeon, um fabricante de instrumentos britânico, constrói o primeiro eletroímã.

DEPOIS
1865 James Clerk Maxwell descreve ondas eletromagnéticas, incluindo as ondas de luz.

1882 As primeiras usinas de energia a usar geradores de eletricidade são encomendadas em Londres e Nova York.

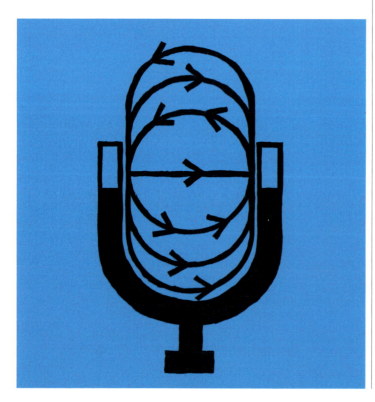

A indução eletromagnética é a produção de força eletromotriz (fem, ou uma diferença de potencial) num condutor elétrico como resultado de campo magnético variável. Sua descoberta transformaria o mundo. Ela continua a ser a base da indústria de energia elétrica e tornou possível a invenção de geradores e transformadores elétricos, que estão no âmago da tecnologia moderna.

Em 1821, inspirado pela descoberta da relação entre eletricidade e magnetismo por Hans Christian Ørsted no ano anterior, o físico britânico Michael Faraday construiu dois aparelhos

ELETRICIDADE E MAGNETISMO

Ver também: Potencial elétrico 128-129 ▪ Efeito motor 136-137 ▪ Campos de força e equações de Maxwell 142-147 ▪ Geração de eletricidade 148-151

Um ímã cria um **campo magnético** ao seu redor, mais forte em cada polo.

Quando um ímã é movimentado através de uma bobina de fio metálico, uma **corrente elétrica** é induzida.

Quando o ímã **muda de sentido**, a corrente elétrica muda de sentido.

A combinação de campo magnético e movimento mecânico contínuo muito próximos causa uma **corrente elétrica constante**.

Michael Faraday

Filho de um ferreiro londrino, Michael Faraday recebeu educação formal muito limitada. Porém, aos vinte anos, ouviu palestras do famoso químico Humphry Davy na Royal Institution de Londres e mandou-lhe suas anotações. Faraday foi convidado a ser o assistente de Davy e viajou com ele pela Europa de 1813 a 1815.

Famoso por ter inventado o motor elétrico em 1821, Faraday também imaginou uma forma anterior do bico de Bunsen, descobriu o benzeno e formulou as leis da eletrólise. Pioneiro da ciência ambiental, alertou para os riscos de poluição do rio Tâmisa. Homem de fortes princípios, zombava dos cultos pseudocientíficos da época. Deu palestras públicas de Natal, recusou-se a prestar conselhos ao governo sobre temas militares e recusou o título de cavaleiro. Morreu em 1867.

Obras principais

1832 *Pesquisas experimentais sobre eletricidade*
1850 *Um curso de seis aulas sobre as várias forças da matéria*

---

que aproveitavam o assim chamado efeito motor (a criação de uma força quando passa corrente por um condutor num campo magnético). Esses dispositivos convertiam energia mecânica em energia elétrica.

Faraday realizou muitos testes para investigar a interação de correntes elétricas, ímãs e movimento mecânico, culminando com uma série de experimentos de julho a novembro de 1831 que teriam impacto revolucionário.

O anel de indução

Um dos primeiros experimentos de Faraday em 1831 foi construir um aparato com duas bobinas de fios isolados, enrolados num anel de ferro. Quando se passava uma corrente numa bobina, via-se num galvanômetro, um instrumento recém-inventado, uma corrente passar por algum tempo na outra. O efeito ficou conhecido como indução mútua, e o aparato – um anel de indução – foi o primeiro transformador (aparelho que transfere energia elétrica entre dois condutores) do mundo.

Faraday também movimentou um ímã através de uma bobina de fio metálico, levando uma corrente elétrica a fluir na bobina conforme fazia isso. Porém, assim que o movimento do ímã parava, o galvanômetro deixava de registrar »

Agora estou ocupado de novo com o eletromagnetismo e penso que cheguei a algo bom.
Michael Faraday

140 INDUÇÃO E EFEITO GERADOR

corrente: o campo magnético só permitia que a corrente fluísse quando o campo estava aumentando ou diminuindo. Quando o ímã era movido no sentido oposto, via-se novamente uma corrente fluir na bobina, desta vez no sentido oposto. Faraday também descobriu que uma corrente fluía se a bobina fosse movida sobre um ímã parado.

A lei da indução

Como outros físicos da época, Faraday não entendia a real natureza da eletricidade – que uma corrente é um fluxo de elétrons – mas, mesmo assim, percebeu que, quando uma corrente flui numa bobina, ela produz um campo magnético. Se a corrente fica estacionária, o campo magnético também, e nenhuma diferença de potencial (por consequência, nenhuma corrente) é induzida na segunda bobina. Porém, se a corrente na primeira bobina muda, a alteração resultante no campo magnético induz uma diferença de potencial na outra bobina e uma corrente fluirá.

A conclusão de Faraday foi que a mudança no ambiente magnético de uma bobina, não importa como seja produzida, fará com que uma corrente seja induzida. Isso poderia ser resultado de mudar a intensidade do campo magnético ou de aproximar ou distanciar o ímã da bobina, ou de rodar a bobina ou o ímã.

Um cientista americano chamado Joseph Henry também descobriu a indução eletromagnética em 1831, de modo independente de Faraday, mas este publicou primeiro, e seus achados se tornaram conhecidos como lei da indução de Faraday. Ela continua a ser o princípio em que se baseiam geradores, transformadores e muitos outros dispositivos.

Em 1834, o físico estoniano Emil Lenz desenvolveu ainda mais o princípio, afirmando que a diferença de potencial induzida num condutor por um campo magnético variável é oposta à mudança nesse campo magnético. A corrente resultante da diferença de potencial gera um campo magnético que fortalecerá o campo magnético original se sua intensidade for reduzida e o enfraquecerá se ela for aumentada. Esse princípio é chamado lei de Lenz. Um efeito da lei de Lenz é que alguma corrente elétrica é perdida e convertida em calor.

Mais tarde, nos anos 1880, o físico britânico John Ambrose Fleming descreveu um modo simples de descobrir o sentido do fluxo da corrente induzida: a "regra da mão direita". Ela usa o dedão, o indicador e o dedo médio da mão direita (mantidos perpendiculares entre si) para indicar o sentido do fluxo da corrente a partir de uma diferença de potencial induzida quando um fio metálico se move num campo magnético (ver diagrama acima).

Dínamo de Faraday

Em 1831, mesmo ano dos experimentos de Faraday com o anel de indução, ele também criou o primeiro dínamo elétrico, que era um disco de cobre montado em eixos de latão que rodavam livremente entre os dois polos de ímã permanente. Ele ligou o disco a um galvanômetro e descobriu que, ao girá-lo, o galvanômetro registrava uma corrente que se movia para fora do centro do disco e fluía por uma conexão para dentro de um circuito de fio metálico. O aparato ficou conhecido como disco de Faraday.

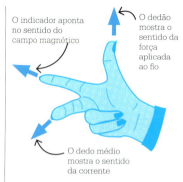

A regra da mão direita mostra o sentido em que a corrente fluirá num fio quando este se move num campo magnético.

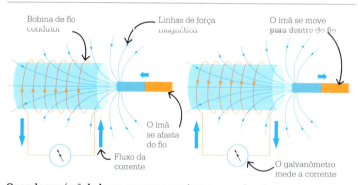

Quando um ímã de barra se move para dentro e para fora de uma bobina, produz uma corrente elétrica. O sentido da corrente muda de acordo com o sentido com que o ímã se move. A corrente produzida poderia ser maior com mais bobinas ou um ímã mais forte.

ELETRICIDADE E MAGNETISMO

O experimento mostrou que a combinação de um campo magnético e movimento mecânico contínuo muito próximos causava uma corrente elétrica constante. Num motor, o fluxo de elétrons por um fio num campo magnético induz uma força nos elétrons e, portanto, no fio, fazendo-o mover-se. Porém, no disco de Faraday (e outros geradores), a lei de indução se aplica – uma corrente é produzida como resultado do movimento de um condutor (o disco) num campo magnético. A característica do efeito motor é que a energia elétrica se torna energia mecânica; já no efeito gerador, a energia mecânica é convertida em energia elétrica.

Usos práticos

As descobertas de Faraday exigiram experimentos minuciosos, mas produziram muitos resultados práticos. Graças a elas foi possível entender como produzir eletricidade numa escala antes inimaginável.

Embora o projeto básico do disco de Faraday fosse ineficiente, logo seria aperfeiçoado por outros e desenvolvido em geradores de eletricidade práticos. Dali a meses, o fabricante de instrumentos Hippolyte Pixii construiu um gerador a manivela manual baseado no projeto de Faraday. A corrente que ele produzia, porém, era invertida a cada meia volta e ninguém tinha ainda descoberto um modo prático de aproveitar essa eletricidade de corrente alternada (CA) para alimentar aparelhos eletrônicos. A solução de Pixii foi usar um instrumento chamado comutador para converter a corrente alternada numa corrente de um só sentido. Foi só no início dos anos 1880 que geradores grandes de CA foram construídos pelo engenheiro elétrico britânico James Gordon.

O primeiro dínamo industrial, construído em 1844 em Birmingham, no Reino Unido, foi usado para galvanização. Em 1858, um farol de Kent se tornou a primeira instalação alimentada por um gerador elétrico movido a vapor. Com a junção de dínamos e turbinas a vapor, tornou-se possível a produção comercial de eletricidade. Os primeiros geradores de eletricidade práticos entraram em produção em 1870 e, nos anos 1880, áreas de Nova York e Londres eram iluminadas por eletricidade produzida desse modo.

Trampolim científico

O trabalho de Faraday sobre a relação entre movimento mecânico, magnetismo e eletricidade também

Hoje vemos toda a matéria sujeita ao domínio de forças magnéticas, como antes se sabia estarem à gravitação, eletricidade, coesão.
Michael Faraday

foi um trampolim para mais descobertas científicas. Em 1861, o físico escocês James Clerk Maxwell simplificou o que se sabia até então sobre eletricidade e magnetismo em vinte equações. Quatro anos depois, num artigo apresentado à Real Sociedade em Londres ("Uma teoria dinâmica do campo eletromagnético"), Maxwell unificou os campos elétrico e magnético em um só conceito – a radiação eletromagnética, que se movia em ondas a velocidade semelhante à da luz. O artigo abriu caminho para a descoberta das ondas de rádio e para as teorias da relatividade de Einstein. ∎

Consegui afinal iluminar uma curva magnética [...] e magnetizar um raio de luz.
Michael Faraday

Carregamento sem fio

Muitos aparelhos pequenos a pilha – como celulares, escovas de dentes elétricas e marca-passos – usam hoje carregadores a indução, que eliminam eletricidade exposta e reduzem a dependência de tomadas e cabos. Duas bobinas de indução em locais bem próximos formam um transformador elétrico, que carrega a bateria do aparelho. A bobina de indução na base de carga produz um campo eletromagnético alternado, enquanto a bobina receptora dentro do aparelho toma energia do campo e a converte de volta em energia elétrica. Em pequenos aparelhos domésticos, as bobinas são pequenas, então precisam ficar bem próximas para funcionar. O carregamento indutivo também é possível para veículos elétricos como uma alternativa ao plugado, com o uso de grandes bobinas. Veículos robóticos, autoguiados, por exemplo, não precisam de contato com a unidade de carga, basta aproximá-los para carregar.

A PRÓPRIA LUZ É UMA PERTURBAÇÃO ELETROMAGNÉTICA

CAMPOS DE FORÇA E EQUAÇÕES DE MAXWELL

144 CAMPOS DE FORÇA E EQUAÇÕES DE MAXWELL

EM CONTEXTO

FIGURA CENTRAL
James Clerk Maxwell
(1831–1879)

ANTES
1820 Hans Christian Ørsted descobre que um fio conduzindo corrente desvia a agulha de uma bússola magnética.

1825 André-Marie Ampère lança as bases do estudo do eletromagnetismo.

1831 Michael Faraday descobre a indução eletromagnética.

DEPOIS
1892 O físico holandês Hendrik Lorentz investiga como as equações de Maxwell funcionam para diferentes observadores, levando à teoria da relatividade especial de Einstein.

1899 Heinrich Hertz descobre as ondas de rádio ao investigar a teoria do eletromagnetismo de Maxwell.

Não percebo em nenhuma parte do espaço, [...] vazia ou cheia de matéria, nada além de forças e das linhas em que se exercem.
Michael Faraday

Quatro equações descrevem como **campos elétricos**, **campos magnéticos**, **cargas elétricas** e **correntes** se relacionam.

Uma **só equação** derivada dessas quatro descreve o **movimento da onda eletromagnética**.

Essa onda eletromagnética viaja a **velocidade constante, muito alta**, muito próxima da **velocidade da luz** observada.

Ondas eletromagnéticas e luz são o mesmo fenômeno.

O século XIX testemunhou uma série de grandes feitos, experimentais e dedutivos, que permitiriam o maior avanço na física desde as leis do movimento e da gravitação de Newton: a teoria do eletromagnetismo. O principal arquiteto dessa teoria foi o físico escocês James Clerk Maxwell, que formulou uma série de equações baseadas no trabalho de, entre outros, Carl Gauss, Michael Faraday e André-Marie Ampère.

Maxwell teve a ideia brilhante de colocar o trabalho dos antecessores numa base matemática rigorosa, identificar simetrias entre as equações e deduzir sua significação maior à luz dos resultados experimentais.

Publicada de início como vinte equações, em 1861, a teoria do eletromagnetismo de Maxwell descreve com precisão como a eletricidade e o magnetismo estão interligados e como essa relação gera movimento ondular. Embora a teoria fosse fundamental e verdadeira, a complexidade das equações (e talvez sua natureza revolucionária) fez com que poucos outros físicos a entendessem de imediato.

Em 1873, Maxwell condensou as vinte equações em apenas quatro e, em 1885, o matemático britânico Oliver Heaviside elaborou uma apresentação muito mais acessível que permitiu a uma comunidade maior de cientistas apreciar sua importância. As equações de Maxwell continuam válidas e úteis até hoje em todas as escalas, à exceção das menores, em que efeitos quânticos exigem sua modificação.

Linhas de força

Numa série de experimentos em 1831, Michael Faraday descobriu o fenômeno da indução eletromagnética – a geração de um campo elétrico por um campo magnético variável. Faraday intuitivamente propôs um modelo para indução que se revelou muito próximo das ideias teóricas atuais, mas sua inabilidade em expressar o

ELETRICIDADE E MAGNETISMO

Ver também: Magnetismo 122-123 ▪ Carga elétrica 124-127 ▪ Criação de ímãs 134-135 ▪ Efeito motor 136-137 ▪ Monopolos magnéticos 159 ▪ Ondas eletromagnéticas 192-195 ▪ A velocidade da luz 275 ▪ Relatividade especial 276-279

modelo em termos matemáticos fez com que fosse ignorado por muitos de seus pares. Ironicamente, quando Maxwell traduziu a intuição de Faraday em equações, também foi de início ignorado, devido à profundidade proibitiva de sua matemática.

Faraday estava muito ciente de um antigo problema da física – a saber, como uma força poderia ser instantaneamente transmitida por um espaço "vazio" entre corpos separados. Não há nada na experiência diária que sugira um mecanismo para essa "ação a distância". Inspirado pelos padrões de limalha de ferro ao redor de ímãs, Faraday propôs que os efeitos magnéticos eram conduzidos por linhas de força invisíveis que permeiam o espaço ao redor de um ímã. Essas linhas de força apontam na direção em que a força atua e a densidade das linhas corresponde à intensidade da força.

Os resultados experimentais de Faraday foram primeiro interpretados matematicamente pelo físico britânico J. J. Thomson

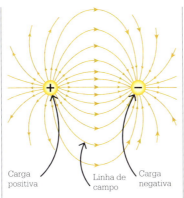

Carga positiva   Linha de campo   Carga negativa

Linhas de campo elétrico mostram o sentido do campo entre as cargas. As linhas se juntam na carga negativa, se afastam (divergem) da carga positiva e nunca se cruzam.

em 1845, mas em 1862, Maxwell, que frequentou palestras de Faraday em Londres, converteu as "linhas de força" descritivas no formalismo matemático de um campo. Qualquer quantidade que varie com a posição pode ser representada como um campo. Por exemplo, a temperatura de uma sala pode ser considerada um campo, com cada ponto do espaço definido por três coordenadas e associado a um número – a temperatura naquele ponto.

Campos de força

Tomados em conjunto, o "campo" magnético e as linhas de "fluxo" descrevem a região ao redor de um ímã em que corpos magnetizáveis "sentem" uma força. Nesse campo magnético, a magnitude da força em qualquer ponto do espaço se relaciona à densidade das linhas de campo. Diversamente do campo de temperatura, os pontos de um campo magnético também têm um sentido, dado pelo sentido da linha de campo. Um campo magnético é, portanto, um campo vetor – nele, cada ponto espacial tem uma intensidade e sentido associados, como o campo de velocidade de água correndo.

De modo similar, num campo elétrico, as linhas de campo indicam o sentido da força que afeta uma carga positiva, e a concentração das linhas de campo indica a intensidade do campo. »

James Clerk Maxwell

Nascido em Edimburgo em 1831, James Clerk Maxwell foi uma criança precoce e apresentou um artigo sobre curvas matemáticas com apenas catorze anos. Ele estudou nas universidades de Edimburgo e Cambridge. Em 1856, foi nomeado professor do Marischal College, em Aberdeen, onde concluiu com acerto que os anéis de Saturno são feitos de pequenas partículas sólidas.

Seus anos mais produtivos foram no King's College de Londres, a partir de 1860, e em Cambridge, a partir de 1871, onde foi o primeiro professor de física experimental do novo Laboratório Cavendish. Contribuiu com os estudos de eletromagnetismo, termodinâmica, teoria cinética dos gases e teoria da óptica e da cor. Ele realizou tudo isso numa curta existência, antes de morrer de câncer em 1879.

Principais obras

1861 *Sobre as linhas físicas de força*
1864 *Uma teoria dinâmica do campo eletromagnético*
1870 *Teoria do calor*
1873 *Tratado sobre eletricidade e magnetismo*

CAMPOS DE FORÇA E EQUAÇÕES DE MAXWELL

Como os fluxos típicos de fluidos, os campos elétricos e magnéticos podem mudar com o tempo (devido, por exemplo, a padrões climáticos variáveis), então o vetor em cada ponto é dependente do tempo.

As duas primeiras equações de Maxwell são formulações das leis de Gauss para campos elétricos e magnéticos. As leis de Gauss são uma aplicação do teorema de Gauss (também chamado teorema da divergência), primeiro apresentado por Joseph-Louis Lagrange em 1762 e redescoberto por Gauss em 1813. Em sua forma mais geral, é um enunciado sobre campos vetores – como fluxos de fluidos – através de superfícies.

Gauss formulou a lei para campos elétricos por volta de 1835, mas não a publicou em vida. Ela relaciona a "divergência" de um campo elétrico num só ponto em relação à presença de uma carga elétrica estática. A divergência é zero se não há carga no ponto, positiva (linhas de campo fluem se afastando) para carga positiva, e negativa (linhas de campo convergem) para carga negativa. A lei de Gauss para campos magnéticos afirma que a divergência de um campo magnético é zero em toda parte; diversamente de campos elétricos, não pode haver pontos isolados em que as linhas de campo magnético fluem se afastando ou aproximando. Em outras palavras, monopolos magnéticos não existem, e todo ímã tem polos norte e sul. Em resultado, linhas de campo magnético sempre ocorrem como voltas fechadas; a linha que deixa o polo norte volta ao polo sul e continua através do ímã para fechar a volta.

As leis de Faraday e Ampère-Maxwell

A terceira equação de Maxwell é uma formulação rigorosa da lei de indução de Faraday, que este deduziu em 1831. A equação de Maxwell relaciona a taxa de mudança temporal de um campo magnético B ao "rotacional" do campo elétrico. O rotacional descreve como linhas de campo elétrico circulam ao redor de um ponto. Diversamente dos campos elétricos criados por cargas pontuais estáticas, que têm divergência, mas não rotacional, campos elétricos induzidos por campos magnéticos variáveis têm um caráter circulatório, mas não divergência, e podem fazer uma corrente fluir numa bobina.

A quarta equação de Maxwell é uma versão modificada da lei circuital de André-Marie Ampère, primeiro formulada em 1826. Ela afirma que uma corrente elétrica constante fluindo por um condutor criará um campo magnético circulando ao redor do condutor. Levado por um senso de simetria, Maxwell raciocinou que, assim como um campo magnético variável gera um campo elétrico (lei de Faraday), um campo elétrico

> A teoria da relatividade especial deve sua origem às equações de campo eletromagnético de Maxwell.
> **Albert Einstein**

As equações de Maxwell

As quatro equações de Maxwell contêm as variáveis E e B (intensidade dos campos elétrico e magnético), que se alteram com a posição e o tempo. Elas podem ser escritas como este conjunto de quatro equações diferenciais parciais acopladas. Elas são "diferenciais" porque envolvem diferenciação, uma operação matemática relativa a como as coisas mudam. São "parciais" porque as quantidades envolvidas dependem de diversas variáveis, mas cada termo da equação só considera uma parte da variação, por exemplo, a dependência do tempo. São "acopladas" porque envolvem as mesmas variáveis e todas verdadeiras ao mesmo tempo.

Nome	Equação
Lei de Gauss para campos elétricos	$\nabla \cdot E = \rho/\varepsilon_0$
Lei de Gauss para campos magnéticos	$\nabla \cdot B = 0$
Lei de Faraday	$\nabla \times E = -\partial B/\partial t$
Lei de Ampère-Maxwell	$\nabla \times \mu_0 J B + \mu_0 \varepsilon_0 (\partial E/\partial t)$

J = Densidade da corrente elétrica (corrente que flui em dado sentido por unidade de área)

B = Campo magnético E = Campo elétrico

∇ = Operador diferencial ε_0 = Constante elétrica

∂t = Derivada parcial em relação a tempo

ρ = Densidade de carga elétrica (carga por unidade de volume)

μ_0 = Constante magnética

ELETRICIDADE E MAGNETISMO

variável deveria gerar um campo magnético. Para acomodar essa hipótese, ele acrescentou o termo $\partial E/\partial t$ (que representa a variação de um campo elétrico, E, no tempo, t) à lei de Ampère, produzindo o que hoje é chamada lei de Ampère-Maxwell. O acréscimo de Maxwell à lei não se baseou em nenhum resultado experimental, mas foi confirmado por experimentos posteriores e avanços teóricos. A consequência mais impressionante do adendo de Maxwell à lei de Ampère foi ter indicado que os campos elétrico e magnético estavam comumente associados a uma onda.

Ondas eletromagnéticas e luz

Em 1845, Faraday observou que um campo magnético alterava o plano de polarização da luz (o Faraday). A polarização foi descoberta por Christiaan Huygens já em 1690, mas os físicos não entendiam como funcionava. A descoberta de Faraday não explica a polarização, mas criou uma ligação entre luz e eletromagnetismo que Maxwell poria numa firme base matemática alguns anos depois. Maxwell sintetizou várias de suas equações em uma que descrevia o movimento de onda no espaço tridimensional – a equação de onda eletromagnética. A velocidade da onda descrita pela

> Acontece que a força magnética e elétrica [...] é afinal a coisa mais profunda [...] com que podemos começar para explicar muitas outras coisas.
> **Richard Feynman**

equação é dada pelo termo $1/\sqrt{(\mu_0 \varepsilon_0)}$. Maxwell estabeleceu não só que os fenômenos eletromagnéticos têm um caráter semelhante à onda (tendo deduzido que perturbações no campo eletromagnético se propagam como onda), como que a velocidade da onda, determinada teoricamente por comparação com a forma-padrão de uma equação de onda, era muito próxima do valor determinado experimentalmente para a velocidade da luz.

Como não se conhecia nada além da luz que viajasse a qualquer coisa perto da velocidade da luz, Maxwell concluiu que a luz e o eletromagnetismo deviam ser dois aspectos do mesmo fenômeno.

O legado de Maxwell

A descoberta de Maxwell estimulou cientistas como Albert Michelson, nos anos 1880, a buscar uma medida mais precisa da velocidade da luz. No entanto, a teoria de Maxwell prevê um espectro completo de ondas, das quais a luz visível é só a mais

Os experimentos de Heinrich Hertz no fim do século XIX provaram o que Maxwell tinha previsto, confirmando a existência de ondas eletromagnéticas, como as ondas de rádio.

facilmente percebida pelos humanos. O poder e a validade da teoria do eletromagnetismo de Maxwell ficaram óbvios em 1899, quando Heinrich Hertz, empenhado em testá-la, descobriu as ondas de rádio.

Hoje, as quatro equações de Maxwell embasam uma vasta gama de tecnologias, como o radar, a telefonia celular, os fornos de micro-ondas e a astronomia em infravermelho. Qualquer aparelho que use eletricidade ou ímãs depende basicamente delas. Não há como superestimar o impacto do eletromagnetismo clássico – além de conter os fundamentos da teoria da relatividade especial de Einstein, a teoria de Maxwell constitui, como primeiro exemplo de "teoria de campos", o modelo para muitas teorias posteriores da física. ∎

OS HUMANOS CAPTAM O PODER DO SOL
GERAÇÃO DE ELETRICIDADE

EM CONTEXTO

FIGURA CENTRAL
Thomas Edison (1847–1931)

ANTES
1831 Michael Faraday mostra que um campo magnético variável interage com um circuito elétrico, produzindo uma força eletromagnética.

1832 Hippolyte Pixii desenvolve um protótipo de gerador CC baseado nos princípios de Faraday.

1878 Sigmund Schuckert constrói uma pequena central elétrica a vapor para iluminar um palácio bávaro.

DEPOIS
1884 O engenheiro Charles Parsons inventa a turbina a vapor composta, para geração mais eficiente de energia.

1954 A primeira usina de energia nuclear começa a funcionar na Rússia.

Em 12 de janeiro de 1882, a Central de Luz Elétrica Edison, no Holborn Viaduct, em Londres, gerou eletricidade pela primeira vez. Essa instalação, uma criação do prolífico inventor americano Thomas Edison, foi a primeira usina movida a carvão a produzir eletricidade para uso público. Alguns meses depois, Edison inaugurou uma versão maior, na Pearl Street em Nova York. A habilidade de fazer eletricidade em larga escala seria um dos principais indutores da Segunda Revolução Industrial, de 1870 a 1914.

Até os anos 1830, o único modo de fazer eletricidade era por reações químicas numa pilha. Em 1800, o

ELETRICIDADE E MAGNETISMO 149

Ver também: Magnetismo 122-123 ▪ Potencial elétrico 128-129 ▪ Corrente elétrica e resistência 130-133 ▪ Criação de ímãs 134-135 ▪ Efeito motor 136-137 ▪ Indução e efeito gerador 138-141 ▪ Campos de força e equações de Maxwell 142-147

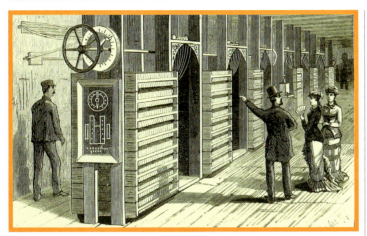

Thomas Edison instalou seis enormes dínamos na central elétrica de Pearl Street, em Manhattan, Nova York, em 1882. Cada um dos dínamos produzia eletricidade para 1,2 mil lâmpadas.

cientista italiano Alessandro Volta converteu energia química em eletricidade, obtendo uma corrente estável numa pilha (depois chamada pilha voltaica). Foi a primeira pilha elétrica, mas era pouco prática, ao contrário da produzida pelo inventor britânico John Daniell em 1836. Os componentes da pilha de Daniell era um pote de cobre cheio de solução de sulfato de cobre no qual era imergido um recipiente de barro cheio de sulfato de zinco e com um eletrodo de zinco. Os íons com carga negativa migravam para um eletrodo e os de carga positiva para o outro, criando uma corrente elétrica.

O primeiro dínamo
Nos anos 1820, o físico britânico Michael Faraday fez experimentos com ímãs e bobinas de fio isolado. Ele descobriu a relação entre campos magnéticos e elétricos (a lei de Faraday, ou princípio da indução) e usou esse conhecimento para construir o primeiro gerador elétrico, ou dínamo, em 1831. Este foi feito com um disco de cobre altamente condutivo rodando entre os polos de um ímã em ferradura, cujo campo magnético produzia uma corrente elétrica.

A explicação do Faraday dos princípios da geração mecânica de eletricidade – e de seu dínamo – se tornaria a base dos geradores mais poderosos do futuro, mas no início do século XIX não havia ainda a demanda por maiores voltagens.

A eletricidade para telégrafos, lâmpadas a arco voltaico e galvanização era suprida por pilhas, mas esse processo era muito caro, e cientistas de várias nações buscavam alternativas. O inventor francês Hippolyte Pixii, o engenheiro elétrico belga Zenobe Gramme e o inventor alemão Werner von Siemens trabalharam de modo independente para desenvolver o princípio de indução de Faraday a fim de gerar eletricidade com mais eficiência. Em 1871, o dínamo de Gramme foi o primeiro motor elétrico a entrar em produção. Ele se tornou amplamente usado em fábricas e fazendas.

A indústria demandava processos de manufatura cada vez mais eficientes para aumentar a produção. Era uma época de muitas invenções, e Edison foi um notável exemplo, transformando ideias em ouro comercial em suas oficinas e laboratórios. Seu "momento de inspiração" ocorreu ao idealizar um sistema de iluminação para substituir os lampiões a gás e velas nas casas, fábricas e prédios públicos. Edison não inventou a lâmpada, mas seu projeto de filamento incandescente de carbono era econômico, seguro e prático para uso doméstico. Funcionava com voltagem baixa, mas exigia uma forma de eletricidade barata e estável para funcionar.

Dínamos gigantes
As usinas de energia de Edison transformavam energia mecânica em eletricidade. Um aquecedor a carvão convertia água em vapor a alta pressão dentro de um motor a vapor Porter-Allen. O eixo do motor a vapor era conectado diretamente à armação (bobina rotativa) do dínamo para maior eficiência. Edison usava »

Vamos produzir eletricidade tão barata que só os ricos queimarão velas.
Thomas Edison

GERAÇÃO DE ELETRICIDADE

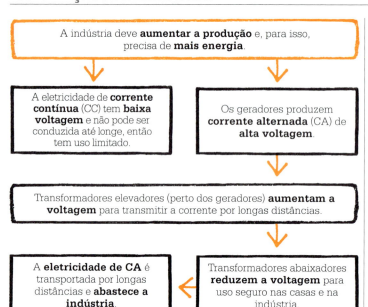

seis dínamos gigantes na Central Elétrica de Pearl Street, quatro vezes maiores que qualquer um construído antes. Cada um pesava 27 toneladas, produzia 100 quilowatts de eletricidade e podia alimentar 1,2 mil lâmpadas incandescentes. Cerca de 110 volts de corrente contínua (CC) eram transportados no subsolo em fios de cobre dentro de tubos isolados.

No fim do século XIX, não era possível converter CC a uma voltagem maior, e a energia conduzida em voltagem baixa e corrente alta tinha um alcance limitado, devido à resistência dos fios. Para contornar o problema, Edison propôs um sistema de centrais de energia locais, que forneceriam eletricidade para suas vizinhanças. Devido ao problema de transmitir a longas distâncias, essas usinas precisavam se localizar no máximo a 1,6 km do usuário. Edison construiu 127 delas até 1887, mas estava claro que grandes partes dos EUA não seriam cobertas nem com milhares de centrais.

Ascensão da corrente alternada

O engenheiro elétrico sérvio-americano Nikola Tesla tinha sugerido uma opção – usar geradores de corrente alternada (CA), em que a polaridade da voltagem numa bobina se inverte quando os polos opostos de um ímã em rotação passam sobre ela. Isso inverte regularmente a direção da corrente no circuito; quanto mais rápido o ímã gira, mais depressa o fluxo da corrente se inverte. Quando o engenheiro eletrônico William Stanley construiu o primeiro transformador viável, em 1886, a voltagem de transmissão de um gerador CA pôde ser elevada e a corrente, ao mesmo tempo, rebaixada

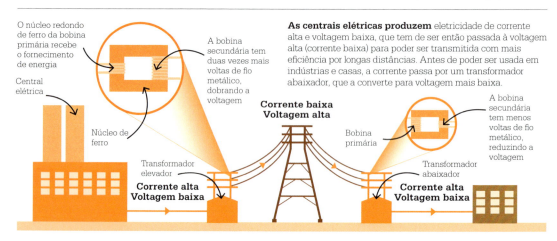

ELETRICIDADE E MAGNETISMO

A eletricidade mortal da corrente alternada não pode fazer nenhum mal, a menos que uma pessoa seja tola o bastante para engolir um dínamo inteiro.
George Westinghouse

em fios de diâmetro menor. Com uma voltagem mais alta, a mesma potência podia ser transmitida numa corrente muito mais baixa; essa alta voltagem poderia ser transmitida a longas distâncias e, então, rebaixada de novo antes do uso numa fábrica ou em casa.

O empresário americano George Westinghouse percebeu os problemas do sistema de Edison, comprou muitas patentes de Tesla e contratou Stanley. Em 1893, Westinghouse venceu um contrato de construção de uma represa e uma usina hidrelétrica nas cataratas do Niágara para aproveitar a imensa potência da água a fim de produzir eletricidade. A instalação logo estava transmitindo CA para abastecer o comércio e as casas de Buffalo, no estado de Nova York, e marcou o início do fim da CC como meio-padrão de transmissão nos EUA.

Novas turbinas a vapor, supereficientes, permitiram gerar capacidade para rápida expansão. Usinas cada vez maiores usavam pressões de vapor mais altas para maior eficiência. No século XX, a geração de eletricidade cresceu quase dez vezes. A transmissão de CA de alta voltagem permitiu que a energia fosse transportada de usinas para centros industriais e urbanos centenas ou até milhares de quilômetros distantes.

No início do século, o carvão era o principal combustível queimado para criar vapor e para mover turbinas. Ele foi depois suplementado por outros combustíveis fósseis (petróleo e gás natural), lascas de madeira e urânio enriquecido em usinas nucleares.

Soluções sustentáveis

Os temores quanto aos níveis crescentes de CO_2 na atmosfera levaram à introdução de alternativas sustentáveis aos combustíveis fósseis. A energia hidrelétrica, que remonta ao século XIX, produz quase um quinto da eletricidade mundial. A energia dos ventos, ondas e marés é hoje aproveitada para mover turbinas e fornecer eletricidade. Vapor oriundo das profundezas da crosta terrestre produz energia geotérmica em lugares como a Islândia. Cerca de 1% da eletricidade global é hoje gerada por painéis solares. Os cientistas trabalham também para desenvolver células de combustível a hidrogênio. ■

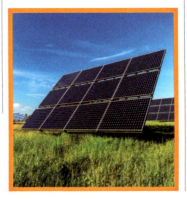

Os painéis solares são feitos de células fotovoltaicas, que absorvem a radiação solar, excitando os elétrons livres e gerando um fluxo de corrente elétrica.

Thomas Edison

Um dos mais produtivos inventores de todos os tempos, Edison tinha mais de mil patentes em seu nome quando morreu. Ele nasceu em Milan, em Ohio, e era principalmente autodidata. Num sinal precoce de seu talento empresarial, obteve direitos exclusivos para vender jornais quando trabalhava como operador de telégrafo da Grand Trunk Railway. Sua primeira invenção foi um gravador de votos eletrônico.

Aos 29 anos, Edison montou um laboratório de pesquisa industrial em Nova Jersey. Algumas de suas patentes mais famosas eram de melhorias radicais em aparelhos existentes, como o telefone, o microfone e a lâmpada. Outras foram revolucionárias, como a do fonógrafo, de 1877. Em 1892, fundou a General Electric Company. Edison era vegetariano e tinha orgulho de nunca ter inventado armas.

Obras principais

2005 *Os artigos de Thomas A. Edison: Eletrificação em Nova York e no exterior, abril de 1881-março de 1883*

UM PEQUENO PASSO PARA O DOMÍNIO DA NATUREZA

ELETRÔNICA

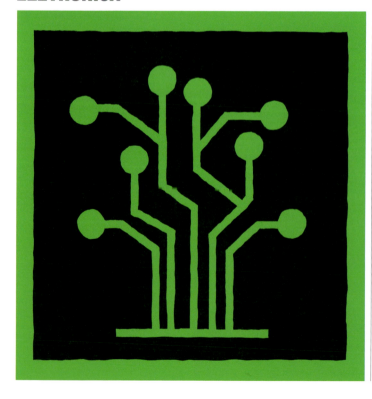

EM CONTEXTO

FIGURA CENTRAL
John Bardeen (1908–1991)

ANTES
1821 O físico alemão Thomas Seebeck observa o efeito termoelétrico num semicondutor.

1904 O engenheiro britânico John Ambrose Fleming inventa o diodo de tubo de vácuo.

1926 O engenheiro austro-americano Julius Lilienfeld patenteia o transistor de efeito de campo.

1931 O físico britânico Alan Herries Wilson estabelece a teoria da banda de condução.

DEPOIS
1958-1959 Os engenheiros americanos Jack Kilby e Robert Noyce desenvolvem o circuito integrado.

1971 A Intel Corporation lança o primeiro microprocessador.

A eletrônica abrange a ciência, a tecnologia e a engenharia de componentes e circuitos para a geração, transformação e controle de sinais elétricos. Os circuitos eletrônicos contêm componentes ativos, como diodos e transistores, que trocam, amplificam, filtram ou mudam os sinais elétricos de outra forma. Os componentes passivos, como células, lâmpadas e motores, em geral, só convertem energia elétrica em outras formas, como calor e luz.

O termo "eletrônica" foi primeiro aplicado ao estudo do elétron, a partícula subatômica que conduz eletricidade em sólidos. A descoberta do elétron em 1897 pelo

ELETRICIDADE E MAGNETISMO

Ver também: Carga elétrica 124-127 ▪ Corrente elétrica e resistência 130-133 ▪ Aplicações quânticas 226-231 ▪ Partículas subatômicas 242-243

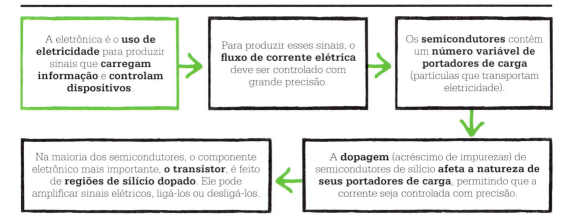

físico britânico J. J. Thomson gerou o estudo científico de como a carga elétrica da partícula poderia ser aproveitada. Em cinquenta anos, essa pesquisa levou à invenção do transistor, abrindo caminho para a concentração de sinais elétricos em dispositivos cada vez mais compactos, processados a velocidades cada vez maiores. Isso levou aos avanços espetaculares de engenharia e tecnologia eletrônica da revolução digital que começou no fim do século xx e continua hoje.

Válvulas e correntes

Os primeiros componentes eletrônicos foram desenvolvidos a partir de tubos de vácuo – tubos de vidro de que o ar foi removido. Em 1904, o físico britânico John Ambrose Fleming desenvolveu, a partir do tubo de vácuo, o diodo termiônico, que consistia em dois eletrodos – um cátodo e um ânion – dentro do tubo. O cátodo de metal era aquecido por um circuito elétrico até o ponto de emissão termiônica, em que elétrons, de carga negativa, ganhavam energia suficiente para deixar a superfície e se mover através do tubo. Quando era aplicada voltagem nos eletrodos, o ânodo ficava relativamente positivo, os elétrons eram atraídos para ele e uma corrente fluía. Quando a voltagem era invertida, os elétrons emitidos pelo cátodo eram repelidos do ânodo e nenhuma corrente fluía. O diodo só conduzia quando o ânodo estava positivo em relação ao cátodo, e assim atuava como uma válvula de um só sentido, que poderia ser usada para converter CA (corrente alternada) em CC (corrente contínua). Isso permitiu a detecção

O computador Colossus Mark II, de 1944, usava inúmeras válvulas para fazer os complexos cálculos matemáticos para decodificar os sistemas de cifragem da máquina Lorenz nazista.

de ondas de rádio em CA, o que fez a válvula encontrar ampla aplicação como demodulador (detector) de sinais nos primeiros receptores de rádio AM (modulação em amplitude, na sigla em inglês).

Em 1906, o inventor americano Lee de Forest acrescentou um terceiro eletrodo, em forma de grade, ao diodo de Fleming, criando um triodo. Uma pequena voltagem variável aplicada entre o novo eletrodo e o cátodo mudava o fluxo de elétrons entre o cátodo e o ânodo, produzindo uma grande variação de voltagem – em outras palavras, a pequena voltagem de entrada era amplificada, criando uma grande voltagem de saída. O triodo se tornou um componente vital no desenvolvimento da comunicação por rádio e telefone.

Física do estado sólido

As válvulas permitiram avanços tecnológicos nas décadas seguintes, como os televisores e os primeiros computadores, mas eram volumosas, frágeis, consumiam muita energia e eram limitadas quanto à frequência de operação. »

ELETRÔNICA

> É na superfície que muitos de nossos fenômenos mais interessantes e úteis acontecem.
> **Walter Brattain**

Os computadores britânicos Colossus, dos anos 1940, por exemplo, tinham cada um 2,5 mil válvulas, ocupavam uma sala inteira e pesavam várias toneladas.

Todas essas limitações foram resolvidas com a transição para a eletrônica baseada não em tubos de vácuo, mas nas propriedades do elétron em sólidos semicondutores, como os elementos boro, germânio e silício. Isso, por sua vez, nasceu de um crescente interesse, a partir dos anos 1940, pela física do estado sólido – o estudo das propriedades dos sólidos que dependem de estrutura microscópica em escalas atômica e subatômica, incluindo o comportamento quântico.

Um semicondutor é um sólido com condutividade elétrica que varia entre a do um condutor e a de um isolante – portanto, nem alta nem baixa. Na verdade, ele tem o potencial de controlar o fluxo de corrente elétrica. Os elétrons em todos os sólidos ocupam níveis de energia distintos agrupados em bandas, chamadas bandas de valência e condução. A banda de valência contém o nível de energia mais alto que os elétrons ocupam ao se ligar a átomos adjacentes. A banda de condução tem níveis de energia ainda mais altos, e seus elétrons não estão ligados a nenhum átomo em particular, mas têm energia suficiente para se mover através do sólido e, assim, conduzem corrente. Nos condutores, as bandas de valência e condução se sobrepõem, então os elétrons envolvidos em ligações também podem contribuir na condução. Em isolantes, há uma grande "banda proibida", ou diferença de energia, entre as bandas de valência e condução, que mantém a maioria dos elétrons se ligando, mas não conduzindo. Os semicondutores têm uma banda proibida pequena. Quando recebem uma pequena energia extra (por aplicação de calor, luz ou voltagem), seus elétrons de valência podem migrar para a banda de condução, mudando as propriedades do material de isolante para condutor.

Controle por dopagem

Em 1940, uma descoberta casual deu outra dimensão ao potencial elétrico dos semicondutores. Ao testar um cristal de silício, Russell Ohl, um eletroquímico americano, verificou que ele produzia efeitos elétricos diversos se observado em pontos diferentes. Quando o examinou, viu que o cristal parecia ter regiões com impurezas distintas. Uma, o fósforo, tinha um pequeno excesso de elétrons; outra, o boro, tinha uma pequena deficiência. Ficou claro que minúsculas quantidades de impurezas num cristal semicondutor podem mudar de modo impressionante suas propriedades elétricas. A introdução controlada de impurezas específicas para obter propriedades desejadas ficou conhecida como "dopagem".

As regiões de um cristal podem ser dopadas de modos diferentes. Num cristal de silício puro, por exemplo, cada átomo tem quatro elétrons de ligação (valência), compartilhados com os vizinhos. As regiões do cristal podem ser dopadas introduzindo alguns átomos de fósforo (que tem cinco elétrons de valência) ou boro (com três elétrons de valência). A região dopada com fósforo tem elétrons "livres" extras e é chamada semicondutor tipo n (n de negativo). A região dopada com boro, chamada semicondutor tipo p (p de positivo), tem menos elétrons, criando "buracos" de condução de carga. Ao

---

A maioria dos semicondutores de transistores são feitos de silício (Si) dopado com impurezas para controlar o fluxo de corrente através dele. O acréscimo de átomos de fósforo ao silício cria um semicondutor tipo n, com elétrons, de carga negativa, livres para se mover. O acréscimo de átomos de boro cria um semicondutor tipo p, com "buracos" de carga positiva que podem se mover pelo silício.

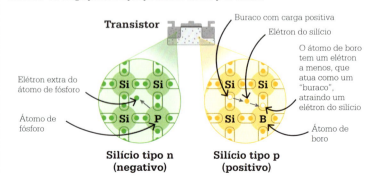

ELETRICIDADE E MAGNETISMO

John Bardeen

Nascido em 1908, John Bardeen tinha só quinze anos ao iniciar os estudos de engenharia elétrica na Universidade de Wisconsin. Após se graduar, trabalhou nos laboratórios da Gulf Oil a partir de 1930 como geofísico, desenvolvendo pesquisas sobre magnetismo e gravitação. Em 1936, obteve um PhD em física matemática na Universidade Princeton e depois pesquisou física do estado sólido em Harvard. Na Segunda Guerra Mundial, trabalhou para a Marinha dos EUA, com foco em torpedos e minas.

Após um período produtivo na Bell Labs, onde coinventou o transistor, em 1957 foi coautor da teoria de supercondutividade BCS (Bardeen-Cooper-Schrieffer). Dividiu dois Prêmios Nobel de Física: em 1956 (pelo transistor) e em 1972 (pela teoria BCS). Morreu em 1991.

Obras principais

1948 "O transistor, um triodo semicondutor"
1957 "Teoria microscópica da supercondutividade"
1957 "Teoria da supercondutividade"

---

unir os dois tipos, tem-se a chamada junção p-n. Se uma voltagem é aplicada ao lado tipo p, ele atrai elétrons do lado tipo n e uma corrente flui. Um cristal com uma junção p-n atua como um diodo – conduz uma corrente através da junção apenas em um sentido.

As revoluções do transistor

Após a Segunda Guerra Mundial, a busca por um substituto eficaz do tubo de vácuo, ou válvula, continuou. Nos EUA, a Bell Telephone Company reuniu uma equipe de físicos americanos, entre eles William Shockley, John Bardeen e Walter Brattain, em seus laboratórios em Nova Jersey para desenvolver uma versão de semicondutor do amplificador triodo.

Bardeen era o principal teórico, e Brattain, o experimentador do grupo. Após tentativas fracassadas de aplicar um campo elétrico externo ao cristal semicondutor para controlar sua condutividade, um grande achado teórico de Bardeen mudou o foco para a superfície do semicondutor como o local decisivo das mudanças de condutividade. Em 1947, o grupo começou a testar contatos elétricos em cima de um cristal de germânio.

Um terceiro eletrodo (a "base") foi preso por baixo. Para que o aparato funcionasse, os dois contatos de cima precisavam estar muito próximos, o que foi obtido envolvendo folha de ouro ao redor de um pedaço de plástico e fendendo a folha ao longo da beirada para criar dois contatos com um espaço estreito. Quando eles foram pressionados sobre o germânio, formaram um amplificador que elevaria o sinal alimentado na base. Essa primeira versão de trabalho foi chamada de "contato pontual", mas logo ficou conhecida como "transistor". O transistor de contato pontual era delicado demais para produção de larga escala, então, em 1948, Shockley começou a trabalhar num novo. Baseando-se na junção p-n de semicondutor, o transistor de junção "bipolar" de Shockley foi construído com a suposição de que os buracos com carga positiva criados pela dopagem penetravam o corpo do semicondutor em vez de só flutuar em sua superfície. O transistor consistia num sanduíche de material de tipo p entre duas camadas de tipo n (npn), ou de tipo n entre duas camadas de tipo p (pnp), com os semicondutores separados por junções p-n. Em 1951, a Bell produzia o transistor em massa.

No início, foi mais usado em aparelhos de audição e rádios, mas o dispositivo logo levou a um crescimento espetacular do mercado de eletrônicos e começou a substituir os tubos de vácuo dos computadores.

Poder de processamento

Os primeiros transistores eram feitos de germânio, que foi substituído como material básico pelo silício muito mais abundante e versátil. Seus cristais formam na superfície uma fina camada isolante de óxido. Usando a técnica de fotolitografia, ela pode ser trabalhada com precisão microscópica, gerando padrões complexos de regiões dopadas e outros aspectos sobre o cristal.

A adoção do silício e os avanços no projeto do transistor levaram à rápida miniaturização. Isso resultou primeiro nos circuitos integrados (completos em um só cristal) no fim dos anos 1960 e, em 1971, no microprocessador Intel 4004 – uma CPU (unidade de processamento de dados) em um chip de 3 × 4 mm com mais de 2 mil transistores. A tecnologia já evoluiu tanto que um chip de CPU ou GPU (unidade de processamento gráfico) pode conter até 20 bilhões de transistores. ∎

ELETRICIDADE ANIMAL
BIOELETRICIDADE

EM CONTEXTO

FIGURAS CENTRAIS
Joseph Erlanger (1874–1965),
Herbert Spencer Gasser
(1888–1963)

ANTES
1791 O físico italiano Luigi Galvani escreve sobre a "eletricidade animal" descoberta na perna de um sapo.

1843 O físico alemão Emil du Bois-Reymond mostra que a condução elétrica viaja ao longo dos nervos em ondas.

DEPOIS
1944 Os fisiologistas americanos Joseph Erlanger e Herbert Gasser recebem o Prêmio Nobel de Fisiologia ou Medicina por seu trabalho sobre fibras nervosas.

1952 Os cientistas britânicos Alan Hodgkin e Andrew Huxley mostram que as células nervosas se comunicam com outras células por meio de fluxos de íons; isso ficou conhecido como o modelo de Hodgkin-Huxley.

A bioeletricidade é responsável pelo funcionamento de todo o sistema nervoso de um animal. Ela permite ao cérebro interpretar o calor, frio, perigo, dor e fome e regular o movimento dos músculos, inclusive as batidas do coração e a respiração.

Um dos primeiros cientistas a estudar a bioeletricidade, Luigi Galvani cunhou a expressão "eletricidade animal" em 1791. Ele observou a contração muscular na perna de um sapo dissecado quando um nervo e um músculo cortados foram conectados com duas peças de metal. Em 1843, Emil du Bois-Reymond mostrou que os sinais nervosos de peixes são elétricos e, em 1875, Richard Caton registrou os campos elétricos produzidos pelo cérebro de coelhos e macacos. A compreensão de como os impulsos elétricos se produzem ocorreu em 1932, quando Joseph Erlanger e Herbert Gasser descobriram que fibras diferentes da mesma corda nervosa têm funções diversas, conduzem impulsos a variadas velocidades e são estimuladas com diferentes intensidades. Nos anos 1930, Alan Hodgkin e Andrew Huxley usaram um axônio gigante (parte de uma célula nervosa) de uma lula para estudar como os íons (átomos ou moléculas com carga) se movem para dentro e fora das células nervosas. Descobriram que, quando os nervos transmitem mensagens, os íons de sódio, potássio e cloreto criam pulsos de potencial elétrico rápidos. ■

Os tubarões e alguns outros peixes têm poros cheios de gelatina chamados ampolas de Lorenzini, que detectam mudanças nos campos elétricos na água. Esses sensores podem detectar uma mudança de apenas 0,01 microvolt.

Ver também: Magnetismo 122-123 ▪ Carga elétrica 124-127 ▪ Potencial elétrico 128-129 ▪ Corrente elétrica e resistência 130-133 ▪ Criação de ímãs 134-135

ELETRICIDADE E MAGNETISMO

UMA DESCOBERTA CIENTÍFICA TOTALMENTE INESPERADA
ARMAZENAMENTO DE DADOS

EM CONTEXTO

FIGURAS CENTRAIS
Albert Fert (1938–),
Peter Grünberg (1939–2018)

ANTES
1856 O físico escocês William Thomson (lorde Kelvin) descobre a magnetorresistência.

1928 A ideia mecânico-quântica de spin do elétron é postulada pelos físicos holandeses-americanos George Uhlenbeck e Samuel Goudsmit.

1957 O primeiro disco rígido (HD) de computador tem o tamanho de dois refrigeradores e armazena 3,75 megabytes (MB) de dados.

DEPOIS
1997 O físico britânico Stuart Parkin aplica magnetorresistência gigante, criando uma tecnologia de válvulas de spin extremamente sensível para dispositivos de leitura de dados.

Os discos rígidos (HD, na sigla em inglês) de computador armazenam dados codificados em bits, gravados na superfície do disco como uma série de mudanças de direção da magnetização. Os dados são lidos por detecção dessas mudanças como uma série de 1s e 0s. A pressão para armazenar mais dados em menos espaço levou a uma evolução constante na tecnologia dos HDs, mas logo surgiu um grande problema: para os sensores convencionais, era difícil ler quantidades de dados cada vez maiores em espaços de disco cada vez menores. Em 1988, duas equipes de cientistas da computação – uma liderada por Albert Fert, a outra por Peter Grünberg – descobriram, de modo independente, a magnetorresistência gigante (MRG). A MRG depende do spin do elétron, uma propriedade mecânico-quântica. O elétron tem spin para baixo ou para cima – se tiver spin para cima, irá se mover com facilidade por um material orientado para cima, mas encontrará maior resistência através

Participamos do nascimento do fenômeno que chamamos magnetorresistência gigante.
Albert Fert

de um ímã orientado para baixo. Esse estudo se tornou conhecido como spintrônica. Ensanduichando material não magnético entre camadas magnéticas com espessura de só uns poucos átomos e aplicando pequenos campos magnéticos, a corrente fluindo se torna polarizada em spin. O spin do elétron tinha orientação para cima ou para baixo, e se o campo magnético variou, a corrente polarizada em spin é ligada ou desligada, como uma válvula. Essa válvula de spin poderia detectar impulsos magnéticos mínimos ao ler dados do HD, permitindo armazenar muito mais dados. ∎

Ver também: Magnetismo 122-123 ▪ Nanoeletrônica 158 ▪ Números quânticos 216-217 ▪ Teoria quântica de campo 224-225 ▪ Aplicações quânticas 226-231

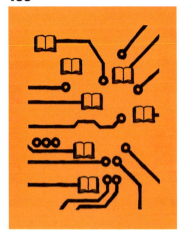

UMA ENCICLOPÉDIA NA CABEÇA DE UM ALFINETE
NANOELETRÔNICA

EM CONTEXTO

FIGURA CENTRAL
Gordon Moore (1929–)

ANTES
Final dos anos 1940 São criados os primeiros transistores, com 1 cm de comprimento.

1958 O engenheiro elétrico americano Jack Kilby demonstra o primeiro circuito integrado funcional.

1959 Richard Feynman desafia outros cientistas a pesquisar nanotecnologia.

DEPOIS
1988 Albert Fert e Peter Grünberg descobrem de modo independente o efeito da MRG (magnetorresistência gigante), permitindo que discos rígidos de computadores armazenem quantidades de dados cada vez maiores.

1999 O engenheiro eletrônico americano Chad Mirkin inventa a nanolitografia dip-pen, que "escreve" nanocircuitos em lâminas de silício.

Os componentes essenciais de praticamente todo aparelho eletrônico, de celulares e sistemas de ignição de carros, têm só uns poucos nanômetros (nm) de tamanho (1 nm é um bilionésimo de 1 m). Uma meia dúzia de minúsculos circuitos integrados (CIs) pode realizar funções que antes exigiam milhares de transistores, controlando e amplificando sinais eletrônicos. Os CIs são conjuntos de componentes, como transistores e diodos, impressos numa lâmina de silício, um material semicondutor. Reduzir o tamanho, peso e consumo de energia de aparelhos eletrônicos é uma tendência desde os anos 1950. Em 1965, o engenheiro americano Gordon Moore supôs uma demanda por componentes eletrônicos cada vez menores, prevendo que o número de transistores por chip de silício dobraria a cada dezoito meses.

Em 1975, ele revisou essa escala de tempo para dois anos, o que foi chamado "lei de Moore". Embora a miniaturização tenha arrefecido desde 2012, os menores transistores modernos têm 7 nm de largura, integrando 20 bilhões de circuitos num só microchip de computador. A fotolitografia (transferência de um padrão de uma foto para um material semicondutor) é usada para fabricar esses nanocircuitos. ∎

Gordon Moore foi CEO da empresa de tecnologia Intel entre 1975 e 1987 e é mais conhecido por suas observações sobre a demanda por componentes eletrônicos cada vez menores.

Ver também: Efeito motor 136-137 ▪ Eletrônica 152-155 ▪ Armazenamento de dados 157 ▪ Aplicações quânticas 226-231 ▪ Eletrodinâmica quântica 260

ELETRICIDADE E MAGNETISMO 159

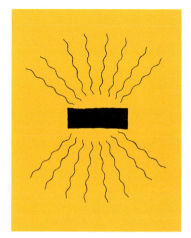

UM SÓ POLO, OU NORTE OU SUL
MONOPOLOS MAGNÉTICOS

EM CONTEXTO

FIGURAS CENTRAIS
Gerard 't Hooft (1946–),
Aleksandr Poliakov (1945–)

ANTES
1864 James Clerk Maxwell unifica a eletricidade e o magnetismo em uma teoria.

1894 Pierre Curie aventa a existência de monopolos magnéticos.

1931 Paul Dirac propõe que os monopolos magnéticos explicam a quantização da carga elétrica.

1974 Os físicos americanos Sheldon Glashow e Howard Georgi publicam a primeira Grande Teoria Unificada em física de partículas.

DEPOIS
1982 Blas Cabrera, um físico espanhol da Universidade Stanford, na Califórnia, registra um evento consistente com um monopolo passando através de um dispositivo supercondutor.

No magnetismo clássico, os ímãs têm dois polos que não podem ser separados. Se um ímã se quebra em dois, as pontas quebradas simplesmente se tornam novos polos. Porém, na física de partículas, os monopolos magnéticos são partículas hipotéticas com só um polo, ou norte ou sul. Teoricamente, monopolos magnéticos opostos se atraem, monopolos iguais se repelem, e suas trajetórias se arqueiam num campo elétrico.

Não há prova observacional ou experimental de que monopolos magnéticos existam, mas em 1931 o físico britânico Paul Dirac aventou que eles poderiam explicar a quantização da carga elétrica, pela qual todas as cargas de elétrons são múltiplos de 1,6 x 10^{-19} coulombs.

A gravidade, o eletromagnetismo, a força nuclear fraca e a força nuclear forte são as quatro forças fundamentais reconhecidas. Na física de partículas, diversas variantes da Grande Teoria Unificada (GUT, na sigla em inglês) propõem que, num ambiente de energia excepcionalmente alta, as forças eletromagnética, fraca, e nuclear forte, se fundem numa só. Em 1974, os físicos teóricos Gerard 't Hooft e Aleksandr Poliakov afirmaram, de modo independente, que a GUT prevê a existência de monopolos magnéticos.

Em 1982, um detector na Universidade Stanford registrou uma partícula consistente com um monopolo, mas tais partículas nunca mais foram encontradas, apesar dos esforços dos cientistas, usando magnetômetros altamente sensíveis. ∎

Os experimentadores continuarão a perseguir o monopolo com obstinada determinação e engenhosidade.
John Preskill
Físico teórico americano

Ver também: Magnetismo 122-123 ▪ Carga elétrica 124-127 ▪ Teoria quântica de campo 224-225 ▪ Aplicações quânticas 226-231 ▪ Teoria das cordas 308-311

SOM E LUZ

AS PROPRIEDADES DAS ONDAS

162 INTRODUÇÃO

Pitágoras descobre a **ligação entre o comprimento** das cordas da lira e a **altura do som** que produzem.

SÉCULO VI a.C.

Euclides escreve *Óptica*, afirmando que a **luz viaja em linhas retas** e descrevendo a **lei da reflexão**.

SÉCULO III d.C.

O astrônomo holandês Willebrord Snellius cria uma lei para a relação entre o **ângulo de um raio de luz** ao entrar num material transparente e seu **ângulo de refração**.

1621

Robert Hooke publica *Micrographia*, o primeiro **estudo de objetos diminutos** vistos pelos microscópios que projetou.

1665

SÉCULO IV a.C.

Aristóteles propõe, de modo correto, que o **som é uma onda** transmitida através do **movimento do ar**, mas supõe, erroneamente, que as frequências altas viajam mais rápido que as baixas.

50 d.C.

Heron de Alexandria mostra que a **lei da reflexão** pode ser derivada usando só geometria, ao adotar a regra de que a luz sempre viaja entre dois pontos pelo **caminho mais curto**.

1658

Pierre de Fermat mostra que todas as leis de **reflexão** e **refração** podem ser descritas usando o princípio de que a **luz** sempre **viaja entre dois pontos** pelo caminho que toma **menos tempo**.

A audição e a visão são os sentidos que mais usamos para interpretar o mundo; não admira que a luz – essencial à visão humana – e o som tenham fascinado os humanos desde o início da civilização. A música faz parte da vida diária desde o Neolítico, como testemunham a arqueologia e as pinturas das cavernas. Os gregos antigos, cujo amor ao saber permeou cada elemento de sua cultura, buscaram descobrir os princípios da criação de sons harmônicos. Pitágoras, inspirado ao ouvir martelos produzirem diferentes notas numa bigorna, reconheceu que havia uma relação entre o som e o tamanho da ferramenta ou instrumento que o produzia. Em vários estudos, ele e seus discípulos exploraram os efeitos de tanger as cordas de uma lira com tensões e comprimentos diferentes.

Reflexão e refração

Os espelhos e reflexos também são há muito tempo motivo de admiração. Mais uma vez, foi na Grécia antiga que os sábios provaram – usando só geometria – que a luz sempre volta de uma superfície espelhada com o mesmo ângulo com que incide nela, um princípio hoje chamado lei da reflexão. No século X, o matemático persa Ibn Sahl notou uma relação entre o ângulo de incidência de um raio de luz ao entrar num material transparente e seu ângulo de refração dentro do material. No século XVII, o matemático francês Pierre de Fermat propôs corretamente que um só princípio dizia respeito à reflexão e à refração: a luz sempre escolhe o menor caminho possível entre quaisquer dois pontos.

Os fenômenos de reflexão e refração da luz permitiram a pioneiros como o físico e astrônomo italiano Galileu Galilei e, na Inglaterra, Robert Hooke usar instrumentos que ofereciam novas visões do Universo e da natureza. Os telescópios revelaram luas até então nunca vistas orbitando outros planetas e causaram uma reavaliação do lugar da Terra no cosmos, enquanto os microscópios ofereceram uma visão de um outro mundo com criaturas minúsculas e a estrutura celular da vida.

A própria natureza da luz foi muitas vezes questionada, ao longo dos séculos, por cientistas influentes. Alguns pensavam que ela se compunha de pequenas partículas que se movem pelo ar da fonte ao observador, possivelmente após a reflexão num objeto. Outros a

SOM E LUZ

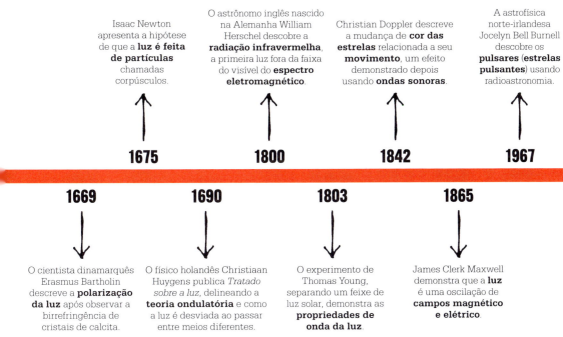

viam como uma onda, citando comportamentos como a difração (espalhamento da luz quando atravessa passagens estreitas). Os físicos ingleses Isaac Newton e Robert Hooke discordavam: Newton defendia as partículas, e Hooke, as ondas. O polímata britânico Thomas Young forneceu uma resposta. Num experimento apresentado à Real Sociedade em 1803, ele separou um feixe de luz solar por meio de um cartão fino, de modo que a luz se difratou, produzindo um padrão numa tela. O desenho, porém, não era de duas manchas brilhantes dos dois raios de luz, mas de uma série de linhas brilhantes e escuras repetidas. Somente se a luz atuasse como onda os resultados poderiam ser explicados: as ondas de cada lado do cartão fino interfeririam umas nas outras.

A teoria das ondas ganhou destaque, mas só quando ficou claro que a luz viajava em ondas transversais, de modo diverso do som, que viaja em ondas longitudinais. Examinando as propriedades da luz, os físicos logo perceberam que as ondas de luz podiam ser forçadas a oscilar em orientações particulares, conhecidas como polarização. Em 1821, o físico francês Augustin-Jean Fresnel tinha produzido uma teoria da luz completa em termos de onda.

O efeito Doppler

Ao examinar a luz de pares de estrelas orbitando uma à outra, o físico austríaco Christian Doppler notou que a maioria deles mostrava uma estrela vermelha e a outra azul. Em 1842, ele propôs que isso se devia a seu movimento relativo, conforme uma se afastava e a outra se aproximava da Terra. A teoria se provou consistente e considerada correta para a luz; a cor da luz depende de seu comprimento de onda, que é menor quando a estrela se aproxima e maior quando se distancia. No século XIX, os cientistas também descobriram luz invisível ao olho humano – primeiro o infravermelho e depois o ultravioleta. Em 1865, o físico escocês James Clerk Maxwell interpretou a luz como onda eletromagnética, suscitando dúvidas sobre até onde o espectro eletromagnético poderia se estender. Logo os físicos descobriram luz com frequências mais extremas, como raios X, raios gama, ondas de rádio e micro-ondas – e seus múltiplos usos. A luz que é invisível aos humanos é parte essencial da vida moderna. ∎

HÁ GEOMETRIA NO MURMÚRIO DAS CORDAS

MÚSICA

EM CONTEXTO

FIGURA CENTRAL
Pitágoras (c. 570–495 a.C.)

ANTES
c. 40.000 a.C. O primeiro instrumento musical produzido como tal é uma flauta entalhada num osso de asa de abutre, achada na caverna Hohle Fels, perto de Ulm, na Alemanha, em 2008.

DEPOIS
c. 350 a.C. Aristóteles propõe que o som é transmitido pelo movimento do ar.

1636 O teólogo e matemático francês Marin Mersenne descobre uma lei que liga a frequência fundamental de uma corda esticada a seu comprimento, massa e tensão.

1638 Na Itália, Galileu Galilei afirma que a altura depende da frequência, e não da velocidade, das ondas sonoras.

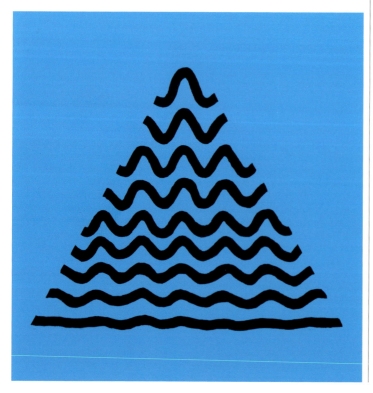

Os humanos fazem música desde a Pré-História, mas foi só na era de ouro da Grécia antiga (500–300 a.C.) que alguns dos princípios físicos subjacentes à produção de sons harmônicos, em particular frequência e altura, foram estabelecidos. A primeira tentativa científica de entender esses aspectos fundamentais da música é em geral atribuída ao filósofo grego Pitágoras.

O som da música
A altura é determinada pela frequência das ondas sonoras (o número de ondas que passam por um ponto fixo a cada segundo). Uma

SOM E LUZ 165

Ver também: Método científico 20-23 ▪ A linguagem da física 24-31 ▪ Pressão 36 ▪ Movimento harmônico 52-53 ▪ Ondas eletromagnéticas 192-195 ▪ Piezeletricidade e ultrassom 200-201 ▪ Os céus 270-271

A **altura** de uma nota musical depende da **frequência** de suas ondas sonoras.

O **timbre** (qualidade do som) de uma nota musical depende da **forma distinta** de suas ondas sonoras.

Limitar o movimento de uma corda em **frações específicas** de sua extensão produz notas que criam uma **escala musical agradável**.

A música é regida por padrões de ondas sonoras e proporções matemáticas.

---

combinação de física e biologia permite sua percepção pelo ouvido humano. Hoje, sabemos que as ondas de som são longitudinais – são criadas pelo deslocamento do ar para trás e para a frente em direções paralelas àquela em que se propagam (movendo-se por um meio que as conduz). Percebemos o som quando essas oscilações fazem nossos tímpanos vibrar.

Embora a frequência ou altura do som dite a nota que ouvimos, a música tem outra qualidade chamada "timbre". Trata-se da sutil variação na subida e descida das ondas produzidas por um instrumento musical em especial – características da "forma" da onda que são distintas de sua mera frequência ou comprimento de onda (a distância entre dois picos ou vales sucessivos de uma onda). Nenhum instrumento musical não digital pode produzir ondas de som que variem de modo consistente e totalmente igual, e o timbre é a razão por que uma nota cantada por uma voz humana pode soar muito diferente ao ser tocada num instrumento de sopro ou corda, ou mesmo cantada por outra pessoa. Os músicos também podem alterar o timbre de um instrumento usando diferentes técnicas instrumentais. Um violinista, por exemplo, pode mudar o modo como as cordas vibram usando o arco de modos diversos.

Descobertas pitagóricas

Segundo a lenda, Pitágoras formulou suas ideias sobre altura ao ouvir o som musical de martelos batendo em bigornas ao passar por uma oficina movimentada de ferreiro. Ouvindo uma nota que soava diferente das outras, consta que ele correu para dentro para testar os martelos e bigornas, e ao fazer isso, descobriu uma relação entre o tamanho do martelo e a altura do som que produzia.

Como muitas histórias sobre Pitágoras, esse episódio certamente é inventado (não há relação entre a altura do som e o tamanho do martelo que bate na bigorna), mas é verdade que o filósofo e seus seguidores descobriram ligações fundamentais entre a física dos instrumentos musicais e as notas que produziam. Eles notaram que há uma relação entre o tamanho e o som dos instrumentos musicais. Encontraram, em especial, relações »

Mesmo quando duas notas têm a mesma altura, o som depende da forma de suas ondas. Um diapasão produz um som puro com uma só altura. Um violino tem uma forma de onda recortada com alturas chamadas sobretons sobre sua altura fundamental.

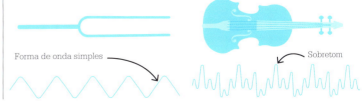

Forma de onda simples   Sobretom

MÚSICA

> A harmonia [...] depende da proporção musical; não é nada além de uma relação musical misteriosa.
> **Florian Cajori**
> Matemático suíço-americano

similares entre os sons produzidos por cordas de diferentes comprimentos, tubos de órgão de variadas alturas e instrumentos de sopro de diâmetro e comprimento diversos.

As descobertas dos pitagóricos tiveram mais a ver com experimentos sistemáticos com cordas vibrando do que com martelos e bigornas. A observação de que cordas mais curtas vibram mais rápido e produzem notas mais altas não foi novidade – era a base dos instrumentos de corda há pelo menos 2 mil anos. Porém vibrar cordas idênticas de modos diversos produzia resultados mais interessantes.

Pitágoras e seus discípulos testaram cordas de lira (antigo instrumento musical) com vários tamanhos e tensões. Tanger uma corda no meio de seu comprimento, por exemplo, cria uma "onda estacionária", em que o meio oscila para trás e para frente enquanto as pontas ficam fixas no lugar. Na verdade, a corda produz uma onda com comprimento de onda que é duas vezes sua extensão, e uma frequência determinada pelo comprimento de onda e pela tensão da corda. Isso é conhecido como tom fundamental ou "primeiro harmônico". Ondas estacionárias de comprimentos de onda mais curtos, chamadas "harmônicos mais altos", podem ser criadas "parando" uma corda (segurando ou limitando seu movimento em outro ponto de seu comprimento). O "segundo harmônico" é produzido parando a corda precisamente no meio de sua extensão. Isso resulta numa onda cujo comprimento de onda inteiro condiz com a extensão da corda – em outras palavras, o comprimento de onda é metade e a frequência, o dobro dos do tom fundamental. Aos ouvidos humanos, isso cria uma nota com muitas das mesmas características do tom fundamental, mas uma altura maior – em termos musicais, uma oitava acima. Uma parada a um terço do caminho da corda cria o terceiro harmônico, com um comprimento de onda de dois terços da extensão da corda e uma frequência de três vezes a do tom fundamental.

A quinta perfeita

A diferença entre o segundo e o terceiro harmônicos era importante. Equivalente a uma razão 3:2 entre as frequências de ondas vibrando, ela separava alturas (notas musicais) que se combinavam de modo agradável, mas eram também musicalmente mais distintas uma da outra que as notas harmônicas separadas por toda uma oitava.

A experimentação logo permitiu aos pitagóricos construir um sistema musical completo com base nessa relação. Desenvolvendo e "afinando" corretamente outras cordas para que vibrassem em frequências ajustadas por relações numéricas simples, eles construíram

A lira da Grécia antiga tinha a princípio quatro cordas, mas ganhou até doze por volta do século v a.C. Os instrumentistas tangiam as cordas com uma palheta.

uma ponte musical, ou progressão, entre o tom fundamental e a oitava por meio de uma série de sete etapas sem tocar notas discordantes. A razão 3:2 definiu a quinta dessas etapas e tornou-se conhecida como "quinta perfeita".

O conjunto de sete notas musicais (equivalentes às teclas brancas, de dó a si, de uma oitava num piano moderno) provou-se um tanto limitador, porém, e divisões de afinação menores chamadas semitons foram depois introduzidas. Isso levou a um sistema versátil de doze notas (as teclas brancas e pretas do piano moderno). Enquanto as sete teclas brancas só podiam criar uma progressão agradável (conhecida como "escala diatônica") quando tocadas em ordem, para cima ou para baixo, a partir de um dó até o próximo, as teclas pretas adicionais ("sustenidos" e "bemóis") permitiram que tal progressão fosse seguida a partir de qualquer ponto.

A "afinação pitagórica" baseada na quinta perfeita foi usada para achar a altura desejável das notas nos instrumentos ocidentais por muitos séculos, até o renascimento, quando mudanças no gosto musical levaram a afinações mais

SOM E LUZ 167

Esta xilografia medieval mostra as pesquisas musicais de Pitágoras e seu seguidor Filolau, com os vários sons produzidos por instrumentos de sopro de diversos tamanhos.

Pitágoras

complexas. As culturas musicais de fora da Europa, como as da Índia e da China, seguiram suas próprias tradições, embora também reconhecessem efeitos agradáveis quando notas de certas alturas eram tocadas juntas ou em sequência.

Música das esferas?

Para os filósofos pitagóricos, a percepção de que a música se conformava à matemática revelou uma verdade profunda sobre o Universo como um todo. Ela os inspirou a buscar padrões matemáticos em outros lugares, como nos céus. Estudos dos padrões cíclicos com que planetas e estrelas se movem através do céu levaram a uma teoria de harmonia cósmica que depois foi chamada "música das esferas".

Vários seguidores de Pitágoras também tentaram explicar a natureza das notas musicais considerando a física envolvida. O filósofo grego Arquitas (c. 428–347 a.C.) aventou que as cordas oscilando criavam sons. Estes se moviam a velocidades distintas, que os humanos ouviam como alturas diversas. Apesar de incorreta, essa teoria foi adotada e repetida nos ensinamentos dos muito influentes filósofos Platão e Aristóteles e passou ao cânone da teoria musical do pré-renascimento ocidental.

Outro equívoco musical duradouro legado pelos pitagóricos foi a afirmação de que a altura do som de uma corda tinha uma relação proporcional com sua extensão e com a tensão com que era tocada. Quando o teórico musical e alaudista italiano Vincenzo Galilei (pai de Galileu) investigou essas supostas leis em meados do século XVI, descobriu que, embora a alegada relação entre extensão e altura fosse correta, a lei da tensão era mais complexa – a altura variava em proporção com a raiz quadrada da tensão aplicada.

A descoberta de Galilei levou a dúvidas maiores sobre a suposta superioridade do conhecimento grego antigo; ao mesmo tempo, seu método experimental – realizar testes práticos e análise matemática em vez de assumir como certas as afirmações de autoridades – tornou-se uma importante influência para seu filho. ∎

Eles viram em números os atributos e as proporções das escalas musicais.
Aristóteles
sobre os pitagóricos

Pouco se sabe sobre os primeiros anos de Pitágoras, mas historiadores gregos posteriores concordavam que nasceu na ilha egeia de Samos, um grande centro comercial, por volta de 570 a.C. Algumas lendas falam em viagens na juventude pelo Oriente Próximo, estudos com sacerdotes e filósofos egípcios e persas, além de sábios gregos. Diz-se também que ao voltar a Samos ele logo ascendeu à vida pública.

Por volta dos quarenta anos, Pitágoras se mudou para Crotona, cidade grega no sul da Itália, onde fundou uma escola de filosofia que atraiu muitos seguidores. Textos que se conservaram dos discípulos de Pitágoras indicam que seus ensinamentos incluíam não só matemática e música, mas também ética, política, metafísica (pesquisa filosófica sobre a natureza da própria realidade) e misticismo.

Pitágoras conquistou grande influência política sobre os líderes de Crotona e pode ter morrido num levante civil deflagrado por sua rejeição a clamores por uma constituição democrática. Sua morte é estimada em c. 495 a.C.

A LUZ SEGUE O CAMINHO DO MENOR TEMPO
REFLEXÃO E REFRAÇÃO

EM CONTEXTO

FIGURA CENTRAL
Pierre de Fermat (1607–1665)

ANTES
c. 160 d.C. Ptolomeu apresenta a teoria de que o olho emite raios que devolvem informação ao observador.

c. 990 O matemático persa Ibn Sahl desenvolve uma lei de refração após estudar o desvio da luz.

1010 O *Livro de óptica*, do sábio arábe Ibn al-Haytham, propõe que a visão é resultado de raios que entram no olho.

DEPOIS
1807 Thomas Young cunha a expressão "índice de refração" para descrever a razão entre a velocidade da luz no vácuo e sua velocidade num material refrator.

1821 O francês Augustin Fresnel delineia uma teoria da luz completa e descreve a refração e a reflexão em termos de ondas.

A reflexão e a refração são os dois comportamentos fundamentais da luz. A reflexão é a tendência da luz a ser rebatida por uma superfície numa direção relacionada ao ângulo com que se aproximou. Os primeiros estudos levaram o matemático grego Euclides a notar que a luz é refletida de um espelho com um "ângulo de reflexão" igual ao "ângulo de incidência" – aquele com que ela se aproxima em relação à perpendicular à superfície do espelho, chamada "normal". O ângulo entre o raio que incide e a normal é o mesmo que entre a normal e o raio refletido. No século I d.C., o matemático Heron de Alexandria mostrou como esse trajeto sempre implica que o raio de luz viaje pela menor distância (e leve o menor tempo ao fazer isso).

A refração é o modo com que raios de luz mudam de direção ao passar de um material transparente para outro. Foi o matemático persa do século X Ibn Sahl que primeiro

Ao se aproximar do limite de outro material, a luz pode ser refletida com o mesmo ângulo em relação à linha "normal", perpendicular à superfície, ou ser refratada com um ângulo que se relaciona ao ângulo de aproximação e à velocidade relativa da luz nos dois materiais. Seja refletida, seja refratada, a luz sempre segue o caminho mais curto e mais simples.

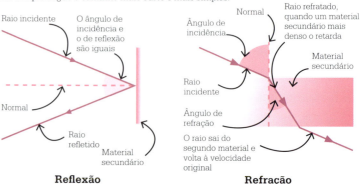

Reflexão · Refração

Ver também: Energia e movimento 56-57 ▪ Focar a luz 170-175 ▪ Luz como grão e como onda 176-179 ▪ Difração e interferência 180-183 ▪ Polarização 184-187 ▪ A velocidade da luz 275 ▪ Matéria escura 302-305

percebeu uma lei que ligava o ângulo de incidência de um raio de luz (entre ele e o limite entre dois materiais) ao ângulo de refração no segundo material, além das propriedades dos dois materiais. Isso foi redescoberto na Europa no início do século XVII, em especial pelo astrônomo holandês Willebrord Snellius, e é conhecido como lei de Snell.

O menor caminho e tempo

Em 1658, o matemático francês Pierre de Fermat notou que tanto a reflexão quanto a refração podiam ser descritas usando o mesmo princípio básico – uma extensão do que foi apresentado por Heron de Alexandria. O princípio de Fermat diz que o caminho que a luz toma entre dois pontos é o que pode ser atravessado em menos tempo.

Fermat criou esse princípio considerando um conceito anterior do físico holandês Christiaan Huygens, que descrevia o movimento da luz na forma de ondas e como se aplicava a casos com o menor comprimento de onda

Uma paisagem é refletida num lago, num dia parado. O ângulo de reflexão é igual ao de incidência (ângulo com que a luz do Sol refletida na paisagem atinge a água).

imaginável. Isso é com frequência visto como justificativa para o conceito de "raio" de luz – a ideia amplamente usada de um feixe de luz que viaja pelo espaço no caminho de menor tempo. Quando a luz se move através de um só meio invariável, isso significa que viajará em linhas retas (a não ser que o espaço que percorre seja distorcido). No entanto, quando a luz é refletida no limite de um material ou passa para um meio transparente em que sua velocidade é menor ou maior, esse "princípio de mínima ação" dita o caminho que irá tomar.

Assumindo que a velocidade da luz era finita e que ela se movia mais devagar em materiais mais densos, Fermat pôde derivar a lei de Snell a partir de seu próprio princípio, descrevendo, com acerto, como a luz se desviará para a

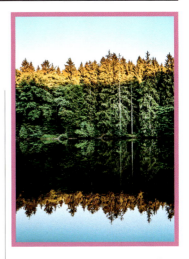

"normal" ao entrar num material mais denso e se afastará dela ao entrar num menos denso.

Além de ser importante por si mesma, a descoberta de Fermat é considerada o primeiro exemplo do que é conhecido como uma família de "princípios variacionais" da física, descrevendo a tendência dos processos a sempre seguir o caminho mais eficiente. ▪

Pierre de Fermat

Nascido em 1607, filho de um comerciante do sudoeste francês, Pierre de Fermat estudou e trabalhou como advogado, mas é mais lembrado como matemático. Ele descobriu um modo de calcular os declives e pontos de virada de curvas uma geração antes de Isaac Newton e Gottfried Leibniz usarem o cálculo para isso.

O "princípio de mínimo tempo" de Fermat é considerado um passo essencial para o mais universal "princípio de mínima ação" – a observação de que muitos fenômenos físicos se comportam de modos que minimizam (ou às vezes maximizam) a energia exigida. Isso foi importante para entender não só a luz e movimentos de grande escala, como o comportamento de átomos em nível quântico. Fermat morreu em 1665; três séculos depois, seu famoso último teorema, sobre o comportamento de números com potências maiores que dois, foi afinal provado, em 1995.

Obra principal

1636 "Método para descobrir os máximos, mínimos e tangentes lineares de curvas"

UM NOVO MUNDO VISÍVEL

FOCAR A LUZ

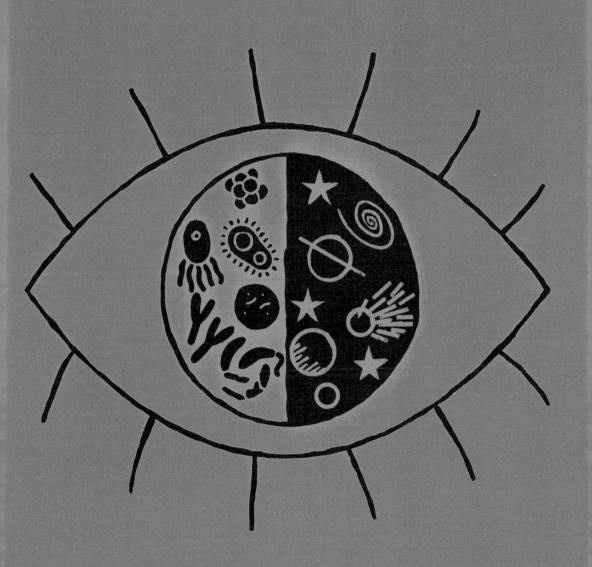

EM CONTEXTO

FIGURA CENTRAL
Antonie van Leeuwenhoek
(1632–1723)

ANTES
Século v a.C. Na Grécia antiga, discos convexos de cristal ou vidro são usados para acender fogo, concentrando a luz do Sol num só ponto.

c. 1000 d.C. As primeiras lentes, "pedras de leitura" de vidro com base plana e superfície superior convexa, são usadas na Europa.

DEPOIS
1893 O cientista alemão August Köhler imagina um sistema de iluminação para o microscópio.

1931 Na Alemanha, Ernst Ruska e Max Knoll criam o primeiro microscópio eletrônico, que usa propriedades quânticas dos elétrons para ver objetos.

1979 O Telescópio de Múltiplos Espelhos de Monte Hopkins, no Arizona, nos EUA, é construído.

Onde o telescópio termina o microscópio começa. Qual dos dois tem a visão mais grandiosa?
Victor Hugo
Os miseráveis

Do mesmo modo que os raios de luz podem ser refletidos em diferentes direções por espelhos de superfície plana ou refratados de um ângulo para outro ao cruzar o limite plano entre dois materiais transparentes diferentes, as superfícies curvas também podem ser usadas para desviar os raios de luz para caminhos convergentes – juntando-os num ponto chamado foco. O desvio e a focalização dos raios de luz usando lentes ou espelhos é a chave de muitos instrumentos ópticos, como os revolucionários microscópios de uma lente projetados por Antonie van Leeuwenhoek nos anos 1670.

Princípios do aumento

A primeira forma de instrumento óptico foi a lente, usada na Europa a partir do século XI. O processo de refração, conforme a luz entra e sai de uma lente convexa (com uma superfície curva para fora), desvia os raios da luz que se espalham de uma fonte para caminhos mais paralelos, criando uma imagem que ocupa uma parte maior do campo de visão do olho. Essas lentes de aumento, porém, tinham limitações. Estudar objetos muito próximos usando lentes maiores para obter um campo de visão maior (área do objeto que poderia ser aumentada) envolvia desviar os raios da luz, fazendo-os divergir muito entre os lados opostos da lente. Isso requeria uma lente mais poderosa (com curvatura muito intensa, mais grossa no centro), que, devido às limitações da antiga manufatura de vidros, era mais propensa a produzir distorções. Assim, grandes aumentos pareciam impossíveis de alcançar. Esses problemas atrasaram por séculos o desenvolvimento de instrumentos ópticos.

Os primeiros telescópios

No século XVII, os cientistas perceberam que, usando uma combinação de múltiplas lentes em vez de uma só num instrumento,

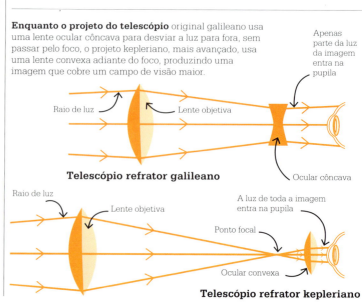

SOM E LUZ 173

Ver também: Reflexão e refração 168-169 ▪ Luz como grão e como onda 176-179 ▪ Difração e interferência 180-183 ▪ Polarização 184-187 ▪ Ver além da luz 202-203

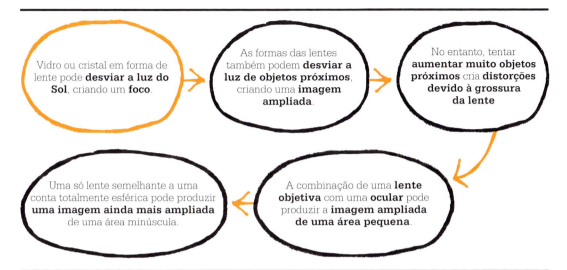

Vidro ou cristal em forma de lente pode **desviar a luz do Sol**, criando um **foco**.

As formas das lentes também podem **desviar a luz de objetos próximos**, criando uma **imagem ampliada**.

No entanto, tentar **aumentar muito objetos próximos** cria **distorções devido à grossura da lente**.

A combinação de uma **lente objetiva** com uma **ocular** pode produzir a **imagem ampliada de uma área pequena**.

Uma só lente semelhante a uma conta totalmente esférica pode produzir **uma imagem ainda mais ampliada** de uma área minúscula.

poderiam melhorar muito o aumento, criando ferramentas ópticas que poderiam ampliar não só objetos próximos como os muito distantes.

O primeiro instrumento óptico composto (com múltiplas lentes) foi o telescópio, cuja invenção é em geral atribuída ao fabricante de lentes holandês Hans Lippershey por volta de 1608. O instrumento de Lippershey consistia em duas lentes montadas nas pontas de um tubo e produzia imagens de objetos distantes com aumento de três vezes. Assim como uma lupa desvia os raios divergentes de objetos próximos para caminhos mais paralelos, a lente frontal (ou "objetiva") do telescópio coleta raios quase paralelos de objetos mais distantes e os desvia para um caminho convergente. Porém, antes que os raios possam se encontrar, uma "ocular" côncava (de curvatura para dentro) os desvia de novo para caminhos divergentes – criando uma imagem no olho do observador que parece maior e (como a lente objetiva

capta muito mais luz que a pupila humana) também mais brilhante.

Em 1609, o físico italiano Galileu Galilei construiu seu próprio telescópio com base nesse modelo. Sua abordagem rigorosa lhe permitiu melhorar o original, produzindo instrumentos com aumento de trinta vezes. Esses telescópios lhe possibilitaram fazer importantes descobertas astronômicas, mas as imagens ainda eram borradas, e o campo de visão, minúsculo.

[O] efeito de meu instrumento é tal que ele faz um objeto a 80 km parecer tão grande como se estivesse só a 8 km.
Galileu Galilei

Em 1611, o astrônomo alemão Johannes Kepler apresentou um projeto melhor. No telescópio kepleriano, os raios podem se encontrar, e a ocular é convexa em vez do côncava. Ela é colocada além do ponto focal, e a uma distância em que os raios começam de novo a divergir. A ocular atua, assim, mais como uma lente de aumento normal, criando uma imagem com campo de visão maior e potencialmente com aumento muito maior. Os telescópios keplerianos formam imagens que ficam de ponta-cabeça e com posição invertida, mas isso não era um problema importante para observações astronômicas ou mesmo para usuários em terra com prática.

Aberração limitante

A chave para ampliar o poder de aumento de um telescópio está na capacidade e separação de suas lentes, porém lentes mais potentes trazem problemas. Os astrônomos identificaram dois obstáculos principais – "franjas" coloridas ao »

FOCAR A LUZ

Dez vezes mais potente que o Telescópio Espacial Hubble, o Telescópio Gigante Magalhães, no Chile, previsto para ser concluído em 2025, irá captar luz dos confins do Universo.

redor dos objetos (a "aberração cromática", causada pela refração a ângulos diferentes de cores diversas) e imagens borradas por "aberração esférica" (dificuldades em fazer uma lente com curvatura ideal).

Parecia que o único modo prático de obter um aumento maior com aberração mínima era fazer a lente objetiva maior e mais fina e colocá-la muito mais longe da ocular. No fim do século XVII, isso levou à construção de extraordinários "telescópios aéreos", que focalizavam a luz a distâncias de mais de 100 metros.

Uma solução mais prática foi descoberta pelo advogado britânico Chester Moore Hall por volta de 1730. Ele percebeu que, se aninhasse uma lente objetiva feita de vidro fracamente refrator numa segunda lente côncava com refração muito mais forte, criaria um "dubleto" que focalizaria todas as cores numa só distância, evitando as franjas coloridas. Essa lente "acromática" se difundiu depois que a técnica de Hall foi descoberta e lançada pelo óptico John Dollond, nos anos 1750. Desenvolvimentos posteriores da mesma ideia permitiram aos construtores de telescópios eliminar também a aberração esférica.

Telescópios de espelho

A partir dos anos 1660, os astrônomos começaram a usar telescópios refletores, que eram feitos com um espelho primário curvo, côncavo, para coletar raios de luz paralelos e rebatê-los de modo a convergir. Vários projetos foram propostos no início do século XVII, mas o primeiro exemplo prático foi construído por Isaac Newton em 1668. Ele usou uma lente primária de curva esférica, com um pequeno espelho secundário suspenso em diagonal em frente dela para interceptar os raios convergentes e mandá-los para a ocular ao lado do tubo do telescópio (cruzando um ponto focal no caminho).

Usar a reflexão em vez da refração evitava a aberração cromática, mas os primeiros refletores estavam longe de ser perfeitos. O *speculum* metálico (uma liga de cobre e estanho muito polida), usado para espelhos na época, produzia imagens fracas, com as cores do latão. O vidro revestido de prata, um refletor melhor, foi introduzido pelo físico francês Léon Foucault nos anos 1850.

Microscópios compostos

Os cientistas combinaram lentes não só para ampliar objetos distantes, como também para melhorar o aumento com o objetivo de observar objetos minúsculos que estão próximos. O crédito pela criação do "microscópio composto" é discutido, mas o inventor holandês Cornelis Drebbel demonstrou um deles em Londres em 1621. Para minimizar a espessura e reduzir a aberração, a lente objetiva do microscópio composto tem um

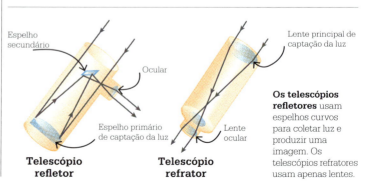

Telescópio refletor / **Telescópio refrator**

Os telescópios refletores usam espelhos curvos para coletar luz e produzir uma imagem. Os telescópios refratores usam apenas lentes.

SOM E LUZ 175

Meu método para ver os menores animálculos e enguias diminutas não divido com outros; nem como ver muitos animálculos ao mesmo tempo.
Antonie van Leeuwenhoek

diâmetro muito pequeno (assim, os raios de luz passando por diferentes pontos da lente são só levemente divergentes). A lente ocular, que com frequência é maior que a objetiva, faz a maior parte do trabalho de produzir uma imagem ampliada.

O microscópio composto antigo mais bem-sucedido foi projetado por Robert Hooke nos anos 1660. Ele montou uma terceira lente convexa entre a lente objetiva e a ocular, desviando mais a luz e ampliando o aumento, ao custo de maior aberração. Ele também atentou para outra questão importante – como o campo de visão abarcado pelo microscópio era minúsculo, as imagens tendiam a ser fracas (simplesmente porque há menos raios de luz se refletindo numa área menor). Para corrigir isso, ele adicionou uma fonte artificial de iluminação – uma vela cuja luz era focalizada no objeto por um bulbo de vidro esférico cheio de água.

Os desenhos em grande formato de Hooke de estruturas de plantas e insetos, criados com o uso do microscópio e publicados no influente livro *Micrographia*, de 1665, causaram sensação, mas seu trabalho logo foi ultrapassado pelo do cientista holandês Antonie van Leeuwenhoek.

Simples engenhosidade

O microscópio de lente única de Van Leeuwenhoek era muito mais poderoso que os microscópios compostos da época. A própria lente era uma conta de vidro minúscula – uma esfera polida, capaz de desviar intensamente os raios de luz de uma pequena área, criando uma imagem muito aumentada. Uma moldura de metal que prendia a pequena lente no lugar era mantida perto do olho, para que o céu servisse de fonte de luz atrás dela. Um alfinete na moldura segurava a amostra no lugar, e três parafusos moviam o alfinete em três dimensões, permitindo ajustes do foco e da área em que a luz focalizada pela lente caía.

Van Leeuwenhoek mantinha em segredo a técnica de fabricação da lente, que alcançava um aumento de pelo menos 270 vezes, revelando aspectos bem menores do que os vistos por Hooke. Com essa ferramenta poderosa, ele descobriu a primeira bactéria, espermatozoides humanos e a estrutura interna das "células" (já identificadas por Hooke). Por tudo isso, ele é conhecido como pai da microbiologia. ∎

O próprio Van Leeuwenhoek fazia seus microscópios. Eles incluíam uma lente esférica minúscula fixada entre duas placas com um buraco de cada lado e um alfinete para prender o espécime.

Antonie van Leeuwenhoek

Nascido na cidade alemã de Delft em 1632, Van Leeuwenhoek tornou-se aprendiz num armarinho aos seis anos. Ao se casar, em 1654, abriu sua própria loja de tecidos. Desejando avaliar de perto a qualidade das fibras, mas descontente com a capacidade das lupas disponíveis, ele estudou óptica e passou a fazer os próprios microscópios. Van Leeuwenhoek logo começou a usar seus microscópios para estudos científicos, e um físico amigo, Regnier de Graaf, chamou a atenção da Real Sociedade de Londres para seu trabalho. Os estudos de Van Leeuwenhoek sobre o mundo microscópico, como a descoberta de organismos unicelulares, impressionaram seus membros. Eleito para a Real Sociedade em 1680, ele foi visitado por cientistas importantes da época até sua morte, em 1723.

Obras principais

375 cartas em *Philosophical Transactions*, da Real Sociedade de Londres
27 cartas em *Memórias da Academia de Ciências de Paris*

A LUZ É UMA ONDA
LUZ COMO GRÃO E COMO ONDA

EM CONTEXTO

FIGURA CENTRAL
Thomas Young (1773–1829)

ANTES
Século v a.C. O filósofo grego Empédocles afirma que "corpúsculos da luz" emergem do olho humano para iluminar o mundo ao redor.

c. 60 a.C. Lucrécio, um filósofo romano, propõe que a luz é uma forma de partícula emitida por objetos luminosos.

c. 1020 Em seu *Livro da óptica*, o polímata árabe Ibn al-Haytham teoriza que os objetos são iluminados pelo reflexo da luz do Sol.

DEPOIS
1969 Na Bell Labs, nos EUA, Willard Boyle e George E. Smith inventam o CCD, que gera imagens digitais coletando fótons.

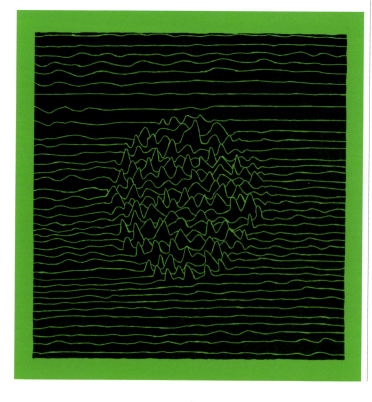

As teorias sobre a natureza da luz ocuparam a mente dos filósofos e cientistas desde tempos antigos, mas foi o desenvolvimento de instrumentos ópticos como o telescópio e o microscópio nos anos 1600 que levou a importantes avanços, como a confirmação de que a Terra não está no centro do Sistema Solar e a descoberta de um mundo microscópico.

Por volta de 1630, o cientista e filósofo francês René Descartes, buscando explicar o fenômeno da refração da luz (como a luz se desvia ao passar de um meio para outro), propôs que a luz era uma perturbação em movimento – uma

Ver também: Campos de força e equações de Maxwell 142-147 ▪ Difração e interferência 180-183 ▪ Polarização 184-187 ▪ Ondas eletromagnéticas 192-195 ▪ Quanta de energia 208-211 ▪ Partículas e ondas 212-215

A luz branca se divide nos componentes do espectro visível do arco-íris ao passar por um prisma. A cor precisa depende do comprimento da onda – o vermelho tem o maior.

onda viajando à velocidade infinita por um meio material que preenchia o espaço vazio (ele chamava esse meio de *plenum*). Por volta de 1665, o cientista inglês Robert Hooke foi o primeiro a fazer uma ligação entre a difração da luz (a capacidade de se espalhar após passar aberturas estreitas) e um comportamento similar das ondas de água. Isso o levou a sugerir que a luz não só era onda, mas, como a água, uma onda transversal – aquela em que a direção da perturbação está em ângulo reto com a do movimento ou "propagação".

O espectro das cores

As ideias de Hooke foram muito desconsideradas devido à influência na comunidade científica de seu grande rival, Isaac Newton. Por volta de 1670, Newton iniciou uma série de experimentos sobre luz e óptica em que mostrou que a cor é uma propriedade intrínseca da luz. Até então, a maioria dos pesquisadores tinha assumido que a luz adquiria cores por interação com diferentes matérias, mas os experimentos de Newton – em que separou a luz branca em seus componentes de cor usando um prisma e depois recriou um raio de luz branca por meio de lentes – revelaram a verdade.

Newton também estudou a reflexão. Ele mostrou que feixes de luz sempre se refletem em linhas retas e lançam sombras de bordas definidas. Em sua visão, a luz como onda mostraria mais sinais de desvio e espalhamento, então ele concluiu que ela devia ser corpuscular – feita de partículas granulosas minúsculas. Newton publicou seus achados em 1675 e desenvolveu-os mais em seu livro *Óptica*, de 1704. Suas premissas dominaram as teorias sobre luz por mais de um século.

A luz se desvia

O trabalho de Newton tinha algumas falhas, em especial quanto à refração. Em 1690, o cientista e inventor holandês Christiaan Huygens publicou o *Tratado sobre a luz*, em que explicou, em termos de comportamento de onda, como a luz se desvia ao passar por meios diversos (como água e ar). Huygens rejeitou o modelo corpuscular baseando-se em que dois feixes podem colidir sem se espalhar em direções inesperadas. Ele sugeriu que a luz era uma perturbação que se movia a uma velocidade muito alta (embora finita) através do que chamou "éter luminífero" – um meio condutor de luz. »

Pode-se imaginar a luz se espalhando por ondas esféricas em sucessão.
Christiaan Huygens

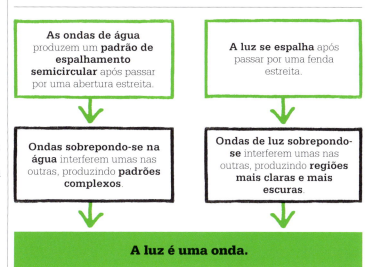

LUZ COMO GRÃO E COMO ONDA

O experimento que vou relatar [...] pode ser repetido com grande facilidade, sempre que haja sol e sem nenhum aparato que não esteja à mão de qualquer pessoa.
Thomas Young

Huygens desenvolveu um princípio útil em que cada ponto da "frente de onda" em avanço de um feixe de luz é tratado como uma fonte de "onduletas" menores se espalhando em todas as direções. O trajeto geral do feixe pode ser previsto descobrindo a direção em que as onduletas se alinham e reforçam umas às outras.

Experimentos de Young

Na maior parte do século XVIII, o modelo corpuscular dominou as ideias sobre luz. Isso mudou no início do século XIX, com o trabalho do polímata britânico Thomas Young. Como estudante de medicina nos anos 1790, Young investigou as propriedades das ondas sonoras e interessou-se pelos fenômenos das ondas em geral. Similaridades entre som e luz o convenceram de que a luz poderia também formar ondas, e em 1799 ele escreveu uma carta apresentando seus argumentos à Real Sociedade de Londres.

Enfrentando o forte ceticismo dos seguidores do modelo de Newton, Young decidiu criar experimentos que provassem além de qualquer dúvida o comportamento de onda da luz. Usando de modo perspicaz o poder da analogia, ele construiu um tanque de ondas – uma banheira rasa de água com uma pá numa ponta para gerar ondas periódicas. Colocando obstáculos como uma barreira com uma ou mais aberturas, ele pôde estudar o comportamento das ondas. Ele mostrou como, após passar por uma fenda estreita numa barreira, ondas retas paralelas produziam um padrão de espalhamento semicircular – um efeito similar à difração da luz por aberturas estreitas.

Uma barreira com duas fendas criava um par de padrões de espalhamento de ondas sobrepostos. As ondas das duas fendas podiam passar livremente umas pelas outras e, onde se cruzavam, a altura da onda era determinada pelas fases das ondas sobrepostas – um efeito conhecido como interferência. Quando dois picos ou dois vales de onda se sobrepunham, a altura ou a profundidade da onda aumentava; quando um pico e um vale se encontravam, um cancelava o outro.

O passo seguinte de Young, apresentado numa palestra na Real Sociedade em 1803, foi demonstrar que a luz se comportava de modo similar às ondas. Para isso, ele dividiu um feixe estreito de luz do Sol em dois usando um pedaço de cartão fino e comparou o modo como os dois feixes resultantes iluminavam uma tela com o efeito de um só feixe de luz. Um padrão com áreas de luz e escuras aparecia na tela quando o cartão divisor era colocado no lugar, mas desaparecia quando o cartão era removido. Young tinha mostrado de modo elegante que a luz se comportava do mesmo modo que ondas de água – quando os dois feixes separados se difratavam e sobrepunham, áreas de maior ou menor intensidade interagiam, produzindo um padrão de interferência que a teoria corpuscular não poderia explicar. (O experimento foi depois aperfeiçoado com duas fendas estreitas numa superfície de vidro opaco, e por isso ficou conhecido como "experimento da dupla fenda".) Young afirmou que essa demonstração mostrava, sem dúvida, que a luz era uma onda. Mais ainda, os padrões variavam segundo a cor da luz difratada, o que significava que as cores eram determinadas por comprimentos de onda.

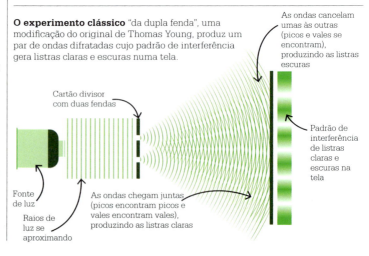

O experimento clássico "da dupla fenda", uma modificação do original de Thomas Young, produz um par de ondas difratadas cujo padrão de interferência gera listras claras e escuras numa tela.

SOM E LUZ

Thomas Young

O mais velho de dez irmãos, Young nasceu numa família quacre no condado inglês de Somerset em 1773. Polímata nato, aprendeu várias línguas antigas e modernas quando criança e depois foi estudar medicina. Tendo se feito notar por suas pesquisas científicas pessoais, em 1801 foi nomeado professor na recém-fundada Instituição Real, mas demitiu-se para evitar conflito com a prática médica.

Young continuou a estudar e fazer experimentos e deu valiosas contribuições em muitos campos. Fez progredir a tradução dos hieróglifos egípcios, explicou o funcionamento do olho, investigou as propriedades dos materiais elásticos e desenvolveu um método para afinar instrumentos musicais. Sua morte, em 1829, foi muito pranteada na comunidade científica.

Obras principais

1804 "Experimentos e cálculos relativos à óptica física"
1807 *Curso de filosofia natural e artes mecânicas*

Embora o experimento de Young tenha reacendido o debate sobre a natureza da luz, a teoria da luz como onda não foi totalmente aceita. Apesar das ideias anteriores de Hooke, a maioria dos cientistas (e o próprio Young) supuseram que, se a luz era onda, deveria ser longitudinal – como o som, em que a perturbação do meio ocorre para trás e para frente, paralelamente à direção de propagação. Isso tornou alguns fenômenos, como a polarização, impossíveis de explicar por meio de ondas.

Uma solução surgiu na França em 1816, quando André-Marie Ampère sugeriu a Augustin-Jean Fresnel que as ondas poderiam ser transversais – o que explicaria o comportamento da luz polarizada. Fresnel acabou produzindo uma detalhada teoria ondulatória da luz, que também explicou os efeitos da difração.

Propriedades eletromagnéticas

A aceitação da natureza ondulatória da luz coincidiu com os estudos de eletricidade e magnetismo. Nos anos 1860, James Clerk Maxwell descreveu a luz em uma série de equações elegantes como uma perturbação eletromagnética movendo-se a 299.792 km por segundo. Porém, questões ainda cercavam o chamado "éter luminífero" de Huygens, pelo qual a luz supostamente viajava. A maioria dos especialistas acreditava que as equações de Maxwell descreviam a velocidade com que a luz entrava no éter a partir de uma fonte. O fracasso de experimentos cada vez mais sofisticados concebidos para detectar esse meio condutor da luz levantou dúvidas e criou uma crise só resolvida pela teoria da relatividade especial de Einstein.

Ondas e partículas

Einstein foi responsável pela compreensão da luz. Em 1905, apresentou uma explicação para o efeito fotoelétrico – fenômeno em que correntes fluem da superfície de certos metais ao serem expostos a alguns tipos de luz. Os cientistas estavam intrigados como uma fraca quantidade de luz azul ou ultravioleta fazia a corrente fluir de alguns metais, que ficavam inativos até mesmo sob intensa luz vermelha. Einstein sugeriu (a partir do conceito de quanta de luz, usado por Max Planck) que, apesar de ser basicamente ondulatória, a luz viaja em pequenas rajadas de algo como partículas, hoje chamadas fótons. A intensidade da fonte de luz depende do número de fótons que produz, mas a energia de um fóton depende de seu comprimento de onda ou frequência – por isso fótons azuis, de alta energia, podem dar aos elétrons energia suficiente para fluir, enquanto os vermelhos, de baixa energia, não, mesmo em grande número. Desde o início do século XX, o fato de a luz se comportar como onda ou como partícula foi confirmado em numerosos experimentos. ■

Temos boas razões para concluir que a própria luz [...] é uma perturbação eletromagnética sob a forma de ondas se propagando [...] conforme as leis do eletromagnetismo.
James Clerk Maxwell

NUNCA SE SOUBE QUE A LUZ SE DESVIASSE PARA A SOMBRA

DIFRAÇÃO E INTERFERÊNCIA

EM CONTEXTO

FIGURA CENTRAL
Augustin-Jean Fresnel
(1788–1827)

ANTES
1665 Robert Hooke compara o movimento da luz ao espalhamento das ondas na água.

1666 Isaac Newton demonstra que a luz do Sol é composta de diferentes cores.

DEPOIS
1821 Augustin-Jean Fresnel publica sua obra sobre polarização, indicando pela primeira vez que a luz é uma onda transversal (como a água), e não longitudinal (como o som).

1860 Na Alemanha, Gustav Kirchhoff e Robert Bunsen usam redes de difração para relacionar as "linhas de emissão" brilhantes da luz, em comprimentos de onda específicos, a diferentes elementos químicos.

O ndas de tipos diversos compartilham comportamentos similares, como a reflexão (rebater numa superfície com o mesmo ângulo de aproximação a ela), refração (mudar de direção no limite entre meios) e difração (o modo como uma onda se espalha ao redor de obstáculos ou ao passar por uma abertura). Um exemplo de difração é o modo como as ondas de água se espalham na região encoberta além de uma barreira. A descoberta de que a luz também apresenta difração foi essencial para provar sua natureza ondulatória.

A difração da luz foi observada de modo sistemático pela primeira

SOM E LUZ 181

Ver também: Reflexão e refração 168-169 ▪ Luz como grão e como onda 176-179 ▪ Polarização 184-187 ▪ Efeito Doppler e desvio para o vermelho 188-191 ▪ Ondas eletromagnéticas 192-195 ▪ Partículas e ondas 212-215

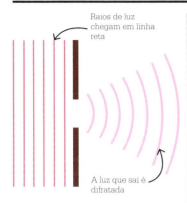

Quando ondas de luz lineares passam por uma abertura estreita numa barreira, elas se difratam (espalham) em frentes de onda semicirculares.

vez nos anos 1660 pelo sacerdote jesuíta e físico Francesco Maria Grimaldi, na Itália. Grimaldi construiu uma sala escura com uma abertura pela qual entrava um feixe de luz da largura de um lápis, atingindo uma tela em ângulo. O feixe criava na tela uma oval de luz, que Grimaldi mediu. Então ele segurou uma vareta fina no caminho da luz e mediu o tamanho da sombra lançada na área iluminada. Grimaldi comparou seus resultados com os cálculos baseados na suposição de que a luz viaja em linha reta. Ele descobriu que não só a sombra era maior que seus cálculos indicavam, mas a oval iluminada também.

A conclusão que Grimaldi tirou dessas comparações foi que a luz não era composta de partículas simples (corpúsculos) que viajavam em linha reta, mas que tinha propriedades ondulatórias similares às da água, permitindo-lhes desviar-se. Foi Grimaldi quem cunhou o termo "difração" para descrever isso. Seus achados, publicados postumamente, em 1665, foram um entrave para os cientistas que tentavam provar a natureza corpuscular da luz.

Teorias concorrentes

Nos anos 1670, Isaac Newton tratou a difração (que chamava de "inflexão") como um tipo especial de refração que ocorria quando os raios de luz (que ele acreditava serem corpusculares) passavam perto de obstáculos. Pela mesma época, Robert Hooke, um rival de Newton, lançou dúvidas sobre sua teoria, realizando demonstrações bem-sucedidas dos experimentos de Grimaldi, e o cientista e inventor holandês Christiaan Huygens apresentou sua própria teoria da luz como onda. Huygens afirmava que muitos fenômenos ópticos só poderiam ser explicados se a luz fosse tratada como uma "frente de onda" em avanço, ao longo da qual qualquer ponto era uma fonte de ondas secundárias, cuja interferência e reforço determinavam a direção do movimento da frente de onda.

Nem a teoria ondulatória da luz nem a teoria corpuscular de Newton explicavam o fenômeno das franjas coloridas – algo que

A natureza não se embaraça com as dificuldades de análise. Ela evita a complicação só em médias.
Augustin-Jean Fresnel

Como as ondas da luz, as ondas geradas pelo vento num lago formam ondulações circulares ao passar por uma abertura estreita, ilustrando a propriedade de difração comum a todas as ondas.

Grimaldi tinha notado ao redor da oval iluminada e da sombra da vareta em seus experimentos. O empenho de Newton nessa questão o levou a propor algumas ideias intrigantes. Ele sustentava que a luz era estritamente corpuscular, mas que os rápidos corpúsculos poderiam atuar como uma fonte de ondas periódicas cujas vibrações determinavam sua cor.

Os experimentos de Young

A teoria da luz aperfeiçoada de Newton, publicada em *Óptica*, em 1704, não resolveu totalmente as questões sobre difração, mas o modelo corpuscular foi amplamente aceito até 1803, quando a demonstração da interferência entre ondas de luz difratadas, por Thomas Young, levou ao ressurgimento do interesse pelas ideias de Huygens. Young propôs duas modificações ao modelo de Huygens que poderiam explicar a difração. Uma foi que os »

182 DIFRAÇÃO E INTERFERÊNCIA

Augustin-Jean Fresnel

O segundo de quatro filhos de um arquiteto, Fresnel nasceu em Broglie, na Normandia, na França, em 1788. Em 1806, foi estudar engenharia civil na Escola Nacional de Pontes e Estradas, e acabou se tornando engenheiro do governo.

Afastado algum tempo do trabalho por suas opiniões políticas nos últimos dias das Guerras Napoleônicas, Fresnel aprofundou seus estudos de óptica. Estimulado pelo físico François Arago, escreveu ensaios e um artigo para um prêmio sobre o tema, com um tratamento matemático da difração. Fresnel explicou depois a polarização usando um modelo de luz como onda transversal e desenvolveu uma lente para focar feixes de luz intensamente direcionais (usados em especial em faróis). Morreu em 1827, aos 39 anos.

Obras principais

1818 *Memória sobre a difração da luz*
1819 "Sobre a ação de raios de luz polarizada uns sobre os outros" (com François Arago)

pontos numa frente de onda nas próprias bordas de uma abertura produziam onduletas que se espalhavam na região "escura" além da barreira. A outra foi que o padrão observado de difração surgia por meio de uma onda passando perto da borda da abertura, o que interferia com uma onda sendo rebatida pelos lados da barreira.

Young também propôs que deveria haver uma distância em que a luz estivesse longe o bastante da borda para não ser afetada pela difração. Se essa distância variasse entre as diferentes cores da luz, Young sustentava, isso poderia explicar as franjas coloridas descobertas por Grimaldi. Por exemplo, se houver uma distância em que a luz vermelha ainda é difratada, mas a azul não, então aparecerá uma franja vermelha.

Avanço crucial

Em 1818, a Academia Francesa de Ciências ofereceu um prêmio para a explicação total do "problema da inflexão" identificado por Young. O engenheiro civil Augustin-Jean Fresnel estava justamente trabalhando na questão havia vários anos, fazendo uma série de complicados experimentos caseiros e partilhando seus achados com o acadêmico François Arago. Parte de seu trabalho reproduzia involuntariamente o de Young, mas havia também novas ideias, e Arago estimulou Fresnel a enviar um artigo explicativo para a competição. No texto, Fresnel apresentou equações matemáticas complexas para descrever a posição e intensidade das "franjas" de interferência escuras e brilhantes e mostrou que

---

A **luz** incide em áreas que deveriam estar **totalmente na sombra**.

A luz **se desvia ou espalha** ao passar por obstruções.

A frente de onda do modelo de Huygens **produziria ondas secundárias** que poderiam **se espalhar até nas áreas sombreadas**.

As frentes de onda secundárias só se reforçam ou cancelam com perfeição em uns poucos lugares – na maioria deles, **sua interferência é mais complexa**.

Os padrões de interferência só são **totalmente escuros onde as ondas cancelam umas às outras** – nos outros lugares, a luz está sempre presente.

A difração da luz é um comportamento ondulatório.

SOM E LUZ 183

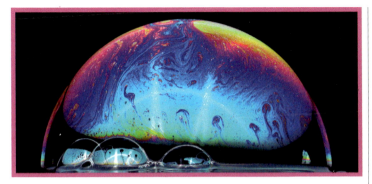

As cores de uma bolha de sabão são causadas pela interrupção das ondas de luz quando se refletem na película fina da bolha e interferem umas nas outras.

condiziam com os resultados dos experimentos reais.

Fresnel também demonstrou que a geometria das franjas dependia do comprimento de onda da luz que as tinha produzido. Pela primeira vez, era possível medir franjas de interferência produzidas por uma fonte de luz monocromática (de uma só cor) e calcular assim o comprimento de onda daquela cor específica.

Em seu artigo, Fresnel sintetizou a diferença entre a teoria ondulatória de Huygens e a sua própria com notável simplicidade. O erro de Huygens, dizia, era considerar que a luz só podia se espalhar onde exatamente as ondas secundárias reforçavam umas às outras. Na verdade, porém, a escuridão completa só é possível onde exatamente as ondas cancelam umas às outras.

Apesar de seu refinamento, o artigo de Fresnel para o prêmio foi recebido com ceticismo por um júri que, em sua maioria, defendia a teoria corpuscular de Newton. Como salientou um dos juízes, Siméon-Denis Poisson, as equações de Fresnel previam que a sombra lançada por um obstáculo circular iluminado por uma fonte de luz pontual, como de um buraco de alfinete, deveria ter um ponto brilhante bem no seu centro – uma ideia que Poisson considerava absurda. O problema foi resolvido quando Arago prontamente construiu um experimento que produziu exatamente o "ponto de Poisson". Apesar do êxito, a teoria ondulatória não foi amplamente aceita até 1821, quando Fresnel publicou sua abordagem baseada na onda para explicar a polarização – como ondas de luz transversais às vezes se alinham na mesma direção.

Difração e dispersão

Enquanto Young e Fresnel estudavam os efeitos da difração e da interferência dirigindo feixes de luz através de fendas estreitas, alguns construtores de instrumentos estavam adotando uma abordagem diversa. Já em 1673, o astrônomo escocês James Gregory tinha notado que a luz do Sol, ao passar por um fino intervalo numa pena de pássaro, se espalhava num espectro de arco-íris similar ao da luz branca passando por um prisma.

Em 1785, o inventor americano David Rittenhouse conseguiu repetir o efeito da pena de pássaro de Gregory enrolando cabelos entre dois parafusos bem apertados e criando uma mecha com cerca de quarenta fios por centímetro. Esse aparato foi aperfeiçoado em 1813 pelo físico e fabricante de instrumentos alemão Joseph von Fraunhofer, que o chamou de "rede de difração". De modo decisivo, as redes de difração oferecem uma maneira muito mais eficaz de separar a luz que os prismas de vidro, porque absorvem muito pouco da luz que as atinge. São, assim, ideais para produzir espectros de fontes fracas. As redes de difração e instrumentos relacionados acabaram sendo extremamente úteis em muitos ramos da ciência.

Fraunhofer também construiu a primeira máquina para fazer essas redes, a qual raspava meticulosamente linhas transparentes a estreitos intervalos numa placa de vidro de superfície opaca. O dispositivo lhe permitiu espalhar a luz do Sol num espectro bem mais largo que antes, revelando a presença das chamadas "linhas de Fraunhofer", que depois teriam um papel essencial na compreensão da química de átomos e estrelas. ∎

Penso ter encontrado a explicação e a lei das franjas coloridas que se notam nas sombras dos corpos iluminados por um ponto luminoso.
Augustin-Jean Fresnel

OS LADOS NORTE E SUL DO RAIO
POLARIZAÇÃO

EM CONTEXTO

FIGURA CENTRAL
Étienne-Louis Malus
(1775–1812)

ANTES
Século XIII Referências ao uso de "pedras do sol" nas sagas islandesas indicam que marinheiros vikings podem ter usado as propriedades dos cristais de espato da Islândia para detectar polarização para navegação diurna.

DEPOIS
1922 Georges Friedel investiga as propriedades de três tipos de "cristal líquido" e nota sua capacidade de alterar o plano de polarização da luz.

1929 O inventor e cientista americano Edwin H. Land cria o "polaroide", um plástico cuja fibra de polímero atua como um filtro de polarização, transmitindo luz só num plano.

A polarização é o alinhamento das ondas num plano ou numa direção específicos. O termo é em geral aplicado à luz, mas qualquer onda transversal (que oscila em ângulo reto à direção da onda) pode ser polarizada. Numerosos fenômenos naturais produzem luz polarizada – parte da luz solar refletida numa superfície lisa e brilhante como um lago, por exemplo, é polarizada, condizendo com o ângulo da superfície do lago –, mas também é possível polarizar a luz artificialmente.

O estudo dos diferentes efeitos causados pela polarização ajudou a determinar que a luz é um

SOM E LUZ

Ver também: Campos de força e equações de Maxwell 142-147 ▪ Focar a luz 170-175 ▪ Luz como grão e como onda 176-179 ▪ Difração e interferência 180-183 ▪ Ondas eletromagnéticas 192-195

Acredito que esse fenômeno pode servir aos amantes da natureza e outras pessoas interessadas em instrução ou, no mínimo, por prazer.
Rasmus Bartholin
sobre a birrefringência

A energia da luz consiste na **vibração de campos elétrico e magnético**.

Em **raios de luz normal**, esses campos vibram em planos com **ângulos aleatórios**.

Em **luz polarizada**, cada campo oscila **num plano constante**.

Os **planos** dos campos podem **manter orientação fixa ou girar**.

fenômeno ondulatório e forneceu importantes evidências de que é de natureza eletromagnética. O primeiro relato de feixes de luz idênticos diferindo por motivos aparentemente inexplicáveis foi feito pelo cientista dinamarquês Erasmus Bartholin em 1669. Ele descobriu que ver um objeto por cristais de um mineral transparente chamado espato da Islândia (uma forma de calcita) produzia uma imagem dupla do objeto.

O fenômeno, chamado birrefringência, ocorre porque o cristal tem um índice de refração (velocidade com que a luz é transmitida) que muda conforme a polarização da luz que passa por ele. A luz refletida da maioria dos objetos não tem polarização em especial, então metade dos raios, em média, é separada ao longo de seus caminhos, e uma imagem dupla se forma.

Primeiras explicações

Bartholin publicou uma discussão detalhada do efeito de birrefringência em 1670, mas não pôde explicá-lo em termos de nenhum modelo particular da luz. Christiaan Huygens, um dos primeiros defensores da teoria ondulatória, afirmava que a velocidade dos raios de luz atravessando um cristal variava conforme a direção em que se moviam, e em 1690 usou o princípio de "frente de onda" para modelar o efeito de duplicação da imagem.

Huygens também fez alguns novos experimentos, girando um segundo cristal de espato da Islândia em frente do primeiro. Ao fazer isso, descobriu que o efeito de duplicação desaparecia em certos ângulos. Ele não entendeu o motivo, mas reconheceu que as duas imagens produzidas pelo primeiro cristal eram diferentes uma da outra, de algum modo.

Isaac Newton sustentava que a birrefringência fortalecia sua defesa da luz como corpúsculo – uma partícula com "lados" distintos que podiam ser afetados por sua orientação. Na visão de Newton, o efeito ajudava a derrubar a teoria ondulatória, pois o modelo de Huygens envolvia ondas longitudinais (perturbações paralelas à direção da onda), em vez de ondas transversais, e Newton não conseguia imaginar como elas poderiam ser sensíveis à direção.

Lados e polos

No início do século XIX, o soldado e físico francês Étienne-Louis Malus realizou sua própria versão dos

Óculos de sol com lentes polarizadas reduzem o brilho intenso da luz refletida numa paisagem com neve, só permitindo que passem as ondas de luz polarizadas numa direção.

experimentos de Huygens. Malus estava interessado em aplicar o rigor matemático ao estudo da luz. Ele desenvolveu um modelo matemático útil para o que acontecia de fato aos raios de luz em três dimensões quando encontravam materiais com propriedades refletoras e refratoras diferentes. (Modelos anteriores tinham simplificado as coisas ao considerar só o que acontecia aos raios de luz que se moviam num só plano – em duas dimensões.)

Em 1808, o Instituto Francês de Ciência e Artes ofereceu um prêmio para uma explicação completa da birrefringência e estimulou Malus a participar. Como muitos cientistas franceses, Malus seguia a teoria corpuscular da luz, e esperava-se que uma explicação corpuscular da birrefringência pudesse ajudar a desbancar a teoria ondulatória recém-apresentada na Grã-Bretanha por Thomas Young. Malus desenvolveu uma teoria em que corpúsculos de luz tinham lados e "polos" (eixos de rotação) distintos. Os materiais birrefringentes, ele afirmava, refratavam os corpúsculos ao longo de caminhos diversos, dependendo da direção de seus polos – e cunhou o termo "polarização" para descrever o efeito.

Os raios de luz não têm vários lados, dotados de diversas propriedades?
Isaac Newton

Malus descobriu um novo aspecto importante do fenômeno ao usar um pedaço de espato da Islândia para observar o reflexo de um pôr do sol numa janela do Palais du Luxembourg, em Paris. Ele notou que a intensidade das duas imagens do Sol variava conforme rodava o cristal, e uma ou outra imagem desaparecia totalmente a cada virada de 90 graus. Isso, Malus percebeu, significava que a luz do Sol já tinha sido polarizada pela reflexão no vidro. Ele confirmou o efeito olhando uma vela acesa através de um cristal birrefringente e observando como o par de raios de luz resultante se refletia numa tigela de água conforme girava o cristal – os reflexos desapareciam e reapareciam dependendo da rotação do cristal. Ele logo desenvolveu uma lei (lei de Malus), descrevendo como a intensidade de uma imagem polarizada vista através dum "filtro" de cristal se relaciona à orientação do cristal.

Outros experimentos, com reflexos de materiais transparentes, revelaram um efeito similar. Malus notou que a interação entre a superfície dos materiais e uma luz não polarizada (com uma mescla aleatória de orientações) refletia a luz em um plano de polarização específico em vez de outros, enquanto luz polarizada no outro plano passava para dentro ou através do novo meio (como água ou vidro) ao longo de um caminho refratado. Malus percebeu que o fator determinante de reflexão ou refração devia ser a estrutura interna do novo meio, ligada a seu índice de refração.

Novas percepções

A identificação por Malus de uma ligação entre a estrutura de um material e seu efeito na luz polarizada foi importante: uma aplicação

Étienne-Louis Malus

Nascido numa privilegiada família parisiense em 1775, Malus mostrou cedo talento matemático. Foi soldado antes de fazer o curso de engenharia da École Polytechnique de Paris, a partir de 1794, e depois subiu de patente na unidade de engenharia do exército e participou da expedição de Napoleão ao Egito (1798-1801). Ao voltar à França, trabalhou em projetos de engenharia militar. A partir de 1806, um posto em Paris lhe permitiu conviver com importantes cientistas. Seu talento para descrever de modo matemático os comportamentos da luz, inclusive os reflexos "cáusticos" criados por superfícies curvas, impressionou seus pares, e em 1810 sua explicação da birrefringência o levou a ser eleito para a Académie des Sciences. Um ano depois, recebeu a Medalha Rumford da Real Sociedade pelo mesmo trabalho, apesar de a Inglaterra estar em guerra com a França. Morreu em 1812, aos 36 anos.

Obras principais

1807 *Tratado sobre óptica*
1811 "Memória sobre alguns novos fenômenos ópticos"

comum hoje é o estudo de mudanças internas em materiais sob pressão mecânica pelo modo como elas afetam a luz polarizada. Ele tentou identificar uma relação entre o índice de refração de um material e o ângulo com que a luz refletida de uma superfície teria "polarização linear" perfeita (estaria alinhada num só plano). Malus descobriu o ângulo correto para a água, mas foi prejudicado pela má qualidade dos outros materiais que investigou; uma lei geral foi descoberta alguns anos depois, em 1815, pelo físico escocês David Brewster.

O alcance dos fenômenos que envolvem a polarização se ampliou. Em 1811, o físico francês François Arago descobriu que, ao passar luz polarizada por cristais de quartzo, poderia rodar seu eixo de polarização (um efeito hoje chamado "atividade óptica"), e seu contemporâneo Jean-Baptiste Biot relatou que a luz dos arco-íris era altamente polarizada.

Biot acabou identificando atividade óptica em líquidos e formulou o conceito de polarização circular (em que o eixo de polarização roda conforme o raio de luz avança). Ele também descobriu minerais "dicroicos" – materiais naturais que permitem que a luz passe por eles se estiver polarizada ao longo de um

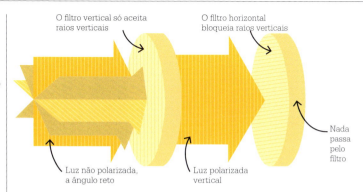

A luz não polarizada oscila em ângulo reto em sua direção de propagação (movimento), em direções aleatórias. A luz linearmente polarizada oscila numa só direção no plano de polarização, enquanto a luz circularmente polarizada gira continuamente no plano de polarização à medida que se propaga.

eixo, mas bloqueiam a luz polarizada ao longo do outro eixo. Os materiais dicroicos tornariam fácil a produção de luz polarizada. Outros modos de obtê-la incluem o uso de certos tipos de vidro e prismas de calcita de formas especiais.

Ondas polarizadas

Em 1816, Arago e seu protegido Augustin-Jean Fresnel fizeram uma descoberta inesperada e importante que solapou as afirmações de que a polarização sustentava a natureza corpuscular da luz. Eles criaram uma versão do experimento "de fenda dupla" de Young usando dois raios de luz cuja polarização podia ser mudada, e descobriram que os padrões de escuro e claro causados pela interferência entre os dois feixes de luz eram mais fortes quando tinham a mesma polarização. Mas os padrões enfraqueciam quando a diferença de polarização aumentava e desapareciam totalmente quando os planos de polarização estavam em ângulo reto um com o outro.

Não era possível explicar essa descoberta por meio de qualquer teoria corpuscular da luz, tampouco imaginando a luz como uma onda longitudinal. André-Marie Ampère sugeriu a Fresnel que uma solução poderia ser obtida tratando a luz como onda transversal. Se fosse assim, o eixo de polarização seria o plano em que a onda oscilava (vibrava). Thomas Young chegou à mesma conclusão quando Arago lhe falou sobre o experimento, mas foi Fresnel que teve a inspiração de criar uma teoria abrangente da luz como onda, que por fim desbancaria todos os modelos anteriores.

A polarização também desempenharia um papel central no grande avanço seguinte na compreensão da luz. Em 1845, o cientista britânico Michael Faraday, buscando um modo de provar uma conjecturada ligação entre luz e eletromagnetismo, decidiu verificar o que aconteceria se passasse um feixe de luz polarizada num campo magnético. Ele descobriu que podia rodar o plano de polarização mudando a intensidade do campo. Esse fenômeno, chamado efeito Faraday, acabaria inspirando James Clerk Maxwell a desenvolver seu modelo de luz como onda eletromagnética. ∎

Descobrimos que a luz obtém propriedades que são relativas só aos lados do raio [...] Darei o nome de polos a esses lados do raio.
Étienne-Louis Malus

OS TROMPETISTAS E O TREM DE ONDAS

EFEITO DOPPLER E DESVIO PARA O VERMELHO

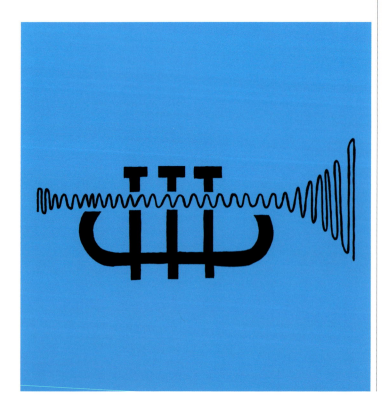

EM CONTEXTO

FIGURA CENTRAL
Christian Doppler (1803–1853)

ANTES
1727 O astrônomo britânico James Bradley explica a aberração da luz das estrelas – uma mudança no ângulo com que a luz de estrelas distantes chega à Terra, causada pelo movimento ao redor do Sol.

DEPOIS
anos 1940 O "radar Doppler" é desenvolvido para aviação e meteorologia após as primeiras formas de radar falharem em estimar chuvas e desvios Doppler de alvos em movimento.

1999 Baseados na observação de explosões de estrelas, astrônomos descobrem que algumas galáxias distantes estão mais distantes do que sugerem os desvios Doppler – o que significa que a expansão do Universo está acelerando.

Hoje, o efeito Doppler faz parte da vida diária. Nós o percebemos como uma mudança de altura nas ondas sonoras quando um veículo com sirene se aproxima, passa ou se afasta de nós. O efeito recebeu o nome do cientista que primeiro o propôs como uma previsão teórica. Quando aplicado à luz, ele se revelou uma ferramenta poderosa para entender o Universo.

A explicação da cor das estrelas

A ideia de que as ondas (em especial as de luz) podem mudar de frequência dependendo do movimento relativo entre a fonte e o

SOM E LUZ

Ver também: Luz como grão e como onda 176-179 ▪ A descoberta de outras galáxias 290-293 ▪ Universo estático ou em expansão 294-295 ▪ Energia escura 306-307

Em futuro não muito distante, [o efeito Doppler] oferecerá aos astrônomos um meio bem-vindo de determinar os movimentos e distâncias de tais estrelas.
Christian Doppler

observador foi proposta primeiro pelo físico austríaco Christian Doppler em 1842. Ele estudava a aberração da luz estelar – um leve desvio na direção aparente da luz de estrelas distantes, causado pelo movimento da Terra ao redor do Sol – quando notou que o movimento pelo espaço provocava um desvio na frequência e, portanto, na cor da luz.

O princípio subjacente à teoria é o seguinte. Quando a fonte e o observador se aproximam, os "picos" das ondas de luz da fonte passam pelo observador a uma frequência maior que seria de outra forma, então o comprimento de onda da luz medido fica menor. Em contraste, quando a fonte e o observador se distanciam, os picos das ondas alcançam o observador a uma frequência menor que de outra forma. A cor da luz depende do comprimento de onda, então a luz de um objeto que se aproxime parece mais azul (devido aos comprimentos de onda menores), enquanto a luz de um objeto que se afaste parece mais vermelha.

Doppler esperava que esse efeito (que logo recebeu seu nome) ajudasse a explicar as cores diferentes das estrelas do céu noturno quando vistas da Terra. Ele considerou o movimento da Terra pelo espaço ao elaborar sua teoria, mas não se deu conta de como a velocidade dos movimentos estelares é reduzida em comparação à velocidade da luz – o que tornava o efeito indetectável com os instrumentos da época.

Porém, a descoberta do Doppler foi confirmada em 1845, graças a um engenhoso experimento com som. Usando a recém-construída ferrovia Amsterdam-Utrecht, o cientista holandês C. H. D. Buys Ballot pediu a um grupo de músicos que viajasse no trem tocando uma »

Christian Doppler

Nascido em 1803 na cidade austríaca de Salzburg numa família rica, Doppler estudou matemática no Instituto Politécnico de Viena, e depois física e astronomia na pós-graduação. Frustrado com a burocracia para manter um posto permanente, quase abandonou a academia e emigrou para os EUA, mas acabou encontrando emprego como professor de matemática numa escola em Praga.

Em 1838, Doppler se tornou professor da Politécnica de Praga, onde produziu muitos artigos sobre matemática e física, como o famoso estudo sobre cores de estrelas e o fenômeno hoje chamado efeito Doppler. Em 1849, seu prestígio era tal que foi nomeado para um posto importante na Universidade de Viena. Sua saúde – delicada por toda a vida – se deteriorou e ele morreu de uma infecção respiratória em 1853.

Obra principal

1842 *Über das farbige Licht der Doppelsterne* (Sobre a luz colorida das estrelas duplas)

As ondas sonoras se propagam com a mesma velocidade em todas as direções, quando medidas em relação à fonte. Mas se uma sirene se aproxima de um observador, a frequência de onda aumenta e o comprimento de onda diminui.

As ondas sonoras de uma sirene são comprimidas conforme a ambulância se aproxima, reduzindo seu comprimento de onda e tornando o som mais agudo.

Depois que a ambulância passa, as ondas sonoras da sirene se esticam, aumentando o comprimento de onda e tornando o som mais grave.

EFEITO DOPPLER E DESVIO PARA O VERMELHO

só nota contínua. Quando a composição passou por ele, Buys Ballot experimentou a hoje familiar mudança de altura do som – o tom agudo da nota quando o trem se aproximava ficou mais grave conforme o trem se afastou.

Medida do desvio

Os efeitos do desvio Doppler da luz foram calculados pelo físico francês Armand Fizeau em 1848. Ele desconhecia o trabalho de Doppler, mas forneceu uma base matemática para o conceito dos desvios da luz para o vermelho e o azul. Doppler tinha imaginado que sua teoria propiciaria uma nova compreensão dos movimentos, distâncias e relações entre as estrelas, mas Fizeau sugeriu um modo prático com que os desvios na luz das estrelas poderiam ser detectados. Ele percebeu, com acerto, que mudanças na cor geral de uma estrela seriam diminutas e difíceis de quantificar. Em vez disso, propôs que os astrônomos identificassem o que conhecemos como desvio Doppler nas posições das "linhas de Fraunhofer" – linhas estreitas e escuras já observadas no espectro do Sol e que se presumia existirem no espectro de outras estrelas –, que poderiam funcionar como pontos de referência definidos num espectro de luz.

Pôr essa ideia em prática, porém, exigia significativos avanços tecnológicos. A distâncias tão grandes, mesmo as estrelas mais brilhantes eram muito mais fracas que o Sol, e os espectros criados quando sua luz era dividida por difração – para medir as linhas espectrais individuais – eram mais fracos ainda. Os astrônomos britânicos William e Margaret Huggins mediram o espectro da luz do Sol em 1864, e seu colega William Allen Miller conseguiu usar as medidas para identificar elementos em estrelas distantes.

Na época, os cientistas alemães Gustav Kirchhoff e Robert Bunsen tinham mostrado que as linhas de Fraunhofer do Sol eram causadas pela absorção de luz por elementos específicos, o que permitiu aos astrônomos calcular os comprimentos de onda em que essas linhas de absorção apareceriam no espectro de uma estrela parada. Em 1868, William Huggins mediu com êxito o desvio Doppler das linhas espectrais de Sirius, a estrela mais brilhante do céu noturno.

Observação mais profunda

No fim do século XIX, a dependência da astronomia de observações minuciosas foi transformada por avanços na fotografia, permitindo aos cientistas medir os espectros e desvios Doppler de estrelas muito mais fracas. A fotografia de longa exposição coletava muito mais luz que o olho humano e produzia imagens que podiam ser armazenadas, comparadas e medidas muito depois da observação original.

O astrônomo alemão Hermann Carl Vogel foi pioneiro na união de fotografia e "espectroscopia", nos anos 1870 e 1880, levando a importantes descobertas. Em especial, ele identificou muitas estrelas que pareciam solitárias com linhas espectrais que se "duplicavam" periodicamente, separando-se e juntando-se num ciclo regular. Ele mostrou que essa divisão das linhas acontecia porque as estrelas eram binárias – estrelas visualmente não separáveis cujas órbitas próximas ao redor uma da outra significavam que, quando

[A] cor e a intensidade da [...] luz e a altura e a potência de um som serão alteradas por um movimento da fonte da luz ou do som.
William Huggins

O assim chamado desvio para o vermelho "cosmológico" não é causado por um afastamento entre as galáxias num sentido convencional, mas pela distensão do próprio espaço conforme o Universo se expandiu ao longo de bilhões de anos. Isso leva as galáxias para longe umas das outras e estira os comprimentos de onda da luz ao se mover entre elas.

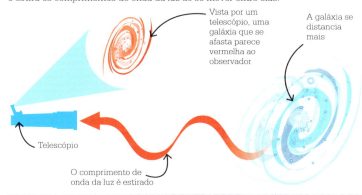

uma estrela se afastava da Terra, sua luz parecia mais vermelha, enquanto a outra se aproximava e sua luz parecia mais azul.

O Universo em expansão

Conforme a tecnologia avançava, técnicas espectrográficas eram aplicadas a outros objetos astronômicos, como as misteriosas e vagas "nebulosas". Algumas delas se revelaram enormes nuvens de gás interestelar, emitindo toda sua luz a comprimentos de onda específicos, similares aos dos vapores em laboratório. Mas outras emitiam luz num contínuo (uma larga faixa de luz de todas as cores) com umas poucas linhas escuras, indicando que eram feitas de milhares de estrelas. Essas se tornaram conhecidas como "nebulosas espirais", por sua forma espiral. Em 1912, Vesto Slipher começou a analisar os espectros de nebulosas espirais distantes, descobrindo que a maioria delas tinha significativos desvios Doppler para o extremo vermelho do espectro. Isso mostrava que elas se afastavam da Terra a altas velocidades, não importa a parte do céu em que eram

vistas. Alguns tomaram isso como uma evidência de que as nebulosas espirais eram vastas galáxias independentes, localizadas muito além do alcance gravitacional da Via Láctea. Só em 1925 que Edwin Hubble calculou a distância das nebulosas espirais medindo o brilho de estrelas dentro delas.

Hubble começou a medir os desvios Doppler das galáxias e em 1929 descobriu um padrão: quanto mais longe uma galáxia estava da Terra, mais rápido se afastava. Essa relação, hoje chamada lei de Hubble, mas já prevista em 1922 por Alexander Friedmann, é mais bem entendida como um efeito da expansão do Universo como um todo.

Esse assim chamado desvio para o vermelho "cosmológico" não é resultado do efeito Doppler como Doppler o teria entendido. Na verdade, é o espaço em expansão que separa as galáxias, como passas

Em homenagem a Edwin Hubble, o Telescópio Espacial Hubble foi usado para descobrir estrelas distantes e medir seus desvios para o vermelho, e estimou a idade do Universo em 13,8 bilhões de anos.

num bolo crescendo no forno. A taxa de expansão é a mesma, minúscula, para cada ano-luz de espaço, mas se acumula na amplidão do Universo, até galáxias serem afastadas a velocidades próximas à da luz e os comprimentos de onda da luz serem esticados até o extremo vermelho do espectro – e além da luz visível, no infravermelho. A relação entre distância e desvio para o vermelho (denotada z) é tão direta que os astrônomos usam z, e não anos-luz, para indicar distâncias para os objetos mais remotos no Universo.

Aplicações práticas

A descoberta de Doppler tem muitas aplicações tecnológicas. O radar Doppler (usado no trânsito e em dispositivos de segurança aérea) revela a distância – e velocidade relativa – de um objeto que reflete uma rajada de ondas de rádio. Também pode rastrear chuvas fortes calculando a velocidade da precipitação. Um GPS precisa considerar o desvio Doppler dos sinais dos satélites para calcular a posição da unidade do receptor, em relação a suas órbitas – informação também usada para medir o próprio movimento da unidade do receptor. ■

ESSAS ONDAS MISTERIOSAS QUE NÃO PODEMOS VER
ONDAS ELETROMAGNÉTICAS

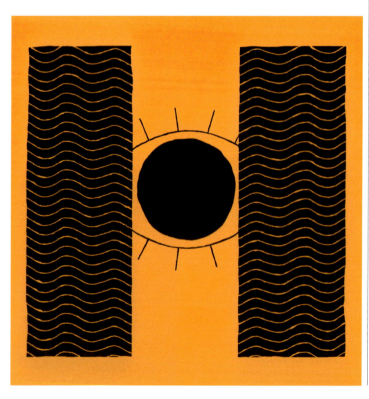

EM CONTEXTO

FIGURAS CENTRAIS
Heinrich Hertz (1857–1894),
Wilhelm Rontgen (1845–1923)

ANTES
1672 Isaac Newton divide a luz branca num espectro usando um prisma e depois a recombina.

1803 Thomas Young propõe que as cores da luz visível são causadas por raios de diferentes comprimentos de onda.

DEPOIS
c. 1894 O engenheiro italiano Guglielmo Marconi realiza a primeira comunicação a longa distância com ondas de rádio.

1906 O inventor americano Reginald Fessenden usa um sistema de "modulação em amplitude" para fazer a primeira transmissão de rádio.

Em 1865, James Clerk Maxwell interpretou a luz como ondas eletromagnéticas em movimento com campos elétrico e magnético transversais – ondas sincronizadas em ângulo reto umas com as outras (ver ao lado). A teoria de Maxwell fez os cientistas se colocarem mais perguntas. Até onde o "espectro eletromagnético" se estenderia, além do intervalo visível ao olho humano? E que propriedades distinguiriam ondas com comprimentos muito mais longos ou mais curtos que os da luz visível?

Primeiras descobertas
O astrônomo nascido na Alemanha William Herschel descobriu a

SOM E LUZ 193

Ver também: Campos de força e equações de Maxwell 142-147 ▪ Luz como grão e como onda 176-179 ▪ Difração e interferência 180-183 ▪ Polarização 184-187 ▪ Ver além da luz 202-203 ▪ Raios nucleares 238-239

Heinrich Hertz

Nascido em Hamburgo, na Alemanha, em 1857, Heinrich Hertz estudou ciências e engenharia em Dresden, Munique e Berlim com físicos eminentes como Gustav Kirchhoff e Hermann von Helmholtz e obteve o doutorado na Universidade de Berlim em 1880.

Hertz se tornou catedrático de física da Universidade de Karlsruhe em 1885. Lá, realizou experimentos revolucionários para geração de ondas de rádio. Contribuiu também para a descoberta do efeito fotoelétrico (emissão de elétrons quando luz incide num material) e fez um importante trabalho de pesquisa sobre o modo com que as forças são transferidas entre corpos sólidos em contato. O prestígio crescente de Hertz levou-o a ser nomeado diretor do Instituto de Física de Bonn em 1889. Três anos depois, foi diagnosticado com uma doença dos vasos sanguíneos rara e morreu em 1894.

Obras principais

1893 *Ondas elétricas*
1899 *Princípios de mecânica*

---

primeira evidência da existência de radiação além do intervalo de luz visível em 1800. Ao medir temperaturas associadas a cores diferentes (visíveis) da luz do Sol, Herschel permitiu que o espectro que projetava sobre um termômetro se estendesse além da luz vermelha visível. Ele ficou surpreso ao ver que a leitura de temperatura subia – um sinal de que muito do calor da radiação solar é conduzido por raios invisíveis.

Em 1801, o farmacêutico alemão Johann Ritter relatou evidências do que chamou "raios químicos". Seu experimento envolveu estudar o comportamento do cloreto de prata, um produto sensível à luz, relativamente inativo ao ser exposto à luz vermelha, mas que escurecia com a luz azul. Ritter mostrou que expor o produto à radiação além do violeta do espectro visível (hoje chamada "ultravioleta") produzia uma reação de escurecimento ainda mais rápida.

Maxwell publicou um modelo da luz como uma onda eletromagnética que é autorreforçada (sustenta a si própria continuamente). Suas teorias ligavam o comprimento de onda e a cor às ondas eletromagnéticas, o que significava que seu modelo também poderia ser aplicado aos raios infravermelhos e ultravioleta (de comprimentos de onda mais curtos ou mais longos que os do espectro visível), permitindo que fossem tratados como extensões naturais do espectro visível.

Em busca de provas

As ideias de Maxwell permaneceram teóricas, já que na época não havia tecnologias adequadas para prová-las. Porém, ele ainda foi capaz de prever fenômenos que seriam associados a seu modelo de luz – como a existência de ondas com comprimentos de onda radicalmente diferentes. A maioria dos cientistas concluiu que o melhor modo de provar o modelo de Maxwell seria buscar evidências desses fenômenos previstos.

Heinrich Hertz, em 1886, fez experimentos com um circuito elétrico que consistiam em dois fios condutores enrolados em espiral, separados, mas perto um do outro. As duas pontas de cada fio terminavam numa bola de metal, e quando uma corrente era aplicada a um dos fios, uma faísca pulava entre os terminais de bola de metal do outro. O efeito era um exemplo de indução eletromagnética, com os fios »

As ondas eletromagnéticas são feitas de duas ondas emparelhadas em ângulo reto – uma é a oscilação de um campo elétrico; a outra, a oscilação de um campo magnético.

Os campos oscilam em ângulo reto um com o outro.

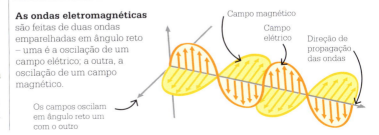

Campo magnético
Campo elétrico
Direção de propagação das ondas

194 ONDAS ELETROMAGNÉTICAS

A radiação eletromagnética é uma forma de energia que viaja em **ondas**.

Tipos diferentes de radiação eletromagnética têm **comprimentos de onda diversos**.

As **ondas eletromagnéticas invisíveis** são mais longas ou mais curtas que as **ondas da luz visível**.

A **luz visível é a única forma** de radiação eletromagnética que **podemos ver**.

enrolados atuando como "bobinas de indução". A corrente fluindo num fio enrolado gerava um campo magnético que fazia a corrente fluir no outro – mas, ao estudar com mais detalhe o experimento, Hertz formulou uma ideia para um circuito que poderia testar as teorias de Maxwell.

O circuito de Hertz, concluído em 1888, tinha um par de longos fios em direção um ao outro com um minúsculo "vão para faísca" entre suas pontas. A outra ponta de cada fio estava presa a sua própria esfera de zinco, de 30 cm. Uma corrente passando por uma "bobina de indução" próxima induzia faíscas no vão, criando uma diferença de alta voltagem entre as duas pontas dos fios e uma corrente elétrica que oscilava rapidamente para trás e para a frente. Com ajustes cuidadosos de correntes e voltagens, Hertz conseguiu "afinar" o circuito numa frequência de oscilação de cerca de 50 milhões de ciclos por segundo.

Segundo a teoria de Maxwell, essa corrente oscilante produziria ondas eletromagnéticas com comprimentos de onda de uns poucos metros, que poderiam ser detectadas à distância. O elemento final do experimento de Hertz era um "receptor" (que receberia os sinais de onda) – um retângulo separado de fio de cobre com seu próprio vão para faísca, montado a alguma distância do circuito principal. Hertz descobriu que, quando a corrente fluía na bobina de indução do circuito, provocava faíscas no vão daquele circuito principal, e também no vão para faísca do receptor. O receptor estava bem além do alcance de quaisquer efeitos possíveis de indução, então algo mais devia estar fazendo a corrente oscilar nele – as ondas eletromagnéticas.

Hertz realizou uma variedade de outros testes para provar que tinha mesmo produzido ondas eletromagnéticas similares à luz – como mostrar que as ondas viajavam à velocidade da luz. Ele publicou amplamente seus resultados.

Sintonização em rádio

Outros físicos e inventores logo começaram a investigar essas "ondas hertzianas" (depois chamadas "ondas de rádio") e descobriram incontáveis aplicações. Conforme a tecnologia evoluía, o mesmo acontecia com o alcance e qualidade dos sinais e a capacidade de transmitir diferentes fluxos de ondas de rádio de uma só torre. À telegrafia sem fio (sinais simples transmitidos em código Morse) seguiu-se a comunicação de

O espectro eletromagnético

Ondas de rádio (1 km-10 cm)

Micro-ondas (1 cm-1 mm)

Infravermelho (100 μm-c. 740 nm)

Antenas de prato podem captar ondas de rádio, ajudando os astrônomos a detectar estrelas.

Fornos de micro-ondas aquecem a comida usando essa radiação para fazer as moléculas de água dentro do alimento vibrar.

Um controle remoto manda sinais para a televisão usando ondas de infravermelho.

SOM E LUZ

voz e, por fim, a televisão. As ondas de rádio de Hertz ainda têm um papel vital na tecnologia atual.

Enquanto as comunicações por rádio se tornavam realidade, outro tipo diferente de radiação eletromagnética foi descoberto. Em 1895, o engenheiro alemão Wilhelm Roentgen estava testando as propriedades dos raios catódicos, que são feixes de elétrons observados em tubos de vácuo, emitidos de um cátodo (o eletrodo conectado ao terminal negativo de uma fonte de voltagem) e liberados dentro de um tubo de descarga (um recipiente de vidro com voltagem muito alta entre suas pontas). Para evitar quaisquer efeitos possíveis de luz no tubo, Roentgen envolveu-o em papelão.

> Eu vi a minha morte!
> **Anna Röntgen**
> ao ver a primeira imagem de raios X, revelando os ossos de sua mão

A primeira imagem de raios X foi uma silhueta da mão de Anna Bertha Rontgen numa placa fotográfica, em 1895. Seu anel de casamento é visível no quarto dedo.

Uma tela de detecção fluorescente próxima brilhava durante os experimentos, o que era causado por raios desconhecidos de dentro do tubo e que passavam pelo papelão.

Imagem de raios X

Os testes revelaram que os novos raios de Roentgen (que ele chamou de "X", indicando sua natureza desconhecida) também afetavam filmes fotográficos e, com isso, seu comportamento poderia ser registrado de modo permanente. Ele realizou experimentos para testar que tipos de material os raios atravessariam e descobriu que eram bloqueados por metal. Roentgen pediu à mulher, Anna, que pousasse a mão numa placa fotográfica e a expôs aos raios X, descobrindo que ossos bloqueavam os raios, mas tecidos moles não. Os cientistas e inventores se apressaram a desenvolver novas aplicações para as imagens em raios X. No início dos anos 1900, foram notados os efeitos

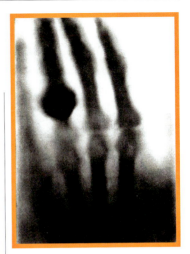

danosos da superexposição de tecidos vivos aos raios X, e aos poucos foram tomadas medidas para limitar seu uso. Isso incluiu uma volta às fotografias de raios X, que só requeriam uma breve aplicação dos raios. A natureza deles foi debatida até 1912, quando Max von Laue difratou raios X usando cristais (a difração ocorre quando qualquer onda encontra um obstáculo), o que provou serem os raios X ondas e uma forma de radiação eletromagnética de alta energia. ■

Visível
(c. 740 nm-380 nm)

Ultravioleta
(380 nm-10 nm)

Raios X
(10 nm-0,01 nm)

Raios gama
(0,01 nm-0,00001 nm)

O olho humano só pode ver esse curto intervalo do espectro eletromagnético.

A desinfecção pode ser feita usando comprimentos de onda de luz UV para matar bactérias.

Os raios X passam pelos tecidos, revelando dentes ou ossos por baixo.

Usinas de energia nuclear usam a energia de radiação gama para gerar eletricidade.

A LINGUAGEM DOS ESPECTROS É UMA VERDADEIRA MÚSICA DAS ESFERAS
LUZ QUE VEM DO ÁTOMO

EM CONTEXTO

FIGURA CENTRAL
Niels Bohr (1885–1962)

ANTES
1565 Na Espanha, Nicolás Monardes descreve as propriedades fluorescentes da infusão *Lignum Nephriticum*.

1669 O químico alemão Hennig Brand descobre o fósforo, que brilha no escuro após ser iluminado.

DEPOIS
1926 O físico austríaco Erwin Schrödinger mostra que as órbitas dos elétrons parecem nuvens difusas em vez de caminhos circulares.

1953 Nos EUA, Charles Townes usa a emissão estimulada de movimentos do elétron para criar um amplificador de micro-ondas, demonstrando o princípio que prenuncia o laser.

A capacidade de certos materiais de gerar luz em vez de só refleti-la de fontes luminosas como o Sol foi de início vista com leve curiosidade. No entanto, ela acabou se provando essencial para entender a estrutura atômica da matéria e, no século XX, levou a valiosas novas tecnologias.

Descoberta da fluorescência

Substâncias com capacidade natural de brilhar em certas condições foram registradas desde pelo menos o século XVI, mas os cientistas só tentaram investigá-las no início dos anos 1800. Em 1819, o clérigo e mineralogista inglês

SOM E LUZ 197

Ver também: Potencial elétrico 128-129 ▪ Ondas eletromagnéticas 192-195 ▪ Quanta de energia 208-211 ▪ Partículas e ondas 212-215 ▪ Matrizes e ondas 218-219 ▪ O núcleo 240-241 ▪ Partículas subatômicas 242-243

Edward Clarke descreveu as propriedades da fluorita, que brilha em certas circunstâncias.

Alguns minerais são fluorescentes. Como esta fluorita, eles absorvem certos tipos de luz, como a ultravioleta, e depois a liberam num comprimento de onda diferente, mudando a cor percebida.

Em 1852, o físico irlandês George Gabriel Stokes mostrou que o brilho do mineral era causado pela exposição à luz ultravioleta, enquanto a luz emitida se limitava a uma cor azul e um comprimento de onda, aparecendo como uma linha quando seu espectro era separado. Ele afirmou que a fluorita transformava o comprimento de onda mais curto ultravioleta diretamente em luz visível, esticando de alguma forma seu comprimento de onda, e cunhou o termo "fluorescência" para descrever esse comportamento especial.

Enquanto isso, os primeiros pesquisadores de eletricidade tinham descoberto outro meio de criar matéria luminosa. Ao tentar passar corrente elétrica entre eletrodos de metal nas duas pontas de um tubo de vidro do qual tinha sido removido tanto ar quanto possível, eles viram que o gás fino que permanecera entre os eletrodos começava a brilhar quando a diferença de voltagem entre os eletrodos ficava alta o bastante. Trabalhando com Michael Faraday, Stokes explicou assim o fenômeno: átomos de gás são energizados, permitindo que uma corrente flua por eles, e liberam luz ao perder a energia.

Alguns anos depois, o vidreiro alemão Heinrich Geissler inventou um novo método para criar vácuos muito melhores em vasos de vidro. Acrescentando gases específicos ao vácuo, ele descobriu que podia fazer uma lâmpada brilhar com várias cores. A descoberta levou à invenção das luzes fluorescentes, que se popularizaram no século XX.

Emissões elementares

A razão por que alguns átomos produzem luz continuou um mistério até o fim dos anos 1850, quando os alemães Robert Bunsen, químico, e Gustav Kirchhoff, físico, juntaram forças para estudar o fenômeno. Eles se concentraram nas cores geradas quando diferentes elementos eram aquecidos a temperaturas incandescentes na chama do recém-inventado bico de Bunsen. Descobriram, assim, que a luz produzida não era um contínuo ligado de comprimentos de onda e cores diferentes – como a luz do Sol ou das estrelas –, mas um conjunto de umas poucas linhas brilhantes emitidas em comprimentos de onda e cores específicos (linhas de emissão).

O padrão preciso das emissões era diferente para cada elemento – uma "impressão digital" química única. Em 1860 e 1861, Bunsen e Kirchhoff identificaram dois novos elementos – césio e rubídio – só por suas linhas de emissão.

As descobertas de Balmer

Apesar do sucesso do método de Kirchhoff e Bunsen, faltava ainda explicar por que as linhas de emissão eram produzidas em comprimentos de onda específicos. Eles perceberam, porém, que isso tinha algo a ver com as propriedades dos átomos dos elementos individuais. Era um novo conceito. Na época, os átomos eram em geral concebidos como partículas sólidas, indivisíveis, de um elemento em particular, então era difícil imaginar um processo interno que gerasse luz ou alterasse os comprimentos de onda das linhas de emissão.

Um avanço importante ocorreu em 1885, quando o matemático suíço Johann Jakob Balmer identificou um padrão nas séries de linhas de emissão criadas pelo hidrogênio. Os comprimentos de onda, que até ali tinham parecido um conjunto aleatório de linhas, podiam ser previstos por uma fórmula matemática que envolvia duas séries de números inteiros. As linhas de emissão ligadas a valores maiores de um ou ambos os

Um químico que não é um físico não é nada.
Robert Bunsen

LUZ QUE VEM DO ÁTOMO

Temos um conhecimento íntimo dos constituintes dos [...] átomos individuais.
Niels Bohr

números só eram geradas em ambientes de temperaturas mais altas.

A fórmula de Balmer, chamada série de Balmer, logo se provou valiosa quando as linhas de absorção de alta energia associadas ao hidrogênio foram identificadas nos comprimentos de onda previstos no espectro do Sol e de outras estrelas. Em 1888, o físico sueco Johannes Rydberg desenvolveu uma versão mais geral da fórmula, depois chamada fórmula de Rydberg, que poderia ser usada (com uns poucos ajustes) para prever linhas de emissão de muitos elementos diferentes.

Pistas do átomo

Os anos 1890 e o início do século xx viram grandes avanços na compreensão dos átomos, com as primeiras evidências de que eles não eram caroços uniformes e sólidos de matéria, como se pensava antes. Primeiro, em 1897 J. J. Thomson descobriu o elétron (a primeira partícula subatômica) e, em 1909, baseando-se no trabalho de Hans Geiger e Ernest Marsden, Ernest Rutherford propôs a existência do núcleo, em que a maior parte da massa do átomo se concentra. Rutherford imaginou o átomo com um núcleo central minúsculo cercado por elétrons espalhados de modo aleatório por todo o restante do seu volume.

As discussões com Rutherford inspiraram um jovem cientista dinamarquês, Niels Bohr, a trabalhar em seu próprio modelo atômico. A grande descoberta de Bohr foi combinar o modelo nuclear de Rutherford com a sugestão radical de Max Planck, em 1900, de que, em circunstâncias particulares, a radiação era emitida em minúsculos bocados chamados quanta. Planck tinha proposto essa teoria como um meio matemático de explicar a produção de luz característica das estrelas e outros objetos incandescentes. Em 1905, Albert Einstein foi um passo além de Planck, dizendo que esses pequenos pacotes de radiação eletromagnética não eram só uma consequência de certos tipos de emissão de radiação, mas fundamentais à natureza da luz.

Bohr não aceitou, na época, a teoria de Einstein de que a luz sempre viajava em pacotes, depois chamados fótons, mas ficou imaginando se algo na estrutura atômica, e em particular no arranjo dos elétrons, poderia às vezes produzir luz em pequenos surtos de comprimentos de onda e energia específicos.

O modelo de Bohr

Em 1913, Bohr descobriu um meio de ligar, pela primeira vez, a estrutura atômica à fórmula de Rydberg. Numa influente trilogia de artigos, ele propôs que o movimento dos elétrons num átomo era limitado, só podendo ter certos valores de momento angular (o momento devido à órbita ao redor do núcleo). Na prática, isso significava que os elétrons só podiam orbitar a certas distâncias fixas do núcleo. Como a intensidade da atração eletromagnética entre o núcleo de carga positiva e os elétrons, de carga negativa, também variaria, dependendo da órbita, cada elétron teria certa energia, com órbitas de menor energia mais perto do núcleo e as de maior energia mais distantes.

Cada órbita podia manter um número máximo de elétrons, e órbitas perto do núcleo "lotariam" primeiro. Lugares vazios (e órbitas inteiras vazias), mais para fora, ficavam disponíveis para que

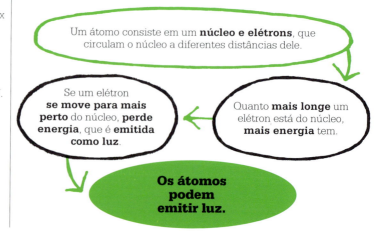

SOM E LUZ

Órbita do elétron
Núcleo
Fóton com comprimento de onda longo, quando um elétron cai só uma órbita
Fóton com comprimento de onda curto, quando um elétron cai duas órbitas

O comprimento de onda da luz que um átomo emite depende de quanta energia o elétron perde ao cair de uma órbita para outra. Quanto mais longe cair, menor o comprimento de onda da luz e maior a energia.

elétrons mais para dentro "pulassem" até eles se recebessem um acréscimo de energia – de um raio de luz, por exemplo. Se ficasse um lugar vago na órbita mais interna, a transição seria em geral breve, e o elétron "excitado" iria quase de imediato cair de volta para o estado de menor energia. Nesse caso, ele emitiria uma pequena irrupção de luz cuja frequência, ou comprimento de onda, e cor eram determinadas pela equação $\Delta E = h\nu$ (chamada equação de Planck, do nome de Max Planck), em que ΔE é a diferença de energia na transição, ν (a letra grega ni) é a frequência da luz emitida e h é a constante de Planck, que relaciona a frequência e a energia das ondas eletromagnéticas.

Bohr aplicou de modo convincente esse novo modelo ao átomo mais simples, hidrogênio, e mostrou como poderia produzir as linhas familiares da série de Balmer. No entanto, a evidência mais inquestionável e que confirmou que estava na pista certa veio com a interpretação de uma série de linhas no espectro de estrelas superquentes, conhecidas como série de Pickering. Bohr explicou, com acerto, que essas linhas eram associadas a elétrons pulando entre órbitas de hélio ionizado (He^+) – átomos de hélio que já perderam um de seus dois elétrons.

Raízes do laser

As décadas seguintes mostraram que o modelo de Bohr era uma supersimplificação dos estranhos processos quânticos que ocorrem dentro de átomos reais, mas de todo modo marcou um enorme avanço no conhecimento científico. O modelo de Bohr não só explicou a ligação entre a estrutura atômica e as linhas espectrais pela primeira vez, como preparou o caminho para novas tecnologias que aproveitariam essa emissão, como o laser – um feixe intenso de fótons criados ao provocar uma cascata de emissões num material energizado. O comportamento em que o laser se baseia foi previsto por Einstein já em 1917, e provado em 1928 por Rudolph W. Ladenburg, mas um feixe de laser funcional só foi obtido na prática em 1960. ∎

Precisamos ter claro que, quando se trata de átomos, a linguagem só pode ser usada como na poesia.
Niels Bohr

Niels Bohr

Nascido em Copenhague, na Dinamarca, em 1885, Bohr estudou física na universidade local. Sua tese de PhD, concluída em 1911, foi uma pesquisa revolucionária sobre a distribuição de elétrons em metais. Uma visita a laboratórios britânicos, no mesmo ano, inspirou-o a formular o modelo de estrutura atômica, pelo qual recebeu o Prêmio Nobel de Física em 1922. Na época, ele era o diretor do novo Instituto Dinamarquês de Física Teórica.

Em 1940, a Dinamarca foi ocupada pelos nazistas. Três anos depois, Bohr, cuja mãe era judia, fugiu para os EUA, onde contribuiu com o Projeto Manhattan de construção da bomba atômica. De volta à Dinamarca em 1945, ajudou a criar a Agência Internacional de Energia Atômica. Bohr morreu em sua casa em Copenhague em 1962.

Obras principais

1913 "Sobre a constituição de átomos e moléculas"
1924 "A teoria quântica da radiação"
1939 "O mecanismo da fissão nuclear"

VER COM O SOM
PIEZELETRICIDADE E ULTRASSOM

EM CONTEXTO

FIGURAS CENTRAIS
Pierre Curie (1859–1906),
Jacques Curie (1855–1941),
Paul Langevin (1872–1946)

ANTES
1794 O biólogo Lazzaro Spallanzani revela como os morcegos se orientam ouvindo os ecos de seus próprios sons.

DEPOIS
1941 Na Áustria, Karl Dussik é a primeira pessoa a aplicar o imageamento de ultrassom ao corpo humano.

1949 John Wild, um físico nos EUA, faz uso pioneiro do ultrassom como ferramenta diagnóstica.

1966 Na Universidade de Washington, Donald Baker e colegas desenvolvem o primeiro ultrassom de onda pulsada, usando o efeito Doppler – quando a fonte de ondas sonoras se move – para medir o movimento de fluidos corporais.

Os cristais são **piezelétricos** se, ao serem aquecidos e/ou distorcidos, sua estrutura puder **criar uma corrente elétrica**.

Correntes elétricas de alta frequência podem fazer os cristais piezelétricos produzirem **ultrassom** de tom alto.

Os **ecos** de ultrassom rebatidos por um objeto são afetados por sua forma, composição e distância.

Esses ecos fazem os cristais piezelétricos **se comprimirem**.

Quando os cristais se comprimem, produzem **sinais elétricos** que podem ser **transformados em imagens**.

O uso de ecolocalização – detecção de objetos ocultos por ondas sonoras refletidas desses objetos como ecos – foi proposto pela primeira vez em 1912 pelo físico britânico Lewis Fry Richardson. Pouco após o desastre do *Titanic* naquele ano, Richardson pediu a patente de um método para alertar navios sobre icebergs e outros grandes objetos submersos no todo ou em parte. Richardson notou que um barco que emitisse ondas sonoras em frequências mais altas e comprimentos de onda menores – chamado depois ultrassom – poderia detectar objetos submersos com precisão maior que a permitida por ondas sonoras normais. Ele imaginou um

Ver também: Potencial elétrico 128-129 ▪ Música 164-167 ▪ Efeito Doppler e desvio para o vermelho 188-191 ▪ Aplicações quânticas 226-231

> A absorção do som pela água é menor que pelo ar.
> **Lewis Fry Richardson**

meio mecânico para produzir tais ondas e mostrou que elas podiam ser conduzidas mais longe na água que no ar.

Os cristais de Curie

A invenção de Richardson nunca se tornou realidade. O desastre do *Titanic* saiu das manchetes e a necessidade se tornou menos urgente. Além disso, um método mais prático de criar e detectar ultrassom já tinha sido descoberto pelos irmãos franceses Jacques e Pierre Curie.

Por volta de 1880, ao investigar o modo como certos cristais podem criar uma corrente elétrica ao serem aquecidos, eles descobriram que usar pressão para deformar a estrutura do cristal também criava uma diferença de potencial elétrico – chamada piezeletricidade. Um ano depois, confirmaram a previsão do físico francês Gabriel Lippmann de que passar uma corrente elétrica por um cristal causaria um efeito reverso – a deformação física do cristal.

As aplicações práticas da piezeletricidade não foram logo percebidas, mas Paul Langevin, ex-aluno de Pierre Curie, continuou a pesquisar. Com o início da Primeira Guerra Mundial e o surgimento de um novo instrumento de combate, o *U-Boot* alemão (submarino), Langevin percebeu que a piezeletricidade poderia ser usada para produzir e detectar ultrassom.

Nova tecnologia

Os pulsos de ondas sonoras de alta frequência podiam ser impelidos na água com o uso de correntes oscilatórias poderosas passando por cristais empilhados, ensanduichados entre folhas de metal, um dispositivo chamado transdutor. O princípio reverso poderia converter a compressão causada pelo retorno de ecos num sinal elétrico. A aplicação de Langevin da descoberta dos irmãos Curie está na base do sonar e outros sistemas de ecolocalização ainda em uso.

A princípio, a interpretação dos dados de ecolocalização implicava devolver ao som o pulso de retorno por meio de um alto falante, mas no início do século XX foram desenvolvidos mostradores eletrônicos. Estes acabaram evoluindo nos sistemas de mostradores de sonar usados em navegação, defesa e ultrassom médico. ∎

Nos cristais piezelétricos, como a ametista, a estrutura das células não é simétrica. Quando é aplicada pressão, a estrutura se deforma e os átomos se movem, criando uma pequena voltagem.

SOM E LUZ 201

Pierre Curie

Filho de um médico, Curie nasceu em Paris em 1859 e foi educado pelo pai. Após estudar matemática na Universidade de Paris, trabalhou como instrutor de laboratório na faculdade de ciências da universidade. Os experimentos que conduziu no laboratório com seu irmão Jacques levaram à descoberta da piezeletricidade e a sua invenção de um "eletrômetro" para medir as fracas correntes elétricas envolvidas. No doutorado, Curie pesquisou a relação entre temperatura e magnetismo. Começou, então, a trabalhar com a física polonesa Maria Skłodowska, com quem se casou em 1895. Pelo resto da vida, eles pesquisaram radioatividade, o que lhes valeu o Prêmio Nobel em 1903. Pierre morreu num acidente de trânsito em 1906.

Obra principal

1880 "Développement, par pression, de l'électricité polaire dans les cristaux hémièdres à faces inclinées" (Desenvolvimento de eletricidade por pressão em faces inclinadas de cristais hemiédricos)

UM GRANDE ECO FLUTUANTE
VER ALÉM DA LUZ

EM CONTEXTO

FIGURA CENTRAL
Jocelyn Bell Burnell (1943–)

ANTES
1800 William Herschel descobre, por acaso, a radiação infravermelha.

1887 Heinrich Hertz consegue gerar ondas de rádio pela primeira vez.

DEPOIS
1967 Os satélites militares americanos Vela, destinados a detectar testes nucleares, registram os primeiros surtos de raios gama de eventos no Universo distante.

1983 A NASA, o Reino Unido e os Países Baixos lançam o primeiro telescópio espacial de infravermelho, o IRAS.

2019 Usando síntese de abertura para montar uma colaboração de telescópios ao redor do mundo, os astrônomos observam a radiação em torno de um buraco negro supermassivo numa galáxia distante.

A descoberta de radiações eletromagnéticas além da luz visível pelos físicos nos séculos XIX e XX apresentou novos modos de observar a natureza e o Universo. Porém, eles teriam de vencer muitos desafios, em especial porque a atmosfera da Terra bloqueia ou atenua muitas dessas radiações. No caso das ondas de rádio de planetas, estrelas e outros fenômenos celestes (que podem penetrar a atmosfera), o maior problema eram os enormes comprimentos de onda, que tornavam difícil localizar a fonte.

Os primeiros passos na radioastronomia foram dados em 1931, quando o físico americano Karl Jansky construiu uma grande e sensível antena numa plataforma giratória. Medindo como os sinais mudavam ao longo do dia, conforme a Terra girava e revelava diferentes partes do céu sobre o horizonte, ele pôde provar que o centro da Via Láctea era uma forte fonte de ondas de rádio.

Mapeamento de ondas de rádio

Nos anos 1950, o primeiro telescópio gigante de "prato" foi construído no Reino Unido por Bernard Lovell em Jodrell Bank, em Cheshire. Com diâmetro de 76,2 m, o telescópio conseguia produzir imagens borradas do céu em rádio, que permitiram pela primeira vez determinar a localização e forma de fontes de rádio individuais.

Melhorias importantes no poder de resolução dos telescópios de rádio foram obtidas nos anos 1960, com o trabalho de Martin Ryle,

---

Ondas de rádio invisíveis do espaço penetram na atmosfera da Terra.

Os **radiotelescópios** podem coletar ondas de rádio para identificar sua **localização aproximada**.

Isso ajuda os astrônomos a localizar **estrelas e galáxias distantes**.

SOM E LUZ 203

Ver também: Ondas eletromagnéticas 192-195 ▪ Buracos negros e buracos de minhoca 286-289 ▪ Matéria escura 302-305 ▪ Energia escura 306-307 ▪ Ondas gravitacionais 312-315

Mapas em rádio do céu mostram a fonte de ondas que chegam do espaço profundo. As emissões de rádio mais intensas (em vermelho) vêm das regiões centrais da nossa galáxia.

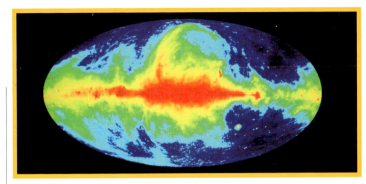

Antony Hewish e de Jocelyn Bell Burnell, pós-graduanda da Universidade de Cambridge. Ryle inventou uma técnica chamada síntese de abertura, em que uma rede, ou "arranjo" de antenas de rádio individuais, funciona como um só telescópio gigante. O princípio envolvia medir a amplitude (intensidade) variável das ondas de rádio recebidas pelas diferentes antenas ao mesmo tempo. Esse método (e algumas suposições básicas sobre a forma das ondas de rádio) permitiu que a direção de sua fonte fosse calculada com muito mais precisão.

Usando a descoberta de Ryle, Hewish e Bell Burnell decidiram construir um radiotelescópio com vários milhares de antenas, que acabaria cobrindo 1,6 hectare de solo. Hewish esperava usar esse telescópio para descobrir cintilação interplanetária – variações previstas nos sinais de rádio de fontes distantes conforme interagem com o campo magnético do Sol e o vento solar.

O projeto de Bell Burnell envolvia monitorar as medidas de cintilação interplanetária e buscar as variações ocasionais previstas. Entre seus achados, porém, houve um sinal de rádio muito menor e mais regular, que durava 1/25 de segundo, repetindo-se a cada 1,3 segundo e cujo movimento acompanhava o das estrelas. Isso acabou se provando ser um pulsar – o primeiro exemplo conhecido de uma estrela de nêutrons de rotação rápida, um objeto cuja existência tinha sido proposta nos anos 1930.

A descoberta de pulsares por Bell Burnell foi o primeiro de um dos grandes achados da radioastronomia. Conforme a tecnologia progrediu, a síntese de abertura seria usada para fazer imagens incrivelmente detalhadas do céu em rádio, ajudando a revelar a estrutura da Via Láctea, galáxias distantes colidindo e material ao redor de buracos negros supermassivos. ∎

Jocelyn Bell Burnell

Nascida em Belfast, na Irlanda do Norte, em 1943, Jocelyn Bell interessou-se por astronomia após visitar o Planetário Armagh, quando menina. Ela se graduou em física na Universidade de Glasgow em 1965 e entrou na Universidade de Cambridge para estudar para o PhD, orientada por Antony Hewish. Foi lá que ela descobriu o primeiro pulsar.

Apesar de constar como segunda autora no artigo que anunciou a descoberta, Bell Burnell foi deixada de lado quando foi concedido o Prêmio Nobel a seus colegas em 1974. Desde então seguiu uma carreira de sucesso em astronomia, com várias outras premiações, como o Prêmio de Descoberta Especial em Física Fundamental de 2018, tanto por sua pesquisa científica como por seu trabalho na promoção do papel das mulheres e minorias em ciência e tecnologia.

Obra principal

1968 "Observação de uma fonte de rádio de pulsação rápida" (artigo na *Nature*, com Antony Hewish e outros)

O MUNDO QUÂNTICO

NOSSO INCERTO UNIVERSO

INTRODUÇÃO

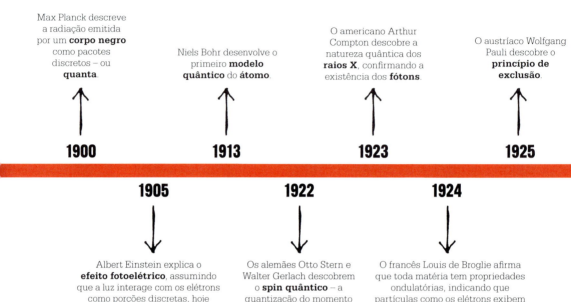

Nosso mundo é determinista e segue leis que estabelecem de modo definitivo como um sistema evoluirá. Em geral, por tentativa (praticando um esporte e prevendo a trajetória de uma bola) e erro (sendo atingidos por algumas bolas), aprendemos de modo natural essas leis deterministas para situações específicas do dia a dia.

Os físicos concebem experimentos para revelar essas leis e nos permitir assim prever como nosso mundo ou as coisas dentro dele mudarão com o tempo. Esses experimentos levaram à física determinista de que falamos neste livro até aqui. Foi, porém, inquietante descobrir, no início do século XX, que não é assim que a natureza se comporta em seu âmago. O mundo determinista que vemos a cada dia é só uma imagem borrada, uma média, daquele mais perturbador que existe nas menores escalas. A porta para esse novo domínio foi destrancada com a descoberta de que a luz se comporta de estranhas maneiras.

Ondas ou partículas?

Desde o século XVI, houve debates inflamados sobre a natureza da luz. Um lado assegurava que a luz era feita de partículas minúsculas – ideia defendida pelo físico inglês Isaac Newton –, mas outros a viam como um fenômeno ondulatório. Em 1803, o experimento da dupla fenda do físico britânico Thomas Young pareceu fornecer a evidência definitiva da luz como onda, já que mostrava interferência, um comportamento que não poderia ser explicado por partículas. No início do século XX, os físicos alemães Max Planck e Albert Einstein revisitaram as ideias de Newton e propuseram que a luz deveria ser feita de pacotes discretos. Einstein teve de apelar a essa conclusão aparentemente estranha para descrever o fenômeno observado do efeito fotoelétrico.

Havia agora evidência para ambos os lados do debate partícula-onda. Algo muito suspeito acontecia – bem-vindos ao mundo dos quanta, objetos que se comportam como partículas e como ondas, dependendo da situação. A maioria dos quanta são partículas subatômicas, elementares ou fundamentais, não compostas de outras partículas. Quando as olhamos, têm aparência de partículas, mas entre as observações se comportam como ondas. O comportamento ondulatório não é igual ao da água. Se duas ondas se combinam para fazer uma maior, isso não aumenta a energia de um

O MUNDO QUÂNTICO

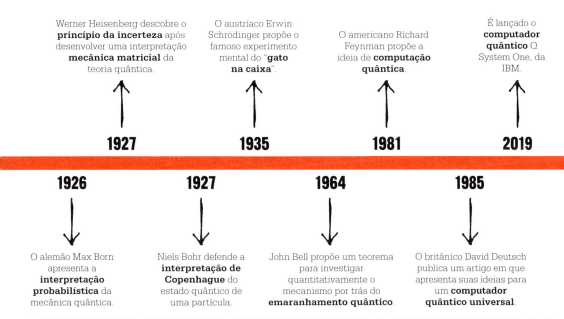

quantum, como ocorreria na água. Em vez disso, é ativada a probabilidade de que uma onda seja vista naquele lugar particular. Quando vemos um quantum, ele não pode estar em todos os lugares ao mesmo tempo; em vez disso, ele se define por um só lugar, dependendo das probabilidades traçadas por sua onda. Esse era um modo de comportar-se novo, probabilístico, em que podíamos saber tudo sobre um quantum num ponto do tempo, mas nunca ser capazes de prever definitivamente onde estaria depois. Esses quanta não se comportam como bolas de esporte, cujo voo é previsível – sempre há uma probabilidade de que, onde quer que estejamos, sejamos atingidos.

O mecanismo com que os objetos quânticos transitam entre medidas de comportamento ondulatório e de partícula foi acaloradamente debatido. Em 1927, o físico dinamarquês Niels Bohr defendeu a interpretação de Copenhague da física quântica. Essa série de ideias sustenta que a função de onda representa probabilidades de resultados finais e que ela colapsa em um só resultado possível ao ser medida por um observador. Seguiram-se, desde então, interpretações mais complicadas. E o debate continua aceso.

Nada é certo

A estranheza não termina aí. Nunca se pode saber de verdade tudo sobre um quantum. O princípio da incerteza do físico alemão Werner Heisenberg explica que é impossível conhecer certos pares de propriedades, como momento e posição, com precisão exata. Quanto maior a acurácia com que se medir uma propriedade, menor a precisão com que se conhecerá a outra.

Mais bizarro ainda é o fenômeno do emaranhamento quântico, que permite a uma partícula afetar outra num lugar totalmente diverso. Quando duas partículas estão emaranhadas, mesmo que separadas por uma grande distância, são na verdade um só sistema. Em 1964, o físico norte-irlandês John Stewart Bell apresentou uma evidência de que o emaranhamento quântico realmente existe, e o físico francês Alain Aspect demonstrou essa "ação a distância" em 1981.

Hoje, estamos aprendendo a usar esses estranhos comportamentos quânticos para algumas coisas fantásticas. Novas tecnologias baseadas em princípios quânticos devem mudar o mundo num futuro próximo. ∎

A ENERGIA DA LUZ SE DISTRIBUI DE MODO DESCONTÍNUO NO ESPAÇO
QUANTA DE ENERGIA

EM CONTEXTO

FIGURA CENTRAL
Max Planck (1858–1947)

ANTES
1839 O físico francês Edmond Becquerel faz a primeira observação do efeito fotoelétrico.

1899 O físico britânico J. J. Thomson confirma que a luz ultravioleta pode gerar elétrons a partir de uma placa de metal.

DEPOIS
1923 O físico americano Arthur Compton consegue espalhar raios X de elétrons, demonstrando que atuam como partículas.

1929 O químico americano Gilbert Lewis cunha o nome "fótons" para os quanta de luz.

1954 Cientistas americanos trabalhando nos Laboratórios Bell inventam a primeira célula solar prática.

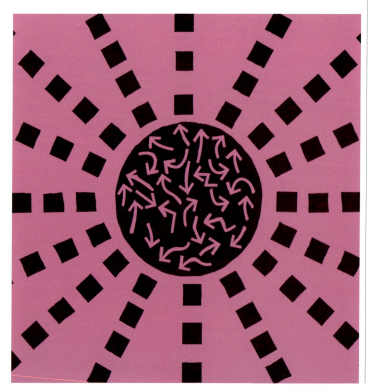

Em 19 de outubro de 1900, Max Planck fez uma palestra na Sociedade Física Alemã (Deutsche Physikalische Gesellschaft), em Berlim. Embora só dali a alguns anos tenham se evidenciado todas as implicações de seus pronunciamentos, eles marcaram o início de um novo tempo para a física: a era do quantum.

Planck submeteu uma solução a um problema que vinha afligindo os físicos até ali. O problema envolvia corpos negros – objetos que são absorsores perfeitos e emissores de todas as frequências da radiação eletromagnética. Um corpo negro é chamado assim porque toda a radiação que atinge sua superfície é

O MUNDO QUÂNTICO

Ver também: Radiação térmica 112-117 ▪ Luz como grão e como onda 176-179 ▪ Difração e interferência 180-183 ▪ Ondas eletromagnéticas 192-195 ▪ Luz que vem do átomo 196-199 ▪ Partículas e ondas 212-215

Estamos acostumados a pensar em **energia** sendo emitida ao longo de um **intervalo contínuo**.

No **mundo quântico**, as coisas são muito diferentes. Nele, a energia vem em **unidades discretas**, ou quanta.

Os elétrons absorvem ou emitem quanta de energia **descontinuamente**.

---

absorvida; nenhuma radiação é refletida e a energia que ele emite depende apenas de sua temperatura. Corpos negros perfeitos não existem na natureza.

Uma teoria formulada pelos físicos britânicos James Jeans e John Strutt (lorde Rayleigh) explicou com precisão o comportamento dos corpos negros em baixas frequências, mas previu que, como não havia um limite superior para as frequências mais altas que poderiam ser geradas, a quantidade de energia irradiada por um corpo negro deveria continuar a crescer infinitamente. Isso foi chamado "catástrofe do ultravioleta", pois dizia respeito à radiação de comprimento de onda curto, além do ultravioleta. As observações do dia a dia mostram que a previsão estava errada. Se estivesse correta, os padeiros seriam expostos a doses letais de radiação cada vez que abrissem os fornos, mas no fim do século XIX ninguém conseguia explicar por que estava errada.

Planck fez a suposição radical de que os átomos vibrando num corpo negro emitem energia em pacotes discretos, que chamou de quanta. O tamanho desses quanta é proporcional à frequência de vibração. Embora, em teoria, haja um número infinito de frequências mais altas, é preciso quantidades cada vez maiores de energia para liberar quanta nesses níveis. Por exemplo, um quantum de luz violeta tem o dobro de frequência e, portanto, o dobro de energia de um quantum de luz vermelha. Essa proporcionalidade explica por que um corpo negro não libera energia igualmente ao longo do espectro eletromagnético.

A constante de Planck

Planck denotou a constante de proporcionalidade como h – hoje conhecida como constante de Planck – e relacionou a energia de um quantum a sua frequência pela simples fórmula $E = h\nu$, em que E é a energia e ν, a frequência. A energia de um quantum pode ser calculada multiplicando sua frequência pela constante de Planck, ou seja, $6{,}62607015 \times 10^{-34}$ J s (joules-segundos).

A solução de Planck funcionou – os resultados dos experimentos estavam de acordo com as previsões feitas por sua teoria. Mas Planck não ficou totalmente satisfeito e resistiu por anos à ideia de que seus quanta tivessem alguma base real, vendo-os só como um "remendo" matemático para um problema difícil. Ele não conseguia dar uma boa razão para que os quanta fossem reais e confessou que os tinha apresentado num "ato de desespero", mas isso levou à revolução quântica, que transformou a física.

O efeito fotoelétrico

Quando Albert Einstein ouviu falar »

O efeito fotoelétrico é a emissão de elétrons por alguns metais ao serem atingidos por um feixe de luz. Quanto maior a frequência da luz, mais alta é a energia de seus fótons e mais alta é a energia dos elétrons emitidos.

Fóton de luz vermelha de baixa energia — Nenhum elétron é emitido da superfície de metal

Fóton de luz verde de energia mais alta — Elétron de baixa energia

Fóton ultravioleta de energia muito alta — Elétron de alta energia

O efeito fotoelétrico no espaço

Cargas elétricas podem se acumular no exterior de uma nave espacial como a SpaceX Dragon, a menos que haja sistemas para drená-las.

Quando uma nave espacial é exposta à luz solar contínua de um lado, fótons (ou quanta de luz) ultravioleta de alta energia, atingindo sua superfície metálica, produzem a ejeção de um fluxo constante de elétrons. A perda dos elétrons faz a nave desenvolver uma carga positiva no lado ensolarado, enquanto o outro, na sombra, fica com carga relativa negativa. Sem condutores que previnam esse acúmulo, a diferença de carga na superfície fará uma corrente elétrica fluir de um lado da nave ao outro. No início dos anos 1970, antes de serem tomadas medidas contra esse fenômeno, ele provocou perturbações nos delicados circuitos de vários satélites que orbitavam a Terra, causando até a perda total de um satélite militar em 1973. A taxa de liberação de elétrons depende da superfície do material da nave, do ângulo de incidência dos raios solares e da atividade do Sol, considerando até manchas solares.

---

da teoria de Planck, comentou: "Foi como se o chão tivesse fugido sob nossos pés". Em 1904, Einstein escreveu a um amigo que tinha descoberto "do modo mais simples a relação entre o tamanho dos quanta elementares [...] e os comprimentos de onda da radiação". Essa relação era a resposta a um aspecto curioso da radiação que antes desafiava explicações. Em 1887, o físico alemão Heinrich Hertz descobriu que certos tipos de metal emitiam elétrons quando um feixe de luz incidia neles. Esse "efeito fotoelétrico" é similar ao fenômeno aproveitado para uso em comunicações por fibra óptica (embora as fibras ópticas sejam feitas de materiais semicondutores e não de metais).

Um problema com elétrons

Os físicos acreditavam de início que a parte do campo elétrico (uma região do espaço em que a carga elétrica está presente) da onda eletromagnética fornecia a energia que os elétrons precisam para se libertar. Se fosse assim, quanto mais brilhante a luz, maior a energia dos elétrons que seriam emitidos. Porém, não foi isso que se verificou. A energia dos elétrons liberados depende não da intensidade da luz, mas de sua frequência. Mudar o feixe para frequências mais altas, do azul para o violeta e além, resulta em elétrons de energia mais alta; um feixe de luz vermelha de baixa frequência, mesmo que de brilho cegante, não produz elétrons. É como se ondinhas rápidas pudessem mover de forma fácil a areia da praia, mas uma onda lenta, por maior que fosse, a deixasse intocada. Além disso, se os elétrons fossem saltar,

Não há analogia física que possamos fazer para entender o que acontece dentro dos átomos. Os átomos se comportam como átomos, nada além disso.
John Gribbin
Escritor científico britânico e astrofísico

isso aconteceria na hora; não havia acumulação de energia, o que não fazia sentido antes das revelações de Planck e Einstein. Em março de 1905, Einstein publicou um artigo na revista mensal *Annals of Physics* que juntava os quanta de Planck ao efeito fotoelétrico. Esse artigo acabou lhe valendo o Prêmio Nobel em 1921. Einstein estava interessado em especial nas diferenças entre teorias de partícula e teorias de onda. Ele comparou as fórmulas que descrevem o comportamento das partículas num gás ao ser comprimido ou quando se permite sua expansão com as fórmulas que descrevem mudanças similares conforme a radiação se espalha pelo espaço. Ele descobriu que ambas obedecem às mesmas regras, e a matemática subjacente aos dois fenômenos é a mesma. Isso deu a Einstein um modo de calcular a energia de um quantum de luz de uma frequência em especial; seus resultados concordaram com os de Planck.

Einstein foi em frente para mostrar como o efeito fotoelétrico poderia ser explicado pela existência de quanta de luz. Como

O MUNDO QUÂNTICO

> A teoria atômica e a mecânica quântica demonstraram que tudo, até o espaço e o tempo, existe em bocadinhos discretos – os quanta.
> **Victor J. Stenger**
> Físico de partículas americano

Planck havia afirmado, a energia de um quantum era determinada por sua frequência. Se um só quantum transfere sua energia para um elétron, então, quanto maior a energia do quantum, maior a energia do elétron emitido. Fótons (como os quanta seriam depois chamados) azuis de alta energia têm a capacidade de arrancar elétrons; fótons vermelhos simplesmente não conseguem. Aumentar a intensidade da luz produz números maiores de elétrons, mas não cria elétrons mais energéticos.

Mais experimentos

Planck tinha visto o quantum como pouco mais que um recurso matemático; agora, Einstein propunha que ele era uma realidade física. Isso não soou bem para muitos outros físicos, relutantes em abandonar a ideia de que a luz era onda e não um fluxo de partículas. Em 1913, até Planck comentou sobre Einstein: "Que às vezes [...] ele possa ter ido além da conta em suas especulações não deveria ser usado contra ele".

Cético, o físico americano Robert Millikan fez experimentos sobre o efeito fotoelétrico destinados a provar que a afirmação de Einstein estava errada, mas os resultados se alinharam totalmente às previsões deste último. Ainda assim, Millikan classificou a hipótese de Einstein como "ousada, para não dizer imprudente". Foi só depois dos experimentos feitos pelo físico americano Arthur Compton em 1923 que a teoria quântica afinal começou a ser aceita. Compton observou o espalhamento dos raios X a partir de elétrons, obtendo uma evidência plausível de que, em experimentos de espalhamento, a luz se comporta como um fluxo de partículas e não pode ser explicada como um mero fenômeno ondulatório. Em seu artigo, publicado na *Physical Review*, ele explicou que "a notável concordância entre nossas fórmulas e os experimentos praticamente não deixam dúvida de que o espalhamento de raios X é um fenômeno quântico".

A explicação de Einstein do efeito fotoelétrico podia ser verificada por experimentação – a luz, parecia, atuava como se fosse um fluxo de partículas. Porém, ela também atuava como onda em fenômenos conhecidos e bem compreendidos como reflexão, refração, difração e interferência. Então, para os físicos, a questão permanecia: o que era a luz? Era onda ou partícula? Poderia ser os dois? ∎

> Qualquer um pensa que sabe [o que os quanta de energia são], mas está se iludindo.
> **Albert Einstein**

Max Planck

Nascido em Kiel, na Alemanha, em 1858, Max Planck estudou física na Universidade de Munique, formado aos dezessete anos e com doutorado quatro anos depois. Ele desenvolveu grande interesse por termodinâmica e em 1900 produziu o que é hoje conhecido como fórmula de radiação de Planck, apresentando a ideia de quanta de energia. Isso marcou o início da teoria quântica, uma das pedras fundamentais da física do século XX, embora o alcance de suas consequências não tenha sido percebido por vários anos. Em 1918, Planck recebeu o Prêmio Nobel de Física por suas realizações. Quando Adolf Hitler subiu ao poder em 1933, Planck pediu em vão ao ditador que abandonasse as políticas raciais. Ele morreu em Göttingen, na Alemanha, em 1947.

Obras principais

1900 "Sobre um aperfeiçoamento da equação de Wien sobre o espectro"
1903 *Tratado sobre termodinâmica*
1920 *Origem e desenvolvimento da teoria quântica*

ELAS NÃO SE COMPORTAM COMO NADA QUE VOCÊ VIU ANTES

PARTÍCULAS E ONDAS

EM CONTEXTO

FIGURA CENTRAL
Louis de Broglie (1892–1987)

ANTES
1670 Isaac Newton desenvolve a teoria corpuscular (de partículas) da luz.

1803 Thomas Young realiza o experimento da dupla fenda, demonstrando que a luz se comporta como onda.

1897 O físico britânico J. J. Thomson anuncia que a eletricidade é feita de um fluxo de partículas carregadas, hoje chamadas "elétrons".

DEPOIS
1926 O físico Erwin Schrödinger publica a equação de onda.

1927 O físico dinamarquês Niels Bohr desenvolve a interpretação de Copenhague, de que uma partícula existe em todos os estados possíveis até ser observada.

A natureza da luz está no coração da física quântica. Por séculos, as pessoas tentaram explicar o que ela é. O pensador antigo Aristóteles acreditava ser a luz uma onda que viajava por um éter invisível e preenchia o espaço. Outros pensavam que era um fluxo de partículas pequenas demais e movendo-se rápido demais para serem percebidas individualmente. Em 55 a.C., o filósofo romano Lucrécio escreveu: "A luz e o calor do Sol; estes são compostos de átomos diminutos que, ao serem expelidos, apressam-se em disparar pelo interespaço de ar". Porém, a teoria de partícula não foi muito bem recebida

O MUNDO QUÂNTICO

Ver também: Radiação térmica 112-117 ▪ Campos de força e equações de Maxwell 142-147 ▪ Luz como grão e como onda 176-179 ▪ Difração e interferência 180-183 ▪ Ondas eletromagnéticas 192-195 ▪ Quanta de energia 208-211 ▪ Números quânticos 216-217

A física não diz respeito só a escrever equações numa lousa e sentar-se em frente de um computador. A ciência tem a ver com explorar novos mundos.
Suchitra Sebastian
Físico indiano

e, assim, nos 2 mil anos seguintes ou mais, em geral se aceitou que a luz viajava em ondas.

Isaac Newton era fascinado pela luz e fez muitos experimentos. Ele demonstrou, por exemplo, que a luz branca podia ser dividida num espectro de cores ao passar por um prisma. Observou ainda que a luz viaja em linha reta, e que as sombras têm bordas definidas. A ele, parecia óbvio que a luz era um fluxo de partículas e não uma onda.

O experimento da dupla fenda

O incrivelmente talentoso cientista britânico Thomas Young propôs que, se um comprimento de onda de luz fosse curto o bastante, pareceria viajar em linha reta como se fosse um fluxo de partículas. Em 1803, colocou sua teoria em teste.

Primeiro, fez um pequeno buraco numa janela fechada para obter uma fonte pontual de iluminação. Então, pegou uma tábua e fez dois buracos muito pequenos nela, bem juntos. Ele colocou a tábua de modo que a luz que entrava pelo buraco na janela passasse pelos buracos e chegasse a uma tela. Se Newton estivesse certo e a luz fosse um fluxo de partículas, então dois pontos de luz seriam visíveis na tela, aonde as partículas chegariam, passando pelos buracos. Mas não foi o que Young viu.

Em vez de dois pontos distintos de luz, ele viu uma série de bandas curvas coloridas, separadas por linhas escuras, exatamente como seria esperado se a luz fosse onda. O próprio Young tinha estudado padrões de interferência em ondas dois anos antes. Ele havia descrito como o pico de uma onda, encontrando o pico de outra, se soma, criando um pico mais alto, enquanto dois vales fazem um vale mais profundo. Se um vale e um pico coincidem, um cancela o outro.

Infelizmente, os achados de Young não foram bem recebidos, pois não concordavam com a visão do grande Isaac Newton de que a luz era conduzida por um fluxo de partículas.

Partículas de luz

Nos anos 1860, o cientista escocês James Clerk Maxwell declarou que a luz era uma onda eletromagnética. Uma onda eletromagnética é feita de duas ondas unidas que viajam na mesma direção, mas em ângulo reto uma em relação à outra. Uma dessas ondas é um campo magnético oscilando; a outra, um campo elétrico oscilando. Os dois campos se mantêm em sincronia enquanto as ondas se propagam. Quando, em 1900, Max Planck resolveu o problema da radiação »

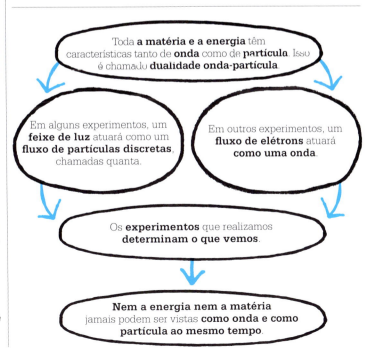

> Temos dois quadros diferentes da realidade; separados, nenhum deles explica de modo completo os fenômenos da luz, mas juntos fazem isso.
> **Albert Einstein**

de corpo negro aceitando que a energia eletromagnética era emitida em quanta, na verdade não acreditou que eles fossem reais. A evidência de que a luz era onda foi forte demais para que Planck aceitasse ser ela, na verdade, composta de partículas.

Em 1905, Albert Einstein mostrou como o efeito fotoelétrico – que não podia ser explicado pela teoria ondulatória da luz – podia ser entendido considerando que a luz era, na verdade, composta de quanta de energia discretos (os fótons). Para Einstein, os quanta de luz eram uma realidade física, mas ele lutou em vão, pelo resto da vida, para resolver o paradoxo aparente de se poder demonstrar também que a luz é onda. Num experimento realizado em 1922, o físico americano Arthur Compton conseguiu espalhar raios X a partir de elétrons. A pequena mudança na frequência dos raios X resultantes ficou conhecida como efeito Compton e mostrou que tanto os raios X quanto os elétrons atuavam como partículas ao colidir.

Simetria da natureza

Em 1924, Louis de Broglie apresentou uma teoria em sua tese de doutorado de que toda matéria e energia – não só a luz – tem características tanto de partícula quanto de onda. De Broglie acreditava intuitivamente na simetria da natureza e na teoria quântica da luz de Einstein. Ele perguntou: se uma onda pode se comportar como partícula, por que uma partícula como um elétron não pode se comportar também como onda? De Broglie tomou a famosa equação de Einstein, $E = mc^2$, que relaciona massa à energia, e o fato de que Einstein e Planck tinham vinculado a energia à frequência das ondas. Combinando os dois, De

A equação de De Broglie de 1924 é usada para calcular o comprimento de onda de uma partícula, dividindo a constante de Planck pelo momento dela – sua massa multiplicada pela velocidade.

Broglie propôs que a massa devia ter também uma forma ondulatória e apresentou o conceito de uma onda de matéria: todo objeto em movimento tem uma onda associada. A energia cinética da partícula é proporcional a sua frequência e a velocidade da partícula é inversamente proporcional a seu comprimento de onda – partículas mais rápidas têm comprimentos de onda mais curtos.

Einstein apoiou a ideia de De Broglie, já que parecia uma continuação natural de suas próprias teorias. A alegação de De Broglie de que os elétrons podem se comportar como ondas foi verificada experimentalmente em 1927, quando os físicos George Thomson, britânico, e Clinton Davisson, americano, demonstraram que um feixe estreito de elétrons dirigido através de um cristal fino de níquel formava um padrão de difração ao passar pela rede cristalina.

Esta imagem mostra o padrão de difração de raios X da platina. Os raios X são formas ondulatórias de energia eletromagnética conduzidas por partículas que transmitem a luz chamada "fótons". Este experimento de difração mostra os raios X se comportando como raios, mas outro experimento pode mostrá-los como partículas.

O MUNDO QUÂNTICO 215

Como é possível ser assim?

Thomas Young tinha demonstrado que a luz era uma onda ao revelar como formava padrões de interferência. No início dos anos 1960, o físico americano Richard Feynman descreveu um experimento mental em que imaginou o que ocorreria se um fóton ou elétron por vez fosse enviado na direção de fendas gêmeas que podiam ser abertas ou fechadas. O resultado esperado era que os fótons viajassem como partículas, chegassem como partículas e fossem detectados na tela como pontos individuais. Em vez de padrões de interferência, deveria haver duas áreas brilhantes quando as duas aberturas estivessem abertas, e uma só se uma delas estivesse fechada. Porém, Feynman previu um resultado alternativo, em que o padrão na tela seria construído, partícula por partícula, em padrões de interferência quando ambas as fendas estivessem abertas – mas não se uma delas estivesse fechada.

Mesmo que fótons posteriores sejam disparados depois que os primeiros atingiram a tela, eles de alguma forma ainda "saberiam" aonde ir para construir o padrão de interferência. É como se cada partícula viajasse como onda, passasse por ambas as fendas simultaneamente e criasse uma interferência consigo mesma. Mas como uma só partícula, passando pela fenda da esquerda, sabe se a fenda da direita está aberta ou fechada?

Feynman recomendou nem sequer tentar responder essas perguntas. Em 1964, escreveu: "Não fique dizendo para si mesmo, se puder evitar: 'Mas como é possível ser assim?', porque você vai entrar num beco sem saída, do qual ninguém ainda conseguiu escapar. Ninguém sabe como é possível ser assim". As previsões de Feynman foram desde então confirmadas por outros cientistas.

O que parece é que tanto a teoria de onda como a de partícula da luz estão certas. A luz atua como onda ao viajar pelo espaço, mas como partícula ao ser medida. Não há um modelo único que possa descrever a luz em todos os seus aspectos. É fácil demais dizer que a luz tem uma "dualidade onda-partícula" e deixar assim, mas o que essa afirmação significa de verdade é algo que ninguém consegue responder de modo satisfatório. ∎

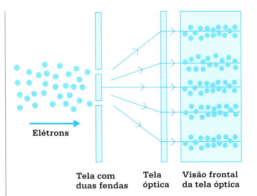

Elétrons

Tela com duas fendas | Tela óptica | Visão frontal da tela óptica

Quando partículas como elétrons ou átomos passam por um aparato com duas fendas, são produzidos padrões de interferência com bandas luminosas e escuras, como acontece com as ondas. Isso mostra que as partículas têm propriedades e comportamento ondulatórios.

Louis de Broglie

Nascido em 1892 em Dieppe, na França, Louis de Broglie se graduou em história em 1910 e em ciências em 1913. Ele foi convocado na Primeira Guerra Mundial e, quando o conflito acabou, retomou os estudos de física. Em 1924, na Faculdade de Ciências da Universidade de Paris, De Broglie apresentou sua tese de doutorado, "Recherches sur la théorie des quanta" (Pesquisas sobre a teoria dos quanta). Essa tese, recebida a princípio com espanto, mas confirmada depois pela descoberta da difração do elétron em 1927, serviu de base ao desenvolvimento da teoria da mecânica ondulatória. De Broglie lecionou física teórica no Instituto Henri Poincaré em Paris, até se aposentar. Em 1929, recebeu o Prêmio Nobel de Física pela descoberta da natureza ondulatória dos elétrons. Morreu em 1987.

Obras principais

1924 "Recherches sur la théorie des quanta" (Pesquisas sobre a teoria dos quanta), *Annales de Physique*
1926 *Ondes et mouvements* (Ondas e movimentos)

UMA NOVA IDEIA DE REALIDADE
NÚMEROS QUÂNTICOS

EM CONTEXTO

FIGURA CENTRAL
Wolfgang Pauli (1900–1958)

ANTES
1672 Isaac Newton divide a luz branca num espectro.

1802 William Hyde Wollaston vê linhas escuras no espectro solar.

1913 Niels Bohr apresenta seu modelo com níveis do átomo.

DEPOIS
1927 Niels Bohr propõe a interpretação de Copenhague, afirmando que uma partícula existe em todos os estados possíveis até ser observada.

1928 O astrônomo indiano Subrahmanyan Chandrasekhar calcula que uma estrela grande o bastante poderia colapsar, formando um buraco negro no fim da vida.

1932 O físico britânico James Chadwick descobre o nêutron.

Em 1802, o químico e físico britânico William Hyde Wollaston notou que o espectro da luz solar tinha numerosas linhas escuras finas sobrepostas. O fabricante de lentes alemão Joseph von Fraunhofer examinou primeiro essas linhas em detalhe em 1814, relacionando mais de quinhentas. Nos anos 1850, o físico Gustav Kirchhoff e o químico Robert Bunsen, ambos alemães, descobriram que cada elemento produz seu próprio e único conjunto de linhas, mas não sabiam o que as causava.

Saltos quânticos

Em 1905, Albert Einstein tinha explicado o efeito fotoelétrico, pelo qual a luz pode fazer elétrons serem emitidos de alguns metais, dizendo que a luz pode se comportar como um fluxo de pacotes de energia chamados quanta. Em 1913, o físico dinamarquês Niels Bohr propôs um modelo de átomo que levava em conta os quanta e também os espectros dos elementos. No átomo de Bohr, os elétrons viajavam ao redor do núcleo em órbitas fixas, quantizadas. Os quanta de luz (depois chamados fótons), ao atingir o átomo, poderiam ser absorvidos pelos elétrons, que se moveriam para órbitas mais altas (mais distantes do núcleo). Um fóton com energia suficiente poderia ejetar totalmente um elétron de órbita. Por outro lado, quando um elétron libera sua energia "extra" como um fóton de luz, cai de volta para seu nível de energia original, mais

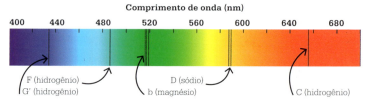

As linhas de Fraunhofer são raias finas escuras que se sobrepõem ao espectro da luz visível. Cada elemento produz seu próprio conjunto de linhas de Fraunhofer (designadas por uma ou mais letras), determinadas pelos números quânticos de seus elétrons. As linhas mais destacadas desse tipo são mostradas aqui.

O MUNDO QUÂNTICO 217

Ver também: Monopolos magnéticos 159 ▪ Ondas eletromagnéticas 192-195 ▪ Luz que vem do átomo 196-199 ▪ Quanta de energia 208-211 ▪ Partículas subatômicas 242-243

> As leis da física quântica **impedem que partículas idênticas ocupem o mesmo espaço ao mesmo tempo**.

> Cada elétron ao redor de um átomo tem um código único feito de **quatro números quânticos**.

> Os números quânticos definem **características do elétron** – energia, spin, momento angular e magnetismo.

> Dois elétrons com os mesmos números quânticos teriam de **ocupar níveis de energia diferentes** num átomo.

Wolfgang Pauli

Filho de um químico, Wolfgang Pauli nasceu em 1900 em Viena, na Áustria. Quando estava na escola, consta que escondia artigos de Albert Einstein sobre relatividade especial para ler na carteira. Em 1921, quando estudava na Universidade de Munique, na Alemanha, Pauli publicou seu primeiro artigo sobre relatividade, elogiado pelo próprio Einstein.

Após se graduar, Pauli foi assistente do físico Max Born na Universidade de Göttingen, na Alemanha. A ameaça de perseguição nazista o levou a mudar-se para Princeton, em Nova Jersey, em 1940, e depois ele se tornou cidadão americano. Recebeu o Prêmio Nobel em 1945 pela descoberta do princípio de exclusão. Pauli mudou-se para Zurique, na Suíça, em 1946, e trabalhou como professor na Eidgenössische Technische Hochschule da cidade até sua morte, em 1958.

Obras principais

1926 *Teoria quântica*
1933 "Princípios de mecânica ondulatória"

---

perto do núcleo do átomo. Esses passos para cima e para baixo são chamados "saltos quânticos". Seu tamanho é peculiar a cada átomo.

Os átomos emitem luz em comprimentos de onda específicos, e assim cada elemento produz um conjunto característico de linhas espectrais. Bohr propôs que essas linhas se relacionam aos níveis de energia das órbitas do elétron, e que são produzidas quando um elétron absorve ou emite um fóton na frequência que corresponde à linha espectral. O nível de energia que um elétron pode ter num átomo é denotado pelo número quântico principal, n, em que $n = 1$ é a órbita mais baixa possível, $n = 2$ a seguinte, subindo, e assim por diante. Usando esse esquema, Bohr descreveu o nível de energia no átomo mais simples, de hidrogênio, em que um só elétron orbita um só próton. Modelos posteriores que incorporaram as propriedades ondulatórias dos elétrons puderam descrever átomos mais pesados.

O princípio de exclusão de Pauli

Em 1925, Wolfgang Pauli tentava explicar a estrutura dos átomos. O que decidia o nível de energia de um elétron e o número de elétrons que cada nível de energia, ou camada, podia conter? A razão que encontrou foi que cada elétron tem um código único, descrito por seus quatro números quânticos – energia, spin, momento angular e magnetismo. O princípio de exclusão estabeleceu que dois elétrons de um átomo não poderiam partilhar os mesmos quatro números quânticos. Duas partículas idênticas não poderiam ocupar o mesmo estado ao mesmo tempo. Dois elétrons só poderiam ocupar a mesma camada se tivessem, por exemplo, spin oposto. ▪

A física é a solução de quebra-cabeças, mas quebra-cabeças criados pela natureza, não pela mente humana.
Maria Goeppert Mayer
Física teuto-americana

TUDO É ONDA
MATRIZES E ONDAS

EM CONTEXTO

FIGURA CENTRAL
Erwin Schrödinger
(1887–1961)

ANTES
1897 J. J. Thomson descobre o elétron e sugere que é o portador da eletricidade.

1924 Louis de Broglie propõe que as partículas têm propriedades ondulatórias.

DEPOIS
1927 Werner Heisenberg publica o princípio da incerteza.

1927 Niels Bohr defende a interpretação de Copenhague, afirmando que a observação determina o estado quântico de uma partícula.

1935 Erwin Schrödinger apresenta a narrativa de um gato que está ao mesmo tempo vivo e morto para ilustrar um problema da interpretação de Copenhague.

Nos anos 1920, os cientistas começaram a questionar o modelo de átomo que o físico dinamarquês Niels Bohr havia proposto em 1913. Os experimentos tinham começado a mostrar não só que a luz podia se comportar como um fluxo de partículas, mas que os elétrons podiam atuar como ondas.

O físico alemão Werner Heisenberg tentou desenvolver um sistema de mecânica quântica que só se baseasse no que fosse observável. Era impossível ver de modo direto um elétron orbitando um átomo, mas era possível observar a luz ser absorvida e emitida por átomos quando um elétron pulava de uma órbita para outra. Ele usou essas observações para criar tabelas de números que representassem as posições e o momento de elétrons e descobriu regras para calcular os valores dessas propriedades.

Mecânica matricial

Em 1925, Heisenberg mostrou seus cálculos ao físico judeu alemão Max Born, que percebeu ser esse tipo de tabela conhecido como matriz. Com Pascual Jordan, aluno de Born, este e Heisenberg descobriram uma nova teoria de mecânica matricial que poderia ser usada para ligar as energias dos elétrons às linhas observadas no espectro da luz visível.

É interessante que, na mecânica matricial, a ordem em que os cálculos são feitos tem importância. Calcular o momento e depois a posição de uma partícula dará um resultado diverso de calcular primeiro a posição e depois o momento. Foi essa diferença que levou Heisenberg a seu princípio da incerteza. Ele afirmava que, em mecânica quântica, a velocidade de

Por que todos os experimentos que envolvem, digamos, a posição de uma partícula fazem com que ela de repente esteja num lugar e não em toda parte? Ninguém sabe.
Christophe Galfard
Físico francês

O MUNDO QUÂNTICO 219

Ver também: Ondas eletromagnéticas 192-195 ▪ Luz que vem do átomo 196-199 ▪ Quanta de energia 208-211 ▪ Princípio da incerteza, de Heisenberg 220-221 ▪ Antimatéria 246

Uma partícula que está se comportando como onda **não tem posição fixa no espaço**.

Podemos pensar na onda como um "grafo de **probabilidades**" mapeando **as possibilidades** de encontrar a partícula **num lugar particular**.

A **equação de onda** é usada para **determinar a forma** da onda de probabilidade, **ou função de onda**, de uma partícula.

A **equação de Schrödinger** é uma equação de onda que nos dá **todas as localizações possíveis de uma partícula**, como um elétron ou fóton, num dado instante.

Erwin Schrödinger

Erwin Schrödinger nasceu em 1887 em Viena, na Áustria, e estudou física teórica. Após servir na Primeira Guerra Mundial, ocupou postos nas universidades de Zurique, na Suíça, e Berlim, na Alemanha. Em 1933, quando os nazistas subiram ao poder na Alemanha, foi para Oxford, no Reino Unido. No mesmo ano, dividiu o Prêmio Nobel com o físico teórico britânico Paul Dirac, pela "descoberta de novas formas produtivas de teoria atômica". Em 1939, tornou-se diretor de física teórica do Instituto de Estudos Avançados de Dublin, na Irlanda. Aposentado, voltou a Viena em 1956 e morreu em 1961. Fascinado por filosofia, ele ainda é mais famoso pelo experimento mental do "gato de Schrödinger", de 1935, em que explorou a ideia de que um sistema quântico poderia existir em dois estados diferentes simultâneos.

Obras principais

1926 "Uma teoria ondulatória da mecânica de átomos e moléculas", *Physical Review*
1935 "A situação atual da mecânica quântica"

um objeto e sua posição não podem ser medidas com precisão ao mesmo tempo.

Em 1926, o físico austríaco Erwin Schrödinger criou uma equação que determina como as ondas de probabilidade, ou funções de onda (descrições matemáticas de um sistema quântico) se formam e evoluem. A equação de Schrödinger é tão importante para o mundo subatômico da mecânica quântica quanto as leis do movimento de Newton para eventos de grande escala. Schrödinger testou sua equação para um átomo de hidrogênio e descobriu que previa suas propriedades com grande precisão.

Em 1928, o físico britânico Paul Dirac combinou a equação de Schrödinger com a relatividade especial de Einstein, que havia demonstrado a ligação entre massa e energia, sintetizada na famosa equação $E = mc^2$. A descrição de elétrons e outras partículas pela equação de Dirac era consistente tanto com a relatividade especial quanto com a mecânica quântica. Ele propôs que os elétrons surgiam de um campo eletrônico do mesmo modo que os fótons têm origem num campo eletromagnético.

A combinação das matrizes de Heisenberg com as equações de Schrödinger e Dirac lançou as bases de dois fundamentos da mecânica quântica, o princípio da incerteza e a interpretação de Copenhague. ▪

Pode a natureza porventura ser tão absurda quanto nos pareceu nesses experimentos atômicos?
Werner Heisenberg

O GATO ESTÁ VIVO E MORTO
PRINCÍPIO DA INCERTEZA, DE HEISENBERG

EM CONTEXTO

FIGURA CENTRAL
Werner Heisenberg
(1901–1976)

ANTES
1905 Einstein propõe que a luz é feita de pacotes discretos (os fótons).

1913 Niels Bohr apresenta um modelo do átomo com elétrons ao redor de um núcleo.

1924 O físico francês Louis de Broglie aventa que as partículas de matéria também podem ser consideradas como ondas.

DEPOIS
1935 Einstein, o físico americano-russo Boris Podolsky e o físico israelense Nathen Rosen publicam o "paradoxo EPR", questionando a interpretação de Copenhague.

1957 O físico americano Hugh Everett apresenta a "teoria dos muitos mundos" para explicar a interpretação de Copenhague.

Segundo a **teoria quântica**, até uma partícula ser observada e medida, ela **existe simultaneamente** em todas as possíveis localizações e estados em que poderia estar. Isso é chamado **superposição**.

Todos os estados possíveis em que uma partícula poderia estar são descritos por sua **função de onda**.

Erwin Schrödinger comparou isso a um gato **simultaneamente vivo e morto**.

As propriedades da partícula não têm valor definido até as **medirmos** – quando fazemos isso, **a função de onda colapsa**.

O colapso da função de onda **fixa as propriedades da partícula**.

Na física clássica, aceita-se, em geral, que a precisão de qualquer medida só é limitada pela precisão dos instrumentos usados. Em 1927, Werner Heisenberg mostrou que não era assim.

Heisenberg perguntou-se o que, na verdade, significava definir a posição de uma partícula. Só podemos saber onde alguma coisa está interagindo com ela. Para determinar a posição de um elétron, rebatemos um fóton nele. A precisão da medida é determinada pelo comprimento de onda do fóton; quanto maior a frequência do fóton, mais precisa a posição do elétron.

Max Planck tinha mostrado que a energia de um fóton se relaciona a sua frequência pela fórmula $E = hv$, em que E é energia, v é frequência e

O MUNDO QUÂNTICO 221

Ver também: Energia e movimento 56-57 ▪ Luz como grão e como onda 176-179 ▪ Luz que vem do átomo 196-199 ▪ Quanta de energia 208-211 ▪ Partículas e ondas 212-215 ▪ Matrizes e ondas 218-219

Werner Heisenberg

Werner Heisenberg nasceu em 1901 em Würzburg, na Alemanha. Ele foi trabalhar com Niels Bohr na Universidade de Copenhague em 1924, e seu nome será sempre associado ao princípio da incerteza, publicado em 1927. Ele recebeu o Prêmio Nobel de Física em 1932 pela criação da mecânica quântica.

Em 1941, na Segunda Guerra Mundial, Heisenberg foi nomeado diretor do Instituto Kaiser Wilhelm de Física (depois chamado Instituto Max Planck), em Munique, e encarregado do projeto de bomba atômica da Alemanha nazista. Não está claro se este falhou por falta de recursos ou porque Heisenberg quis assim. Ele acabou sendo preso por tropas americanas e mandado para o Reino Unido. Após a guerra, serviu como diretor do Instituto Max Planck até demitir-se, em 1970. Morreu em 1976.

Obras principais

1925 "Sobre mecânica quântica"
1927 "Sobre o conteúdo perceptual da cinemática e da mecânica quânticas teóricas"

---

h, a constante de Planck. Quanto maior a frequência do fóton, mais energia ele conduz e mais ele mudará o elétron de seu rumo. Sabemos onde o elétron está naquele momento, mas não aonde está indo. Se fosse possível medir o momento do elétron com precisão absoluta, sua localização se tornaria totalmente incerta, e vice-versa.

Heisenberg mostrou que a incerteza do momento, multiplicada pela incerteza da posição, nunca pode ser menor que uma fração da constante de Planck. O princípio da incerteza é uma propriedade fundamental do Universo que põe um limite no que podemos saber simultaneamente.

A interpretação de Copenhague

Niels Bohr defendeu o que ficou conhecido como "interpretação de Copenhague" da física quântica. Segundo ela, como Heisenberg tinha mostrado, há certas coisas que simplesmente não podemos saber sobre o Universo. As propriedades de uma partícula quântica não têm valor definido até que uma medida seja feita. É impossível criar um experimento que nos permita ver um elétron como onda e partícula ao mesmo tempo, por exemplo. A natureza de onda e partícula são dois lados da mesma moeda, dizia Bohr. A interpretação de Copenhague abriu uma divisão nítida entre a física clássica e a física quântica quanto aos sistemas físicos terem ou não propriedades definidas antes de serem medidos.

O gato de Schrödinger

Segundo a interpretação de Copenhague, qualquer estado quântico pode ser visto como a soma de dois ou mais estados distintos, conhecidos como superposição, até ser observado, quando então se torna apenas um deles.

Erwin Schrödinger se perguntou: quando ocorre a mudança da superposição para uma realidade definida? Ele descreveu o cenário de um gato numa caixa com um veneno que seria liberado quando um evento quântico ocorresse. Segundo a interpretação de Copenhague, o gato está no estado superposto de vivo e morto até que alguém olhe na caixa, o que Schrödinger considerou ridículo. Bohr replicou que não há razão para que as regras da física clássica se apliquem também ao domínio quântico – simplesmente era assim que as coisas eram. ∎

Os próprios átomos ou partículas elementares não são reais; eles formam um mundo de potencialidades e possibilidades, e não um de coisas e fatos.
Werner Heisenberg

AÇÃO FANTASMAGÓRICA A DISTÂNCIA
EMARANHAMENTO QUÂNTICO

EM CONTEXTO

FIGURA CENTRAL
John Stewart Bell (1928–1990)

ANTES
1905 Albert Einstein publica a teoria da relatividade especial, baseada em parte na ideia de que nada pode viajar mais rápido que a velocidade da luz.

1926 Erwin Schrödinger publica sua equação de onda.

1927 Niels Bohr defende a interpretação de Copenhague sobre o modo como sistemas quânticos interagem com o mundo de larga escala.

DEPOIS
1981 Richard Feynman propõe pela primeira vez usar a superposição e o emaranhamento de partículas como base para um computador quântico.

1995 O físico quântico austríaco Anton Zeilinger demonstra a comutação onda/partícula num experimento com fótons emaranhados.

Um dos princípios básicos da mecânica quântica é a ideia de incerteza – não podemos medir todos os aspectos de um sistema de modo simultâneo, por mais perfeito que seja o experimento. A interpretação de Copenhague da física quântica defendida por Niels Bohr diz, com efeito, que o próprio ato de medir seleciona características que são observadas.

Outra propriedade peculiar da mecânica quântica é chamada "emaranhamento". Se dois elétrons, por exemplo, são ejetados de um sistema quântico, as leis de conservação do momento nos dizem que o momento de uma partícula é igual e oposto ao da outra. Segundo a interpretação de Copenhague, nenhuma das duas partículas terá um estado definido até ser medida, mas medir o momento de uma determinará o estado e momento da outra, a despeito da distância entre as partículas.

Isso é conhecido como "comportamento não local", embora Albert Einstein o tenha chamado de "ação fantasmagórica a distância". Em 1935, Einstein atacou o emaranhamento, afirmando que há

Quando **duas partículas subatômicas** quaisquer, como elétrons, **interagem uma com a outra**, seus estados se tornam interdependentes – elas ficam **emaranhadas**.

As partículas **continuam conectadas** mesmo quando **separadas fisicamente** por uma enorme distância (por exemplo, em galáxias diferentes).

Ao medir as propriedades de uma partícula, **obtemos informação** sobre as propriedades da outra.

Como resultado, manipular uma partícula **altera instantaneamente** sua parceira.

O MUNDO QUÂNTICO 223

Ver também: Quanta de energia 208-211 ▪ Princípio da incerteza, de Heisenberg 220-221 ▪ Aplicações quânticas 226-231 ▪ Relatividade especial 276-279

A partícula A e a partícula B interagiram uma com a outra e ficaram emaranhadas. Elas continuarão emaranhadas mesmo se enviadas a diferentes sentidos.

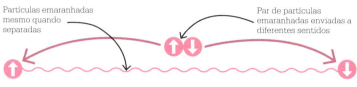

Partículas emaranhadas mesmo quando separadas

Par de partículas emaranhadas enviadas a diferentes sentidos

Partícula A   Partícula B

John Stewart Bell

John Stewart Bell nasceu em 1928 em Belfast, na Irlanda do Norte. Após se graduar na Queen's University de Belfast, obteve um PhD em física nuclear e teoria quântica de campo na Universidade de Birmingham. Ele trabalhou no Instituto de Pesquisa Atômica, em Harwell, no Reino Unido, e depois na Organização Europeia para Pesquisa Nuclear (CERN), em Genebra, na Suíça. Lá, fez pesquisas sobre ciência de partículas teórica e projetos de aceleradores. Após um ano nas Universidades Stanford, Wisconsin-Madison e Brandeis, nos EUA, Bell publicou seu revolucionário artigo em 1964, no qual propôs um modo de distinguir entre a teoria quântica e a noção de realidade local de Einstein. Foi eleito membro da Academia Americana de Artes e Ciências em 1987. Morreu em 1990, aos 62 anos, antes de poder ver suas ideias testadas experimentalmente.

Obra principal

1964 "Sobre o paradoxo Einstein-Podolsky-Rosen", *Physics*

"variáveis ocultas" em ação que o tornam desnecessário. Ele dizia que, para que uma partícula afetasse a outra, seria necessário um sinal mais rápido que a luz entre elas (o que a teoria da relatividade especial de Einstein proibia).

O teorema de Bell

Em 1964, o físico norte-irlandês John Stewart Bell propôs um experimento que poderia testar se partículas emaranhadas se comunicavam ou não uma com a outra mais rápido que a luz. Ele imaginou um par de elétrons emaranhados, um com spin para cima e o outro com spin para baixo. Segundo a teoria quântica, os dois elétrons estão numa superposição de estados até ser medidos – esteja um deles com spin para cima ou para baixo. Porém, assim que um seja medido, sabemos com certeza que o outro tem de ser o oposto. Bell derivou fórmulas, chamadas desigualdades de Bell, que determinam com que frequência o spin da partícula A deveria se correlacionar com o da partícula B por probabilidade normal (e não por emaranhamento quântico). A distribuição estatística de seus resultados provou matematicamente que a ideia de "variáveis ocultas" de Einstein não é correta, e que há uma conexão instantânea entre partículas emaranhadas. O físico Fritjof Capra sustenta que o teorema de Bell mostra que o Universo é "fundamentalmente interconectado".

Experimentos como o realizado pelo físico francês Alain Aspect no início dos anos 1980 (que usou pares de fóton emaranhados gerados por laser) demonstraram de modo convincente que a "ação a distância" é real – o domínio quântico não é limitado por regras de localidade. Quando duas partículas estão emaranhadas, são efetivamente um só sistema, com uma só função quântica. ∎

Esta obra conceitual artística digital representa um par de partículas que ficaram emaranhadas: manipular uma resultará na manipulação da outra, a despeito da distância entre elas. O emaranhamento tem aplicações em novas tecnologias de computação e criptografia quânticas.

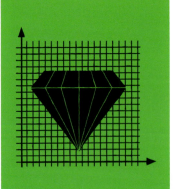

A JOIA DA FÍSICA
TEORIA QUÂNTICA DE CAMPO

EM CONTEXTO

FIGURA CENTRAL
Richard Feynman
(1918–1988)

ANTES
1873 James Clerk Maxwell publica suas equações, que descrevem as propriedades do campo eletromagnético.

1905 Einstein propõe que a luz, além de atuar como onda, pode ser imaginada como um fluxo de partículas chamadas quanta.

DEPOIS
1968 Os físicos teóricos Sheldon Glashow, Abdus Salam e Steven Weinberg apresentam a teoria da força eletrofraca, unindo as forças eletromagnética e nuclear fraca.

1968 Experimentos no Laboratório do Acelerador Linear de Stanford, nos EUA, descobrem evidências dos quarks, os "tijolos" das partículas subatômicas.

Um **campo** mapeia a **intensidade de uma força** ao longo do **espaço** e do **tempo**.

A **teoria quântica de campo** diz que as forças são transmitidas por partículas mediadoras de força.

Os mediadores da **força eletromagnética** são os **fótons**.

Os modos como acontecem as **interações de troca de fótons** podem ser visualizados num **diagrama de Feynman**.

Um dos maiores problemas da mecânica quântica é que ela não consegue contemplar as teorias da relatividade de Einstein. Um dos primeiros a tentar conciliar esses marcos da física moderna foi o físico britânico Paul Dirac. Publicada em 1928, a equação de Dirac via os elétrons como excitações de um campo eletrônico, do mesmo modo que os fótons podiam ser tratados como excitações do campo eletromagnético. A equação se tornou uma das bases da teoria quântica de campo.

A ideia de campos conduzindo forças por uma distância é bem estabelecida em física. Um campo pode ser visto como qualquer coisa com valores que variam no espaço e no tempo. Por exemplo, o padrão de limalha de ferro espalhada ao redor de uma barra de ímã mapeia as linhas de força de um campo magnético.

Nos anos 1920, a teoria quântica de campo propôs uma abordagem diversa, sugerindo que as forças eram conduzidas por partículas quânticas, como os fótons (partículas de luz que são as mediadoras do eletromagnetismo). Considera-se que as outras

O MUNDO QUÂNTICO 225

Ver também: Campos de força e equações de Maxwell 142-147 ▪ Aplicações quânticas 226-231 ▪ Zoo de partículas e os quarks 256-257 ▪ Mediadores de força 258-259 ▪ Eletrodinâmica quântica 260 ▪ Bóson de Higgs 262-263

O que observamos não é a própria natureza, mas a natureza exposta a nosso método de questionamento.
Werner Heisenberg

partículas descobertas depois, como o quark, o glúon e o bóson de Higgs (uma partícula elementar que dá às partículas sua massa), têm seus próprios campos associados.

EDQ

A eletrodinâmica quântica (EDQ) é a teoria quântica de campo que trata da força eletromagnética. A teoria da EDQ foi desenvolvida de modo completo (e independente) por Richard Feynman e Julian Schwinger, nos EUA, e Shin'ichirō Tomonaga, no Japão. Ela propõe que partículas carregadas, como os elétrons, interagem umas com as outras emitindo e absorvendo fótons. Isso pode ser visualizado por meio dos diagramas de Feynman (ver à direita).

A EDQ é uma das teorias de precisão mais impressionantes já formuladas. Sua previsão da intensidade de um campo magnético associado a um elétron é tão próxima do valor produzido que, se a distância de Londres a Tombuctu fosse medida com a mesma precisão, teria a acurácia no intervalo da espessura de um cabelo.

O Modelo Padrão

A EDQ foi um ponto de partida para a construção das teorias quânticas de campo de outras forças fundamentais da natureza. O Modelo Padrão combina duas teorias da física de partículas num só referencial, que descreve três das quatro forças fundamentais conhecidas (as interações eletromagnética, fraca e forte), mas

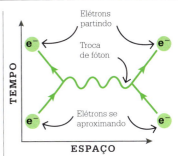

Este diagrama de Feynman representa a repulsão eletromagnética. Dois elétrons (e⁻) se aproximam, trocam um fóton e se separam.

não a gravidade. A mais forte delas é a interação forte, ou força nuclear forte, que une os prótons e nêutrons no núcleo do átomo. A teoria eletrofraca propõe que as interações eletromagnética e fraca podem ser consideradas duas faces de uma só interação, "eletrofraca". O Modelo Padrão também classifica todas as partículas elementares conhecidas. Conciliar a força gravitacional com o Modelo Padrão continua a ser um dos maiores desafios da física. ▪

Richard Feynman

Nascido em 1918, Richard Feynman cresceu na cidade de Nova York. Fascinado por matemática desde cedo, ele ganhou uma bolsa para o Instituto de Tecnologia de Massachusetts e obteve notas máximas ao ingressar em Princeton para o PhD. Em 1942, participou do Projeto Manhattan, para desenvolvimento da primeira bomba atômica. Após a guerra, Feynman trabalhou na Universidade Cornell, onde desenvolveu a teoria EDQ, pela qual partilhou um Prêmio Nobel em 1965. Em 1960, foi para o Instituto de Tecnologia da Califórnia. Sua autobiografia, *Só pode ser brincadeira, sr. Feynman!*, é um dos best-sellers escritos por um cientista. Uma de suas últimas grandes realizações foi descobrir a causa do desastre, em 1986, do ônibus espacial *Challenger*, da NASA. Ele morreu em 1988.

Obras principais

1967 *The Character of Physical Law*
1985 *QED: The Strange Theory of Light and Matter*
1985 *Só pode ser brincadeira, sr. Feynman!*

COLABORAÇÃO ENTRE UNIVERSOS PARALELOS

APLICAÇÕES QUÂNTICAS

228 APLICAÇÕES QUÂNTICAS

EM CONTEXTO

FIGURA CENTRAL
David Deutsch (1953–)

ANTES
1911 Heike Kamerlingh Onnes descobre a supercondutividade em mercúrio super-resfriado.

1981 Richard Feynman apresenta a ideia de um computador quântico.

1982 O físico francês Alain Aspect prova a ocorrência do emaranhamento quântico, a ligação entre partículas emparelhadas.

1988 O físico americano Mark Reed cunha a expressão "pontos quânticos".

DEPOIS
2009 Pesquisadores da Universidade Yale, nos EUA, usam um chip supercondutor de 2 qubits (bits quânticos) para criar o primeiro processador quântico de estado sólido.

2019 É lançado o Q System One da IBM, com 20 qubits.

O grande domínio da física quântica parece ainda longe do mundo diário do senso comum, mas deu origem a um número surpreendente de avanços tecnológicos que têm papel central em nossa vida. Os computadores e semicondutores, redes de comunicação e a internet, GPS e imagens por ressonância magnética – todos eles dependem do mundo quântico.

Supercondutores

Em 1911, o físico holandês Heike Kamerlingh Onnes fez uma descoberta notável ao testar mercúrio a temperaturas muito baixas. Quando a temperatura do mercúrio chegou a −268,95 ºC, sua resistência elétrica desapareceu. Isso significava que, teoricamente, uma corrente elétrica poderia fluir por uma volta fechada de mercúrio super-resfriado para sempre.

Os físicos americanos John Bardeen, Leon Cooper e John Schrieffer encontraram uma explicação para o estranho fenômeno em 1957. A temperaturas muito baixas, os elétrons formam os assim chamados "pares de Cooper". Embora um só elétron tenha de obedecer ao princípio de exclusão de Pauli, que proíbe dois elétrons de partilharem o mesmo estado quântico, os pares de Cooper formam um "condensado". Isso significa que os pares atuam como se fossem um só corpo, sem resistência do material condutor, e não como um grupo de elétrons fluindo por ele. Bardeen, Cooper e Schrieffer receberam o Prêmio Nobel de Física de 1972 pela descoberta.

Em 1962, o físico galês Brian Josephson previu que pares de Cooper tinham a capacidade de passar através de uma barreira isolante entre dois supercondutores.

O efeito Meissner – a expulsão de um campo magnético de um material supercondutor – faz com que um ímã levite sobre ele.

Se uma voltagem é aplicada a uma dessas junções, conhecidas como "junções de Josephson", a corrente vibra a uma frequência muito alta. As frequências podem ser medidas com muito mais precisão que as voltagens, e as junções de Josephson têm sido usadas em instrumentos como os SQUIDS (sigla em inglês de dispositivos de interferência quântica supercondutores) para examinar os minúsculos campos magnéticos produzidos pelo cérebro humano. Eles também têm potencial para uso em computadores ultrarrápidos.

Sem a supercondutividade, as poderosas forças magnéticas aproveitadas em *scanners* de imageamento de ressonância magnética não seriam possíveis. Os supercondutores também servem para expelir campos magnéticos. Isso é o efeito Meissner, um fenômeno que permitiu construir os trens de levitação magnética.

Superfluidos

Kamerlingh Onnes foi também a primeira pessoa a liquefazer hélio.

A tecnologia na vanguarda da realização humana é difícil. Mas é isso o que faz com que valha a pena.
Michelle Yvonne Simmons
Professora de física quântica

O MUNDO QUÂNTICO

Ver também: Fluidos 76-79 ▪ Corrente elétrica e resistência 130-133 ▪ Eletrônica 152-155 ▪ Partículas e ondas 212-215 ▪ Princípio da incerteza, de Heisenberg 220-221 ▪ Emaranhamento quântico 222-223 ▪ Ondas gravitacionais 312-315

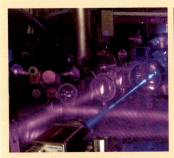

Um feixe de laser azul excita átomos de estrôncio no relógio atômico quântico 3D a gás criado por físicos da JILA, em Boulder, no Colorado, nos EUA.

Relógios quânticos

A marcação de tempo confiável é crucial para a sincronização de atividades das quais nosso mundo tecnológico depende. Os relógios mais precisos do mundo hoje são os atômicos, que usam como "pêndulo" átomos "saltando" para trás e para a frente entre estados de energia. O primeiro relógio atômico preciso foi construído em 1955 pelo físico Louis Essen no Laboratório Físico Nacional do Reino Unido. O fim dos anos 1990 viu grandes avanços na tecnologia dos relógios atômicos, com o resfriamento de átomos, desacelerados com lasers, até temperaturas perto do zero absoluto. Hoje, os relógios atômicos mais exatos medem o tempo usando transições entre estados de spin no núcleo de um átomo – até recentemente, do isótopo césio 133. Eles podem atingir uma precisão equivalente a ganhar ou perder um segundo em 300 milhões de anos e são cruciais para a navegação GPS e telecomunicações. O relógio atômico mais recente usa átomos de estrôncio e acredita-se que seja ainda mais preciso.

Em 1938, os físicos Piotr Kapitsa, russo, e John Allen e Don Misener, britânicos, descobriram que abaixo de −270,98 °C o hélio líquido perdia totalmente a viscosidade e parecia fluir sem nenhum atrito aparente e com uma condutividade térmica que superava de longe a dos melhores condutores metálicos. No estado de superfluido, o hélio não se comporta como a temperaturas mais altas. Ele flui sobre a borda de um recipiente e vaza pelo menor buraco. Se é girado, não para de rodar. O Satélite Astronômico de Infravermelho (IRAS, na sigla em inglês), lançado em 1983, foi resfriado com hélio superfluido.

Um fluido se torna superfluido quando seus átomos começam a ocupar os mesmos estados quânticos; em essência, eles perdem a identidade individual e se tornam uma só entidade. Os superfluidos são o único fenômeno quântico que pode ser observado a olho nu.

Tunelamento e transistores

Alguns dos dispositivos que usamos hoje, como telas sensíveis ao toque e celulares, não funcionariam sem o tunelamento quântico. Estudado pela primeira vez nos anos 1920 pelo físico alemão Friedrich Hund e outros, o estranho fenômeno permite que as partículas passem por barreiras classicamente intransponíveis. A estranheza surge de considerar os elétrons, por exemplo, como ondas de probabilidade em vez de partículas que existam num ponto em especial. Em transistores, por exemplo, o tunelamento quântico possibilita que os elétrons passem através de uma junção entre semicondutores. Isso pode causar problemas, à medida que os chips ficam menores e as camadas isolantes entre os componentes ficam finas demais para impedir qualquer elétron de passar – na verdade, tornando impossível desligar o dispositivo.

Imageamento quântico

Um microscópio eletrônico »

Em física clássica, um objeto – por exemplo, uma bola rolando – não pode se mover através de uma barreira sem ganhar energia suficiente para ultrapassá-la. Uma partícula quântica, porém, tem propriedades ondulatórias, e nunca podemos saber exatamente quanta energia tem. Ela pode ter energia o bastante para passar uma barreira.

Bola rolando

A partícula quântica passa pela barreira

Física clássica

Tunelamento quântico

APLICAÇÕES QUÂNTICAS

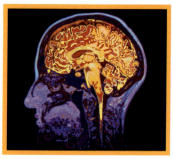

Os *scanners* de imageamento por ressonância magnética produzem imagens como esta usando um campo magnético e ondas de rádio.

depende da dualidade onda-partícula dos elétrons. Ele funciona de modo similar ao microscópio óptico, mas, no lugar de lentes para focar a luz, usa ímãs para focar feixes de elétrons. Quando um fluxo de elétrons passa pela "lente" magnética, eles se comportam como partículas enquanto o ímã desvia seu caminho, focando-os na amostra a ser examinada. Então, eles atuam como ondas, difratando-se ao redor do objeto e numa tela fluorescente, onde a imagem é formada. O comprimento de onda de um elétron é muito menor que o da luz, permitindo obter imagens com boa resolução de objetos milhões de vezes menores do que poderiam ser vistos num microscópio óptico.

O imageamento de ressonância magnética (MRI, na sigla em inglês) foi desenvolvido nos anos 1970 por pesquisadores como Paul Lauterbur, nos EUA, e Peter Mansfield, no Reino Unido. Dentro do *scanner* de MRI, o paciente é cercado por um campo magnético muitos milhares de vezes mais poderoso que o da Terra, produzido por um eletroímã supercondutor. Esse campo magnético afeta o spin dos prótons dos átomos de hidrogênio nas moléculas de água que constituem grande parte do corpo humano, magnetizando-os de um modo particular. Ondas de rádio são usadas então para alterar o spin dos prótons, mudando sua magnetização. Quando as ondas de rádio são desligadas, os prótons voltam ao estado de spin anterior, emitindo um sinal que é registrado eletronicamente e transformado em imagens dos tecidos do corpo de que fazem parte.

Pontos quânticos

Pontos quânticos são nanopartículas, em geral com apenas umas dezenas de átomos, feitas de materiais semicondutores. Eles foram criados primeiro pelos físicos Aleksei Ekimov, russo, e Louis Brus, americano, que trabalhavam de modo independente no início dos anos 1980. Os elétrons dentro dos semicondutores ficam fechados na rede cristalina que constitui o material, mas podem ser liberados se forem excitados por fótons. Quando os elétrons estão livres, a resistência elétrica do semicondutor cai rapidamente, permitindo que a corrente flua com mais facilidade.

A tecnologia de pontos quânticos pode ser usada em telas de televisão e computador para produzir imagens muito detalhadas. Os pontos quânticos podem ser controlados com precisão para fazer todo tipo de coisas úteis. Cada um dos elétrons de um ponto quântico ocupa um estado quântico, então o ponto tem níveis de energia discretos, como um átomo individual. O ponto quântico pode absorver e emitir energia conforme os elétrons se movem entre os níveis. A frequência da luz emitida depende do espaçamento entre os níveis, que é definido pelo tamanho do ponto – os pontos maiores brilham no extremo vermelho do espectro e os menores no azul. A luminosidade dos pontos pode ser ajustada com precisão, variando seu tamanho.

Computação quântica

É provável que a tecnologia de pontos quânticos seja usada na construção de computadores quânticos. Os computadores dependem de bits binários de informação, correspondentes às posições ligado (1) e desligado (2) de seus interruptores eletrônicos. O spin é uma propriedade que parece muito presente na tecnologia quântica. É o spin do elétron que dá a alguns materiais suas propriedades magnéticas. Usando lasers, é possível colocar elétrons num estado de superposição em que tenham spin para cima e para baixo ao mesmo tempo. Teoricamente, é possível usar esses elétrons superpostos como

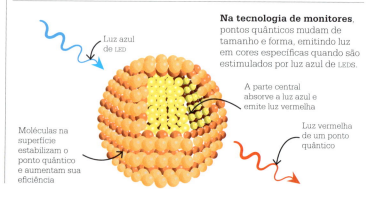

Na tecnologia de monitores, pontos quânticos mudam de tamanho e forma, emitindo luz em cores específicas quando são estimulados por luz azul de LEDS.

O MUNDO QUÂNTICO

Os **computadores normais** usam **chaves liga/desliga** para armazenar informação binária (1s e 0s).

Os cálculos têm de ser feitos **passo a passo**.

Um **qubit** de computador quântico pode estar "ligado" e "desligado" **ao mesmo tempo**.

O **emaranhamento entre qubits** permite que os computadores quânticos façam **muitos cálculos simultaneamente**.

David Deutsch

Nascido em Haifa, em Israel, em 1953, David Deutsch é um dos pioneiros da computação quântica. Ele estudou física no Reino Unido, em Cambridge e Oxford. Passou vários anos trabalhando nos EUA, na Universidade do Texas em Austin, antes de voltar à Universidade de Oxford. Deutsch é um dos membros fundadores do Centro de Computação Quântica da Universidade de Oxford.

Em 1985, Deutsch escreveu um artigo revolucionário, "Teoria quântica, o Princípio Church-Turing e o computador quântico universal", em que expôs suas ideias sobre um computador quântico universal. Sua descoberta dos primeiros algoritmos quânticos, sua teoria dos portões lógicos quânticos e suas ideias sobre redes computacionais quânticas estão entre os mais importantes avanços da área.

Obras principais

1985 "Teoria quântica, o Princípio Church-Turing e o computador quântico universal", *Proceedings of the Royal Society*
1997 *The Fabric of Reality* (O tecido da realidade)
2011 *The Beginning of Infinity* (O início do infinito)

---

qubits (bits quânticos) que podem estar "ligados", "desligados" e algo entre os dois, tudo ao mesmo tempo. Outras partículas, como fótons polarizados, também podem ser usadas como qubits. Foi Richard Feynman quem primeiro sugeriu, em 1981, que um enorme poder computacional seria liberado se o estado de superposição pudesse ser explorado. É possível que os qubits venham a ser usados para codificar e processar informações muito mais vastas que um simples bit de computação binária.

Em 1985, o físico britânico David Deutsch começou a apresentar ideias sobre como um computador quântico poderia de fato funcionar. O campo da ciência da computação foi construído sobre a ideia do "computador universal", sugerida primeiro pelo matemático britânico Alan Turing nos anos 1930. Deutsch assinalou que o conceito de Turing era limitado por se basear na física clássica e representaria assim só um subconjunto dos computadores possíveis. Ele propôs um computador universal baseado em física quântica e começou a reescrever o trabalho de Turing em termos quânticos.

O poder dos qubits é tal que dez são suficientes para o processamento simultâneo de 1.023 números; com 40 qubits, o total possível de computações paralelas excederá 1 trilhão. Antes que os computadores quânticos se tornem realidade, o problema da decoerência terá de ser resolvido. A menor perturbação causará o colapso, ou decoerência, da superposição. A computação quântica poderia evitar isso usando o emaranhamento quântico (que Einstein chamou de "ação fantasmagórica à distância"), que permite a uma partícula afetar outra em outro lugar, e que o valor dos qubits seja determinado de modo indireto. ■

É como se você tentasse montar um quebra-cabeça complexo no escuro com as mãos amarradas atrás.
Brian Clegg
Escritor científico britânico, sobre a computação quântica

FÍSICA NU
DE PARTÍ
DENTRO DO ÁTOMO

CLEAR E
CULAS

INTRODUÇÃO

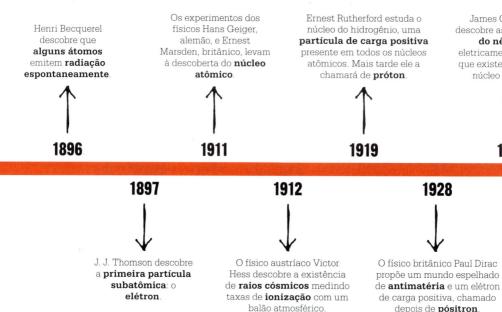

A ideia de átomos como partículas minúsculas de matéria remonta ao mundo antigo, com sua natureza aparentemente indivisível expressa no nome grego *atomos* ("não passível de ser cortado"). O físico britânico John Dalton, que propôs uma teoria atômica em 1803, estava convencido de sua natureza indestrutível – como a maioria dos cientistas do século XIX. Porém, no fim dos anos 1890, alguns pesquisadores começaram a questionar essa ideia. Em 1896, o físico francês Henri Becquerel descobriu por acaso, ao fazer experimentos com raios X, que o sal de urânio que revestia sua placa fotográfica emitia radiação espontaneamente. Um ano depois, o físico britânico J. J. Thomson deduziu que os raios que produziu num experimento com raios catódicos eram feitos de partículas de carga negativa mais de mil vezes mais leves que um átomo de hidrogênio; essas partículas subatômicas foram depois chamadas elétrons.

Sondagem do núcleo

Marie Curie, aluna de Becquerel, propôs que tais raios vinham de dentro do átomo, em vez de serem resultado de reações químicas – uma indicação de que os átomos continham partículas menores. Em 1899, o físico nascido na Nova Zelândia Ernest Rutherford confirmou que há diferentes tipos de radiação. Ele nomeou duas – os raios alfa, que depois reconheceu serem átomos de hélio com carga positiva, e os raios beta, os elétrons, de carga negativa. Em 1900, o cientista francês Paul Villard descobriu uma luz de alta energia chamada por Rutherford de raios gama para completar o trio de partículas subatômicas que nomeara com as primeiras letras do alfabeto grego.

Rutherford e outros físicos dispararam partículas alfa, como minúsculos projéteis, dentro de átomos, em busca de estruturas menores. A maioria passou pelos átomos, mas uma pequena fração foi rebatida quase totalmente para trás, na direção de que vinham. A única explicação possível pareceu ser que uma região muito densa dentro do átomo, com carga positiva, estava repelindo-as. O físico dinamarquês Niels Bohr trabalhou com Rutherford para produzir, em 1913, um novo modelo de átomo com um núcleo eletricamente positivo cercado por elétrons leves, orbitando como planetas. Pesquisas posteriores

FÍSICA NUCLEAR E DE PARTÍCULAS

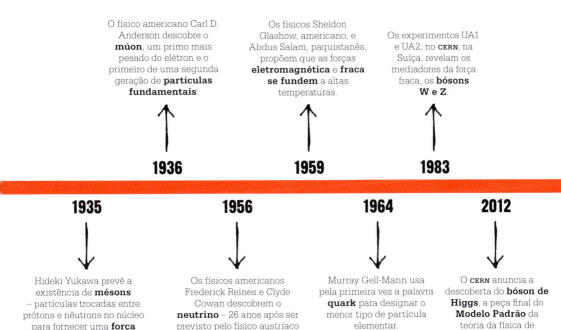

1936 — O físico americano Carl D. Anderson descobre o **múon**, um primo mais pesado do elétron e o primeiro de uma segunda geração de **partículas fundamentais**.

1959 — Os físicos Sheldon Glashow, americano, e Abdus Salam, paquistanês, propõem que as forças **eletromagnética** e **fraca se fundem** a altas temperaturas.

1983 — Os experimentos UA1 e UA2, no CERN, na Suíça, revelam os mediadores da força fraca, os **bósons W e Z**.

1935 — Hideki Yukawa prevê a existência de **mésons** – partículas trocadas entre prótons e nêutrons no núcleo para fornecer uma **força nuclear de ligação forte**.

1956 — Os físicos americanos Frederick Reines e Clyde Cowan descobrem o **neutrino** – 26 anos após ser previsto pelo físico austríaco Wolfgang Pauli.

1964 — Murray Gell-Mann usa pela primeira vez a palavra **quark** para designar o menor tipo de partícula elementar.

2012 — O CERN anuncia a descoberta do **bóson de Higgs**, a peça final do **Modelo Padrão** da teoria da física de partículas.

---

levaram os físicos a sugerir que devia haver outras partículas para completar a massa do núcleo: a descoberta dos prótons em 1919 por Rutherford forneceu a carga elétrica positiva, enquanto os nêutrons, eletricamente neutros, foram identificados pelo físico britânico James Chadwick em 1932.

Mais partículas reveladas

Entre os enigmas a resolver havia este: por que os prótons, de carga positiva, dentro do núcleo, não o desfaziam. O físico japonês Hideki Yukawa propôs, em 1835, que uma força de alcance ultracurto (a força nuclear forte), mediada por uma partícula chamada méson, o mantinha unido. Quando duas bombas nucleares foram lançadas sobre o Japão no fim da Segunda Guerra Mundial, em 1945, a força letal da energia nuclear ficou patente. No entanto, seu uso para produzir eletricidade doméstica também se tornou uma realidade quando os primeiros reatores comerciais de energia nuclear surgiram nos anos 1950. Enquanto isso, as pesquisas continuaram e aceleradores de partículas mais poderosos revelaram muitas novas partículas, como káons e bárions, que decaíam mais devagar que o esperado. Cientistas como Murray Gell-Mann chamaram essa qualidade de decaimento longo de "estranheza" e a usaram para classificar, dentro de grupos familiares por propriedades, as partículas subatômicas que a exibiam. Gell-Mann mais tarde cunhou o nome quark para os constituintes que determinavam tais propriedades, e definiu diferentes "sabores" de quarks – de início up, down e estranho. Os quarks charme, top e bottom vieram depois. O neutrino, proposto em 1930 para explicar a energia faltante na radiação beta, foi encontrado em 1956. Versões mais pesadas do elétron e de quarks foram detectadas; a partir de suas interações, os físicos supuseram como essas partículas trocavam forças e mudavam de tipo. Os intermediários disso – os bósons mediadores de força – também foram descobertos, e o bóson de Higgs completou o quadro em 2012. Porém, o Modelo Padrão – a teoria sobre as quatro forças básicas, os mediadores das forças e as partículas fundamentais da matéria – tem limitações. A física de partículas moderna está começando a avançar em busca da matéria escura, da energia escura e de uma pista para a origem da própria matéria. ∎

A MATÉRIA NÃO É INFINITAMENTE DIVISÍVEL
TEORIA ATÔMICA

EM CONTEXTO

FIGURA CENTRAL
John Dalton (1766–1844)

ANTES
c. 400 a.C. Os filósofos gregos antigos Leucipo e Demócrito propõem que tudo é composto de átomos indivisíveis.

1794 O químico francês Joseph Proust descobre que os elementos sempre se combinam nas mesmas proporções ao formar compostos.

DEPOIS
1811 O químico italiano Amedeo Avogadro propõe que os gases são compostos de moléculas de dois ou mais átomos, traçando uma distinção entre átomos e moléculas.

1897 O físico britânico J. J. Thomson descobre o elétron.

1905 Albert Einstein usa a matemática para obter evidência da teoria de Dalton.

O conceito de átomo remonta ao mundo antigo. Os filósofos gregos Demócrito e Leucipo, por exemplo, propuseram que "átomos" (do grego *atomos*, que não pode ser cortado) eternos constituem toda a matéria. Essas ideias foram recuperadas na Europa nos séculos XVII e XVIII, quando os cientistas experimentaram combinar elementos para criar outros materiais. Eles abandonaram os modelos históricos de quatro ou cinco elementos (em geral terra, ar, fogo e água) e criaram categorias de elementos como oxigênio, hidrogênio, carbono e outros, mas ainda teriam de descobrir o que tornava cada um único.

A teoria de Dalton

Uma explicação surgiu com a teoria atômica, desenvolvida no início do século XIX pelo cientista britânico John Dalton. Ele propôs que, se o mesmo par de elementos pudesse

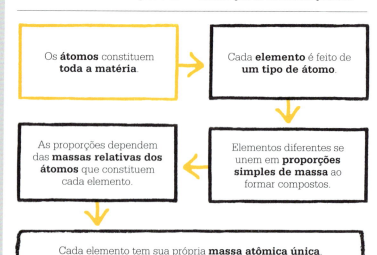

FÍSICA NUCLEAR E DE PARTÍCULAS 237

Ver também: Modelos de matéria 68-71 ▪ Luz que vem do átomo 196-199 ▪ Partículas e ondas 212-215 ▪ O núcleo 240-241 ▪ Partículas subatômicas 242-243 ▪ Antimatéria 246 ▪ Bombas nucleares e energia 248-251

---

ser combinado de diversos modos para formar compostos diferentes, a proporção das massas desses elementos poderia ser representada por números inteiros. Ele notou, por exemplo, que a massa de oxigênio em água pura era perto de oito vezes a massa do hidrogênio; então o que quer que constituísse o oxigênio deveria pesar mais do que aquilo que formava o hidrogênio. (Mais tarde se demonstrou que um átomo de oxigênio tem dezesseis vezes o peso de um de hidrogênio – como a molécula de água contém um átomo de oxigênio para dois de hidrogênio, isso se ajusta à teoria de Dalton.)

Dalton concluiu que cada elemento era composto de partículas únicas próprias: os átomos. Estes podiam ser ligados ou separados de outros átomos, mas não divididos, criados nem destruídos. "Não há criação ou destruição da matéria ao alcance da ação química", ele escreveu. "Tentar introduzir um novo planeta no Sistema Solar ou aniquilar um que exista seria o mesmo que buscar criar ou destruir uma partícula de hidrogênio". No

John Dalton usava bolas de madeira em demonstrações públicas de sua teoria dos átomos. Ele imaginava os átomos como esferas duras, consistentes.

entanto, podia-se alterar a matéria separando partículas combinadas ou juntando-as a outras partículas para formar novos compostos.

O modelo de Dalton fazia previsões precisas e verificáveis e marcou a primeira vez em que a experimentação científica foi usada para demonstrar a teoria atômica.

Evidência matemática

As evidências para sustentar a teoria de Dalton surgiram em 1905, quando o jovem Albert Einstein publicou um artigo explicando a dança errática de partículas de pólen em água – o assim chamado movimento browniano, descrito em 1827 pelo botânico escocês Robert Brown.

Einstein usou a matemática para descrever como o pólen era bombardeado por moléculas individuais de água. Embora o movimento aleatório geral dessas muitas moléculas de água não

pudesse ser visto, Einstein propôs que ocasionalmente um pequeno grupo se moveria mais numa direção e que isso seria suficiente para "empurrar" um grão de pólen. A descrição matemática do movimento browniano por Einstein tornou possível calcular o tamanho de um átomo ou molécula com base na velocidade com que o grão de pólen se movia.

Embora avanços científicos tenham revelado que havia mais no átomo do que Dalton imaginava, sua teoria atômica lançou as bases da química e de muitas áreas da física. ∎

John Dalton

John Dalton nasceu em 1766 em Lake District, na Inglaterra, numa família quacre pobre. Ele começou a trabalhar para sustentar-se aos dez anos e aprendeu sozinho ciência e matemática. Em 1793, começou a lecionar no New College de Manchester e propôs uma teoria (mais tarde contestada) sobre a causa da cegueira para cores, de que ele e o irmão sofriam. Em 1800, tornou-se secretário da Sociedade Literária e Filosófica de Manchester e escreveu influentes ensaios sobre seus experimentos com gases. Foi também um entusiasmado meteorologista. Tornou-se um cientista de relevo, dando palestras na Royal Institution de Londres. Ao morrer, em 1844, foi homenageado com um funeral público com todas as honras.

Obras principais

1806 *Pesquisa experimental sobre a proporção de vários gases ou fluidos elásticos que constituem a atmosfera*
1808 e 1810 *Um novo sistema de filosofia química*, 1 e 2

UMA VERDADEIRA TRANSFORMAÇÃO DA MATÉRIA
RAIOS NUCLEARES

EM CONTEXTO

FIGURA CENTRAL
Marie Curie (1867–1934)

ANTES
1857 O francês Abel Niépce de Saint-Victor observa que certos sais podem sensibilizar uma placa fotográfica no escuro.

1896 Henri Becquerel descobre que sais de urânio podem emitir radiação sem ter sido expostos à luz do Sol.

1897 J. J. Thomson, físico britânico, descobre o elétron.

DEPOIS
1898 Marie e Pierre Curie descobrem os radiativos polônio e rádio.

1900 Paul Villard descobre a radiação gama.

1907 Ernest Rutherford identifica a radiação alfa como um átomo de hélio ionizado.

Até o fim do século XIX, os cientistas acreditavam que a matéria só emite radiação (como luz visível e ultravioleta) ao ser estimulada, por exemplo, por calor. Isso mudou em 1896, quando o físico francês Henri Becquerel fez um experimento com um tipo recém-descoberto de radiação – os raios X. Ele esperava constatar que os sais de urânio emitem radiação em resultado da absorção de luz solar. Porém, o tempo fechado em Paris o obrigou a adiar o experimento, e ele deixou uma placa fotográfica revestida com um sal de urânio (sulfato de potássio e uranila) embrulhada numa gaveta. Apesar de ter ficado no escuro, fortes linhas da amostra se revelaram na placa. Becquerel concluiu que o sal de urânio emitia radiação por si só.

Percepções radiativas
Uma estudante de doutorado de Becquerel, Marie Curie, lançou-se ao estudo desse fenômeno (que ela depois chamou radiatividade) com seu marido, Pierre. Em 1898, eles extraíram dois novos elementos radiativos, polônio e rádio, de minério de urânio. Marie notou que o nível de

FÍSICA NUCLEAR E DE PARTÍCULAS

Ver também: Partículas e ondas 212-215 ▪ O núcleo 240-241 ▪ Partículas subatômicas 242-243 ▪ Bombas nucleares e energia 248-251

Há muitos tipos diferentes de radiação, cada um com propriedades únicas. Ernest Rutherford identificou as radiações alfa e beta; Paul Villard descobriu a radiação gama.

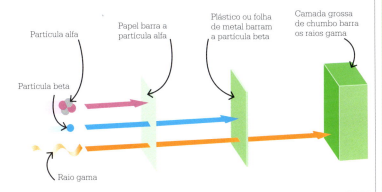

Marie Curie

Marie Curie (nascida Skłodowska) nasceu em Varsóvia, na Polônia, em 1867, numa família pobre de professores. Ela foi para a França em 1891 e se inscreveu na Universidade de Paris, onde conheceu o futuro colaborador e marido, Pierre Curie. Os Curie dividiram o Prêmio Nobel de Física com Henri Becquerel em 1903. Em 1911, Marie recebeu o Prêmio Nobel de Química.

Mais tarde, ela dirigiu o Instituto do Rádio de Paris e desenvolveu e organizou as unidades móveis de raios X usadas para tratar mais de 1 milhão de soldados na Primeira Guerra Mundial. Ela participou do comitê de cooperação acadêmica da Liga das Nações, com Albert Einstein. Morreu em 1934 de complicações provavelmente causadas por uma vida de exposição à radiatividade.

Obras principais

1898 Sobre uma nova substância radiativa contida em uraninita
1898 Raios emitidos por compostos de urânio e tório
1903 Pesquisa sobre substâncias radiativas

---

atividade elétrica no ar ao redor do minério de urânio só estava associado à massa da substância radiativa presente. Ela postulou que a radiação não era causada por reações químicas, mas vinha de dentro dos átomos – uma teoria ousada quando a ciência ainda sustentava que os átomos eram indivisíveis.

Verificou-se que a radiação produzida pelo urânio era um resultado do "decaimento" de átomos individuais. Não há como prever quando um átomo individual decairá. Em vez disso, os físicos medem o tempo que leva para metade dos átomos de uma amostra decaírem. Trata-se da meia-vida de um elemento, um conceito proposto pelo físico nascido na Nova Zelândia Ernest Rutherford e que pode ir de um instante a bilhões de anos.

Em 1899, Rutherford confirmou as suspeitas levantadas por Becquerel e Curie de que havia diferentes tipos de radiação. Ele nomeou e descreveu duas: alfa e beta. As emissões alfa são átomos de hélio com carga positiva, incapazes de penetrar mais que vários centímetros de ar; as emissões beta são fluxos de elétrons, de carga negativa, que podem ser bloqueados por uma folha de alumínio. A radiação gama (descoberta pelo químico francês Paul Villard em 1900 como um raio de alta frequência) é eletricamente neutra. Para bloqueá-la é preciso vários centímetros de chumbo.

Elementos variáveis

Rutherford e seu colaborador Frederick Soddy descobriram que as radiações alfa e beta estavam ligadas a mudanças subatômicas: os elementos se transmutam (mudam de um elemento para outro) por decaimento alfa. O tório, por exemplo, se torna rádio. Eles publicaram sua lei da transformação radiativa em 1903.

Essa série de rápidas descobertas derrubou o antigo conceito de átomo indivisível, levando os cientistas a sondar seu interior e estabelecer novos campos da física e tecnologias que mudariam o mundo. ∎

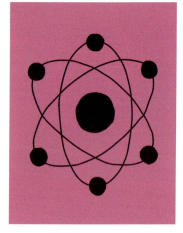

A CONSTITUIÇÃO DA MATÉRIA
O NÚCLEO

EM CONTEXTO

FIGURA CENTRAL
Ernest Rutherford
(1871–1937)

ANTES
1803 John Dalton propõe a teoria atômica, afirmando que toda matéria é feita de átomos.

1903 William Crookes, um químico e físico britânico, inventa o espintariscópio, para detectar radiação ionizante.

1904 J. J. Thomson propõe o modelo de "pudim de passas" do átomo.

DEPOIS
1913 O físico dinamarquês Niels Bohr desenvolve um novo modelo de átomo, em que os elétrons percorrem órbitas ao redor do núcleo central, podendo se mover entre elas.

1919 Ernest Rutherford relata que o núcleo de hidrogênio (próton) está presente em outros núcleos.

As descobertas do elétron e da radiação que emana de dentro dos átomos, no fim do século XIX, suscitaram a necessidade de um modelo atômico mais sofisticado que o previamente descrito.

Em 1904, o físico britânico J. J. Thomson, que havia descoberto o elétron em 1897, propôs o modelo de "pudim de passas" do átomo. Nesse modelo, elétrons de carga negativa estão espalhados por um átomo muito maior, com carga positiva, como frutas secas num pudim de Natal. Quatro anos depois, o físico nascido na Nova Zelândia Ernest Rutherford começou a desmontar, com Ernest Marsden e Hans Geiger, o modelo do pudim de passas por meio de uma série de testes feitos em seu laboratório em Manchester, conhecidos como "experimento da folha de ouro".

Partículas fulgurantes

Rutherford e seus colegas observaram o comportamento de radiação alfa lançada contra uma folha fina de ouro, com cerca de mil átomos de espessura. Usando uma fonte radiativa com um envoltório de chumbo, eles dispararam um feixe estreito de partículas alfa sobre a folha de ouro. Ao redor da folha havia uma tela revestida de sulfeto de zinco que emitia um pequeno raio de luz (cintilação) ao ser atingida pelas partículas alfa. Usando um microscópio, os físicos podiam ver os impactos na tela. (O arranjo era similar ao do espintariscópio, desenvolvido por William Crookes em 1903 para detectar radiação).

Geiger e Marsden notaram que a maioria das partículas alfa passava direto pela folha de ouro. Isso implicava que – em contradição com o modelo de Thomson – a maior parte do átomo é espaço vazio. Uma pequena fração das partículas alfa era desviada em grandes ângulos,

Quando soubermos como os núcleos dos átomos se formam, teremos descoberto o maior de todos os segredos – à exceção da vida.
Ernest Rutherford

FÍSICA NUCLEAR E DE PARTÍCULAS

Ver também: Modelos de matéria 68-71 ▪ Teoria atômica 236-237 ▪ Raios nucleares 238-239 ▪ Partículas subatômicas 242-243 ▪ Bombas nucleares e energia 248-251

com algumas até voltando em direção à fonte. Cerca de uma em cada 8 mil partículas alfa era desviada com um ângulo médio de 90 graus. Rutherford ficou perplexo com o que ele e seus colegas viam – parecia que essas partículas eram repelidas eletricamente por uma carga pequena, pesada e positiva dentro dos átomos.

Um novo modelo do átomo

Os resultados do experimento da folha de ouro serviram de base para o novo modelo do átomo, que Rutherford publicou em 1911. Segundo esse modelo, a grande maioria da massa do átomo se concentra numa porção central de carga positiva, o núcleo. Esse núcleo é orbitado por elétrons eletricamente ligados a ele. O modelo de Rutherford tinha algumas similaridades com o modelo saturniano do átomo proposto pelo físico japonês Hantaro Nagaoka em 1904. Nagaoka tinha descrito elétrons circulando ao redor de um centro de carga positiva, um pouco como os anéis gelados de Saturno.

A ciência é, porém, um processo iterativo, e em 1913 Rutherford teve um importante papel na substituição de seu próprio modelo do átomo por um novo, desenvolvido com Niels Bohr, que incorporava a mecânica quântica na descrição do comportamento dos elétrons. Tratava-se do modelo de Bohr, que tinha elétrons orbitando em diferentes "camadas". De qualquer modo, a descoberta de Rutherford do núcleo atômico é amplamente considerada uma das mais significativas em física, e lançou fundamentos da física nuclear e de partículas. ∎

Ernest Rutherford

Ernest Rutherford nasceu em Brightwater, na Nova Zelândia. Em 1895, ganhou uma bolsa, que lhe permitiu ir para a Universidade de Cambridge, no Reino Unido, e trabalhar com J. J. Thomson no Laboratório Cavendish. Lá, ele descobriu um modo de transmitir e receber ondas de rádio a longas distâncias, de modo independente do inventor italiano Guglielmo Marconi.

Rutherford tornou-se professor da Universidade McGill, no Canadá, em 1898, mas voltou ao Reino Unido em 1907 – desta vez para Manchester, onde realizou sua mais famosa pesquisa. Ele recebeu o Prêmio Nobel de Física em 1908. Mais tarde, tornou-se diretor do Laboratório Cavendish e presidente da Real Sociedade. Após sua morte, foi sepultado com honras na Abadia de Westminster.

Obras principais

1903 "Mudança radiativa"
1911 "Espalhamento de partículas alfa e beta por matéria e a estrutura do átomo"
1920 "Constituição nuclear dos átomos"

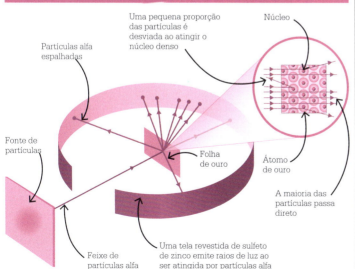

O experimento da folha de ouro

OS TIJOLOS COM QUE SE CONSTROEM OS ÁTOMOS
PARTÍCULAS SUBATÔMICAS

EM CONTEXTO

FIGURAS CENTRAIS
J.J. Thomson (1856–1940),
Ernest Rutherford (1871–1937),
James Chadwick (1891–1974)

ANTES
1838 O químico britânico Richard Laming aventa a existência de partículas subatômicas.

1891 O físico irlandês George J. Stoney dá o nome de "elétron" à unidade fundamental de carga.

1897 J. J. Thomson obtém evidência do elétron.

DEPOIS
1934 O físico italiano Enrico Fermi bombardeia urânio com nêutrons, produzindo um novo elemento mais leve.

1935 James Chadwick recebe o Prêmio Nobel pela descoberta do nêutron.

1938 A física nascida na Áustria Lise Meitner leva a descoberta de Fermi além, descrevendo a fissão nuclear.

Durante milênios, pensou-se que o átomo era uma unidade inquebrável. Uma sucessão de descobertas de três gerações de físicos baseados em Cambridge desmontou essa ideia, revelando partículas menores dentro dele.

A primeira partícula subatômica foi descoberta em 1897 pelo físico britânico J. J. Thomson ao testar raios catódicos. Esses raios são produzidos pelo eletrodo negativo (cátodo) de um tubo de vácuo com carga elétrica e atraídos por um eletrodo positivo (ânodo). Os raios catódicos fazem o vidro na ponta do tubo brilhar, e Thomson deduziu que eram compostos de partículas de carga negativa mais de mil vezes mais leves que o átomo de hidrogênio. Ele concluiu que essas partículas eram um componente universal dos átomos e nomeou-as "corpúsculos" (depois receberam o nome "elétrons").

Mergulho no átomo
Thomson incorporou os elétrons em seu modelo de "pudim de passas" do átomo, de 1904. Porém, em 1911, um novo modelo foi proposto por um aluno de Thomson, Ernest Rutherford, com um núcleo denso de carga positiva orbitado por elétrons. Aperfeiçoamentos realizados por Niels Bohr, com Rutherford, levaram ao modelo de Bohr de 1913.

Em 1919, Rutherford descobriu que, quando o nitrogênio e outros elementos eram atingidos por radiação alfa, núcleos de hidrogênio eram emitidos. Ele concluiu que esses núcleos – os mais leves de todos – estão presentes em todos os outros, e nomeou-os "prótons".

Os físicos tiveram dificuldade em explicar as propriedades dos átomos só com prótons e elétrons, porque essas partículas respondiam apenas por metade da massa medida dos átomos. Em 1920, Rutherford aventou a existência de uma partícula neutra, composta de um próton e um elétron aglutinados

[...] a radiação consiste em nêutrons: partículas de massa 1 e carga 0.
James Chadwick

FÍSICA NUCLEAR E DE PARTÍCULAS 243

Ver também: Modelos de matéria 68-71 ▪ Carga elétrica 124-127 ▪ Luz que vem do átomo 196-199 ▪ Partículas e ondas 212-215 ▪ O núcleo 240-241 ▪ Bombas nucleares e energia 248-251 ▪ Zoo de partículas e os quarks 256-257

Modelos do átomo

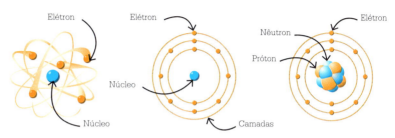

O modelo de pudim de passas de Thomson (1904) tem elétrons aleatórios espalhados num átomo de carga positiva.

No modelo de Rutherford (1911), os elétrons zunem ao redor de um núcleo denso, de carga positiva.

O modelo de Niels Bohr (1913) tem elétrons que orbitam o núcleo em camadas internas e externas.

Em 1932, James Chadwick descobriu que o núcleo do átomo é feito de prótons e nêutrons.

– que chamou de nêutron –, dentro do núcleo. Embora isso oferecesse uma explicação simples para o modo como os elétrons irradiariam do núcleo, violava os princípios da mecânica quântica: simplesmente não havia energia suficiente para prender os elétrons dentro do núcleo.

Em Paris, em 1932, Irène Joliot-Curie e seu marido Frédéric fizeram experimentos com um tipo de radiação neutra recém-descoberta (que se pensava ser uma forma de radiação gama). Ela emergia quando radiação alfa atingia elementos leves como berílio. Os Joliot-Curie descobriram que essa radiação conduzia energia suficiente para ejetar prótons de alta energia de compostos ricos em hidrogênio. Mas nem Rutherford nem James Chadwick – ex-aluno de Rutherford – acreditaram que esses fossem raios gama. Chadwick repetiu os experimentos com medidas mais precisas. Ele mostrou que essa radiação tinha mais ou menos a mesma massa que os prótons e concluiu que era composta de nêutrons – partículas neutras contidas no núcleo. A descoberta completou o modelo atômico de modo a fazer sentido. Além disso, desencadeou o desenvolvimento de novas tecnologias médicas e o início da era nuclear. ∎

James Chadwick

Quando James Chadwick, nascido em Cheshire, ganhou uma bolsa para a Universidade de Manchester, inscreveu-se por acaso em física em vez de matemática. Ele foi aluno de Ernest Rutherford e escreveu seu primeiro artigo sobre como medir a radiação gama. Em 1913, Chadwick viajou para Berlim para estudar com Hans Geiger, mas foi preso no campo de detenção de Ruhleben, durante a Primeira Guerra Mundial.

Após ser solto, ele se reuniu a Rutherford na Universidade de Cambridge, em 1919. Em 1935, recebeu o Prêmio Nobel de Física pela descoberta do nêutron. Na Segunda Guerra Mundial, liderou a equipe britânica que trabalhou no Projeto Manhattan para desenvolver armas nucleares para os Aliados. Mais tarde serviu como conselheiro científico britânico na Comissão de Energia Atômica das Nações Unidas.

Obras principais

1932 "A possível existência de um nêutron"
1932 "A existência de um nêutron"

PEQUENOS TUFOS DE NUVEM
PARTÍCULAS NUMA CÂMARA DE NUVENS

EM CONTEXTO

FIGURA CENTRAL
Charles T. R. Wilson
(1869–1959)

ANTES
1894 Charles T. R. Wilson cria nuvens em câmaras ao estudar fenômenos meteorológicos no observatório de Ben Nevis, na Escócia.

1910 Wilson percebe que uma câmara de nuvens pode ser usada para estudar partículas subatômicas emitidas por fontes radiativas.

DEPOIS
1912 Victor Hess propõe que radiação ionizante de alta energia do espaço entra na atmosfera como "raios cósmicos".

1936 O físico americano Alexander Langsdorf modifica a câmara de nuvens acrescentando gelo seco.

1952 A câmara de bolhas substitui a câmara de nuvens como ferramenta básica da física de partículas.

As partículas subatômicas são objetos fantasmagóricos, que em geral só se tornam visíveis por suas interações. A invenção da câmara de nuvens, porém, permitiu aos físicos pela primeira vez presenciar movimentos dessas partículas e determinar suas propriedades.

Interessado em criar uma ferramenta para estudar a formação de nuvens, o físico e meteorologista

A câmara de nuvens de Wilson, em exibição no museu do Laboratório Cavendish, em Cambridge, produz rastros "finos como cabelinhos" em seu interior.

escocês Charles T. R. Wilson ensaiou expandir a umidade do ar numa câmara selada, deixando-a supersaturada. Ele percebeu que, quando colidem com moléculas de água, os íons (átomos carregados) afastam os elétrons, criando um caminho ao redor do qual se forma névoa, e isso deixa um rastro visível na câmara. Em 1910, Wilson já havia aperfeiçoado sua câmara de nuvens e demonstrou-a a cientistas em 1911. Combinado com ímãs e campos elétricos, o aparato permitiu aos físicos calcular propriedades como massa e carga elétrica dos rastros nebulosos deixados pelas partículas.

FÍSICA NUCLEAR E DE PARTÍCULAS 245

Ver também: Carga elétrica 124-127 ▪ Raios nucleares 238-239 ▪ Antimatéria 246 ▪ Zoo de partículas e os quarks 256-257 ▪ Mediadores de força 258-259

A radiação ionizante **retira os elétrons, de carga negativa**, das moléculas de água.

↓

As moléculas de água ficam **ionizadas** (com carga positiva). → Em vapor supersaturado, os íons estão na origem da **formação de gotas de água**.

↓

Esses rastros de nuvens mostram o **caminho das partículas subatômicas**. ← A radiação ionizante **cria rastros de nuvens** em câmaras de vapor supersaturado.

Charles T. R. Wilson

Nascido numa família de fazendeiros de Midlothian, na Escócia, Charles T. R. Wilson foi para Manchester após a morte do pai. Ele planejava estudar medicina, mas ganhou uma bolsa para a Universidade de Cambridge e voltou-se para as ciências naturais. Começou a estudar nuvens e trabalhou por algum tempo no observatório meteorológico de Ben Nevis, o que o inspirou a criar a câmara de nuvens. Em 1927, dividiu o Prêmio Nobel de Física com Artur Compton, por sua invenção.

Apesar da contribuição de Wilson à física de partículas, ele continuou focado na meteorologia. Inventou um método para proteger de raios os balões barragem britânicos na Segunda Guerra Mundial e propôs uma teoria da eletricidade das tempestades.

Obras principais

1901 *Sobre a ionização do ar atmosférico*
1911 *Sobre um método para tornar visíveis os caminhos de partículas ionizadas através de um gás*
1956 *Uma teoria da eletricidade de nuvens carregadas*

Em 1923, ele acrescentou a fotografia estereoscópica para registrá-los. Wilson observou a radiação de fontes radiativas, mas as câmaras de nuvens também podem ser usadas para detectar raios cósmicos (radiação de além do Sistema Solar e da Via Láctea).

O conceito de raios cósmicos foi confirmado em 1911-1912, quando o físico Victor Hess mediu taxas de ionização num balão atmosférico. Durante subidas arriscadas a 5,3 mil metros, dia e noite, ele descobriu níveis crescentes de ionização e concluiu: "Radiação com poder de penetração muito alto entra de cima em nossa atmosfera". Esses raios cósmicos (compostos principalmente de prótons e partículas alfa) colidem com os núcleos de átomos e criam cascatas de partículas secundárias quando impactam a atmosfera da Terra.

O antielétron

Ao investigar os raios cósmicos em 1932, o físico americano Carl D. Anderson identificou algo que parecia ser um reflexo exato do elétron – com massa igual e carga igual, mas oposta. Ele acabou concluindo que os rastros pertenciam a um antielétron (o pósitron). Quatro anos depois, Anderson descobriu outra partícula – o múon. Seus rastros mostraram que era mais de duzentas vezes mais pesado que o elétron, mas tinha a mesma carga. Isso indicava a possibilidade de "gerações" múltiplas de partículas ligadas por propriedades similares.

Descoberta da força fraca

Em 1950, físicos da Universidade de Melbourne encontraram uma partícula neutra entre os raios cósmicos, que decaía num próton e outros produtos. Eles a chamaram de bárion lambda (Λ^0). Há vários bárions – partículas compostas afetadas pela força forte que atua dentro do núcleo. Os físicos previam que o bárion lambda decairia em 10^{-23} segundos, mas ele sobrevivia muito mais tempo. Essa descoberta levou-os a concluir que outra força fundamental, com ação de curto alcance, estava envolvida. Ela foi chamada interação fraca, ou força fraca. ∎

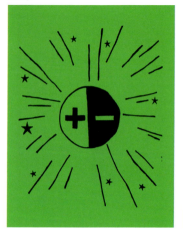

OS OPOSTOS PODEM EXPLODIR
ANTIMATÉRIA

EM CONTEXTO

FIGURA CENTRAL
Paul Dirac (1902–1984)

ANTES
1898 O físico britânico nascido na Alemanha Arthur Schuster especula sobre a existência de antimatéria.

1928 Paul Dirac propõe que os elétrons poderiam ter carga positiva e negativa.

1931 Dirac publica um artigo que prevê o "antielétron", com carga positiva.

DEPOIS
1933 Dirac propõe o antipróton – a antimatéria equivalente ao próton.

1955 Uma pesquisa da Universidade da Califórnia em Berkeley confirma que o antipróton existe.

1965 Físicos do CERN descrevem a produção de antimatéria ligada sob a forma de antideutério.

Nos anos 1920, o físico britânico Paul Dirac propôs um mundo espelhado de antimatéria. Num artigo de 1928, ele demonstrou que é igualmente válido para elétrons ter estado de energia positivo ou negativo. Um elétron com energia negativa se comporta de modo oposto ao elétron ordinário. Por exemplo, ele será repelido por um próton em vez de atraído, então tem carga positiva.

Dirac descartou a possibilidade de que essa partícula fosse um próton, pois a massa do próton é muito maior que a do elétron. Em vez disso, ele propôs uma nova partícula com a mesma massa do elétron, mas carga positiva, e a chamou de "antielétron". Ao se encontrar, o elétron e o antielétron se aniquilariam, produzindo uma massa de energia.

A confirmação da existência do antielétron é creditada a Carl D. Anderson (que a renomeou "pósitron", em 1932. Anderson fez raios cósmicos passarem por uma câmara de nuvens sob a influência de um campo magnético que os desviava em direções diferentes conforme sua carga. Ele descobriu uma partícula com um rastro curvo como o do elétron, mas apontando na direção oposta.

À descoberta de Anderson seguiram-se as de outras partículas e átomos de antimatéria. Hoje se sabe que toda partícula tem uma equivalente de antimatéria, mas o porquê de a matéria comum ser dominante no Universo continua sem explicação. ∎

Penso que a descoberta de antimatéria talvez tenha sido o maior de todos os grandes saltos da física em nosso século.
Werner Heisenberg

Ver também: Partículas subatômicas 242-243 ▪ Partículas numa câmara de nuvens 244-245 ▪ Zoo de partículas e os quarks 256-257 ▪ Assimetria matéria-antimatéria 264

FÍSICA NUCLEAR E DE PARTÍCULAS

EM BUSCA DA COLA ATÔMICA
A FORÇA FORTE

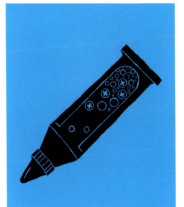

EM CONTEXTO

FIGURA CENTRAL
Hideki Yukawa (1907–1981)

ANTES
1935 Yukawa prevê a existência de uma nova força dentro do núcleo atômico.

1936 Carl D. Anderson descobre o múon, que se pensou por algum tempo ser o mediador dessa nova força.

DEPOIS
1948 Uma equipe de físicos da Universidade da Califórnia em Berkeley produz píons artificialmente disparando partículas alfa em átomos de carbono.

1964 O físico americano Murray Gell-Mann prevê a existência de quarks, que interagem por meio da força forte.

1979 O glúon é descoberto no acelerador de partículas PETRA (Positron-Electron Tandem Ring Accelerator), na Alemanha.

A descoberta no início do século XX de partículas subatômicas levantou tantas questões quantas respondeu. Uma das perguntas era como os prótons, de carga positiva, se ligam num núcleo, apesar de sua repulsão elétrica natural?

Em 1935, o físico japonês Hideki Yukawa forneceu uma resposta ao prever uma força de alcance ultracurto que atua dentro do núcleo atômico, ligando seus componentes (prótons e nêutrons). Ele disse que essa força é mediada por uma partícula chamada méson. Na verdade, há muitos mésons. O primeiro a ser descoberto foi o píon (ou méson pi), que físicos do Reino Unido e Brasil descobriram em 1947 ao estudar raios cósmicos que chegavam aos Andes. Seus experimentos confirmaram que o píon estava envolvido nas interações fortes que Yukawa tinha descrito.

Muito mais potente que as outras forças fundamentais (a eletromagnética, a gravitacional e a força fraca), a recém-descoberta força forte é, na verdade,

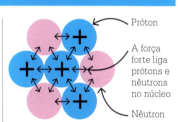

Os nêutrons e prótons (núcleons) são ligados dentro do núcleo pela força forte, mediada por mésons. Dentro dos prótons e nêutrons, partículas menores (os quarks) são ligadas por glúons.

responsável pela vasta energia liberada em armas e reatores nucleares quando os átomos são divididos. Os mésons são os mediadores dessa força entre os núcleons. A força forte entre os quarks (três dos quais se combinam para fazer um próton) é mediada por glúons (partículas elementares, ou bósons), cujo nome se baseia em sua capacidade de "aglutinar" quarks de diferentes "cores" (uma propriedade sem nada a ver com as cores normais), formando partículas "sem cor" como prótons e píons. ■

Ver também: O núcleo 240-241 ▪ Partículas subatômicas 242-243 ▪ Zoo de partículas e os quarks 256-257 ▪ Mediadores de força 258-259

QUANTIDADES ASSUSTADORAS DE ENERGIA
BOMBAS NUCLEARES E ENERGIA

EM CONTEXTO

FIGURAS CENTRAIS
Enrico Fermi (1901–1954),
Lise Meitner (1878–1968)

ANTES
1898 Marie Curie descobre como a radiatividade emana de materiais como urânio.

1911 Ernest Rutherford propõe que o átomo tem um núcleo denso em seu centro.

1919 Rutherford mostra que um elemento pode ser transformado em outro bombardeando-o com partículas alfa.

1932 James Chadwick descobre o nêutron.

DEPOIS
1945 A primeira bomba atômica é testada. Bombas A são lançadas sobre Hiroshima e Nagasaki.

1951 É inaugurado o primeiro reator nuclear para geração de eletricidade.

1986 O desastre de Chernobyl enfatiza os riscos da energia nuclear.

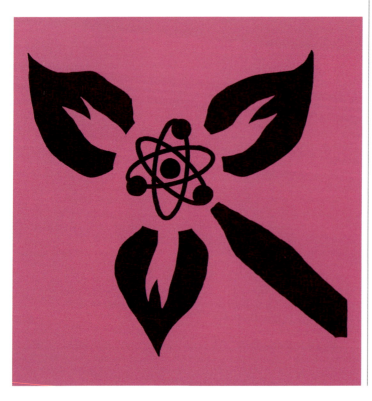

Na virada para o século XX, os físicos lançaram inadvertidamente as bases para que os cientistas entendessem e, por fim, aproveitassem o imenso poder contido no átomo. Em 1911, Ernest Rutherford tinha proposto um modelo de átomo que colocava um núcleo denso em seu centro. Em Paris, Marie Curie e seus colaboradores, entre os quais seu marido, Pierre, tinham descoberto e descrito como a radiatividade emanava de dentro do átomo de materiais naturais como o urânio.

Em 1934, o físico italiano Enrico

FÍSICA NUCLEAR E DE PARTÍCULAS 249

Ver também: Geração de eletricidade 148-151 ▪ Teoria atômica 236-237 ▪ Raios nucleares 238-239 ▪ O núcleo 240-241 ▪ Partículas subatômicas 242-243

Fotografada em 1913 com Otto Hahn no laboratório deles em Berlim, Lise Meitner mais tarde expandiu o trabalho de Enrico Fermi e explicou a fissão nuclear.

equivalência energia-massa de Albert Einstein (sintetizada na equação $E = mc^2$) para mostrar que a massa misteriosamente perdida no processo era convertida em energia. Todas as peças do quebra-cabeça afinal se encaixavam.

Forças poderosas

As forças dentro do núcleo são poderosas e têm equilíbrio precário. A força forte o mantém unido, mas prótons de carga positiva dentro dele se repelem com cerca de 230 N de força. Conservar o núcleo unido requer uma enorme quantidade de "energia de ligação", que é liberada quando o núcleo se quebra. A perda de massa equivalente é mensurável: na reação de fissão do urânio em questão, cerca de um quinto da massa de um próton parecia se desvanecer numa irrupção de calor.

Meitner e outros físicos perceberam que os nêutrons "evaporando" na fissão nuclear abriam a possibilidade de reações em cadeia em que os núcleos livres »

Fermi bombardeou urânio com nêutrons (partículas subatômicas descobertas só dois anos antes). O experimento de Fermi pareceu transformar o urânio em elementos diferentes – não os novos, mais pesados, que ele esperava, mas isótopos (variantes com um número diferente de nêutrons) de elementos mais leves. Fermi tinha dividido o aparentemente indivisível átomo, mas se passaram anos até a comunidade científica perceber a magnitude do que ele fez. A química alemã Ida Noddack aventou que os novos elementos fossem fragmentos do núcleo original de urânio, mas sua proposta foi desconsiderada na confusão dos cientistas para entender o experimento de Fermi.

Em 1938, os químicos alemães Otto Hahn e Fritz Strassmann expandiram o trabalho de Fermi. Eles descobriram que bombardear urânio com nêutrons produzia bário, com a aparente perda de cem prótons e nêutrons no processo. Hahn transmitiu os desconcertantes achados a sua antiga colega Lise Meitner, que fugira da Alemanha nazista para a Suécia. Meitner propôs que o núcleo de urânio estava se quebrando em fragmentos, um processo que Hahn chamou de fissão nuclear. É notável que Meitner também tenha usado a teoria de

BOMBAS E ENERGIA NUCLEAR

> Não há limites de destruição para essa arma [...] sua simples existência [é] um perigo para a humanidade.
> **Enrico Fermi**

gerariam sucessivas reações de fissão, liberando mais energia e nêutrons a cada reação. Uma reação em cadeia poderia liberar um fluxo estável de energia ou produzir uma vasta explosão. Enquanto as nações avançavam para a Segunda Guerra Mundial, os pesquisadores, temendo o modo como esse poder poderia ser usado em mãos erradas, começaram de imediato a estudar como manter uma fissão sustentada.

O Projeto Manhattan

O presidente dos EUA, Franklin D. Roosevelt, queria que seu país e aliados fossem os primeiros a aproveitar a energia atômica, enquanto o conflito tomava grande parte do mundo. Os EUA só entraram na guerra após o ataque do Japão a Pearl Harbor, em 1941, mas em 1939 foi criado o projeto secreto Manhattan, para desenvolver armas nucleares, empregando muitos dos maiores cientistas e matemáticos do século XX, sob a direção científica de J. Robert Oppenheimer. Depois de fugir da Itália fascista em 1938, Fermi se mudou para os EUA e recomeçou a trabalhar em aplicações de sua descoberta, como parte do Projeto Manhattan. Ele e seus colegas verificaram que nêutrons lentos (térmicos) eram mais capazes de ser absorvidos pelos núcleos e causar fissão. O U-235 (um isótopo natural do urânio) foi identificado como um combustível ideal porque libera três nêutrons térmicos a cada vez que se fragmenta. O U-235 é um isótopo raro, que constitui menos de 1% do urânio natural; então este tinha de ser enriquecido com extremo cuidado para sustentar uma reação em cadeia.

O fator crítico

O Projeto Manhattan buscou múltiplos métodos para enriquecer urânio e testou dois projetos de reator nuclear: um, com base na Universidade de Colúmbia, que usava água pesada (água com um isótopo de hidrogênio) para retardar os nêutrons, e o outro, liderado por Fermi na Universidade de Chicago, que utilizava grafite. Os cientistas buscavam o ponto crítico – quando a taxa com que os nêutrons são produzidos por fissão é igual à taxa com que são perdidos por absorção e vazamento. Produzir nêutrons demais levaria as reações a aumentar fora de controle e produzir muito poucos faria as reações se extinguirem. O ponto crítico exigia um equilíbrio cuidadoso de massa e densidade do combustível, temperatura e outras variáveis.

O reator nuclear de Fermi começou a operar em 1942. O Chicago Pile-1 foi construído numa quadra de *squash* da universidade, usando quase 5 toneladas de urânio não enriquecido, 40 toneladas de óxido de urânio e 330 toneladas de tijolos de grafite. Era tosco, desguarnecido e de baixa potência, mas marcou a primeira vez em que cientistas conseguiram sustentar uma reação de fissão em cadeia.

Embora os reatores nucleares devam sustentar o ponto crítico para uso civil (como em usinas atômicas), armas nucleares devem ultrapassá-lo para liberar quantidades letais de energia de ligação instantaneamente. Os cientistas que trabalhavam com Oppenheimer em Los Alamos eram responsáveis por desenhar tais armas. Um projeto usou implosão, com explosivos ao redor de um centro físsil sendo detonados e produzindo ondas de choque. Isso comprimia o centro num volume menor, mais denso, que ultrapassava o ponto crítico. Um projeto alternativo – uma arma "tipo rifle" – disparava duas peças menores de material físsil juntas a alta velocidade, criando uma

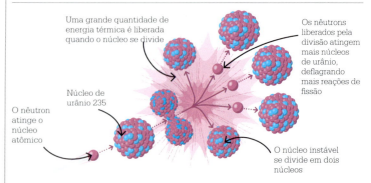

O urânio 235 (U-235) é um isótopo purificado de urânio. Esse isótopo é naturalmente instável e emite nêutrons e calor. A fissão nuclear começa quando um nêutron atinge um núcleo de U-235. O núcleo se divide, produzindo núcleos menores e mais leves, mais uns poucos nêutrons. Cada um dos quais pode continuar produzindo fissão em outros núcleos de urânio.

FÍSICA NUCLEAR E DE PARTÍCULAS

A primeira bomba atômica mundial (codinome Trinity) foi testada no Novo México, em 16 de julho de 1945, produzindo uma enorme bola de fogo e uma nuvem de detritos em forma de cogumelo.

massa grande, que excedia o ponto crítico. Em julho de 1945, no deserto do Novo México, os cientistas do Projeto Manhattan detonaram uma arma nuclear pela primeira vez. Uma enorme bola de fogo foi seguida por uma nuvem radiativa de detritos e vapor de água. A maioria dos observadores ficou em silêncio. Oppenheimer confessou depois que as palavras do deus Vishnu, das escrituras indianas, vieram à sua mente: "Agora me torno Morte, o destruidor de mundos". As duas únicas armas nucleares usadas em conflito armado até hoje foram lançadas no Japão meses depois: a "Little Boy" ("Garoto"), do tipo rifle, sobre Hiroshima, em 6 de agosto, e a "Fat Man" ("Homem Gordo"), do tipo implosivo (que usava Pu-239, um isótopo de plutônio, como material físsil), sobre Nagasaki, em 9 de agosto.

Energia nuclear para eletricidade

O fim da guerra assinalou uma mudança parcial da fissão nuclear para fins pacíficos, e a Comissão de Energia Atômica foi criada nos EUA em 1946 para supervisionar o desenvolvimento de aplicações nucleares civis. O primeiro reator nuclear para geração de eletricidade foi inaugurado em 1951, e usinas de energia nuclear civis se multiplicaram nas duas décadas seguintes. Os reatores nucleares usam reações em cadeia controladas – aceleradas ou desaceleradas com varetas de controle que capturam os nêutrons livres – para liberar a energia aos poucos, fervendo água em vapor para girar geradores elétricos. A energia de combustível nuclear é milhões de vezes a obtida com quantidades similares de combustíveis como carvão, tornando-a uma eficiente fonte de energia neutra em carbono.

Porém, em 1986, explosões em um reator em Chernobyl, na Ucrânia, então parte da União Soviética, lançaram material radiativo na atmosfera, matando milhares de pessoas em toda a Europa. Esse e outros desastres, além de preocupações com o lixo radiativo de longa duração, abalaram as credenciais ambientais da energia nuclear.

Da fissão à fusão?

Alguns físicos esperam que a fusão nuclear seja a fonte de energia sustentável do futuro. Ela consiste em unir dois núcleos para formar um maior, liberando a energia em excesso sob a forma de fótons. Os cientistas tentam há décadas induzir a fusão – a poderosa força repulsiva dos prótons só pode ser superada em meio a calor e densidade extremos. O método mais promissor usa um aparato em forma de rosquinha chamado tokamak. Ele gera um poderoso campo magnético para confinar o plasma, matéria tão quente que arranca os elétrons dos átomos, tornando-a condutora e fácil de manipular com campos magnéticos. ∎

Enrico Fermi

Nascido em Roma em 1901, Enrico Fermi ficou famoso por ter desenvolvido as primeiras aplicações nucleares, mas também era admirado como físico teórico. Ele estudou na Universidade de Pisa e depois deixou a Itália para colaborar com físicos como Max Born. Voltando para dar aulas na Universidade de Florença em 1924, ele ajudou a desenvolver a estatística de Fermi-Dirac. Em 1926, tornou-se professor da Universidade de Roma. Lá, propôs a teoria da interação fraca e demonstrou a fissão nuclear. Em 1938, ano em que recebeu o Prêmio Nobel de Física, fugiu da Itália fascista para escapar às leis antijudaicas que restringiam os direitos de sua mulher e colegas. Apesar do envolvimento com o Projeto Manhattan, mais tarde se tornou um crítico ativo do desenvolvimento de armas nucleares. Morreu em Chicago em 1954.

Obras principais

1934 "Radiatividade artificial produzida por bombardeamento com nêutrons"
1938 "Captura simples de nêutrons por urânio"

UMA JANELA PARA A CRIAÇÃO
ACELERADORES DE PARTÍCULAS

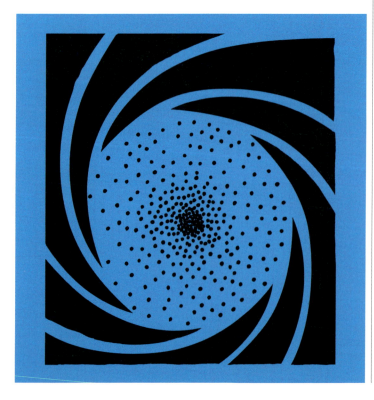

EM CONTEXTO

FIGURA CENTRAL
John Crockcroft (1897–1967)

ANTES
1919 Ernest Rutherford induz a fissão nuclear (divisão do núcleo de um átomo em dois) de modo artificial.

1929 O físico ucraniano-americano George Gamow apresenta a teoria do tunelamento quântico para partículas alfa emitidas em decaimento alfa.

DEPOIS
1952 O Cosmotron, o primeiro síncrotron de prótons, começa a operar no Laboratório Nacional Brookhaven, nos EUA.

2009 O Grande Colisor de Hádrons do CERN, na Suíça, atinge plena operação e se torna o acelerador de partículas de maior energia.

Em 1919, a pesquisa de Ernest Rutherford sobre a desintegração de átomos de nitrogênio provou que é possível separar partículas ligadas pela força nuclear – uma das forças mais poderosas do Universo. Logo os físicos ficaram imaginando se poderiam explorar mais fundo dentro do átomo, quebrando-o em partes e examinando os restos.

No fim dos anos 1920, o ex-soldado e engenheiro britânico John Cockcroft era um dos jovens físicos que auxiliavam Rutherford nessa pesquisa, no Laboratório Cavendish da Universidade de Cambridge. Cockcroft estava intrigado com o trabalho de George

FÍSICA NUCLEAR E DE PARTÍCULAS 253

Ver também: Modelos de matéria 68-71 ▪ Aplicações quânticas 226-231 ▪ Partículas subatômicas 242-243 ▪ Zoo de partículas e os quarks 256-257 ▪ Bóson de Higgs 262-263 ▪ Massa e energia 284-285 ▪ O Big Bang 296-301

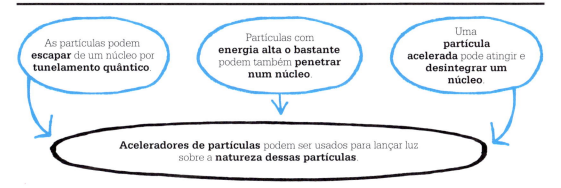

Gamow, que em 1928 descreveu o fenômeno do tunelamento quântico. Tratava-se da ideia de que partículas subatômicas, como partículas alfa, podem sair do núcleo, apesar da força nuclear forte que as retém, porque têm atributos ondulatórios. Eles permitem a algumas atravessar a barreira da força nuclear, escapando a seu poder de atração.

Reversão do princípio

Gamow visitou o laboratório de Cambridge a convite de Cockcroft, e os dois discutiram se a teoria de Gamow poderia ser aplicada ao contrário: seria possível acelerar um próton com energia suficiente para que penetrasse e explodisse o núcleo de um elemento? Cockcroft disse a Rutherford que acreditava poderem penetrar um núcleo de boro, usando prótons acelerados com 300 quilovolts, e que um núcleo de lítio possivelmente exigiria menos energia. O boro e o lítio têm núcleos leves, então as barreiras de energia a vencer são menores que as de elementos mais pesados.

Rutherford deu a autorização e, em 1930, com o físico irlandês Ernest Walton, Cockcroft experimentou acelerar feixes de prótons a partir de um tubo de raios anódicos (em essência um tubo de raios catódicos ao contrário). Quando fracassaram em detectar os raios gama registrados por cientistas franceses empenhados em pesquisa similar, perceberam que a energia de seus prótons era muito baixa.

Energia cada vez maior

A busca por aceleradores de partículas cada vez mais poderosos começou. Em 1932, Cockcroft e Walton construíram um novo aparato, capaz de acelerar um feixe de prótons a energias mais altas usando voltagens mais baixas. O acelerador Cockcroft-Walton começa acelerando partículas carregadas através de um diodo inicial (um dispositivo semicondutor) para carregar um capacitor (componente que armazena energia elétrica) até o pico de voltagem. A voltagem é então revertida, impelindo as partículas através do próximo diodo e efetivamente dobrando sua energia. Por meio de uma série de capacitores e diodos, a carga resulta em múltiplas vezes o que seria normalmente possível, aplicando a voltagem máxima.

Usando esse dispositivo pioneiro, Cockcroft e Walton bombardearam núcleos de lítio e berílio com prótons de alta velocidade e monitoraram as interações num detector, uma tela de fluoreto de zinco fluorescente. Eles esperavam ver os raios gama que os cientistas Irène Joliot-Curie e seu marido Frédéric tinham relatado. Em vez disso, sem querer produziram nêutrons (como o físico britânico James Chadwick provaria depois). Cockcroft e Walton fizeram, então, a primeira desintegração artificial de um núcleo atômico, num núcleo de lítio, reduzindo-o a »

As partículas estavam saindo do lítio, atingindo a tela e produzindo cintilações. Pareciam estrelas surgindo de repente e desaparecendo.
Ernest Walton
sobre a divisão do átomo

ACELERADORES DE PARTÍCULAS

Os aceleradores de partículas usam campos elétricos e magnéticos para produzir um feixe de partículas subatômicas de alta energia, como prótons, que são disparados um contra o outro ou num alvo de metal.

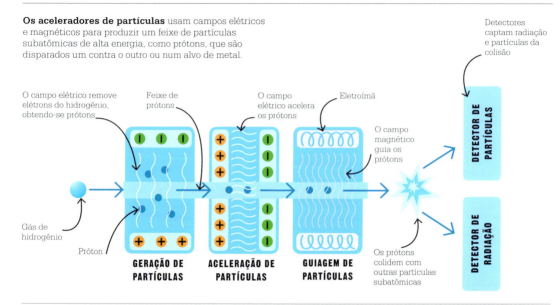

partículas alfa. Com esse início histórico, Cockcroft e Walton mostraram o valor de usar aceleradores de partículas (apelidados "destruidores de átomos") para sondar o átomo e descobrir novas partículas, oferecendo uma alternativa mais controlada à observação de raios cósmicos (partículas de alta energia que viajam pelo espaço).

Aceleradores de alta potência

As máquinas de Cockcroft-Walton e todos os primeiros aceleradores de partículas eram dispositivos eletrostáticos, que usavam campos elétricos estáticos para acelerar partículas. Estes ainda são muito usados hoje em estudos acadêmicos, médicos e industriais de partículas de baixa energia e em aparelhos eletrônicos do dia a dia, como fornos de micro-ondas. Seu limite de energia, porém, impede o uso para pesquisa em física de partículas moderna. A certa energia, aumentar as voltagens para impulsionar mais as partículas faz os isolantes usados na construção dos aceleradores de partículas sofrerem pane elétrica e começarem a conduzir.

A maioria dos aceleradores da pesquisa de física de partículas usa campos eletromagnéticos oscilantes para acelerar partículas carregadas. Na aceleração eletrodinâmica, uma partícula é acelerada em direção a uma placa e, quando passa por ela, a carga na placa muda, repelindo a partícula para a próxima placa. Esse processo é repetido com oscilações cada vez mais rápidas para impelir as partículas até velocidades comparáveis à da luz. Esses campos oscilantes são em geral produzidos por um de dois mecanismos – indução magnética ou ondas de radiofrequência (RF). A indução magnética usa um campo magnético para induzir movimento de partículas carregadas, criando um campo elétrico circulante. Uma cavidade de RF é uma câmara metálica oca em que ondas de rádio ressonantes criam um campo eletromagnético, reforçando as partículas carregadas conforme passam por ele.

Os aceleradores modernos de partículas são de três tipos: lineares (*linacs*), cíclotrons e síncrotrons. Os *linacs*, como o Acelerador Linear Stanford, na Califórnia, nos EUA, aceleram partículas em linha reta rumo a um alvo numa ponta. Os cíclotrons são compostos de duas placas em forma de D ocas e um ímã, que desvia as partículas para um trajeto circular conforme elas espiralam para fora em direção a um alvo. Os síncrotrons aceleram partículas carregadas continuamente num círculo, até atingirem as energias requeridas, usando muitos ímãs para guiá-las.

Velocidades vertiginosas de partículas

Em 1930, Cockcroft e Walton tinham percebido que, quanto mais acelerassem as partículas, mais fundo na matéria poderiam ver. Hoje os físicos podem usar aceleradores

FÍSICA NUCLEAR E DE PARTÍCULAS

síncrotron para impelir as partículas a velocidades vertiginosas, que se aproximam da velocidade da luz. Tais velocidades criam efeitos relativísticos: conforme a energia cinética de uma partícula cresce, sua massa aumenta, exigindo forças maiores para atingir mais aceleração. As maiores e mais poderosas máquinas concentram experimentos que podem envolver milhares de cientistas de todo o mundo. O Tevatron do FermiLab, em Illinois, nos EUA, que operou de 1983 a 2011, usava um anel de 6,3 km de comprimento para acelerar prótons e antiprótons a energias de até 1 Tev (10^{12} × 1 eV), em 1 eV é a energia obtida por um elétron acelerado por 1 volt — 1 TeV é, grosso modo, a energia de um mosquito voando.

No fim dos anos 1980, cientistas na Suíça, armados do Supersíncrotron de Prótons, competiam com os cientistas do FermiLab, usando o Tevatron, na busca pelo quark top (o mais pesado). Graças ao enorme poder do Tevatron, os cientistas do FermiLab puderam produzir e detectar o quark top em 1995, com uma massa de cerca de 176 GeV/c^2 (quase tão pesado quanto um átomo de ouro). O Tevatron perdeu o posto

O sistema de calorimetria do ATLAS, no CERN, visto aqui durante a instalação, mede a energia das partículas após a colisão, forçando a maioria a parar e depositar sua energia no detector.

de mais poderoso acelerador de partículas em 2009, para o Grande Colisor de Hádrons (LHC, na sigla em inglês) do CERN. O LHC é um síncrotron com 27 km de comprimento que se estende entre Suíça e França 100 m sob o solo, capaz de acelerar dois feixes de prótons a 99,9999991% da velocidade da luz. É um triunfo da engenharia; suas tecnologias revolucionárias – aplicadas em enorme escala – incluem 10 mil ímãs supercondutores, resfriados a temperaturas abaixo das encontradas no espaço. Durante a operação, ele

requer cerca de um terço da energia consumida pela cidade vizinha de Genebra. Uma cadeia de aceleradores intensificadores (entre eles o Supersíncrotron de Prótons) acelera feixes de partículas carregadas a energias cada vez mais altas, até entrarem no LHC. Lá as partículas colidem de frente em quatro locais, com energias combinadas de 13 TeV. Um grupo de detectores registra suas desintegrações.

Recriação do estado primordial

Entre os experimentos do LHC estão tentativas de recriar as condições que existiam no gênesis do Universo. A partir do que se sabe, os físicos podem retroceder, calculando que o Universo inicial era bem pequeno, quente e denso, onde partículas elementares como quarks e glúons podem ter existido num tipo de "sopa" (plasma de quark-glúon). Quando o espaço se expandiu e esfriou, elas ficaram ligadas, formando partículas compostas como prótons e nêutrons. Quebrar partículas a velocidades próximas à da luz pode reinventar o Universo como era trilionésimos de segundo após o Big Bang. ∎

John Cockcroft

Nascido em Yorkshire, na Inglaterra, em 1897, John Cockcroft serviu na Primeira Guerra Mundial e depois estudou engenharia elétrica. Ganhou uma bolsa para a Universidade de Cambridge em 1921, onde, mais tarde, fez seu doutorado. O acelerador Cockcroft-Walton que ele construiu em Cambridge com Ernest Walton lhes valeu o Prêmio Nobel de Física de 1951. Em 1947, como diretor do Instituto Britânico de Pesquisa de Energia Atômica, Cockcroft supervisionou a abertura do primeiro reator nuclear da Europa ocidental – o GLEEP, em Harwell. Em 1950, a insistência de Cockcroft para se instalarem filtros nas chaminés de Windscale Piles, em Cúmbria, limitou a precipitação radiativa em 1957, quando um dos reatores pegou fogo. Foi presidente do Instituto de Física e da Associação Britânica para o Progresso da Ciência. Morreu em Cambridge em 1967.

Obras principais

1932 *Desintegração de lítio por prótons velozes*
1932–1936 "Experimentos com íons positivos I-VI de alta velocidade"

À PROCURA DO QUARK

ZOO DE PARTÍCULAS E OS QUARKS

EM CONTEXTO

FIGURA CENTRAL
Murray Gell-Mann
(1929–2019)

ANTES
1947 O káon subatômico é descoberto com tempo de vida muito mais longo que o previsto.

1953 Os físicos propõem a propriedade "estranheza" para explicar o comportamento incomum de káons e outras partículas.

1961 Gell-Mann propõe a "via óctupla" para organizar as partículas subatômicas.

DEPOIS
1968 Experimentos de espalhamento revelam objetos pontuais dentro do próton, provando que ele não é uma partícula fundamental.

1974 Experimentos produzem partículas J/ψ, que contêm quarks charme.

1995 A descoberta do quark top completa o modelo dos quarks.

No fim da Segunda Guerra Mundial, os físicos tinham descoberto o próton, o nêutron e o elétron, e um punhado de outras partículas. Nos anos seguintes, porém, estudos de raios cósmicos (partículas de alta energia que viajam pelo espaço) e em aceleradores de partículas fizeram o número de partículas se multiplicar num caótico "zoo de partículas".

Os físicos ficaram confusos em especial com as famílias de partículas chamadas káons e bárions lambda, que decaem muito mais devagar que o esperado. Em 1953, os físicos Murray Gell-Mann, americano, e Kazuhiko Nishijima e Tadao Nakano, japoneses, propuseram de modo independente que uma qualidade fundamental, chamada "estranheza", poderia explicar esses longos tempos de vida observados. A estranheza se conserva em interações fortes e eletromagnéticas, mas não nas fracas, então partículas com estranheza só podem decair por meio da interação fraca. Gell-Mann usou a estranheza e a carga para classificar partículas subatômicas em famílias de mésons (tipicamente mais leves) e bárions (mais pesados).

A teoria dos quarks

Em 1964, Gell-Mann propôs o conceito do quark – uma partícula fundamental que poderia explicar as propriedades dos novos mésons e bárions. Segundo a teoria dos quarks, eles existem em seis "sabores", com diferentes propriedades intrínsecas. Gell-Mann descreveu de início os

São descobertas **partículas novas e exóticas**, com **diferentes propriedades**. Essas partículas podem ser **arranjadas segundo suas propriedades**.

Os quarks são um **"tijolo" fundamental** da matéria. 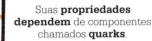 Suas **propriedades dependem** de componentes chamados **quarks**.

FÍSICA NUCLEAR E DE PARTÍCULAS 257

Ver também: Modelos de matéria 68-71 ▪ Partículas subatômicas 242-243 ▪ Antimatéria 246 ▪ A força forte 247 ▪ Mediadores de força 258-259 ▪ Bóson de Higgs 262-263

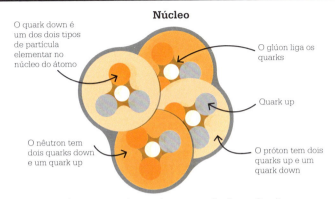

Os prótons e nêutrons contêm quarks up e quarks down. O próton tem dois quarks up e um quark down, e o nêutron tem um quark up e dois quarks down. Os quarks são unidos por glúons, as partículas mediadoras da força forte.

Murray Gell-Mann

Nascido em Nova York em 1929, numa família de imigrantes judeus, Murray Gell-Mann entrou na universidade com apenas quinze anos. Em 1955, foi para o Instituto de Tecnologia da Califórnia (CIT, na sigla em inglês), onde lecionou por quase quarenta anos. Seus interesses iam além da física, incluindo literatura, história e história natural, mas em 1969 ele recebeu o Prêmio Nobel de Física pelo trabalho em teoria de partículas elementares. Depois, Gell-Mann se interessou pela teoria da complexidade e foi cofundador, em 1984, do Instituto de Santa Fé, para pesquisa nessa área, e escreveu um livro popular sobre a teoria (*O quark e o jaguar*). Quando morreu, em 2019, detinha postos na CIT, na Universidade do Sul da Califórnia e na Universidade do Novo México.

Obras principais

1994 *O quark e o jaguar: As aventuras no simples e no complexo*
2012 *Mary McFadden: A Lifetime of Design, Collecting, and Adventure* (Mary McFadden: Uma vida de design, colecionismo e aventura)

---

quarks up, down e estranho, e os quarks charme, top e bottom foram acrescentados depois. Quarks diferentes (e seus equivalentes em antimatéria, os antiquarks) são ligados pela força forte e encontrados em partículas compostas como prótons e nêutrons. Evidências desse modelo de núcleo foram obtidas no Laboratório do Acelerador Linear de Stanford (SLAC, na sigla em inglês), na Califórnia, nos EUA, onde objetos pontuais foram descobertos dentro de prótons em 1968. Experimentos seguintes do SLAC produziram evidências de outros quarks.

O Modelo Padrão

Os quarks têm um papel importante no Modelo Padrão da física de partículas, desenvolvido nos anos 1970 para explicar as forças eletromagnética, forte e fraca – além de suas partículas mediadoras (que são sempre bósons) e das partículas fundamentais da matéria (férmions). Os quarks são um dos dois grupos de férmions; no outro estão os léptons. Como os quarks, os léptons têm seis sabores, relacionados em pares, ou "gerações". São eles o elétron e o neutrino do elétron, os léptons mais leves e estáveis; o múon e o neutrino do múon; e o tau e o neutrino do tau, os mais pesados e mais instáveis. Diversamente dos quarks, os léptons não são afetados pela força forte.

Os quarks e os léptons interagem por três das quatro forças fundamentais: forte, eletromagnética e fraca (a quarta força fundamental, a gravidade, se comporta de modo diferente). No Modelo Padrão, essas forças são representadas por suas partículas mediadoras – glúons, fótons e bósons W e Z.

O elemento final do Modelo Padrão é o bóson de Higgs, uma partícula elementar que dá massa a todas as partículas. O Modelo Padrão colocou ordem no "zoo de partículas", embora ainda seja uma obra em andamento. ∎

PARTÍCULAS NUCLEARES IDÊNTICAS NEM SEMPRE AGEM IGUAL
MEDIADORES DE FORÇA

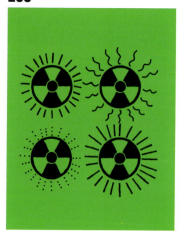

EM CONTEXTO

FIGURA CENTRAL
Chien-Shiung Wu (1912–1997)

ANTES
1930 O físico nascido na Áustria Wolfgang Pauli propõe a existência de um neutrino para explicar como a energia e outras quantidades podem se conservar no decaimento beta.

1933 Enrico Fermi apresenta a teoria da interação fraca para explicar o decaimento beta.

DEPOIS
1956 Os físicos americanos Clyde Cowan e Frederick Reines confirmam que tanto elétrons quanto neutrinos são emitidos no decaimento beta.

1968 As forças eletromagnética e fraca são unificadas na "teoria eletrofraca".

1983 Os bósons W e Z são descobertos no Supersíncrotron de Prótons, uma máquina aceleradora de partículas no CERN.

A partir de cerca de 1930, os cientistas começaram a destrinchar o processo de decaimento nuclear. O decaimento beta já intrigava os pesquisadores, pois a energia parecia desaparecer, violando a lei da conservação da energia. Nas cinco décadas seguintes, os principais físicos descobririam os portadores da energia faltante, detalhariam as mudanças que transformavam os elementos dentro de núcleos atômicos instáveis e identificariam e observariam os mediadores de força que transmitem a interação fraca no decaimento nuclear.

Em 1933, Enrico Fermi propôs que a radiação beta emerge do núcleo quando um nêutron se torna um próton, emitindo um elétron e mais uma partícula neutra que leva embora alguma energia (Fermi chamou essa partícula neutra de neutrino, mas ele foi depois identificado como um antineutrino, a antipartícula do neutrino). No outro tipo principal de decaimento beta –

A **conservação da energia** parece ser **violada no decaimento beta** (em geral, a emissão de um elétron por um núcleo atômico).

Uma partícula neutra e leve – **um neutrino ou um antineutrino** – leva embora alguma energia.

No **decaimento beta menos**, um nêutron se torna um **próton**, um **elétron** e um **antineutrino**.

A **força fraca** envolve a **troca de partículas** chamadas **mediadores de força**.

A interação **responsável por esse processo** é chamada **interação fraca** ou **força fraca**.

FÍSICA NUCLEAR E DE PARTÍCULAS 259

Ver também: Teoria quântica de campo 224-225 ▪ Raios nucleares 238-239 ▪ Antimatéria 246 ▪ Zoo de partículas e os quarks 256-257 ▪ Neutrinos massivos 261 ▪ Bóson de Higgs 262-263

---

decaimento beta mais – um próton se torna um nêutron, emitindo um pósitron e um neutrino. A força responsável por tais decaimentos foi chamada interação fraca – hoje reconhecida como uma das quatro forças fundamentais da natureza.

A força que viola regras

As interações forte e eletromagnética conservam a paridade; seu efeito num sistema é simétrico, produzindo um tipo de imagem espelhada. Suspeitando que isso não seria verdade para a interação fraca, os colegas físicos Chen Ning Yang e Tsung-Dao Lee pediram a Chien-Shiung Wu que investigasse. Em 1956 – mesmo ano em que Clyde Cowan e Frederick Reines confirmaram a existência de neutrinos – Wu começou a trabalhar no laboratório de baixas temperaturas do Bureau Nacional de Padrões dos EUA, em Washington, DC. Ela alinhou o spin (momento angular interno) dos núcleos de uma amostra de cobalto 60 e observou enquanto decaía. Viu que os elétrons emitidos durante a radiação beta tinham preferência por uma direção específica de decaimento (em vez de serem emitidos aleatoriamente em todas as direções por igual), mostrando que a interação fraca violava a conservação da paridade.

A interação fraca envolve a troca de partículas mediadoras de força: bósons W^+, W^- e Z^0. Todas as partículas mediadoras de força são bósons (de spin inteiro), enquanto os "tijolos" da matéria, como quarks e léptons, são todos férmions (de spin semi-inteiro) e obedecem a princípios diferentes. Singularmente, a interação fraca pode também mudar o "sabor", ou propriedades, dos quarks. No decaimento beta menos, um quark down muda para quark up, transformando um nêutron num próton, e emite um bóson W^- virtual, que decai em um elétron e um antineutrino. Os bósons W e Z são

O **Gargamelle**, visto aqui em 1970, foi projetado para detectar neutrinos e antineutrinos. Através de vigias, as câmeras podem acompanhar o rastro de partículas carregadas.

muito pesados, então processos que ocorram por meio deles tendem a ser bem lentos.

Em 1973, as interações dos bósons foram observadas na câmara de bolhas Gargamelle do CERN. Ela captou rastros que forneceram a primeira confirmação da interação fraca de corrente neutra. Isso foi interpretado como um neutrino obtendo momento após ser produzido numa troca de um bóson Z. Os próprios bósons W e Z foram primeiro detectados em 1983 usando o Supersincrotron de Prótons de alta energia do CERN. ▪

Chien-Shiung Wu

Nascida em 1912 em Liu He, na China, Chien-Shiung Wu se apaixonou pela física ao ler a biografia da física e química polonesa Marie Curie. Estudou física na Universidade Central Nacional, em Nanquim, e foi para os EUA em 1936, onde obteve seu PhD na Universidade da Califórnia em Berkeley. Wu entrou no Projeto Manhattan em 1944 para trabalhar no enriquecimento de urânio. Após a Segunda Guerra Mundial, tornou-se professora da Universidade de Colúmbia e concentrou-se no decaimento beta. Os colaboradores de Wu, Tsung-Dao Lee e Chen Ning Yang, receberam o Nobel de Física de 1957 por descobrir a violação da paridade; a contribuição dela não foi reconhecida. Foi homenageada em 1978 com o Prêmio Wolf, por suas realizações, e morreu em Nova York em 1997.

Obras principais

1950 "Investigações recentes sobre as formas de espectros de raios beta"
1957 "Teste experimental de conservação da paridade em decaimento beta"
1960 *Beta decay* (Decaimento beta)

A NATUREZA É ABSURDA
ELETRODINÂMICA QUÂNTICA

EM CONTEXTO

FIGURAS CENTRAIS
Shin'ichirō Tomonaga (1906–1979),
Julian Schwinger (1918–1994)

ANTES
1864 James Clerk Maxwell expõe a teoria eletromagnética da luz.

1905 Albert Einstein publica um artigo com a descrição da relatividade especial.

1927 Paul Dirac formula uma teoria mecânica quântica de objetos com carga e o campo eletromagnético.

DEPOIS
1965 Tomonaga, Schwinger e Richard Feynman dividem o Prêmio Nobel de Física por seu trabalho em eletrodinâmica quântica.

1973 A teoria da cromodinâmica quântica é desenvolvida, com a carga de cor como fonte da interação forte (força nuclear forte).

O surgimento da mecânica quântica, que descreve o comportamento de objetos em escalas atômica e subatômica, forçou uma transformação em muitos ramos da física.

Paul Dirac propôs uma teoria quântica do eletromagnetismo em 1927, mas os modelos para descrever encontros entre campos eletromagnéticos e partículas de alta velocidade – que obedecem às leis da relatividade especial – fracassavam. Isso levou à suposição de que a mecânica quântica e a relatividade especial não eram compatíveis. Nos anos 1940, Shin'ichirō Tomonaga, Richard Feynman e Julian Schwinger provaram que a eletrodinâmica quântica (EDQ) poderia ser consistente com a relatividade especial. A EDQ foi a primeira teoria a combinar a mecânica quântica e a relatividade especial.

Na eletrodinâmica clássica, partículas com carga elétrica exercem forças pelos campos que produzem. Na EDQ, as forças entre partículas com carga derivam da troca de fótons virtuais, ou mensageiros – partículas que surgem momentaneamente e afetam o movimento das partículas "reais" conforme são liberadas ou absorvidas. A EDQ é usada para modelar fenômenos que antes desafiavam explicações, como o desvio de Lamb – uma variação entre dois níveis de energia específicos do átomo de hidrogênio. ∎

Por suas contribuições à EDQ, Shin'ichirō Tomonaga recebeu o Prêmio Nobel de Física, o Prêmio da Academia do Japão e muitas outras honrarias.

Ver também: Campos de força e equações de Maxwell 142-147 ▪ Partículas e ondas 212-215 ▪ Teoria quântica de campo 224-225 ▪ Zoo de partículas e os quarks 256-257

FÍSICA NUCLEAR E DE PARTÍCULAS 261

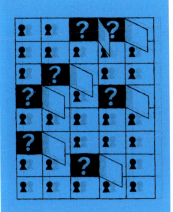

O MISTÉRIO DOS NEUTRINOS FALTANTES
NEUTRINOS MASSIVOS

EM CONTEXTO

FIGURA CENTRAL
Masatoshi Koshiba
(1926–2020)

ANTES
1956 Os físicos americanos Clyde Cowan e Frederick Reines publicam os resultados de seu experimento, confirmando a existência de neutrinos.

1970 Começam os experimentos Homestake, nos EUA, detectando só um terço dos neutrinos solares previstos.

1987 Pesquisadores em locais do Japão, EUA e Rússia detectam um lote recorde de 25 neutrinos, originados numa supernova na Grande Nuvem de Magalhães.

DEPOIS
2001 Cientistas no Observatório de Neutrinos de Sudbury, no Canadá, descobrem mais evidências da oscilação do neutrino.

2013 Resultados do experimento T2K confirmam a teoria da oscilação do neutrino.

Desde os anos 1920, os físicos sabem que a fusão nuclear faz o Sol e outras estrelas brilharem. Eles previram depois que esse processo libera partículas chamadas neutrinos, que se precipitam na Terra vindo do espaço.

Os neutrinos são comparados a fantasmas devido ao desafio de detectá-los. Não têm carga, quase não têm massa e não interagem por força eletromagnética ou força forte, o que faz com que passem despercebidos pela Terra. Há neutrinos de três tipos ou sabores: neutrinos do elétron, do múon e do tau.

Em 1985, o físico japonês Masatoshi Koshiba construiu um detector de neutrinos numa mina de zinco. Os detectores cercavam um vasto tanque de água, captando lampejos quando os neutrinos interagiam com os núcleos de moléculas de água. Koshiba confirmou que parecia haver menos neutrinos solares atingindo a Terra que o previsto. Em 1996, ele liderou a construção de um detector ainda maior (Super-Kamiokande), que

Agora que nasceu a astrofísica do neutrino, o que vamos fazer a seguir?
Masatoshi Koshiba

permitiu a sua equipe resolver o problema. Observações de neutrinos atmosféricos com o detector provaram que eles podem trocar de sabor no trajeto, um processo chamado oscilação do neutrino. Isso significa que um neutrino do elétron criado no Sol pode mudar para neutrino do múon ou do tau e assim escapar dos detectores que só são sensíveis a neutrinos do elétron. A descoberta implicou que os neutrinos têm massa, desafiando o Modelo Padrão, a teoria das forças e partículas fundamentais. ■

Ver também: Princípio da incerteza, de Heisenberg 220-221 ▪ Aceleradores de partículas 252-255 ▪ Zoo de partículas e os quarks 256-257 ▪ Mediadores de força 258-259

ACHO QUE O PEGAMOS
BÓSON DE HIGGS

EM CONTEXTO

FIGURA CENTRAL
Peter Higgs (1929–)

ANTES
1959 Sheldon Glashow, nos EUA, e Abdus Salam, no Paquistão, propõem que as forças eletromagnética e fraca se fundem sob calor intenso.

1960 O físico nipo-americano Yoichiro Nambu concebe a teoria da quebra de simetria, que pode ser aplicada ao problema da massa dos bósons W e Z.

DEPOIS
1983 Os bósons W e Z são ambos confirmados no Supersíncrotron de Prótons do CERN.

1995 O FermiLab descobre o quark top, com massa de 176 GeV/c^2, que condiz com as previsões da teoria do campo de Higgs.

2012 O CERN confirma a descoberta do bóson de Higgs nos detectores ATLAS e CMS.

O Modelo Padrão, concluído no início dos anos 1970 após décadas de pesquisa, explicou muito sobre a física de partículas com um punhado de forças e partículas fundamentais. Sobraram dúvidas, porém. Embora duas das forças – a eletromagnética e a fraca – pudessem ser modeladas fundindo-se numa só força eletrofraca a temperaturas intensas, um aspecto dessa teoria não condizia com a realidade. Ela implicava que todos os mediadores da força eletrofraca não tinham massa. Embora isso seja verdade para o fóton, os bósons W e Z eram distintamente massivos.

Em 1964, três grupos de físicos – Peter Higgs no Reino Unido, Robert Brout e François Englert na Bélgica e Gerald Guralnik, C. Richard Hagen e Tom Kibble nos EUA – propuseram que os bósons da força fraca poderiam interagir com um campo que lhes desse massa; isso ficou conhecido como campo de Higgs.

A **teoria eletrofraca** prevê que todos os **mediadores de força** (partículas que excitam forças entre outras partículas) **não têm massa**.

↓

Os experimentos mostram que os fótons não têm massa, mas os **bósons W e Z** (um tipo dos mediadores de força) são **massivos**. → Os bósons W e Z interagem fortemente com o **campo de Higgs**.

↓

O bóson de Higgs é a **partícula mediadora** do campo de Higgs. ← O campo de Higgs **dá às partículas sua massa**.

FÍSICA NUCLEAR E DE PARTÍCULAS 263

Ver também: Teoria quântica de campo 224-225 ▪ Aceleradores de partículas 252-255 ▪ Zoo de partículas e os quarks 256-257 ▪ Mediadores de força 258-259

O campo de Higgs, figurado nesta ilustração, é um campo de energia que se pensa existir através de todo o Universo; dentro dele o bóson de Higgs interage continuamente com outras partículas.

Segundo essa teoria, o campo de Higgs começou a se permear pelo Universo logo após o Big Bang; quanto mais uma partícula interage com ele, mais massa adquire. Os fótons não interagem com o campo, o que lhes permite viajar à velocidade da luz. Já os bósons W e Z interagem fortemente com o campo. Em temperaturas comuns, isso os torna pesados e lentos, com pequenas variações. Quando partículas que interagem com o campo de Higgs aceleram, ganham massa e assim requerem mais energia para avançar, o que as impede de alcançar a velocidade da luz.

Importância quase mítica

Os cientistas perceberam que o único modo de provar a teoria do campo de Higgs era achar uma excitação do campo sob a forma de uma partícula pesada, chamada bóson de Higgs. A busca ganhou importância quase mítica, e o bóson foi apelidado de "partícula de Deus" nos anos 1980, o que não agradou a Higgs e seus colegas. Nenhum detector de partículas da época poderia detectá-lo, e a busca continuou, influenciando o projeto do acelerador de partículas mais poderoso do mundo, o Grande Colisor de Hádrons (LHC, na sigla em inglês) do CERN, inaugurado em 2008.

Como os físicos calcularam que só uma a cada 10 bilhões de colisões próton-próton no LHC produziria um bóson de Higgs, os pesquisadores usaram os detectores do CERN para vasculhar os remanescentes de centenas de trilhões de colisões, procurando pistas da partícula. Em 2012, o CERN anunciou a descoberta de um bóson com massa de cerca de 126 GeV/c^2 (gigaelétron-volts divididos pela velocidade da luz ao quadrado) – quase certamente o bóson de Higgs. Os físicos do CERN ficaram extasiados, e Higgs foi levado às lágrimas com a validação de sua teoria de cinquenta anos antes. O Modelo Padrão agora estava completo, mas os físicos continuam a explorar a possibilidade de que existam outros tipos de bósons de Higgs além desse. ∎

Nunca esperei que isso acontecesse ainda em minha vida e vou pedir à minha família que coloque champanhe para gelar.
Peter Higgs

Peter Higgs

Nascido em 1929 em Newcastle upon Tyne, Higgs era filho de um engenheiro de som da BBC. As frequentes mudanças de casa atrapalharam sua educação na infância, mas na Escola Cotham, em Bristol, ficou inspirado com o trabalho de um antigo aluno, o físico teórico Paul Dirac. Ele foi então para o King's College, em Londres, e obteve o PhD em 1954. Após ocupar vários postos acadêmicos, Higgs decidiu ficar na Universidade de Edimburgo. Em uma de suas caminhadas pelas Highlands, começou a formular a teoria sobre a origem da massa que lhe valeu renome, embora ele logo reconhecesse as contribuições de muitos outros.

Em 2013, Higgs dividiu o Prêmio Nobel de Física com François Englert. Ele continua a ser professor emérito da Universidade de Edimburgo.

Obras principais

1964 "Simetrias quebradas e as massas de bósons de calibre"
1966 "Quebra de simetria espontânea sem bósons sem massa"

ONDE FOI PARAR TODA A ANTIMATÉRIA?
ASSIMETRIA MATÉRIA-ANTIMATÉRIA

EM CONTEXTO

FIGURA CENTRAL
Andrei Sakharov (1921–1989)

ANTES
1928 Paul Dirac propõe uma nova forma de matéria com cargas opostas: a antimatéria.

1932 Nos EUA, Carl Anderson descobre "antielétrons" e os chama de pósitrons.

1951 Julian Schwinger esboça uma primeira forma de simetria CPT.

DEPOIS
1964 Os físicos americanos James Cronin e Val Fitch mostram que o decaimento fraco dos mésons K (káons) neutros viola a simetria CP.

2010 Cientistas do FermiLab detectam uma preferência dos mésons B por decair em múons, violando a simetria CP.

2019 Físicos do CERN detectam assimetria em mésons D, a partícula mais leve a conter quarks charme.

Há muito os físicos se perguntam por que o Universo é feito quase todo de matéria. A simetria P (de paridade), a ideia de que a natureza não pode distinguir entre esquerda e direita, indica que o Big Bang deveria ter produzido matéria e antimatéria em quantidades iguais. A primeira pista veio em 1956, quando um experimento mostrou que os elétrons que emanam por decaimento beta numa interação fraca têm uma direção preferencial. No ano seguinte, para manter a simetria, o físico soviético Lev Landau propôs a simetria CP, combinando a simetria P com a C (conservação de carga), de modo que uma partícula e sua antipartícula de carga oposta se comportariam como imagens espelhadas.

Um Universo espelhado ou não?

Em 1964, quando experimentos mostraram que os mésons K neutros violam a conservação CP ao decair, os físicos ainda tentaram salvar a simetria. Eles incorporaram a simetria do tempo reverso na simetria CPT, que pode ser preservada se o espaço-tempo se estender para trás além do Big Bang, num Universo espelhado de antimatéria. Em 1967, o físico soviético Andrei Sakharov propôs que, em vez disso, um desequilíbrio entre matéria e antimatéria poderia ter evoluído se a violação CP ocorresse no início do Universo. Isso tem de ser o bastante para criar assimetria, do contrário será preciso uma física além do Modelo Padrão. Uma violação CP significativa já foi demonstrada, sustentando as ideias de Sakharov. ∎

Os físicos começaram a pensar que talvez estivessem olhando o tempo todo a simetria errada.
Ulrich Nierste
Físico teórico alemão

Ver também: Antimatéria 246 ▪ Mediadores de força 258–259 ▪ Neutrinos massivos 261 ▪ Massa e energia 284–285 ▪ O Big Bang 296–301

FÍSICA NUCLEAR E DE PARTÍCULAS 265

ESTRELAS NASCEM E MORREM
FUSÃO NUCLEAR EM ESTRELAS

EM CONTEXTO

FIGURA CENTRAL
Hans Bethe (1906–2005)

ANTES
1920 Arthur Eddington propõe que as estrelas obtêm sua energia essencialmente da fusão de hidrogênio em hélio.

1931 O deutério, um isótopo estável do hidrogênio, é detectado pelo químico Harold C. Urey e associados.

1934 O físico australiano Mark Oliphant demonstra a fusão do deutério, descobrindo, no processo, o trítio, um isótopo radiativo do hidrogênio.

DEPOIS
1958 O primeiro tokamak (T-1) inicia reações na União Soviética, mas perde energia por radiação.

2006 Um acordo é assinado em Paris por sete membros do ITER, financiando um projeto internacional para desenvolver a energia de fusão nuclear.

A ideia de que as estrelas são alimentadas continuamente pela fusão de hidrogênio em hélio empolgou eminentes físicos no início do século XX. Em meados dos anos 1930, eles já tinham demonstrado a fusão nuclear em laboratório. Entre os principais teóricos, Hans Bethe, nascido na Alemanha, percebeu que as estrelas (entre elas o Sol) liberam energia por reações da cadeia próton-próton. A fusão só ocorre em ambientes extremos. Núcleos com carga positiva se repelem fortemente, mas, com energia suficiente, podem ser aproximados o bastante para vencer a repulsão e fundir-se, formando núcleos mais pesados. Quando se fundem, a energia de ligação é liberada.

Rumo à fusão controlada
Em 1951, o trabalho de Bethe nos EUA levou ao teste bem-sucedido da primeira bomba de hidrogênio, em que a fissão induziu a fusão nuclear e liberou uma irrupção letal de energia. Aproveitar esse poder com reações de fusão controladas que liberem energia para eletricidade se provou

O tokamak JET, no Reino Unido, é o reator de fusão maior e mais bem-sucedido do mundo. É essencial à pesquisa europeia e ao projeto internacional ITER para a evolução da ciência de fusão.

mais difícil, devido às imensas temperaturas exigidas (por volta de 40 milhões de kelvins) e ao desafio de isolar os materiais. O principal candidato a reator de fusão – o tokamak – confina o gás quente carregado usando campos magnéticos. A busca continua, pois a fusão é considerada mais segura que a fissão, produzindo menos radiatividade e lixo nuclear. ∎

Ver também: Geração de eletricidade 148-151 ▪ A força forte 247 ▪ Bombas nucleares e energia 248-251 ▪ Aceleradores de partículas 252-255

A RELAT
O UNIVER
NOSSO LUGAR
NO COSMOS

VIDADE E
SO

INTRODUÇÃO

O filósofo grego Aristóteles descreve um **Universo estático e eterno**, onde uma **Terra esférica** é cercada por anéis concêntricos de planetas e estrelas.

O astrônomo persa Abd al-Rahman al-Sufi faz a primeira observação registrada de **Andrômeda**, descrevendo a galáxia como uma "**nuvenzinha**".

Galileu explica seu princípio de relatividade: as **leis da física são as mesmas** quer a pessoa esteja **parada**, quer esteja **se movendo a velocidade constante**.

A **teoria da relatividade especial** de Albert Einstein mostra como o **espaço** e o **tempo mudam**, dependendo da velocidade de um objeto em relação a outro.

SÉCULO IV a.C.   **964**   **1632**   **1905**

c. 150 d.C.   **1543**   **1887**

Ptolomeu cria um modelo matemático do Universo, mostrando a **Terra como uma esfera parada no centro** e outros corpos conhecidos orbitando ao redor dela.

Nicolau Copérnico fornece um modelo de **Universo heliocêntrico**, em que a Terra gira ao redor do Sol.

Nos EUA, Albert Michelson e Edward Morley provam que a **luz se move a velocidade constante**, independentemente do movimento do observador.

As antigas civilizações se perguntavam o que o movimento das estrelas no céu noturno significava para a existência da humanidade e seu lugar no Universo. A aparente vastidão do planeta levou a maioria a pensar que a Terra devia ser o maior e mais importante objeto do cosmos, e que tudo mais girava ao seu redor. Entre as visões geocêntricas, o modelo de Ptolomeu de Alexandria, do século II d.C., era tão convincente que dominou a astronomia por séculos.

O advento do telescópio em 1608 mostrou que o astrônomo polonês Nicolau Copérnico estava certo ao questionar a visão de Ptolomeu. Na Itália, Galileu Galilei observou quatro luas ao redor de Júpiter em 1610 e forneceu, assim, prova de que havia corpos que orbitavam outros mundos.

Durante a Revolução Científica, os físicos e astrônomos começaram a estudar o movimento dos objetos e da luz pelo espaço, que era visto como uma grade rígida que se estendia pelo Universo, e assumia-se que uma distância medida na Terra seria a mesma em qualquer planeta, estrela (inclusive o Sol) ou estrela de nêutrons (uma pequena estrela criada pelo colapso de uma estrela gigante). Pensava-se também que o tempo era absoluto e que um segundo na Terra equivaleria a um segundo em qualquer outro lugar do Universo. Mas logo ficou claro que não era assim. Uma bola lançada de um veículo em movimento parecerá, a uma pessoa parada na calçada, ganhar um impulso de velocidade do movimento do veículo. No entanto, se for lançada luz de um veículo em movimento, ela não receberá um impulso em sua velocidade –

continuará a viajar à velocidade da luz. A natureza se comporta de forma estranha perto da velocidade da luz, para impor um limite universal de velocidade. Estabelecer como isso funciona exigiu uma drástica reconsideração tanto do espaço quanto do tempo.

Relatividade especial

No início do século XX, descobriu-se que o espaço e o tempo são flexíveis: um metro ou um segundo têm diferentes medidas em lugares diversos do Universo. O físico nascido na Alemanha Albert Einstein apresentou essas ideias ao mundo em 1905, com sua teoria da relatividade especial. Ele explicou como, da perspectiva de um observador na Terra, objetos que se movam no espaço perto da velocidade da luz parecem se contrair, e como o tempo parece correr mais devagar para

A RELATIVIDADE E O UNIVERSO

1915	1919	1974
Einstein publica a **teoria da relatividade geral**, descrevendo como **o tempo e o espaço se curvam** para observadores acelerados ou em um campo gravitacional.	O físico britânico Arthur Eddington prova a curvatura do espaço-tempo com fotografias **da luz de estrelas desviada ao redor do Sol** num eclipse solar.	Nos EUA, Russell Hulse e Joseph Taylor encontram **evidências indiretas de ondas gravitacionais** ao observarem a energia perdida por duas estrelas orbitando uma à outra.

1907	1916	1929	2017
Hermann Minkowski explica a relatividade especial em termos de **quatro dimensões** de espaço e tempo – o **espaço-tempo**.	Karl Schwarzschild usa a relatividade geral para prever a existência de **buracos negros**, cuja gravidade é tão forte que **nem a luz pode escapar**.	Edwin Hubble prova que o **Universo está se expandindo**, ao notar que as galáxias distantes se movem mais rápido que as mais próximas.	Cientistas do LIGO anunciam a **primeira detecção direta de ondas gravitacionais**, a partir da fusão de duas estrelas de nêutrons.

esses objetos. Dois anos depois, em 1907, o matemático alemão Hermann Minkowski sugeriu que a relatividade especial faz mais sentido se o tempo e o espaço forem costurados num só tecido de "espaço-tempo". A teoria da relatividade especial teve consequências de amplo alcance. A noção de que a energia e a massa eram apenas duas formas da mesma coisa, como descrito na fórmula $E = mc^2$, levou à descoberta da fusão nuclear que alimenta as estrelas e, por fim, ao desenvolvimento da bomba atômica. Em 1915, Einstein estendeu suas ideias, incluindo objetos se movendo a velocidade variável e por campos gravitacionais. A teoria da relatividade geral descreve como o espaço-tempo pode se curvar, como um tecido que se estica quando um grande peso é colocado sobre ele. O físico alemão Karl Schwarzschild foi um passo além, prevendo a existência de objetos extremamente massivos que poderiam curvar tanto o espaço-tempo num único ponto que nada, nem a luz, poderia se mover rápido o bastante para escapar. Avanços na astronomia forneceram desde então evidências desses "buracos negros", e hoje se acredita que as maiores estrelas se tornam buracos negros ao morrer.

Além da Via Láctea

No início dos anos 1920, os astrônomos puderam medir com precisão a distância para as estrelas do céu noturno e a velocidade com que se movem em relação à Terra. Isso revolucionou o modo como as pessoas percebiam o Universo e nosso lugar nele. No começo do século XX, os astrônomos acreditavam que tudo existia dentro de 100 mil anos-luz de espaço, ou seja, dentro da Via Láctea. Porém, a descoberta de outra galáxia – Andrômeda – pelo astrônomo americano Edwin Hubble em 1924 levou a reconhecer que a Via Láctea é só uma entre bilhões de galáxias que estão além de 100 mil anos-luz de distância. Além disso, essas galáxias estão se afastando, o que fez os astrônomos acreditarem que o Universo começou como um só ponto há 13,8 bilhões de anos e explodiu no chamado Big Bang.

Os astrofísicos hoje têm de ir muito mais longe para entender o Universo. As estranhas e invisíveis matéria escura e energia escura compõem 95% do Universo conhecido, parecendo exercer o controle sem mostrar sua presença. Do mesmo modo, os processos envolvidos num buraco negro e no Big Bang continuam um mistério. Mas os astrofísicos chegam cada vez mais perto. ∎

A DANÇA DOS CORPOS CELESTES
OS CÉUS

EM CONTEXTO

FIGURA CENTRAL
Ptolomeu (c. 100–c. 170 d.C.)

ANTES
2137 a.C. Astrônomos chineses fazem o primeiro registro conhecido de um eclipse solar.

Século IV a.C. Aristóteles descreve a Terra como uma esfera no centro do Universo.

c. 130 a.C. Hiparco compila um catálogo de estrelas.

DEPOIS
1543 Nicolau Copérnico propõe que o Sol, não a Terra, é o centro do Universo.

1784 O astrônomo francês Charles Messier cria um cadastro de aglomerados estelares e nebulosas da Via Láctea.

1924 O astrônomo americano Edwin Hubble mostra que a Via Láctea é uma dentre muitas galáxias no Universo.

Desde tempos imemoriais, os humanos se maravilham ao olhar para o céu, cativados pelos movimentos do Sol, da Lua e das estrelas. Um dos primeiros exemplos de astronomia primitiva é Stonehenge, na Grã-Bretanha, um círculo de pedras que remonta a 3000 a.C. Embora o real objetivo dessas enormes rochas não seja claro, acredita-se que pelo menos algumas foram projetadas para se alinhar com o movimento do Sol no céu, e talvez também com o da Lua. Há muitos outros desses monumentos ao redor do mundo. Os primeiros humanos ligavam os objetos do céu noturno a deuses e espíritos na Terra. Acreditavam que os corpos celestes tinham efeito sobre aspectos de sua vida, vinculando, por exemplo, a Lua ao ciclo de fertilidade. Algumas civilizações, como os incas no século XV, atribuíam padrões – as

Stonehenge, um monumento pré-histórico em Wiltshire, no sudoeste inglês, pode ter sido construído para que povos antigos pudessem rastrear os movimentos do Sol pelo céu.

A RELATIVIDADE E O UNIVERSO

Ver também: Método científico 20-23 ▪ A linguagem da física 24-31 ▪ Modelos do Universo 272-273 ▪ A descoberta de outras galáxias 290-293

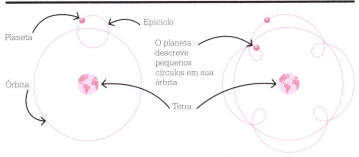

Ptolomeu acreditava que cada planeta orbitava a Terra ao mesmo tempo em que se movia ao redor de uma subórbita, ou epiciclo. Ele pensava que isso explicaria o imprevisível movimento "retrógrado" de estrelas e planetas.

Ptolomeu

Cláudio Ptolomeu viveu de c. 100 d.C. a 170 d.C. Pouco se sabe sobre sua vida, além de que viveu na cidade de Alexandria, na província romana do Egito, e escreveu sobre uma variedade de temas, como astronomia, astrologia, música, geografia e matemática. Em *Geografia*, relacionou as latitudes e longitudes de muitos locais do mundo conhecido, produzindo um mapa que podia ser duplicado. Sua principal obra sobre astronomia foi o *Almagesto*, em que catalogou 1.022 estrelas e 48 constelações e tentou explicar o movimento de estrelas e planetas no céu noturno. Seu modelo geométrico do Universo persistiu por séculos. Apesar das imprecisões, a obra de Ptolomeu foi tremendamente influente na compreensão de como as coisas se movem no espaço.

Obras principais

c.150 d.C. *Almagesto*
c.150 d.C. *Geografia*
c.150-170 d.C. *Tábuas úteis*
c.150-170 d.C. *Hipóteses planetárias*

constelações – a estrelas que apareciam regularmente no céu.

Observação do céu
Não eram só os movimentos de estrelas e planetas que intrigavam os primeiros astrônomos, mas eventos de curta duração também. Astrônomos chineses registraram a aparição do cometa de Halley já em 1000 a.C., classificando-o como "estrela visitante". Anotaram também supernovas, ou estrelas explodindo, em especial, em 1054 d.C., que levou à formação da Nebulosa do Caranguejo. Registros da época indicam que a supernova, de tão brilhante, foi vista à luz do dia por cerca de um mês.

No século IV a.C., o filósofo grego Aristóteles postulou que a Terra era o centro do Universo, com todos os outros corpos – como a Lua e os planetas – girando ao seu redor. Em cerca de 150 d.C., Ptolomeu, um astrônomo de Alexandria, levou adiante a teoria geocêntrica (centrada na Terra) de Aristóteles com uma tentativa de explicar em termos matemáticos os movimentos aparentemente irregulares de estrelas e planetas no céu noturno. Observando o movimento para a frente e para trás de alguns planetas, e o fato de que outros mal pareciam se mover, ele concluiu que os corpos celestes se moviam num conjunto de órbitas e epiciclos ("subórbitas") circulares complexos, com a Terra parada no centro.

Universo centrado na Terra
Ptolomeu baseou muitos de seus cálculos nas observações de Hiparco, astrônomo grego do século II a.C. Em sua obra mais famosa, o *Almagesto*, que apresenta sua teoria geocêntrica, Ptolomeu usou as notas de Hiparco sobre os movimentos da Lua e do Sol para calcular as posições da Lua, do Sol, de planetas e estrelas em diferentes épocas e prever eclipses.

O modelo complexo de Universo de Ptolomeu, conhecido como sistema ptolomaico, dominou o pensamento astronômico por séculos. Só no século XVI o astrônomo polonês Nicolau Copérnico proporia que o Sol, não a Terra, está no centro do Universo. Embora de início seu modelo tenha sido ridicularizado – e o astrônomo italiano Galileu Galilei foi julgado em 1633 por apoiá-lo –, Copérnico, por fim, se provou certo. ■

A TERRA NÃO É O CENTRO DO UNIVERSO
MODELOS DO UNIVERSO

EM CONTEXTO

FIGURA CENTRAL
Nicolau Copérnico
(1473–1543)

ANTES
Século VI a.C. O filósofo grego Pitágoras diz que a Terra é redonda, baseado na forma da Lua.

Século III a.C. Eratóstenes mede a circunferência da Terra com grande precisão.

Século II d.C. Ptolomeu de Alexandria afirma que a Terra é o centro do Universo.

DEPOIS
1609 Johannes Kepler descreve os movimentos dos planetas ao redor do Sol.

1610 Galileu Galilei observa luas orbitando Júpiter.

1616 *De revolutionibus orbium coelestium* (Sobre as revoluções dos corpos celestes), de Nicolau Copérnico, é banido pela Igreja Católica.

Os **movimentos irregulares de estrelas e planetas** não podem ser explicados de modo simples com a Terra no centro do Universo.

A Terra pode **parecer parada**, mas na verdade **roda**, o que explica por que as estrelas parecem cruzar o céu.

Vistos da Terra, os **outros planetas** às vezes parecem se **mover para trás**, mas isso é uma ilusão causada pelo fato de **a própria Terra estar se movendo**.

Copérnico acreditava que **o Sol** está parado perto do **centro do Universo** e que a Terra e os outros planetas giram ao redor dele.

Hoje, a ideia de que a Terra é plana parece cômica. No entanto, antigas representações do mundo, como as do Egito antigo, mostram que era isso o que as pessoas pensavam. Afinal, a Terra se estendia ao longe e, vista da superfície, não parecia se curvar. Acreditava-se que a Terra fosse um disco circular flutuando num oceano, com uma cúpula em cima – os céus – e o mundo subterrâneo embaixo.

Foi só no século VI que os filósofos gregos perceberam ser a Terra redonda. Pitágoras primeiro deduziu que a Lua é esférica ao notar que a linha entre dia e noite nela é curva. Isso o levou a supor que a Terra também era esférica. Aristóteles acrescentou a isso a observação da sombra curva da Terra num eclipse lunar e as mudanças na posição das constelações. Eratóstenes foi ainda além. Ele viu que o Sol lançava sombras diferentes nas cidades de Siena (hoje Assuã) e Alexandria e usou esse conhecimento para calcular a circunferência do planeta. Ele obteve um resultado entre 38 mil e 47 mil km – não muito longe do valor real, de 40.075 km. Muitos estudos também se fizeram sobre o lugar da Terra no Universo

A RELATIVIDADE E O UNIVERSO

Ver também: Método científico 20-23 ▪ Leis do movimento 40-45 ▪ Leis da gravidade 46-51 ▪ Os céus 270-271 ▪ A descoberta de outras galáxias 290-293 ▪ O Big Bang 296-301

A passagem do tempo revelou a todos as verdades que eu havia exposto antes.
Galileu Galilei

conhecido. No século II d.C., Ptolomeu de Alexandria descreveu a Terra como uma esfera parada no centro do Universo, com todos os outros corpos conhecidos orbitando-a. Cinco séculos antes, o astrônomo grego Aristarco de Samos tinha aventado que o Sol era o centro do Universo, mas a visão geocêntrica (centrada na Terra) de Ptolomeu foi a mais amplamente aceita das duas.

Um Universo centrado no Sol

A ideia do Universo com o Sol em seu centro permaneceu adormecida até o início do século XVI, quando Nicolau Copérnico escreveu um curto manuscrito, *Commentariolus*, e o fez circular entre amigos. Nele, propunha um modelo heliocêntrico (centrado no Sol), com o Sol perto do centro do Universo conhecido e a Terra e os outros planetas em movimento circular ao seu redor. Ele também expôs que a razão por que o Sol nascia e se punha era a rotação da Terra.

De início, a Igreja Católica aceitou o trabalho de Copérnico, mas depois o baniu, após acusações de heresia. Apesar disso, a abordagem heliocêntrica lançou raízes. O astrônomo alemão Johannes Kepler publicou em 1609 e 1619 suas leis do movimento. Elas mostravam que os planetas giram ao redor do Sol

Hoje se conhecem 79 satélites de Júpiter, mas em 1610, quando observou pela primeira vez quatro luas orbitando o planeta, Galileu Galilei provou a teoria de Copérnico de que nem tudo gira ao redor da Terra.

em círculos não exatamente perfeitos, movendo-se mais rápido quando estão mais perto dele e mais devagar quando estão mais longe. Ao avistar quatro luas em volta de Júpiter, Galileu Galilei teve a prova de que outros corpos orbitam outros mundos – e que a Terra não é o centro ao redor do qual tudo gira. ▪

Nicolau Copérnico

Nicolau Copérnico nasceu em 19 de fevereiro de 1473 em Thorn (hoje Torun), na Polônia. Seu pai, um rico comerciante, morreu quando Nicolau tinha dez anos, mas o menino recebeu uma boa educação graças ao tio. Ele estudou na Polônia e na Itália, onde desenvolveu interesses por geografia e astronomia.

Copérnico acabou trabalhando para o tio, que era bispo de Ermland, no norte da Polônia, mas após a morte dele, em 1512, dedicou mais tempo à astronomia. Em 1514, distribuiu um livreto manuscrito (o *Commentariolus*), em que propunha que o Sol, não a Terra, estava perto do centro do Universo conhecido. Embora tenha concluído uma obra maior, *De revolutionibus orbium coelestium* (Sobre as revoluções das esferas celestes), em 1532, só a publicou em 1543, dois meses antes de morrer.

Obras principais

1514 *Commentariolus*
1543 *De revolutionibus orbium coelestium*

SEM TEMPO OU COMPRIMENTO VERDADEIROS
DA FÍSICA CLÁSSICA À RELATIVIDADE ESPECIAL

EM CONTEXTO

FIGURA CENTRAL
Hendrik Lorentz (1853–1928)

ANTES
1632 Galileu Galilei postula que uma pessoa numa sala sem janelas não pode dizer se a sala está se movendo a velocidade constante ou parada.

1687 Isaac Newton elabora suas leis do movimento, usando partes essenciais da teoria de Galileu.

DEPOIS
1905 Albert Einstein publica a teoria da relatividade especial, mostrando que a velocidade da luz é sempre constante.

1915 Einstein publica a teoria da relatividade geral, explicando como a gravidade de objetos curva o espaço-tempo.

2015 Astrônomos nos EUA e na Europa detectam ondas gravitacionais – ondulações no espaço-tempo previstas por Einstein um século antes.

As ideias de relatividade – peculiaridades no espaço e no tempo – são geralmente atribuídas a Albert Einstein, no início do século xx. Os cientistas, porém, sempre se perguntaram se tudo o que viam era o que parecia.

A relatividade galileana

Já em 1632, na Itália renascentista, Galileu Galilei tinha aventado ser impossível saber se uma sala estava em repouso ou em movimento a velocidade constante se houvesse objetos se movendo dentro dela. Outros tentaram desenvolver essa ideia, a relatividade galileana –, em anos posteriores. Uma abordagem exprimiu que as leis da física são as mesmas em todos os referenciais inerciais (os que se movem a velocidade constante). O físico holandês Hendrik Lorentz provou isso em 1892. Seu conjunto de equações, conhecidas como transformações de Lorentz, mostrou que massa, tamanho e tempo mudam quando um objeto espacial se aproxima da velocidade da luz, e que esta é constante no vácuo. O trabalho de Lorentz abriu caminho para a teoria da relatividade especial de Einstein. Ele mostrou não só que as leis da física são as mesmas, quer uma pessoa esteja em movimento a velocidade constante, quer esteja parada, mas também que a velocidade da luz é a mesma, em qualquer dos cenários. Essa ideia trouxe uma nova concepção do Universo. ∎

Galileu usou o exemplo de um navio viajando a velocidade constante num mar liso. Um passageiro sob o convés que deixe cair uma bola não poderia dizer se o navio está parado ou em movimento.

Ver também: Leis do movimento 40-45 ▪ Leis da gravidade 46-51 ▪ A velocidade da luz 275 ▪ Relatividade especial 276-279 ▪ O princípio da equivalência 281

A RELATIVIDADE E O UNIVERSO 275

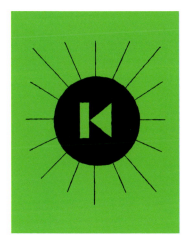

O SOL COMO ERA CERCA DE OITO MINUTOS ATRÁS
A VELOCIDADE DA LUZ

EM CONTEXTO

FIGURAS CENTRAIS
Albert Michelson
(1852–1931),
Edward Morley (1838–1923)

ANTES
Século IV a.C. Aristóteles propõe que a luz é instantânea.

1629 O cientista holandês Isaac Beeckman tenta usar uma explosão e espelhos para medir a velocidade da luz, mas fracassa.

1850 Os rivais franceses Hippolyte Fizeau e Léon Foucault medem a velocidade da luz.

DEPOIS
1905 Albert Einstein declara que a velocidade da luz no vácuo é sempre constante.

1920 A interferometria é usada pela primeira vez para medir o tamanho de uma estrela que não seja o Sol.

1983 Uma medida oficial da velocidade da luz é definida: 299.792.458 m/s.

A velocidade da luz há muito tempo é motivo de debate. Na Grécia antiga, o filósofo Empédocles pensava que deveria demorar algum tempo para a luz do Sol chegar à Terra, enquanto Aristóteles se perguntava se ela de fato teria alguma velocidade.

Medida da velocidade da luz
Isaac Beeckman e Galileu Galilei fizeram as primeiras tentativas sérias de medir a velocidade da luz, no século XVII. Ambos se basearam na visão humana, e seus resultados foram inconclusivos. Em 1850, Hippolyte Fizeau e Léon Foucault apresentaram cada um as primeiras medidas verdadeiras, usando a rotação de uma engrenagem e um espelho giratório, respectivamente, para cortar, ou interromper, um feixe de luz. Foucault calculou a velocidade da luz pelo ângulo entre a luz que entrava e saía do espelho giratório e a velocidade de rotação do espelho. Nos anos 1880, o físico americano Albert Michelson melhorou a técnica de Foucault refletindo um feixe de luz em dois espelhos numa distância maior. Ele construiu um interferômetro, dispositivo que separava um feixe de luz em dois, dirigia-os por caminhos diferentes e os recombinava. Observando o padrão da luz que voltava, calculou a velocidade da luz em 299.853 km/s. Em 1887, Michelson e o colega americano Edward Morley montaram um experimento para medir o movimento da Terra através do "éter", pelo qual há muito se pensava que a luz viajava. Não encontraram evidência desse éter, mas registraram valores cada vez mais precisos para a velocidade constante da luz. ■

A luz pensa que viaja mais rápido que tudo, mas está errada.
Terry Pratchett
Romancista britânico

Ver também: Focar a luz 170-175 ▪ Luz como grão e como onda 176-179 ▪ Difração e interferência 180-183 ▪ Efeito Doppler e desvio para o vermelho 188-191

OXFORD PARA NESTE TREM?
RELATIVIDADE ESPECIAL

EM CONTEXTO

FIGURA CENTRAL
Albert Einstein (1879–1955)

ANTES
1632 Galileu Galilei apresenta sua hipótese de relatividade.

1687 Isaac Newton estabelece suas leis do movimento.

1861 O físico escocês James Clerk Maxwell formula as equações que descrevem as ondas eletromagnéticas.

DEPOIS
1907 Hermann Minkowski apresenta a ideia de tempo como a quarta dimensão no espaço.

1915 Albert Einstein inclui a gravidade e a aceleração em sua teoria da relatividade geral.

1971 Para demonstrar a dilatação do tempo devido à relatividade geral e especial, relógios atômicos são levados para voar ao redor do mundo.

A relatividade tem raízes profundas. Em 1632, Galileu Galilei imaginou um viajante numa cabine sem janela de um barco navegando a velocidade constante num mar perfeitamente liso. Haveria algum modo de o viajante determinar se o barco estava se movendo sem ir até o deque? Algum experimento, realizado num barco em movimento, poderia dar um resultado diferente do que teria em terra? Galileu concluiu que não. Desde que o barco se movesse a velocidade e direção constantes, os resultados seriam os mesmos. Nenhuma unidade de medida é absoluta – todas são definidas com

A RELATIVIDADE E O UNIVERSO 277

Ver também: Da física clássica à relatividade especial 274 ▪ A velocidade da luz 275 ▪ Curvatura do espaço-tempo 280 ▪ O princípio da equivalência 281 ▪ Paradoxos da relatividade especial 282-283 ▪ Massa e energia 284-285

relação a algo mais. Para medir algo, seja tempo, distância ou massa, deve haver alguma coisa em relação à qual fazer a medida.

A velocidade com que as pessoas percebem o movimento de um objeto depende de sua própria velocidade em relação ao objeto. Por exemplo, se uma pessoa num trem veloz jogar para outra uma maçã, ela irá de uma a outra a alguns quilômetros por hora, mas para um observador parado ao lado dos trilhos a maçã e os passageiros todos dispararão a centenas de quilômetros por hora.

Referenciais

A ideia de que o movimento não tem significado sem um referencial é essencial à teoria da relatividade especial de Albert Einstein. Essa teoria é especial porque se refere ao caso especial de objetos movendo-se a velocidade constante uns em relação aos outros. Os físicos chamam isso de referencial inercial. Como assinalado por Isaac Newton, um estado inercial é padrão para qualquer objeto que não sofra a ação de uma força. O movimento inercial acontece em linha reta a velocidade constante. Antes de Einstein, a ideia de Newton de movimento absoluto – de que se poderia dizer que um objeto está em movimento (ou em repouso) sem referência a nada mais – era dominante. A relatividade especial poria um fim nisso.

O princípio da relatividade

Como os cientistas no século XIX já sabiam, uma corrente elétrica é gerada ao mover-se um ímã dentro de uma bobina de fio metálico, e também ao mover-se a bobina com o ímã parado. Após as descobertas do físico britânico Michael Faraday nos anos 1820 e 1830, os cientistas consideraram que havia duas explicações diferentes para o fenômeno – uma para a bobina em movimento e outra para o ímã em movimento. Einstein não aceitou nenhuma delas. No artigo "Sobre a eletrodinâmica de corpos em movimento", de 1905, ele disse que não importava qual deles se movia – era o movimento relativo um ao outro que gerava a corrente. Expondo seu "princípio da relatividade", ele declarou: "As mesmas leis da eletrodinâmica e da óptica serão válidas para todos os referenciais aos quais as leis da mecânica se aplicam". Em outras palavras, as leis da física são as mesmas em todos os referenciais inerciais. Era similar à conclusão a que Galileu chegou em 1632.

A luz é uma constante

Nas equações de 1865 de James Clerk Maxwell para cálculo das variáveis num campo eletromagnético, a velocidade de uma onda eletromagnética, de cerca de 300 mil km/s, é uma constante definida pelas propriedades do vácuo do espaço pelo qual ela se move. As equações de Maxwell se mantêm verdadeiras em qualquer referencial inercial. Einstein declarou que, embora algumas coisas possam ser relativas, a velocidade da luz é absoluta e constante: ela viaja a velocidade constante, a despeito de qualquer outra coisa, mesmo o movimento da fonte de luz, e não é medida em relação a nada mais. É isso o que torna a luz fundamentalmente diferente da matéria – todas as velocidades »

Se você não pode explicar isso de modo simples, você não entende isso bem o bastante.
Albert Einstein

278 RELATIVIDADE ESPECIAL

menores que a da luz são relativas ao referencial do observador e nada pode viajar mais rápido que a luz. A consequência disso é que dois observadores se movendo um em relação ao outro sempre medirão a mesma velocidade de um feixe de luz – ainda que um se mova em direção à luz e o outro no sentido oposto. Em termos galileanos, isso fazia pouco sentido.

Uma questão de tempo

A ideia de que a velocidade da luz é constante para todos os observadores é central na relatividade especial. Tudo mais deriva desse fato enganosamente simples. Einstein viu que havia uma conexão fundamental entre o tempo e a velocidade da luz. Foi esse *insight* que o levou a concluir sua teoria. Mesmo que alguém viaje quase à velocidade da luz, ainda registrará que um feixe de luz chega à velocidade da luz. Para que isso ocorra, disse Einstein, o tempo do observador tem de correr mais devagar.

Newton pensava que o tempo era absoluto, fluindo sem referência a nada mais, no mesmo ritmo, em qualquer lugar do Universo em que fosse medido. Dez segundos, para um observador, é o mesmo que dez segundos para outro, mesmo que um esteja parado e o outro disparando na espaçonave mais veloz disponível.

A física newtoniana afirma que a velocidade é igual à distância percorrida, dividida pelo tempo gasto para completá-la – como uma equação: $v = d/t$. Então, se a velocidade da luz, v, sempre permanece constante, quaisquer que sejam os outros dois valores, segue-se que d e t, distância, ou espaço, e tempo, devem mudar.

O tempo, Einstein afirmou, passa de modo diferente em todos os referenciais em movimento. Isso significa que os relógios de observadores em movimento relativo (em referenciais em movimento diferentes) andarão em ritmos diferentes. O tempo é relativo. Como Werner Heisenberg disse, sobre a descoberta de Einstein: "Isso foi uma mudança nos próprios fundamentos da física".

Segundo a relatividade especial, quanto mais rápido uma pessoa viaja pelo espaço, mais devagar anda no tempo. Esse fenômeno é chamado dilatação do tempo. Cientistas do Grande Colisor de Hádrons do CERN, onde partículas são despedaçadas umas contra as outras a velocidades próximas à da luz, têm de levar em conta os efeitos da dilatação do tempo ao interpretar os resultados de seus experimentos.

Espaço em contração

Einstein se fez uma pergunta: se eu segurar um espelho ao viajar na velocidade da luz, verei meu reflexo? Como a luz vai alcançar o espelho se ele se move à velocidade da luz? Se a velocidade da luz é constante, então, não importa quão rápido Einstein se mova, a luz saindo dele para o espelho e de volta sempre viajará a 300 mil km/s, porque a velocidade da luz não muda.

Para que a luz chegue ao espelho,

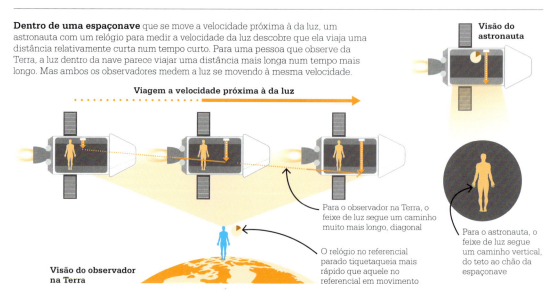

Dentro de uma espaçonave que se move a velocidade próxima à da luz, um astronauta com um relógio para medir a velocidade da luz descobre que ela viaja uma distância relativamente curta num tempo curto. Para uma pessoa que observe da Terra, a luz dentro da nave parece viajar uma distância mais longa num tempo mais longo. Mas ambos os observadores medem a luz se movendo à mesma velocidade.

Visão do astronauta

Viagem a velocidade próxima à da luz

Para o observador na Terra, o feixe de luz segue um caminho muito mais longo, diagonal

O relógio no referencial parado tiquetaqueia mais rápido que aquele no referencial em movimento

Para o astronauta, o feixe de luz segue um caminho vertical, do teto ao chão da espaçonave

Visão do observador na Terra

A RELATIVIDADE E O UNIVERSO

> Einstein provou, na teoria da relatividade especial, que diferentes observadores em diferentes estados de movimento veem realidades diferentes.
> **Leonard Susskind**
> Físico americano

não só o tempo tem de ser desacelerado como a distância percorrida pelo feixe de luz tem de diminuir. A aproximadamente 99,5% da velocidade da luz a distância é reduzida por um fator de 10. O encolhimento só ocorre na direção do movimento e só será aparente para um observador em repouso com relação ao objeto em movimento. A tripulação de uma espaçonave a velocidade próxima à da luz não perceberia nenhuma mudança no tamanho de sua nave; em vez disso, eles veriam o observador parecer se contrair conforme passassem por ele. Uma consequência da contração do espaço é a redução do tempo que levaria para uma nave viajar até as estrelas. Imagine uma rede ferroviária cósmica com trilhos de estrela a estrela. Quanto mais rápido a nave viaja, mais curto o trilho parece se tornar, assim como a distância a cobrir para chegar ao destino. A 99,5% da velocidade da luz, a jornada até a estrela mais próxima levaria cerca de cinco

A luz viaja a velocidade constante, então a velocidade da luz dos faróis de um carro não aumenta quando o veículo acelera nem diminui quando ele desacelera.

meses no tempo da espaçonave. Porém, para um observador na Terra, a viagem pareceria durar mais de quatro anos.

A equação de Einstein

Uma das equações mais famosas de toda a física é derivada da relatividade especial. Einstein publicou-a num tipo de curto pós-escrito à sua teoria especial. Chamada às vezes de lei da equivalência massa-energia, $E = mc^2$ realmente diz que a energia (E) e a massa (m) são dois aspectos da mesma coisa. Se um objeto ganha ou perde energia, ele perde ou ganha uma quantidade equivalente de massa, de acordo com a fórmula.

Por exemplo, quanto mais rápido um objeto viaja, maior é sua energia cinética e maior também é sua massa. A velocidade da luz (c) é um número grande – ao quadrado, é um número muito grande. Ou seja, quando uma quantidade até minúscula de matéria é convertida na quantidade equivalente de energia, a produção é colossal, mas também significa que é preciso uma entrada imensa de energia para haver um aumento apreciável de massa. ■

Albert Einstein

Albert Einstein nasceu em Ulm, na Alemanha, em 14 de março de 1879. Supostamente teria demorado a aprender a falar, e mais tarde declarou: "É muito raro eu pensar em palavras". Aos quatro ou cinco anos, ficou fascinado com as forças invisíveis que faziam a agulha de uma bússola se mover; ele disse que isso despertou sua curiosidade sobre o mundo. Começou a aprender violino aos seis anos, o que levou a um amor pela música que durou toda sua vida. A história de que Einstein era fraco em matemática não é real – ele era um estudante competente.

Em 1901, Einstein obteve a cidadania suíça e se tornou assistente técnico do escritório nacional de patentes, onde, no tempo livre, produziu muito de seus melhores trabalhos. Em 1933, emigrou para os EUA a fim de lecionar física teórica em Princeton e tornou-se cidadão americano em 1940. Morreu em 18 de abril de 1955.

Obras principais

1905 "Sobre um ponto de vista heurístico a respeito da produção e transformação da luz"
1905 "Sobre a eletrodinâmica de corpos em movimento"

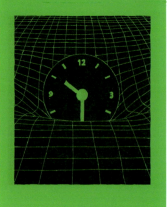

UMA UNIÃO DE ESPAÇO E TEMPO

CURVATURA DO ESPAÇO-TEMPO

EM CONTEXTO

FIGURA CENTRAL
Hermann Minkowski
(1864–1909)

ANTES
Século IV a.C. O trabalho de Euclides em geometria mostra como os gregos antigos tentaram aplicar a matemática ao espaço físico.

1637 René Descartes desenvolve as coordenadas cartesianas – usando álgebra para calcular posições.

1813 O matemático alemão Carl Friedrich Gauss sugere a ideia de espaços não euclidianos, que não se conformam à geometria euclidiana.

DEPOIS
1915 Albert Einstein desenvolve a teoria da relatividade geral, com a ajuda do trabalho de Hermann Minkowski.

1919 Arthur Eddington atesta a curvatura do espaço-tempo ao confirmar a mudança de posição de estrelas num eclipse.

O mundo parece obedecer a certas regras geométricas. É possível calcular as coordenadas de um ponto, por exemplo, ou mapear uma forma particular. Essa apreensão básica do mundo por meio de linhas retas e ângulos é conhecida como espaço euclidiano, a partir do nome de Euclides de Alexandria.

Com a incrível evolução da física no início do século XX, a necessidade de um novo modo de entender o Universo se intensificou. O matemático alemão Hermann Minkowski percebeu que grande parte do trabalho dos físicos era compreendida com mais facilidade em quatro dimensões. No "espaço-tempo" de Minkowski, três coordenadas descrevem onde um ponto está no espaço e a quarta dá o tempo em que o evento aconteceu ali.

Minkowski notou em 1908 que a Terra e o Universo são curvos e, portanto, não seguem linhas retas. Do mesmo modo que um avião segue um trajeto curvo sobre a Terra, e não reto, a luz se curva ao redor do Universo. Isso significa que as coordenadas no espaço-tempo não podem ser medidas com precisão usando linhas retas e ângulos e se baseiam em cálculos detalhados das chamadas formas de geometria não euclidianas. Elas podem ser úteis, por exemplo, ao calcular distâncias na superfície da Terra. No espaço euclidiano, a distância entre dois pontos seria calculada como se a superfície da Terra fosse plana. Já nos espaços não euclidianos a curvatura do planeta tem de ser considerada, utilizando o que é conhecido como geodésica ("grandes arcos") para obter um valor mais preciso. ■

A partir de agora, o espaço em si mesmo e o tempo em si mesmo devem se recolher ao plano de fundo.
Hermann Minkowski

Ver também: A medida de distâncias 18-19 ■ A linguagem da física 24-31 ■ A medida do tempo 38-39 ■ Relatividade especial 276-279

A RELATIVIDADE E O UNIVERSO

A GRAVIDADE É EQUIVALENTE À ACELERAÇÃO
O PRINCÍPIO DA EQUIVALÊNCIA

EM CONTEXTO

FIGURA CENTRAL
Albert Einstein (1879–1955)

ANTES
c. 1590 Galileu Galilei mostra que dois corpos em queda aceleram à mesma velocidade, a despeito de suas massas.

1609 O astrônomo alemão Johannes Kepler descreve o que ocorreria se a Lua parasse de orbitar e caísse rumo à Terra.

1687 A teoria da gravitação de Newton inclui a ideia do princípio da equivalência.

DEPOIS
1964 Os cientistas deixam cair massas de ensaio de alumínio e ouro para provar o princípio da equivalência na Terra.

1971 O astronauta americano David Scott derruba um martelo e uma pena na Lua para mostrar que caem à mesma taxa, como previsto por Galileu séculos antes.

A teoria da relatividade especial de Albert Einstein descreve como os objetos experimentam o espaço e o tempo de modo diverso, dependendo de seu movimento. Uma implicação importante da relatividade especial é que o espaço e o tempo estão sempre ligados num contínuo quadridimensional chamado espaço-tempo. Sua teoria posterior da relatividade geral descreve como objetos massivos distorcem o espaço-tempo. A massa e a energia são equivalentes e a curvatura que causam no espaço-tempo cria os efeitos da gravidade.

Einstein baseou sua teoria da relatividade geral de 1915 no princípio da equivalência – a ideia de que massa inercial e massa gravitacional têm o mesmo valor. Isso foi notado primeiro por Galileu e Isaac Newton no século XVII, e desenvolvido por Einstein em 1907. Quando uma força é aplicada a um objeto, a massa inercial desse objeto pode ser calculada medindo sua aceleração. A massa gravitacional de um objeto pode ser calculada medindo a força da gravidade. Ambos os cálculos produzirão o mesmo número.

Se uma pessoa numa espaçonave parada na Terra derruba um objeto, a massa do objeto será a mesma que se estivesse numa nave acelerando no espaço. Einstein afirmou que é impossível, usando essa abordagem, dizer se uma pessoa está num campo gravitacional uniforme ou acelerando pelo espaço. Imaginou como um feixe de luz pareceria a uma pessoa dentro da nave e concluiu que uma gravidade poderosa e uma aceleração extrema teriam o mesmo efeito – o feixe de luz se curvaria para baixo. ∎

Numa espaçonave acelerada, uma bola caindo se comportaria exatamente do mesmo modo que no campo gravitacional da Terra.

A bola cai no chão

Espaçonave acelerando no espaço

Ver também: Queda livre 32-35 ▪ Leis da gravidade 46-51 ▪ Relatividade especial 276-279 ▪ Curvatura do espaço-tempo 280 ▪ Massa e energia 284-285

POR QUE O GÊMEO QUE VIAJA É MAIS NOVO?
PARADOXOS DA RELATIVIDADE ESPECIAL

EM CONTEXTO

FIGURA CENTRAL
Paul Langevin (1872–1946)

ANTES
1905 Albert Einstein postula que um relógio em movimento experimenta menos tempo que um relógio em repouso.

1911 Einstein acaba propondo que uma pessoa em movimento será mais jovem que uma parada.

DEPOIS
1971 Os físicos americanos Joseph Hafele e Richard Keating provam que a teoria da dilatação do tempo de Einstein é correta levando relógios atômicos a bordo de aviões e comparando-os com relógios atômicos em terra.

1978 Verifica-se que os primeiros satélites GPS também experimentam a dilatação do tempo.

2019 A NASA lança um relógio atômico projetado para ser usado no espaço profundo.

As teorias da relatividade de Albert Einstein estimularam os cientistas a explorar como a luz e outros objetos se comportam ao atingir extremos de tempo, espaço e movimento – por exemplo, quando um objeto em movimento se aproxima da velocidade da luz. Isso também resultou em alguns experimentos mentais interessantes, que parecem a princípio insolúveis.

Um dos mais famosos experimentos mentais é o do "paradoxo dos gêmeos". Ele foi apresentado primeiro pelo físico francês Paul Langevin em 1911.

De volta à Terra, após envelhecer dois anos [o viajante] sairá de sua nave e encontrará nosso globo pelo menos duzentos anos mais velho…
Paul Langevin

Partindo do trabalho de Einstein, Langevin propôs o paradoxo baseado numa consequência conhecida da relatividade – a dilatação do tempo. Esta significa que qualquer objeto se movendo mais rápido que um observador será visto por ele como se experimentasse o tempo mais devagar. Quanto mais rápido o objeto se mover, mais lentamente se verá que experimenta o tempo.

Langevin imaginou o que poderia acontecer a dois gêmeos idênticos, se um deles fosse mandado da Terra para o espaço numa viagem muito veloz de ida e volta a outra estrela. O gêmeo na Terra diria que o viajante se movia, então o viajante seria o mais jovem dos dois ao retornar. Mas o viajante diria que o gêmeo na Terra estava se movendo e que ele próprio estava parado. Ele diria, então, que o gêmeo na Terra seria o mais novo.

Há duas soluções para esse aparente paradoxo. A primeira é que o viajante deve mudar a velocidade para voltar para casa, enquanto o gêmeo na Terra mantém velocidade constante – então o viajante seria o mais novo. A outra solução é que o viajante deixa o referencial da Terra,

A RELATIVIDADE E O UNIVERSO 283

Ver também: A medida do tempo 38-39 ▪ Da física clássica à relatividade especial 274 ▪ A velocidade da luz 275 ▪ Relatividade especial 276-279 ▪ Curvatura do espaço-tempo 280

enquanto o gêmeo na Terra fica nela. Isso significa que o viajante dita os eventos que ocorrerão.

O paradoxo vara-celeiro

No paradoxo da vara e do celeiro, uma atleta de salto com vara corre através de um celeiro quase à velocidade da luz, com uma vara que tem o dobro de extensão do celeiro. Quando a atleta está dentro do celeiro, as portas são fechadas ao mesmo tempo e, em seguida, abertas. É possível a vara se encaixar dentro do celeiro quando as portas se fecham?

Para o referencial de alguém que observe, quando algo se aproxima da velocidade da luz, parece se contrair, num processo chamado contração do comprimento. Porém, a partir do referencial da atleta, o celeiro se move em sua direção à velocidade da luz; ela não está se movendo. Então, o celeiro se contrairia e a vara não se encaixaria.

A solução é que há algumas inconsistências que permitem à vara se encaixar. Do ponto de referência do observador, a vara é pequena o bastante para se encaixar, antes que as portas se abram de novo para deixar que saia. Da perspectiva da atleta, as portas não se fecham e abrem ao mesmo tempo, mas uma depois da outra, possibilitando que a vara entre de um lado e saia do outro. ∎

Paul Langevin

Paul Langevin nasceu em Paris em 23 de janeiro de 1872. Após cursar ciências na capital francesa, foi para a Inglaterra, onde foi estudante de J. J. Thomson no Laboratório Cavendish da Universidade de Cambridge. Voltou depois para a Sorbonne, onde obteve o doutorado em física em 1902. Tornou-se professor de física do Collège de France em 1904 e, em 1926, diretor da Escola de Física e Química. Foi eleito para a Academia de Ciências em 1934. Langevin foi mais famoso por seu trabalho com magnetismo, mas também continuou o trabalho de Pierre Curie no fim da Primeira Guerra Mundial, em busca de um modo de encontrar submarinos usando ecolocalização. Ajudou a difundir as teorias de Albert Einstein na França. Em 1940, foi preso pelo regime de Vichy, na França, por se opor ao fascismo, e passou a maior parte da Segunda Guerra Mundial em prisão domiciliar. Morreu em 19 de dezembro de 1946, aos 74 anos.

Obras principais

1908 "Sobre a teoria do movimento browniano"
1911 "A evolução de espaço e tempo"

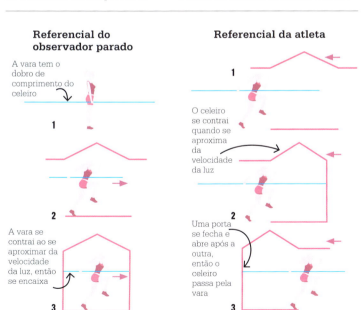

O espaço ao redor de um objeto em movimento se contrai conforme o objeto se aproxima da velocidade da luz. Um observador parado que veja a vara chegando ao celeiro registrará que ela se contrai, podendo se encaixar no interior dele. Para a atleta, o celeiro se contrai, mas, como as portas não se abrem e fecham ao mesmo tempo, ele pode passar por ela.

EVOLUÇÃO DAS ESTRELAS E VIDA
MASSA E ENERGIA

EM CONTEXTO

FIGURA CENTRAL
Arthur Eddington
(1882–1944)

ANTES
1905 Albert Einstein concebe a equivalência massa-energia, com a equação inicial L/V^2.

1916 Einstein intitula um artigo com a equação $E = mc^2$.

DEPOIS
1939 O físico alemão Hans Bethe produz uma análise detalhada da cadeia de fusão do hidrogênio que dá energia a estrelas como o Sol.

1942 O primeiro reator nuclear mundial, Chicago Pile-1 (CP-1), é construído em Chicago, nos EUA.

1945 A primeira bomba nuclear do mundo, Trinity, é testada pelo exército americano no Novo México.

2008 O maior acelerador de partículas do mundo, o Grande Colisor de Hádrons, do CERN, na Suíça, começa a operar.

A famosa equação $E = mc^2$ assumiu várias formas ao longo dos anos, e seu impacto na física é difícil de exagerar. Ela foi concebida por Albert Einstein em 1905 e tratava da equivalência massa-energia – a energia (E) é igual à massa (m) multiplicada pelo quadrado da velocidade da luz (c^2). Segundo a teoria da relatividade de Einstein, a equação pode ser usada para calcular a energia de uma dada massa e descobrir quaisquer mudanças que ocorreram numa reação nuclear.

Reação em cadeia

A equação de Einstein mostrou que massa e energia estavam ligadas de modos que não se imaginavam possíveis, e que uma pequena perda de massa podia ser acompanhada de uma imensa liberação de energia. Uma das principais implicações disso foi entender como as estrelas produzem energia. Até o trabalho pioneiro do físico britânico Arthur

A RELATIVIDADE E O UNIVERSO 285

Ver também: Energia e movimento 56-57 ▪ Luz que vem do átomo 196-199 ▪ Bombas nucleares e energia 248-251 ▪ A velocidade da luz 275 ▪ Relatividade especial 276-279

Eddington no início do século XX, os cientistas não conseguiam explicar como estrelas como o Sol brilham tanto. Quando um átomo instável (radiativo) é atingido por outra partícula, como um nêutron, pode se quebrar em novas partículas. Estas podem atingir outros átomos e causar uma reação em cadeia, em que uma parte da massa perdida a cada colisão é convertida em novas partículas e o resto liberado como energia. Em 1920, Eddington expôs que certos elementos dentro das estrelas poderiam estar sofrendo um processo similar, produzindo energia.

Reações nucleares

Eddington propôs que o hidrogênio era transformado em hélio e outros elementos mais pesados pelas estrelas – um processo hoje chamado fusão nuclear – e que isso podia responder por sua produção de energia (a luz visível que elas emitem). Usando a equação de Einstein, ele descreveu como o calor e a pressão intensos no núcleo da estrela poderiam viabilizar reações nucleares, destruindo massa e liberando energia.

Hoje, o conhecimento de como a massa se torna energia permitiu aos físicos criar reatores nucleares, que usam o processo de fissão nuclear – a divisão de um átomo pesado em dois mais leves. Isso também levou à criação da bomba atômica, em que ocorre uma reação em cadeia impossível de deter, liberando uma quantidade poderosa e letal de energia. Os aceleradores de partículas, como o Grande Colisor de Hádrons, se baseiam na equação de Einstein para despedaçar partículas umas contra as outras, criando novas. Quanto mais energia houver numa colisão, maior a massa das partículas criadas.

Os físicos estão tentando agora recriar o processo de fusão nuclear, que produziria mais energia que a fissão, mas requer condições tão extremas que são difíceis de reproduzir. Espera-se que nas próximas décadas a fusão nuclear possa ser uma fonte viável de energia na Terra. ■

O Sol libera enormes quantidades de energia, transformando hidrogênio em hélio pela fusão nuclear. Acredita-se que ele tem hidrogênio suficiente para os próximos 5 bilhões de anos.

Arthur Eddington

Arthur Eddington nasceu em 1882 em Westmorland (hoje Cúmbria), no Reino Unido. Estudou em Manchester e no Trinity College, em Cambridge, distinguindo-se por seu trabalho. De 1906 a 1913, foi assistente-chefe do Observatório Real de Greenwich. Seus pais eram quacres, e ele foi um pacifista durante a Primeira Guerra Mundial. De 1914 em diante, deu importantes contribuições à ciência e foi o primeiro a expor a teoria da relatividade de Einstein em inglês. Em 1919, viajou para a ilha de Príncipe, na costa oeste da África, para observar um eclipse solar e provar a ideia do lenteamento gravitacional (que grandes massas desviam a luz, como previsto na teoria da relatividade geral). Publicou artigos sobre gravidade, espaço-tempo e relatividade e produziu sua obra-prima sobre fusão nuclear nas estrelas em 1926. Morreu em 1944, aos 61 anos.

Obras principais

1923 *The Mathematical Theory of Relativity* (A teoria matemática da relatividade)
1926 *The Internal Constitution of the Stars* (A composição interna das estrelas)

ONDE O ESPAÇO-TEMPO SIMPLESMENTE ACABA

BURACOS NEGROS E BURACOS DE MINHOCA

EM CONTEXTO

FIGURA CENTRAL
Karl Schwarzschild
(1873–1916)

ANTES
1784 John Michell propõe a ideia de "estrelas escuras" que aprisionam a luz com sua intensa gravidade.

1796 Pierre-Simon Laplace prevê a existência de grandes objetos invisíveis no Universo.

DEPOIS
1931 O astrofísico indo-americano Subrahmanyan Chandrasekhar propõe um limite de massa para a formação de um buraco negro.

1971 É descoberto indiretamente o primeiro buraco negro na Via Láctea, Cygnus X-1.

2019 Uma equipe global de astrônomos revela a primeira imagem de um buraco negro.

A ideia de buracos negros e buracos de minhoca foi cogitada há séculos, mas faz pouco tempo que a ciência passou a entendê-los – e, com eles, o Universo mais amplo. Hoje, os cientistas estão começando a avaliar quanto os buracos negros são impressionantes e conseguiram até tirar uma foto de um deles – uma prova irrefutável de que existem.

O clérigo britânico John Michell foi o primeiro a pensar em buracos negros, aventando nos anos 1780 que deveria haver estrelas com gravidade tão intensa que nada, nem a luz, poderia escapar. Ele as chamou de "estrelas escuras" e disse que, embora fossem em

A RELATIVIDADE E O UNIVERSO

Ver também: Queda livre 32-35 ▪ Leis da gravidade 46-51 ▪ Partículas e ondas 212-215 ▪ Da física clássica à relatividade especial 274 ▪ Relatividade especial 276-279 ▪ Curvatura do espaço-tempo 280 ▪ O princípio da equivalência 281 ▪ Ondas gravitacionais 312-315

A **massa gravitacional** de um objeto **distorce o espaço-tempo**.

Se um objeto é **comprimido além de certo ponto**, torna-se um buraco negro. Esse ponto é seu **raio de Schwarzschild** – o raio do horizonte de eventos.

A **gravidade** de um buraco negro, ou **singularidade**, distorce tanto o espaço-tempo que **nada pode escapar dela** – nem mesmo a luz.

Ninguém sabe o que acontece **além da fronteira**, ou horizonte de eventos, de um buraco negro.

---

essência invisíveis, elas poderiam, em tese, ser vistas pelos efeitos gravitacionais sobre outros objetos.

Em 1803, porém, o físico britânico Thomas Young demonstrou que a luz é uma onda, em vez de partícula, levando os cientistas a questionar se poderia ser afetada pela gravidade. A ideia de Michell foi deixada de lado e ficou quase esquecida até por volta de 1915, quando Albert Einstein propôs que a massa de um objeto poderia curvar a própria luz.

Sem escapatória

No ano seguinte, o físico alemão Karl Schwarzschild levou a ideia de Einstein ao extremo. Ele sugeriu que, se uma massa fosse condensada o bastante, criaria um campo gravitacional do qual nem a luz poderia escapar, e seus limites seriam o que é chamado horizonte de eventos. De modo similar à "estrela escura" de Michell, esta ideia se tornou conhecida como "buraco negro". Schwarzschild apresentou uma equação que lhe permitiu calcular o raio de Schwarzschild (o raio do horizonte de eventos) para qualquer massa dada. Se um objeto for comprimido num volume tão denso que caiba dentro desse raio, distorcerá tanto o espaço-tempo que nada poderá escapar a seu puxão gravitacional – ele colapsará numa singularidade, ou o centro de um buraco negro. Schwarzschild, porém, não pensava que uma singularidade pudesse mesmo existir. Ele a via como um ponto de certa forma teórico em que alguma propriedade é infinita; no caso de um buraco negro, a densidade da matéria.

Mesmo assim, o trabalho de Schwarzschild mostrou que os buracos negros podiam existir matematicamente, algo que muitos cientistas não acreditavam ser possível. Os astrônomos hoje usam suas equações para estimar as massas de buracos negros, embora sem muita precisão, pois sua rotação e carga elétrica não podem ser levadas em conta. No século XX, as descobertas de Schwarzschild permitiram aos cientistas começar a cogitar o que poderia ocorrer perto ou até dentro de um buraco negro.

Limite de massa

Um fator importante era decifrar como os buracos negros se formaram, algo que foi descrito em 1931 por Subrahmanyan Chandrasekhar. Ele usou a teoria da relatividade especial de Einstein para mostrar que há um limite de massa abaixo do qual uma estrela no fim de sua vida colapsará numa estrela densa e menor, conhecida como anã branca. Se a massa que restar da estrela estiver acima desse limite, que Chandrasekhar calculou em 1,4 vezes a massa do Sol, ela se contrairá ainda mais, em uma estrela de nêutrons ou um buraco negro.

Em 1939, os físicos americanos Robert Oppenheimer e Hartland Snyder formularam uma ideia de

O destino final das estrelas massivas é colapsar atrás de um horizonte de eventos, formando um "buraco negro" que conterá uma singularidade.
Stephen Hawking

BURACOS NEGROS E BURACOS DE MINHOCA

Buracos negros

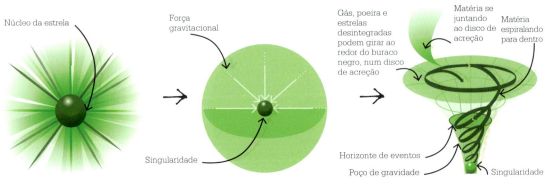

Quando uma estrela massiva morre, ela colapsa, incapaz de resistir à força esmagadora de sua própria gravidade. Isso produz uma explosão de supernova, e as partes externas da estrela são lançadas no espaço.

Se o núcleo que sobra após a supernova ainda é massivo (com mais de 1,4 vez a massa do Sol), vai continuar se contraindo e colapsará sob seu próprio peso num ponto de densidade infinita – uma singularidade.

A singularidade é, então, tão densa que distorce o espaço-tempo ao seu redor, de modo que nem a luz pode escapar. Este buraco negro foi representado em duas dimensões como um buraco infinitamente profundo chamado poço de gravidade.

---

aspecto mais moderno do buraco negro. Eles descreveram como o tipo de corpo que Schwarzschild tinha imaginado só seria detectável por sua influência gravitacional. Outros já tinham considerado a física peculiar que existiria dentro de um buraco negro, como o astrônomo belga Georges Lemaître, em 1933. Seu experimento mental de "Alice e Bob" supunha que, se Bob visse Alice caindo num buraco negro, ela pareceria congelar em seu limite – a fronteira invisível chamada horizonte de eventos –, mas Alice experimentaria algo totalmente diferente quando caísse para dentro dele.

Só em 1964 haveria um avanço importante, quando o físico britânico Roger Penrose sugeriu que, se uma estrela implodisse com força suficiente, sempre produziria uma singularidade como a que Schwarzschild tinha proposto. Três anos depois, o termo "buraco negro" nascia numa palestra do físico americano John Wheeler. Ele já tinha apresentado uma expressão para descrever túneis teóricos no espaço-tempo: "buracos de minhoca".

Muitos cientistas estavam então considerando a ideia de buracos de minhoca. A noção de um buraco branco, em que o horizonte de eventos não impediria a luz de escapar, mas sim de entrar, para a ideia de que os buracos negros e os buracos brancos podiam ser ligados. Usando matéria exótica, que envolve densidades de energia negativa e pressão negativa, sugeriu-se que a informação poderia passar através de um buraco de minhoca de uma ponta à outra, talvez entre um buraco negro e um branco ou até dois buracos negros, por longas distâncias de espaço e tempo.

Na verdade, porém, a existência de buracos de minhoca continua questionável. Embora os cientistas acreditem que eles possam ocorrer em nível microscópico, tentativas de elaborar versões maiores até agora fracassaram. Apesar disso, a ideia persiste – e com ela, a possibilidade muito vaga de que os humanos poderiam atravessar grandes distâncias no Universo com facilidade.

Em busca de provas

Embora houvesse muitas teorias, ninguém ainda tinha conseguido detectar um buraco negro e, menos ainda, um buraco de minhoca. Mas em 1971 astrônomos observaram uma estranha fonte de raios X na constelação de Cisne. Eles aventaram que essa fonte, chamada de Cygnus X-1, fosse o resultado de uma estrela brilhante azul sendo despedaçada por um objeto grande e escuro. Os astrônomos tinham afinal testemunhado seu primeiro buraco negro, não o vendo diretamente, mas por seu efeito num objeto vizinho.

A partir daí, a popularidade da teoria dos buracos negros disparou. Os físicos apresentaram novas ideias sobre o comportamento dos buracos negros – entre eles Stephen Hawking, que em 1974 expôs a ideia de que os buracos negros podiam emitir partículas (hoje conhecidas como radiação de Hawking). Ele propôs que a forte gravidade de um buraco negro poderia produzir pares de partícula e antipartícula, algo que se acredita acontecer no mundo quântico. Enquanto uma das duas do par fosse puxada para dentro do buraco negro, a outra escaparia, carregando com ela informação sobre o horizonte de eventos, o estranho limite além do qual nenhuma massa ou luz pode escapar.

Buracos negros supermassivos

Buracos negros de diferentes formas e tamanhos também foram imaginados. Acreditava-se que buracos negros estelares, como Cygnus X-1, teriam dez a cem vezes a massa do Sol comprimida numa área de dezenas de quilômetros de extensão. Ainda se pensava que os buracos negros podiam se fundir num buraco negro supermassivo, com milhões ou bilhões de vezes a massa do Sol numa área de milhões de quilômetros de extensão. Quase toda galáxia, supõe-se, tem um buraco negro supermassivo em seu centro, cercado por um disco de acreção de gás e poeira superaquecido espiralando, que pode ser visto a grandes distâncias. Ao redor desse buraco que se acredita haver no centro da Via Láctea, os astrônomos viram o que pensam ser estrelas a orbitá-lo – a própria ideia sugerida por Michell já no século XVIII.

O grande momento da história da teoria dos buracos negros ocorreu em abril de 2019, quando astrônomos de uma colaboração internacional chamada Event Horizon Telescope (EHT) revelaram a primeira imagem de um buraco negro. Usando múltiplos telescópios ao redor do globo para criar um supertelescópio virtual, eles conseguiram fotografar o buraco negro supermassivo na galáxia Messier 87, a 53 milhões de anos-luz de distância. A imagem correspondeu a todas as previsões, com um anel de luz ao redor de um centro escuro. Quando o Universo acabar, em trilhões de anos, acredita-se que só eles restarão, conforme aumentar a entropia – a energia não disponível no Universo. Por fim, eles também evaporarão. ∎

Nesta ilustração, o buraco negro Cygnus X-1 puxa material de uma estrela companheira azul. O material forma um disco vermelho e laranja que gira ao redor do buraco negro.

Karl Schwarzschild

Nascido em Frankfurt, na Alemanha, em 1873, Karl Schwarzschild logo mostrou talento para a ciência, publicando um artigo sobre órbitas de objetos celestes aos dezesseis anos. Ele se tornou professor da Universidade de Göttingen em 1901 e diretor do Observatório Astrofísico de Potsdam em 1909. Uma das principais contribuições de Schwarzschild à ciência foi dada em 1916, quando apresentou a primeira solução das equações de gravidade de Einstein, da teoria da relatividade geral. Ele mostrou que objetos com massa grande o bastante teriam uma velocidade de escape (a velocidade necessária para escapar à atração gravitacional) maior que a velocidade da luz. Esse foi o primeiro passo na compreensão dos buracos negros e acabou levando à ideia do horizonte de eventos. Schwarzschild morreu de uma doença autoimune em 1916, enquanto servia na frente russa, na Primeira Guerra Mundial.

Obra principal

1916 *Sobre o campo gravitacional de um ponto de massa segundo a teoria de Einstein*

A FRONTEIRA DO UNIVERSO CONHECIDO
A DESCOBERTA DE OUTRAS GALÁXIAS

EM CONTEXTO

FIGURAS CENTRAIS
Henrietta Swan Leavitt (1868–1921),
Edwin Hubble (1889–1953)

ANTES
964 O astrônomo persa Abd al-Rahman al-Sufi é a primeira pessoa a observar Andrômeda, embora não imagine que é outra galáxia.

1610 Galileu Galilei propõe que a Via Láctea é feita de muitas estrelas após observá-la pelo telescópio.

DEPOIS
1953 O astrônomo Gérard de Vaucouleurs descobre que as galáxias próximas à Terra fazem parte de um superaglomerado, chamado Aglomerado de Virgem.

2016 Um estudo liderado pelo astrofísico americano Christopher Conselice revela que o Universo conhecido contém 2 trilhões de galáxias.

Após a publicação em 1543 do modelo heliocêntrico do Universo de Copérnico, que tinha o Sol, e não a Terra, em seu centro, outras tentativas de entender o tamanho e a estrutura do Universo fizeram poucos progressos. Foi só quase quatrocentos anos depois que os astrofísicos perceberam que o Sol, além de não ser o centro do Universo, como Copérnico tinha pensado, não é sequer o centro de nossa galáxia, a Via Láctea.

Nos anos 1920, a descoberta por Edwin Hubble de que a Via Láctea é só uma entre muitas galáxias do Universo marcou um importante

A RELATIVIDADE E O UNIVERSO

Ver também: Efeito Doppler e desvio para o vermelho 188-191 ▪ Modelos do Universo 272-273 ▪ Universo estático ou em expansão 294-295

salto à frente no conhecimento astronômico. Crucial para esse avanço foi um novo modo de medir distâncias no espaço viabilizado pelo trabalho da astrônoma americana Henrietta Swan Leavitt em 1908.

Determinação de distâncias
No início dos anos 1900, estabelecer a distância de uma estrela à Terra não era uma tarefa fácil. Dentro da Via Láctea, as distâncias entre objetos podiam ser medidas por paralaxe, um processo que usa trigonometria básica. Medindo os ângulos das linhas de visada a um objeto a partir de posições opostas da Terra em sua órbita ao redor do Sol, por exemplo, os astrônomos podem calcular o ângulo em que as duas linhas de visada convergem e, assim, a distância do objeto. Porém, para distâncias maiores que cem anos-luz, e fora da Via Láctea, a paralaxe é muito imprecisa. Os astrônomos do início do século XX precisavam de outro método.

Na época, Leavitt era "computadora", nome dado às processadoras de dados do Observatório do Harvard College, em Cambridge, Massachusetts. Edward Charles Pickering, diretor do observatório, pediu a Leavitt que medisse o brilho das estrelas de uma série de placas fotográficas das Nuvens de Magalhães, que hoje se sabe serem pequenas galáxias fora da Via Láctea.

Durante o trabalho, Leavitt descobriu uma classe de estrelas variáveis muito brilhantes chamadas Cefeidas, cuja luminosidade flutua conforme elas pulsam. Cada uma delas pulsa num ciclo, ou período, regular e recorrente que depende de mudanças físicas dentro da estrela. Comprimida pela gravidade, a estrela se torna menor, mais opaca e gradualmente mais quente, conforme a energia luminosa aprisionada dentro dela começa a aumentar. Por fim, o calor »

As estrelas variáveis Cefeidas pulsam – elas se expandem e contraem num ciclo regular –, o que resulta em variação de temperatura e brilho. Os astrônomos plotam as mudanças de brilho em relação ao tempo numa curva de luz.

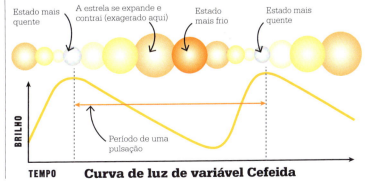

A DESCOBERTA DE OUTRAS GALÁXIAS

> Como as variáveis [Cefeidas] estão provavelmente a quase a mesma distância da Terra, seus períodos são aparentemente associados à sua emissão real de luz.
> **Henrietta Swan Leavitt**

extremo faz o gás das camadas externas se expandir e a estrela se torna mais transparente, permitindo à energia luminosa passar. Porém, quando a estrela se expande, fica também mais fria, e as forças gravitacionais acabam vencendo a pressão de expansão para fora. Nesse ponto, a estrela diminui e o processo recomeça.

Leavitt notou que os ciclos das estrelas variavam entre dois e sessenta dias e que as mais brilhantes ficavam mais tempo com sua luminosidade máxima. Como todas as estrelas estavam nas Nuvens de Magalhães, Leavitt sabia que quaisquer diferenças de brilho entre as estrelas deviam ser causadas por sua luminosidade intrínseca e não pela distância à Terra.

Uma nova ferramenta

Leavitt publicou seus achados em 1912, com uma tabela que mostrava os períodos de 25 variáveis Cefeidas, indicando sua "luminosidade real", e a luz que pareciam ter vistas da Terra, seu "brilho aparente". A importância da descoberta de Leavitt estava em que, uma vez que a distância de uma Cefeida fosse calculada usando paralaxe, a distância de Cefeidas de período comparável além dos limites de paralaxe poderia ser calculada comparando a "luminosidade real" estabelecida por seu período com o "brilho aparente" – quanto a luz havia diminuído até chegar à Terra.

Um ano após a descoberta de Leavitt, o astrônomo dinamarquês Ejnar Hertzprung criou uma escala de luminosidades de Cefeidas. Essas estrelas foram declaradas "velas padrão" – marcos para o cálculo de distâncias cósmicas de objetos. Na década seguinte, outros astrônomos começaram a usar os trabalhos de Leavitt e Hertzprung para calcular distâncias às estrelas.

O Grande Debate

O uso de variáveis Cefeidas não era um método perfeito para estimar distâncias – ele não levava em conta a absorção da luz pela poeira cósmica, que distorce o brilho aparente –, mas produziu uma mudança fundamental em nossa

Edwin Hubble usa o telescópio Hooker, de 2,5 metros, do Observatório de Monte Wilson, na Califórnia. Em 1924, Hubble anunciou que o havia usado para ver além da Via Láctea.

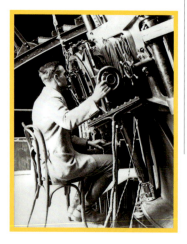

Uma imagem obtida pelo Telescópio Espacial Hubble mostra RS Puppis, uma variável Cefeida com um fenômeno conhecido como eco de luz – quando a luz de uma estrela é refletida por uma nuvem de poeira cósmica.

compreensão do Universo. Em 1920, a Academia Nacional de Ciências dos EUA promoveu um debate sobre a natureza e o tamanho do Universo. Os astrônomos americanos Heber Curtis e Harlow Shapley discutiram a existência de outras galáxias no que ficou conhecido como "Grande Debate", ou "Debate Shapley-Curtis". Shapley afirmava que a Via Láctea era única e que as "nebulosas espirais" (concentrações de estrelas em forma de espiral, como Andrômeda) eram nuvens de gás dentro de nossa própria galáxia, que ele supunha ser muito maior do que a maioria dos astrônomos pensava. Ele dizia que, se Andrômeda fosse uma galáxia separada, sua distância à Terra seria grande demais para ser aceitável. Ele também sustentava que o Sol não estava no centro da Via Láctea, mas em sua orla externa.

Curtis defendia que as nebulosas espirais eram galáxias separadas. Um de seus argumentos era que estrelas em explosão (chamadas "novas") nessas nebulosas pareciam similares às de nossa própria galáxia, e que havia um número muito maior em alguns locais – como em Andrômeda – do que em outros. Isso sugeria que existiam mais estrelas e indicava a presença de galáxias separadas, que ele chamou de "universos-ilhas". Ao mesmo tempo, Curtis colocava o Sol no centro de nossa própria galáxia.

O Grande Debate evidencia como era incompleto nosso entendimento do Universo apenas cem anos atrás, assim como a teoria incorreta de Curtis sobre a posição do Sol na Via Láctea. (A teoria de Shapley de que o Sol está na orla externa da Via Láctea é quase correta.)

A descoberta revolucionária de Hubble

Em 1924, o astrônomo americano Edwin Hubble resolveu o Debate Shapley-Curtis fazendo algumas medidas com o uso das variáveis Cefeidas. No debate, Shapley havia suposto que a Via Láctea tinha cerca de 300 mil anos-luz de extensão, dez vezes mais que a estimativa de Curtis, de 30 mil anos-luz. Hubble, usando as Cefeidas que localizou em Andrômeda, calculou sua distância em 900 mil anos-luz (valor revisado hoje para 2,5 milhões de anos-luz) – bem além das estimativas de Curtis e Shapley para o tamanho da Via Láctea. Portanto, Curtis estava certo. Os cálculos de Hubble provaram que não só a Via Láctea era muito maior que se pensava, como que Andrômeda não era uma nebulosa, mas outra galáxia – a Galáxia de Andrômeda. Foi a primeira descoberta de uma galáxia além da nossa.

Expansão e colisão

A descoberta de Hubble, viabilizada pelo trabalho de Leavitt, acabou revelando que a Via Láctea é só uma entre muitas galáxias, cada uma com milhões a centenas de bilhões de estrelas. Hoje se estima que há cerca de 2 trilhões de galáxias no Universo, e que a primeira foi criada só algumas centenas de milhões de anos após o Big Bang, que ocorreu há 13,8 bilhões de anos. Acredita-se que a própria Via Láctea seja quase tão antiga, com cerca de 13,6 bilhões de anos.

Em 1929, Hubble também descobriu que o Universo parecia estar se expandindo e que quase todas as galáxias se afastam umas das outras, com velocidades crescentes à medida que aumentam as distâncias. Uma exceção notável é Andrômeda, que hoje se sabe estar em curso de colisão com nossa galáxia – a uma velocidade de 110 km por segundo. Isso é relativamente lento, considerando-se a distância, mas significa que em cerca de 4,5 bilhões de anos a Via Láctea e Andrômeda colidirão, formando uma só galáxia, que os astrofísicos apelidaram "Lactômeda". Esse evento não será dramático, porém. Apesar da fusão das duas galáxias, é improvável que quaisquer estrelas colidam. ∎

> Quando a senhorita Leavitt morreu, em 12 de dezembro de 1921, o observatório perdeu uma pesquisadora do mais alto valor.
> **Harlow Shapley**

Henrietta Swan Leavitt

Nascida em Lancaster, em Massachusetts, em 1868, Leavitt estudou no Oberlin College, em Ohio, antes de frequentar a Sociedade para a Instrução Colegiada de Mulheres (hoje Radcliffe College), em Cambridge, Massachusetts. Ela se interessou por astronomia após fazer um curso sobre o tema. Na mesma época, uma doença a fez perder a audição, o que se agravou ao longo de sua vida. Após se graduar, em 1892, Leavitt trabalhou no Observatório Harvard, dirigido então pelo astrônomo americano Edward Charles Pickering. Ela se juntou a um grupo de mulheres conhecidas como "computadoras de Harvard", cuja função era estudar placas fotográficas de estrelas. A princípio, ela não era paga, mas depois recebeu 30 centavos de dólar por hora. Como parte de seu trabalho, encontrou 2,4 mil estrelas variáveis e, ao fazer isso, descobriu variáveis Cefeidas. Leavitt morreu de câncer em 1921.

Obras principais

1908 *1777 variáveis nas Nuvens de Magalhães*
1912 *Períodos de 25 estrelas variáveis na Pequena Nuvem de Magalhães*

O FUTURO DO UNIVERSO
UNIVERSO ESTÁTICO OU EM EXPANSÃO

EM CONTEXTO

FIGURA CENTRAL
Alexander Friedmann
(1888–1925)

ANTES
1917 Albert Einstein desenvolve a constante cosmológica para indicar que o Universo é estático.

DEPOIS
1929 O astrônomo americano Edwin Hubble prova que o Universo está se expandindo – ele descobre que as galáxias distantes se movem mais rápido que as mais próximas.

1931 Einstein aceita a teoria de um Universo em expansão.

1998 Cientistas de dois projetos independentes descobrem que a expansão do Universo está se acelerando.

2013 Calcula-se que a energia escura constitua 68% do Universo e que esteja intimamente ligada à constante cosmológica.

Quando Albert Einstein propôs a teoria da relatividade geral em 1915, havia um problema. Ele achava inquestionável que o Universo era estático e eterno, mas, segundo seus cálculos, isso significava que o Universo acabaria colapsando sobre si mesmo devido à gravidade. Para contornar o problema, Einstein propôs a ideia de uma constante cosmológica, representada pela letra grega lambda (Λ). Ela era uma medida da "energia do vácuo" no espaço.

A teoria da relatividade geral de Einstein apresentou um conjunto de "equações de campo" que mostravam como a curvatura do espaço-tempo se relacionava à massa e energia que se moviam por ele. Mas ao aplicar tais equações ao Universo, verificou que este deveria estar se expandindo ou contraindo – e ele não acreditava em nenhum dos dois.

Em vez disso, Einstein pensava que o Universo era eterno e acrescentou um "elemento cosmológico" (hoje chamado "constante cosmológica"). Isso permitia um Universo que podia superar os efeitos da gravidade e, em vez de colapsar sobre si mesmo, permanecer estático.

Em 1922, o matemático russo Alexander Friedmann chegou a uma conclusão diferente. Ele

Há três futuros possíveis para o Universo.

| O Universo é **estático** – vai **parar de se expandir** e **nunca se contrairá**. | O Universo é **fechado** e acabará **colapsando sobre si mesmo**. | O Universo é **aberto** e **vai continuar a se expandir para sempre** – esta é a teoria atual. |

A RELATIVIDADE E O UNIVERSO

Ver também: Da física clássica à relatividade especial 274 ▪ Curvatura do espaço-tempo 280 ▪ Massa e energia 284-285 ▪ O Big Bang 296-301 ▪ Energia escura 306-307

A forma do Universo

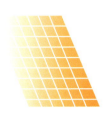

Se a densidade do Universo é exatamente igual ao valor crítico, ele é "plano". Num Universo plano, linhas paralelas nunca se encontram. A analogia 2D deste modelo é uma superfície plana.

Se o Universo é mais denso que o valor crítico, tem curvatura positiva. Ele é "fechado" e tem massa e tamanho finitos. A analogia 2D é uma superfície esférica, onde linhas paralelas convergem.

Se o Universo é menos denso que o valor crítico, tem curvatura negativa. Ele é "aberto" e, portanto, infinito. A analogia 2D é uma superfície em forma de sela, onde linhas paralelas divergem.

Alexander Friedmann

Alexander Friedmann nasceu em São Petersburgo, na Rússia, em 1888. Seu pai era bailarino e a mãe, pianista. Em 1906, entrou no curso de matemática da Universidade Estatal de São Petersburgo. Lá ele se dedicou ao estudo de teoria quântica e relatividade, obtendo o mestrado em matemática pura e aplicada em 1914.

Em 1920, após servir como aviador e instrutor na Primeira Guerra Mundial, Friedmann iniciou uma pesquisa em que usou as equações de campo da teoria da relatividade geral de Einstein para desenvolver sua própria ideia de um Universo dinâmico, contestando a visão einsteiniana de um Universo estático. Em 1925, foi nomeado diretor do Observatório Geofísico Central em Leningrado, mas morreu naquele ano, de febre tifoide, aos 37 anos.

Obras principais

1922 "Sobre a curvatura do espaço"
1924 "Sobre a possibilidade de um mundo com uma curvatura do espaço negativa constante"

---

mostrou que o Universo era homogêneo: era idêntico em qualquer lugar onde se estivesse e para qualquer lugar que se olhasse, então não podia ser estático. Todas as galáxias se distanciavam umas das outras, mas, dependendo da galáxia onde você estivesse, todas as outras também estariam se afastando da sua. Assim, você poderia pensar que estava no centro do Universo – mas qualquer outro observador em outra galáxia acreditaria que isso era verdadeiro para sua posição.

Modelos de Universo

Como resultado de seu trabalho, Friedmann apresentou três modelos de Universo, conforme o valor da constante cosmológica. Num modelo, a gravidade faria a expansão se desacelerar, por fim revertendo e terminando num "Big Crunch" (grande esmagamento). No segundo, o Universo acabaria se tornando estático, quando a expansão parasse. No terceiro, a expansão continuaria para sempre, numa taxa cada vez maior.

Embora Einstein tenha ridicularizado as ideias de Friedmann em 1923, aceitou-as no ano seguinte. Porém, só em 1931 ele realmente concordou em que o Universo se expandia – dois anos após o astrônomo americano Edwin Hubble apresentar evidências disso. Hubble tinha notado a luz estirada – com *redshift* (desvio para o vermelho) – de galáxias distantes e descobriu que as mais afastadas se moviam mais rápido que as mais próximas, uma prova de que o próprio Universo estava se expandindo.

Após a descoberta de Hubble, a ideia de uma constante cosmológica foi considerada um erro pelo próprio Einstein. Porém, em 1998, os cientistas descobriram que o Universo se expandia a uma taxa acelerada. A constante cosmológica se tornaria crucial à compreensão da energia escura, o que levaria a sua reintrodução. ■

O OVO CÓSMICO, EXPLODINDO NO MOMENTO DA CRIAÇÃO

O BIG BANG

5

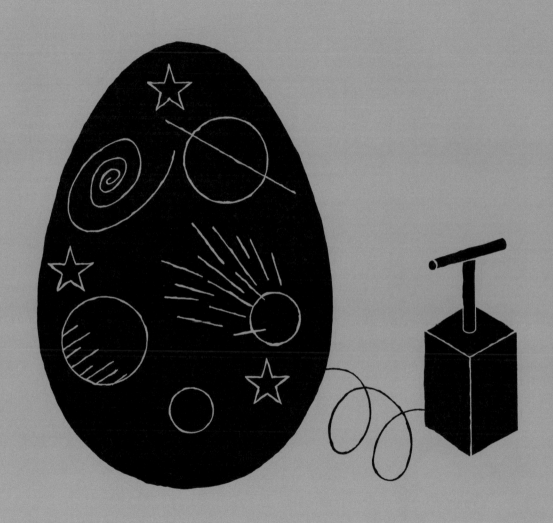

298 O BIG BANG

EM CONTEXTO

FIGURA CENTRAL
Georges Lemaître
(1894–1966)

ANTES
1610 Johannes Kepler supõe que o Universo é finito, porque o céu noturno é escuro, e não iluminado por um número infinito de estrelas.

1687 As leis do movimento de Isaac Newton explicam como os objetos se movem no Universo.

1929 Edwin Hubble descobre que todas as galáxias se afastam umas das outras.

DEPOIS
1998 Importantes astrônomos anunciam que a expansão do Universo é acelerada.

2003 A sonda WMAP da NASA encontra evidências da "inflação" – um surto de expansão logo após o Big Bang – ao mapear minúsculas flutuações de temperatura através do céu.

Lemaître usou a matemática para mostrar que a teoria da relatividade geral de Einstein leva a crer que **o Universo deve estar se expandindo**.

→ Hubble fornece evidências experimentais de que **as galáxias estão se afastando** e que as mais distantes se movem mais rápido.

↓

O Universo deve ter **começado a partir de um único ponto** – o átomo primordial de Lemaître.

← **A radiação cósmica de fundo** em micro-ondas (RCFM) mostra o **calor residual** deixado após o Big Bang, indicando que ele realmente ocorreu.

Há mais de dois milênios as grandes mentes da humanidade ponderam a respeito das origens do Universo e nosso lugar nele. Durante séculos, muitos acreditaram que algum tipo de divindade criou o Universo e que a Terra estava em seu centro, com todas as estrelas viajando ao seu redor. Poucos suspeitavam de que a Terra não era sequer o centro do Sistema Solar, que por sua vez orbita uma de centenas de bilhões de estrelas no Universo. A teoria atual sobre as origens do cosmos data do início dos anos 1930, quando o astrônomo belga Georges Lemaître sugeriu, pela primeira vez, o que é hoje chamado Big Bang.

O ovo cósmico de Lemaître

Em 1927, Lemaître propôs que o Universo se expandia; quatro anos depois ele desenvolveu a ideia, explicando que a expansão tinha começado um tempo finito antes, num ponto único do que chamou de "átomo primordial" ou "ovo cósmico".

Georges Lemaître

Nascido em 1894 em Charleroi, na Bélgica, Georges Lemaître serviu na Primeira Guerra Mundial como oficial da artilharia e depois entrou num seminário e foi ordenado padre em 1923. Ele estudou no Reino Unido por um ano, no laboratório de física solar da Universidade de Cambridge, e em 1924 entrou no Instituto de Tecnologia de Massachusetts, nos EUA. Em 1928, já era professor de astrofísica da Universidade Católica de Leuven, na Bélgica.

Lemaître conhecia o trabalho de Edwin Hubble e outros, que discutiam um Universo em expansão, e publicou um texto desenvolvendo a ideia em 1927. A teoria de 1931 pela qual Lemaître é mais conhecido – a ideia de que o Universo se expandiu a partir de um só ponto – foi de início rejeitada, mas afinal se provou correta, pouco antes de sua morte, em 1966.

Obras principais

1927 "Discussão sobre a evolução do Universo"
1931 "A hipótese do átomo primordial"

A RELATIVIDADE E O UNIVERSO

Ver também: Efeito Doppler e desvio para o vermelho 188-191 ▪ Ver além da luz 202-203 ▪ Antimatéria 246 ▪ Aceleradores de partículas 252-255 ▪ Assimetria matéria-antimatéria 264 ▪ Universo estático ou em expansão 294-295 ▪ Energia escura 306-307

Lemaître, um sacerdote, não pensava que essa noção se chocasse com sua fé; ele declarava um interesse igual em buscar a verdade do ponto de vista da religião e da certeza científica. Ele havia derivado, em parte, a ideia de um Universo em expansão da teoria da relatividade geral de Einstein, mas este descartou a expansão ou contração por falta de evidência de movimento em larga escala. Einstein tinha acrescentado antes um termo chamado "constante cosmológica" a suas equações de campo da relatividade geral para garantir que permitissem um Universo estático.

Em 1929, porém, o astrônomo americano Edwin Hubble fez uma descoberta que sustentava a ideia de um Universo em expansão. Observando a mudança na luz conforme os objetos se afastam da Terra – conhecida como *redshift* (desvio para o vermelho) –, Hubble pôde calcular a velocidade com que uma galáxia se distanciava e relacionou-a com sua distância. Todas as galáxias pareciam se afastar da Terra, com as mais distantes se movendo mais rápido. Lemaître, parecia, estava na pista correta.

O modelo do estado estacionário

Apesar dessas evidências, Hubble e Lemaître ainda enfrentaram a dura

A melhor prova do Big Bang é a radiação cósmica de fundo em micro-ondas (RCFM), vista aqui numa imagem de todo o céu. Obtida pelo satélite WMAP da NASA entre 2003 e 2006, mostra as flutuações de temperatura da RCFM. As variações, do azul-escuro (frio) a vermelho (quente), são as mudanças de densidade no Universo primordial.

A mim, parecia que havia dois caminhos para a verdade, e decidi seguir ambos.
Georges Lemaître

competição da teoria do estado estacionário. Nesse modelo, o Universo sempre tinha existido. A matéria se formava sem parar no espaço entre as galáxias conforme elas se afastavam, e essa contínua criação de matéria e energia – à taxa de uma partícula de hidrogênio por metro cúbico a cada 300 mil anos – mantinha o Universo em equilíbrio. O hidrogênio daria origem a estrelas e, assim, a elementos mais pesados, e então a planetas, mais estrelas e galáxias. A ideia foi defendida pelo astrônomo britânico Fred Hoyle, que, falando no rádio em 1949, zombou da teoria concorrente de Hubble e Lemaître como um "big bang" (grande explosão). O nome apelativo ficou e designa as ideias amplamente aceitas hoje.

Calor residual

Um ano antes, o físico ucraniano George Gamow e o cosmólogo americano Ralph Alpher tinham publicado *A origem dos elementos químicos* para explicar as condições imediatamente após a explosão do átomo primordial e a distribuição das partículas pelo Universo. O artigo previa com precisão uma radiação cósmica de fundo em micro-ondas (RCFM) – o calor residual deixado pelo Big Bang. Em 1964, as ideias ganharam uma enorme sustentação quando Arno Penzias e Robert Wilson detectaram a RCFM por acaso ao tentar usar uma grande antena para radioastronomia.

A presença da RCFM no Universo praticamente excluiu a teoria do estado estacionário. Ela indicava um período muito mais quente na história do Universo, em que a matéria se aglomerava para formar »

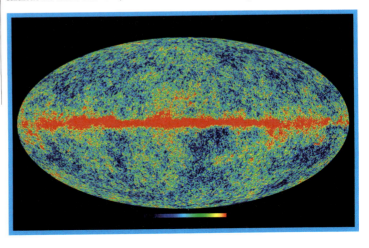

galáxias, sugerindo que o Universo nem sempre foi igual. Sua evidente expansão e o fato de que as galáxias estavam muito mais próximas antes colocava um problema para os teóricos do estado estacionário, que acreditavam ser a densidade de matéria no Universo constante, invariável em distância e tempo. Houve tentativas depois de conciliar a teoria do estado estacionário com a RCFM e outras descobertas, mas com pouco resultado. A teoria do Big Bang é hoje a suprema explicação da origem do Universo.

A infância do Universo

Encontrar a RCFM se mostrou crucial porque ajudou a desenvolver um quadro de como o Universo provavelmente evoluiu, embora a teoria do Big Bang não possa descrever o momento exato de sua criação, há 13,8 bilhões de anos, ou o que houve antes (se é que houve).

O físico americano Alan Guth estava entre os cosmólogos que desenvolveram a teoria do Big Bang no final do século XX. Em 1980, ele propôs que houve uma "inflação" cósmica quando o Universo tinha uma fração minúscula de segundo de idade (10^{-35} segundo, grosso modo um trilionésimo de um trilionésimo de um trilionésimo de segundo). A partir do ponto de "singularidade" inicial,

> O Big Bang não foi uma explosão *no* espaço; foi mais como uma explosão *do* espaço.
> **Tamara Davis**
> Astrofísica australiana

A teoria do Big Bang sustenta que o Universo evoluiu a partir de uma "singularidade" infinitamente densa e quente (o "átomo primordial" de Lemaître), que se expandiu rapidamente, emitindo vastas quantidades de calor e radiação.

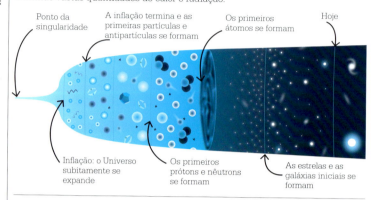

infinitamente quente e denso, o Universo começou a se expandir mais rápido que a velocidade da luz. A teoria de Guth, embora ainda não provada, ajuda a explicar por que o Universo esfriou e também por que parece ser uniforme, com matéria e energia distribuídas por igual.

Logo após o Big Bang, os físicos acreditam que o Universo era energia pura e que as quatro forças fundamentais (a gravidade e as forças eletromagnética, forte e fraca) estavam unificadas. A gravidade se separou e a matéria e a energia se encontravam num estado intercambiável "massa-energia". No início da inflação, a força nuclear forte se apartou, e uma enorme quantidade de massa-energia se formou. Os fótons – partículas de luz dotadas de energia eletromagnética – dominaram o Universo. Perto do fim da inflação, ainda trilionésimos de segundo após o Big Bang, um plasma quente de quark-glúon emergiu – um mar de partículas e antipartículas que continuamente mudavam massa em energia, em colisões de matéria e antimatéria. Por motivos ainda desconhecidos, esse processo criou mais matéria que antimatéria, e a

matéria se tornou o componente principal do Universo.

Ainda frações de segundo após o Big Bang, a força eletromagnética e a interação fraca se separaram e o Universo esfriou o bastante para os quarks e glúons se ligarem, formando partículas compostas – prótons, nêutrons, antiprótons e antinêutrons. Em três minutos, as colisões próton-nêutron produziram os primeiros núcleos atômicos, alguns se fundindo em hélio e lítio. Os nêutrons foram absorvidos nessas reações, mas restaram muitos prótons livres.

De opaco a transparente

O Universo inicial era opaco e permaneceu assim por algumas centenas de milhares de anos. Os núcleos de hidrogênio eram quase três quartos de sua massa; o restante eram núcleos de hélio, com quantidades insignificantes de núcleos de lítio e deutério. Por volta de 380 mil anos após o Big Bang, o Universo esfriou e se expandiu o bastante para que os núcleos capturassem elétrons livres e formassem os primeiros átomos de hidrogênio, hélio, deutério e lítio. Liberados pela interação com

A RELATIVIDADE E O UNIVERSO

elétrons livres e núcleos, os fótons puderam se mover livremente pelo espaço como radiação, e o Universo saiu da era de escuridão, tornando-se transparente. A RCFM é a luz residual desse período.

As estrelas e galáxias evoluem

Os astrônomos acreditam hoje que as primeiras estrelas se formaram centenas de milhões de anos após o Big Bang. Quando o Universo ficou transparente, amontoados densos de hidrogênio neutro formaram-se e cresceram sob a força da gravidade, conforme a matéria era puxada de áreas de menor densidade. Quando os amontoados de gás atingiram uma temperatura alta o bastante para que a fusão nuclear ocorresse, surgiram as primeiras estrelas.

Os físicos que modelam essas estrelas acreditam que elas eram tão grandes, quentes e luminosas – trinta a trezentas vezes maiores que o Sol e milhões de vezes mais brilhantes – que mudaram o Universo. Sua luz ultravioleta reionizou os átomos de hidrogênio em elétrons e prótons, e quando essas estrelas de vida curta explodiram em supernovas, após

A galáxia mais distante conhecida se formou provavelmente cerca de 400 milhões de anos após o Big Bang. Ela é mostrada aqui em imagem do telescópio espacial Hubble, como parecia há 13,4 bilhões de anos.

> Foi só quando esgotamos todas as explicações possíveis para a origem do som que percebemos que tínhamos topado com algo grande.
> **Arno Penzias**

cerca de 1 milhão de anos, criaram elementos novos e mais pesados, como urânio e ouro. Cerca de 1 bilhão de anos após o Big Bang, as estrelas da geração seguinte, que continham elementos mais pesados e viveriam mais, se agruparam por gravidade, formando as primeiras galáxias, que começaram a crescer e evoluir, algumas colidindo, criando mais estrelas, com todas as formas e tamanhos. As galáxias, então, se afastaram conforme o Universo se expandiu, alguns bilhões de anos a seguir, com menos colisões e mais estabilidade, como é hoje. Com trilhões de galáxias e por bilhões de anos-luz, ele continua a se expandir. Cientistas acreditam que irá se ampliar para sempre, até tudo virar nada.

Uma linha do tempo observável

A teoria do Big Bang permitiu que os cientistas compreendessem as origens do Universo, fornecendo uma linha do tempo até 13,8 bilhões de anos antes, em seus primeiros instantes. A maioria de suas previsões é passível de teste. Os físicos podem recriar as condições após o Big Bang, e a RCFM oferece uma observação direta de uma era que começou quando o Universo tinha só 380 mil anos de idade. ∎

O "ruído" de fundo das micro-ondas cósmicas

Em 1964, os astrônomos americanos Arno Penzias (abaixo, à direita) e Robert Wilson (à esquerda) estavam trabalhando com a antena Holmdel Horn, na Bell Telephone Laboratories, em Nova Jersey. O grande telescópio em forma de chifre foi projetado para fazer detecções incrivelmente sensíveis de ondas de rádio.

Os dois astrônomos buscavam hidrogênio neutro (HI) – um átomo de hidrogênio com um próton e um elétron –, que é abundante no Universo e raro na Terra, porém foram atrapalhados por um estranho ruído de fundo. Para onde quer que apontassem a antena, o Universo enviava o equivalente à estática de TV. Após verificar se a causa não seriam pássaros ou fiação com defeito, eles consultaram outros astrônomos. E perceberam que estavam captando a radiação cósmica de fundo em micro-ondas, o calor residual do Big Bang, previsto desde 1948. A importante descoberta valeu aos dois o Prêmio Nobel de Física de 1978.

A MATÉRIA VISÍVEL SÓ NÃO É SUFICIENTE

MATÉRIA ESCURA

EM CONTEXTO

FIGURAS CENTRAIS
Fritz Zwicky (1898–1974),
Vera Rubin (1928–2016)

ANTES
Século XVII A teoria da gravidade de Isaac Newton leva alguns a imaginar se há objetos escuros no Universo.

1919 Arthur Eddington prova que objetos massivos podem distorcer o espaço-tempo e desviar a luz.

1933 Fritz Zwicky, um astrônomo suíço dissidente, propõe a existência de matéria escura pela primeira vez.

DEPOIS
anos 1980 Os astrônomos identificam mais galáxias que se acredita estarem cheias de matéria escura.

2019 A busca pela matéria escura continua, sem resultados definitivos até hoje.

A aparência do Universo não faz sentido. Considerando toda a matéria visível, as galáxias não deveriam existir – simplesmente não há gravidade suficiente para mantê-las coesas. Mas há trilhões de galáxias no Universo, então como pode ser isso? A questão atormenta os astrônomos há décadas, e a solução não é menos incômoda: uma matéria que não pode ser vista nem detectada, mais conhecida como matéria escura.

A ideia de matéria invisível no Universo remonta ao século XVII, quando o cientista inglês Isaac Newton divulgou pela primeira vez sua teoria da gravidade. Os

A RELATIVIDADE E O UNIVERSO

Ver também: Método científico 20-23 ▪ Leis da gravidade 46-51 ▪ Modelos de matéria 68-71 ▪ Curvatura do espaço-tempo 280 ▪ Massa e energia 284-285 ▪ A descoberta de outras galáxias 290-293 ▪ Energia escura 306-307 ▪ Ondas gravitacionais 312-315

> É preciso haver muita massa para fazer as estrelas orbitarem tão rápido, mas não conseguimos vê-la. Chamamos essa massa invisível de matéria escura.
> **Vera Rubin**

astrônomos da época começaram a imaginar se haveria objetos escuros no Universo, que não refletissem a luz, mas que pudessem ser detectados por seus efeitos gravitacionais. Isso deu origem à ideia de buracos negros, e no século XIX foi proposto o conceito de uma nebulosa escura que absorvesse, em vez de refletir, a luz.

Só no século seguinte, porém, houve uma mudança maior no conceito de como as coisas são. Conforme os astrônomos começaram a estudar cada vez mais galáxias, passaram a questionar mais como elas podiam, em primeiro lugar, existir. Desde então, têm sido buscadas as misteriosas matéria escura e energia escura (energia invisível que impulsiona a expansão do Universo) – e os astrônomos hoje estão chegando perto.

Universo invisível
A teoria da relatividade geral de Albert Einstein foi central para o entendimento da gravidade e, por fim, da matéria escura. Ela propunha que a própria luz podia ser desviada pela massa gravitacional de objetos grandes, e que tais objetos na verdade distorciam o espaço-tempo.

Em 1919, Arthur Eddington se propôs a provar a teoria de Einstein. Ele havia medido as posições das estrelas naquele ano, antes de viajar para a ilha de Príncipe, na costa oeste da África, para checá-las num eclipse. Ele deduziu que as posições das estrelas tinham mudado levemente quando sua luz se desviou ao redor da grande massa do Sol – um efeito hoje chamado lenteamento gravitacional.

Mais de uma década depois, em 1933, Fritz Zwicky fez uma descoberta surpreendente. Ao estudar o aglomerado de galáxias de Coma, ele calculou que sua massa total devia ser bem maior que a matéria observável sob a forma de estrelas, para que o aglomerado se conservasse unido. Isso o levou a raciocinar que havia matéria não visível, ou *dunkle materie* ("matéria escura"), que mantinha a coesão do aglomerado.

Outros astrônomos começaram a aplicar os mesmos métodos a outras galáxias e aglomerados, chegando à mesma conclusão. Simplesmente não havia matéria suficiente para manter tudo unido, então ou as leis da gravidade estavam erradas ou havia alguma coisa que não era possível ver. Não poderia ser algo como uma nebulosa escura, vista pela luz que absorve. Tinha de ser outra coisa.

Rotação galática
A astrônoma americana Vera Rubin conseguiu lançar luz sobre o problema. No fim dos anos 1970, quando trabalhava no Instituto Carnegie de Washington, ela e seu colega americano Kent Ford ficaram perplexos ao descobrir »

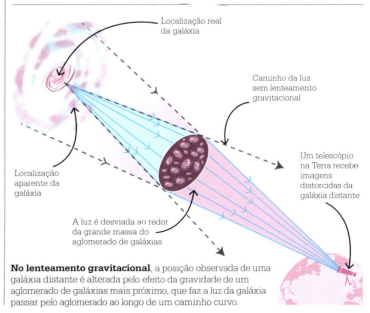

No lenteamento gravitacional, a posição observada de uma galáxia distante é alterada pelo efeito da gravidade de um aglomerado de galáxias mais próximo, que faz a luz da galáxia passar pelo aglomerado ao longo de um caminho curvo.

Numa galáxia espiral, a proporção entre matéria escura e luminosa é de cerca de dez para um. Talvez seja um bom número para a proporção entre nossa ignorância e nosso conhecimento.
Vera Rubin

que a Galáxia de Andrômeda não girava como esperado. Em suas observações, eles verificaram que as bordas da galáxia se moviam à mesma velocidade que o centro. Imagine uma patinadora girando com os braços estendidos – suas mãos giram mais rápido que o corpo. Se a patinadora recolhe os braços, roda mais rápido, conforme sua massa se concentra mais no centro. Mas não era o caso em relação à Galáxia de Andrômeda.

A princípio, os dois astrônomos não perceberam as implicações do que viam. Aos poucos, porém, Rubin começou a deduzir que a massa da galáxia não estava concentrada no seu centro, mas espalhada por ela. Isso explicaria por que a velocidade orbital era similar ao longo de toda a galáxia – e a melhor maneira de explicar essa observação era com um halo de matéria escura ao redor da galáxia, que a mantinha unida. Rubin e Ford tinham, de modo indireto, descoberto a primeira evidência de um Universo invisível.

Esconde-esconde

Após a descoberta de Rubin e Ford, os astrônomos começaram a avaliar a escala do que testemunhavam. Nos anos 1980, com base no trabalho de Eddington que mostrava poderem as grandes massas curvar o espaço-tempo, muitas ocorrências de lenteamento gravitacional causado por matéria escura foram constatadas. A partir delas, os astrônomos calcularam que 85% da massa do Universo era matéria escura.

Nos anos 1990, eles notaram algo inesperado na expansão do Universo: ela estava acelerando. A gravidade, tal como a entendiam, devia implicar, em algum momento, a desaceleração da expansão. Para explicar essa observação, os astrônomos apresentaram algo chamado "energia escura", que

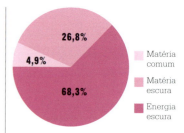

A matéria visível – os átomos que formam estrelas e planetas – é uma porção minúscula do Universo. A maior parte da densidade de energia do Universo é composta de matéria escura e energia escura invisíveis.

constitui cerca de 68% do conteúdo de massa-energia do Universo.

Juntos, a matéria escura e a energia escura formam 95% do Universo conhecido, com a matéria visível – as coisas que podem ser vistas – respondendo por só 5%. Com tanta matéria escura e energia escura presentes, elas deveriam ser fáceis de encontrar. Mas são chamadas de "escuras" por uma boa razão – nenhuma evidência direta já foi encontrada que confirme a existência delas.

Os astrônomos têm quase certeza de que a matéria escura é um tipo de partícula. Eles sabem que ela interage com a gravidade, porque podem ver seu efeito nas galáxias, em enorme escala. Mas estranhamente ela parece não interagir com a matéria comum; se isso acontecesse, seria possível ver essas interações em toda parte. Em vez disso, os astrônomos acreditam que a matéria escura passa direto pela matéria comum, tornando-se incrivelmente difícil de detectar.

Isso não impediu, porém, os astrônomos de tentarem detectá-la, e eles acreditam estar chegando mais perto disso. Um dos candidatos à matéria escura é a chamada partícula massiva

A RELATIVIDADE E O UNIVERSO

fracamente interativa (WIMP, na sigla em inglês). Embora ela seja bastante difícil de achar, sua existência não é teoricamente impossível.

O grande desconhecido

Em busca pela matéria escura, os cientistas construíram vastos detectores subterrâneos cheios de líquido. A ideia é que, se uma partícula de matéria escura passar por esses detectores, como parece provável que aconteça o tempo todo, deixe um traço perceptível. Exemplos desses esforços são o Laboratório Nacional do Gran Sasso, na Itália, e o Experimento de Matéria Escura LZ, nos EUA.

Os físicos do Grande Colisor de Hádrons (LHC, na sigla em inglês), do CERN, perto de Genebra, na Suíça, também tentam descobrir quaisquer partículas de matéria escura que possam ser produzidas quando outras partículas são despedaçadas a velocidades muito altas. Até agora tal evidência não foi encontrada, mas se espera que futuras melhorias no LHC possam levar ao êxito.

Hoje a busca pela matéria escura continua muito ativa, e embora os astrônomos tenham quase certeza de que está lá, há muita coisa que não se sabe. Não está claro se a matéria escura é um só tipo de partícula ou muitos, nem se interage com forças como a matéria comum. Ela também pode ser composta de uma partícula diferente chamada áxion, bem mais leve que uma WIMP.

Por fim, ainda há muito o que aprender sobre a matéria escura, mas ela teve claramente um importante impacto na astronomia. Sua descoberta indireta levou os astrônomos a concluir haver um vasto Universo não visto que simplesmente não pode ser medido, por enquanto, e, embora possa parecer assustador, é também fascinante. A esperança nos próximos anos é que as partículas de matéria escura sejam afinal detectadas. Então, assim como aconteceu com as ondas gravitacionais, que mudaram a astronomia, os astrônomos poderão investigar a matéria escura e descobrir o que ela é e entender com certeza seu efeito exato sobre o Universo. Até então, todos estão no escuro. ∎

Ao mapear a massa de Andrômeda, Vera Rubin e Kent Ford notaram que a massa se espalhava ao longo da galáxia e, portanto, devia se manter coesa graças a um halo de matéria invisível.

Vera Rubin

Vera Rubin nasceu em Filadélfia, na Pensilvânia, nos EUA, em 1928. Ela se interessou por astronomia desde cedo e estudou ciências na universidade, apesar de sua professora na escola tê-la aconselhado a seguir outra carreira. Ela foi recusada no programa de pós-graduação em astrofísica da Universidade de Princeton porque não aceitavam mulheres e inscreveu-se, então, na Universidade Cornell. Em 1965 Rubin entrou no Instituto Carnegie de Washington, onde optou pelo incontroverso campo do mapeamento de massas de galáxias. Ela recebeu numerosos prêmios pela descoberta de que a massa não se concentrava no centro de uma galáxia, indicando a existência de matéria escura. Primeira mulher a ter permissão para fazer observações no Observatório Palomar, Rubin defendeu ardentemente as mulheres na ciência. Ela morreu em 2016.

Obras principais

1997 *Bright Galaxies, Dark Matters* (Galáxias brilhantes, matéria escura)
2006 "Vendo matéria escura na Galáxia de Andrômeda"

UM INGREDIENTE DESCONHECIDO DOMINA O UNIVERSO
ENERGIA ESCURA

EM CONTEXTO

FIGURA CENTRAL
Saul Perlmutter (1959–)

ANTES
1917 Einstein propõe uma constante cosmológica para contrapor à gravidade e manter o Universo estático.

1929 Edwin Hubble encontra uma prova de que o Universo está se expandindo.

1931 Einstein chama a constante cosmológica de seu "maior erro".

DEPOIS
2001 Os resultados mostram que a energia escura provavelmente constitui uma grande porção do conteúdo de massa-energia do Universo.

2011 Os astrônomos descobrem uma evidência indireta da energia escura na radiação cósmica de fundo em micro-ondas.

2013 Modelos de energia escura são aperfeiçoados, mostrando-se similares à constante cosmológica de Einstein.

Até o início dos anos 1900, ninguém tinha realmente certeza do destino do Universo. Alguns pensavam que ele iria se expandir para sempre; outros, que se tornaria estático; e outros, ainda, que colapsaria sobre si mesmo. Mas, em 1998, duas equipes de astrofísicos americanos – uma liderada por Saul Perlmutter e a outra por Brian Schmidt e Adam Riess – decidiram medir a taxa de expansão do Universo. Usando telescópios poderosos, eles observaram supernovas do tipo Ia (lê-se "1a") muito distantes (ver os quadros abaixo). Para sua surpresa, eles viram que as supernovas eram mais fracas que o esperado, com um tom mais avermelhado e, portanto, deviam

Se uma anã branca (o núcleo remanescente de uma estrela) orbita uma estrela gigante e recebe material dela, pode vir a produzir uma **supernova tipo Ia**.

Uma supernova tipo Ia tem uma **luminosidade conhecida**, então sua magnitude aparente (o brilho visto da Terra) revela **a distância** a que está.

Medindo o brilho e o desvio para o vermelho de cada supernova, sua **distância** e **velocidade em relação à Terra** podem ser calculados.

Há uma **força invisível** em ação, impulsionando a expansão do Universo.

A luz de uma supernova distante **levou mais tempo** para chegar à Terra, então a **expansão cósmica** deve estar **se acelerando**.

A RELATIVIDADE E O UNIVERSO

Ver também: Efeito Doppler e desvio para o vermelho 188-191 ▪ Da física clássica à relatividade especial 274 ▪ Massa e energia 284-285 ▪ Universo estático ou em expansão 294-295 ▪ O Big Bang 296-301 ▪ Matéria escura 302-305 ▪ Teoria das cordas 308-311

Saul Perlmutter

Saul Perlmutter nasceu em 22 de setembro de 1959 em Illinois, nos EUA, e cresceu perto de Filadélfia, na Pensilvânia. Ele se graduou em física na Universidade Harvard em 1981 e obteve o doutorado também em física em 1986 na Universidade da Califórnia em Berkeley, onde se tornou professor da mesma área em 2004.

No início dos anos 1990, Perlmutter interessou-se pela ideia de que as supernovas podiam ser usadas como velas padrão (objetos cuja luminosidade conhecida podia ser empregada para medir distâncias no espaço) a fim de calcular a expansão do Universo. Ele teve de trabalhar duro para conseguir tempo em grandes telescópios, mas seus esforços foram compensados e Perlmutter recebeu o Prêmio Nobel de Física em 2011, com Brian Schmidt e Adam Riess.

Obras principais

1997 "Descoberta de uma explosão de supernova com metade da idade do Universo e suas implicações cosmológicas"
2002 "A taxa de supernovas tipo Ia distantes"

estar muito mais longe. As duas equipes chegaram à mesma conclusão: elas estavam se movendo a uma taxa mais rápida que a esperada se a gravidade fosse a única força atuando sobre elas, então a expansão cósmica devia estar se acelerando ao longo do tempo.

Força misteriosa

A descoberta ia contra a ideia de que a gravidade deveria no final aproximar tudo de novo. Ficou patente que o conteúdo geral de energia no Universo devia ser dominado por algo totalmente diverso – uma força constante, invisível, que atua de modo oposto à gravidade e empurra a matéria. Essa força misteriosa foi chamada "energia escura". Se houvesse um tal campo de energia permeando o Universo, Perlmutter, Schmidt e Riess pensavam que ele poderia explicar a expansão.

Albert Einstein apresentou um conceito similar em 1917. Sua constante cosmológica era um valor que se contrapunha à gravidade, permitindo ao Universo permanecer estático. Mas quando se verificou que o Universo se expandia, Einstein declarou que a constante era um engano e tirou-a de sua teoria da relatividade.

Ainda se pensa que a energia escura é a causa mais provável da expansão cósmica, embora nunca tenha sido observada. Em 2011, ao estudar os remanescentes do Big Bang (a radiação cósmica de fundo em micro-ondas, ou RCFM), os cientistas propuseram que a falta de estrutura em larga escala no Universo indicava a existência de energia escura, que atuaria contra a gravidade, evitando sua formação.

Os astrônomos acreditam hoje que a energia escura constitui enorme parcela da massa-energia do Universo – cerca de 68% –, o que poderia ter grandes implicações. É possível que o Universo continue a se expandir a uma taxa cada vez maior, até as galáxias se afastarem mais rápido que a velocidade da luz e sumirem. As estrelas de cada galáxia poderiam fazer o mesmo, seguidas pelos planetas e depois pela matéria, deixando o Universo, daqui a trilhões de anos, como um vazio escuro e sem fim. ▪

A gravidade desta anã branca está puxando material de uma estrela gigante próxima. Se sua massa atingir 1,4 vezes a massa atual do Sol, acontecerá uma supernova tipo Ia.

Se você fica desconcertado com o que a energia escura é, está em boa companhia.
Saul Perlmutter

FIOS DE UMA TAPEÇARIA

TEORIA DAS CORDAS

EM CONTEXTO

FIGURA CENTRAL
Leonard Susskind (1940–)

ANTES
1914 A ideia de uma quinta dimensão é anunciada para explicar como a gravidade atua com o eletromagnetismo.

1926 O físico sueco Oscar Klein desenvolve ideias de dimensões extras não observáveis.

1961 Os cientistas concebem uma teoria para unificar o eletromagnetismo e a força nuclear fraca.

DEPOIS
1975 Abraham Pais e Sam Treiman cunham o termo "Modelo Padrão".

1995 O físico Edward Witten desenvolve a teoria M, que inclui onze dimensões.

2012 O Grande Colisor de Hádrons detecta o bóson de Higgs.

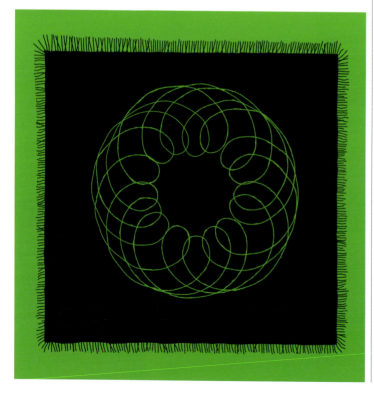

Os físicos de partículas usam uma teoria chamada "Modelo Padrão". Desenvolvido nos anos 1960 e 1970, esse modelo descreve as partículas e forças fundamentais da natureza, que constituem tudo e mantêm o Universo coeso.

Um problema do Modelo Padrão, porém, é ele não se ajustar à teoria da relatividade geral de Albert Einstein, que relaciona a gravidade (uma das quatro forças) à estrutura de espaço e tempo, tratando-as como uma entidade quadridimensional chamada "espaço-tempo". O Modelo Padrão não pode ser conciliado com a curvatura do espaço-tempo, segundo a relatividade geral.

A RELATIVIDADE E O UNIVERSO 309

Ver também: Leis da gravidade 46-51 ▪ Princípio da incerteza, de Heisenberg 220-221 ▪ Emaranhamento quântico 222-223 ▪ Zoo de partículas e os quarks 256-257 ▪ Mediadores de força 258-259 ▪ Bóson de Higgs 262-263 ▪ O princípio da equivalência 281

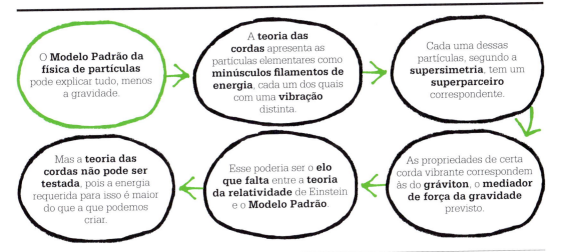

A mecânica quântica, por outro lado, explica como as partículas interagem nos menores níveis – em escala atômica –, mas não leva em consideração a gravidade. Os físicos tentaram unir as duas teorias, mas em vão. O problema continua porque o Modelo Padrão só consegue explicar três das quatro forças fundamentais.

Partículas e forças

Na física de partículas, os átomos consistem em um núcleo feito de prótons e nêutrons, cercado por elétrons. O elétron – e os quarks que fazem os prótons e nêutrons – está entre os doze férmions (partículas de matéria): partículas elementares, ou fundamentais, que são os menores "tijolos" conhecidos do Universo. Os férmions se subdividem em quarks e léptons. Além dos férmions, há os bósons (partículas mediadoras de força) e as quatro forças da natureza: eletromagnetismo, gravidade, força forte e força fraca. Bósons diferentes são responsáveis por mediar as diferentes forças entre os férmions.

O Modelo Padrão permite que os físicos descrevam o que é conhecido como campo de Higgs – um campo de energia que se acredita permear todo o Universo. A interação das partículas dentro do campo de Higgs lhes dá sua massa, e um bóson mensurável chamado bóson de Higgs é o mediador de força do campo de Higgs. Mas nenhum dos bósons conhecidos é o mediador de força da gravidade, o que levou os cientistas a imaginar uma partícula hipotética, ainda a ser detectada, chamada gráviton.

Em 1969, numa tentativa de explicar a força nuclear, que liga os prótons e nêutrons dentro do núcleo dos átomos, o físico americano Leonard Susskind desenvolveu a ideia da teoria das cordas. Por coincidência, os físicos Yoichiro Nambu, americano-japonês, e Holger Nielsen, dinamarquês, conceberam de modo independente uma ideia igual, ao mesmo tempo. Segundo a

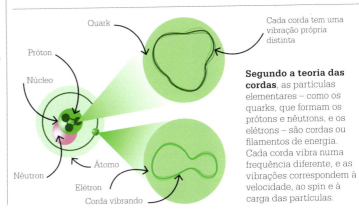

Segundo a teoria das cordas, as partículas elementares – como os quarks, que formam os prótons e nêutrons, e os elétrons – são cordas ou filamentos de energia. Cada corda vibra numa frequência diferente, e as vibrações correspondem à velocidade, ao spin e à carga das partículas.

teoria das cordas, as partículas – os "tijolos" do Universo – não são pontuais, mas filamentos, ou cordas, de energia minúsculos, unidimensionais e vibrantes que dão origem a todas as forças e à matéria. Quando as cordas colidem, combinam-se e vibram juntas brevemente antes de se separar de novo. Porém, os primeiros modelos da teoria das cordas tinham problemas. Eles explicavam os bósons, mas não os férmions, e requeriam que certas partículas hipotéticas, conhecidas como táquions, viajassem mais rápido que a luz. Elas também exigiam muito mais dimensões que as quatro familiares de espaço e tempo.

Supersimetria

Para contornar alguns desses problemas iniciais, os cientistas conceberam o princípio da supersimetria. Em essência, ele propõe que o Universo é simétrico, dando um parceiro, ou "superparceiro", não detectado a cada uma das partículas conhecidas do Modelo Padrão – então cada férmion, por exemplo, é pareado por um bóson e vice-versa.

Quando o bóson de Higgs, previsto pelo físico britânico Peter

Construir a própria matéria a partir da geometria – isso, em certo sentido, é o que a teoria das cordas faz.
David Gross
Físico teórico americano

Higgs em 1964, foi afinal detectado em 2012 pelo Grande Colisor de Hádrons do CERN, era mais leve que o esperado. Os físicos de partículas pensavam que suas interações com partículas do Modelo Padrão no campo de Higgs, que lhes davam mais massa, o tornariam mais pesado. Mas não era o caso. A ideia de superparceiros, partículas que possam vir a cancelar parte dos efeitos do campo de Higgs e produzir um bóson de Higgs mais leve, permitiu aos cientistas lidar com o problema. Isso também lhes possibilitou descobrir que três das quatro forças da natureza, ou seja, eletromagnetismo, força forte e força fraca, podem ter existido com as mesmas energias no Big Bang – um passo crucial em direção à unificação dessas forças numa Grande Teoria Unificada.

Juntas, a teoria das cordas e a supersimetria deram origem à teoria das supercordas, em que todos os férmions e bósons e seus superparceiros são o resultado de cordas de energia vibrando. Nos anos 1980, os físicos John Schwarz, americano, e Michael Green, britânico, desenvolveram a ideia de que partículas elementares como elétrons e quarks são manifestações externas de "cordas" vibrando na escala de gravidade quântica. Do mesmo modo que vibrações diferentes de uma corda de violino produzem notas diferentes, propriedades como massa resultam de vibrações diferentes do mesmo tipo de corda. Um elétron é um pedaço de corda que vibra de certo modo, e um quark é um pedaço idêntico de corda que vibra de outra maneira. Ao longo de seu trabalho, Schwarz e Green perceberam que a teoria das cordas previa uma partícula sem massa similar ao hipotético gráviton. A existência de tal partícula poderia explicar por

Leonard Susskind

Nascido na cidade de Nova York, nos EUA, em 1940, Leonard Susskind ocupa hoje a cadeira Felix Block de física da Universidade Stanford, na Califórnia. Obteve o PhD na Universidade Cornell, em Nova York, em 1965, antes de ir para a Universidade Stanford, em 1979. Em 1969, Susskind apresentou a teoria das cordas, que o tornou famoso. Seu trabalho matemático mostrou que a física de partículas poderia ser explicada por cordas vibrando no menor nível. Ele desenvolveu mais a ideia nos anos 1970 e, em 2003, cunhou a expressão "paisagem da teoria das cordas". Essa ideia destacava o grande número de universos que poderiam existir, formando um estonteante "megaverso" – com, talvez, entre outros, universos com condições para que haja vida. Susskind é ainda uma grande autoridade em seu campo hoje.

Obras principais

2005 *The Cosmic Landscape* (A paisagem cósmica)
2008 *The Black Hole War* (A guerra do buraco negro)
2013 *The Theoretical Minimum* (O mínimo teórico)

A RELATIVIDADE E O UNIVERSO

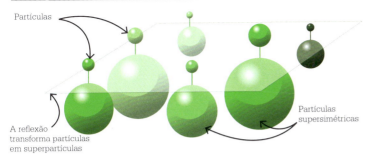

Partículas

A reflexão transforma partículas em superpartículas

Partículas supersimétricas

Segundo a supersimetria, todo bóson, ou partícula mediadora de força, tem um férmion, ou partícula de matéria, "superparceiro" massivo, e todo férmion tem um bóson "superparceiro" massivo. A teoria das supercordas descreve os superparceiros como cordas que vibram em oitavas mais altas, como num violino. Teóricos preveem que as superpartículas podem ter massas até mil vezes maiores que as de suas partículas correspondentes, mas nenhuma partícula supersimétrica já foi encontrada.

que a gravidade é tão fraca comparada às outras três forças, já que os grávitons escoariam para dentro e para fora das dez (ou algo assim) dimensões exigidas pela teoria das cordas. Aqui, por fim, parecia haver algo que Einstein procurou por muito tempo, uma teoria que pudesse descrever tudo no Universo – uma "Teoria de Tudo".

Uma teoria unificante

A busca dos físicos por uma teoria que abrangesse tudo enfrentou problemas ao considerar os buracos negros, em que a teoria da relatividade geral encontra a mecânica quântica na tentativa de explicar o que acontece quando uma vasta quantidade de matéria é acumulada numa área muito pequena. Na relatividade geral, pode-se dizer que o âmago do buraco negro, conhecido como singularidade, tem tamanho essencialmente zero. Mas sob a mecânica quântica isso não se sustenta como verdadeiro, porque nada pode ser infinitamente pequeno. Segundo o princípio da incerteza, concebido pelo físico alemão Werner Heisenberg em 1927, simplesmente não é possível alcançar níveis infinitamente pequenos porque uma partícula sempre pode existir em múltiplos estados. Teorias básicas quânticas, como a superposição e o emaranhamento, também ditam que as partículas podem estar em dois estados ao mesmo tempo. Elas devem produzir um campo gravitacional, que seria consistente com a relatividade geral, mas sob a teoria quântica não parece ser esse o caso. Se a teoria de supercordas pode resolver alguns desses problemas, talvez seja a teoria unificadora que os físicos buscam. Poderia até ser possível testar a teoria de supercordas colidindo partículas. Em energias mais altas, os cientistas pensam que poderiam chegar a ver grávitons se dissipando para dentro de outras dimensões, o que fornece uma evidência para a teoria. Mas nem todos estão convencidos.

Desvelando a ideia

Alguns cientistas, como o físico americano Sheldon Glashow, acreditam que a busca da teoria das cordas é inútil, porque ninguém nunca será capaz de provar se as cordas que ela descreve existem ou não. Elas envolvem energias tão altas (além da medida chamada energia de Planck) que não são captadas por humanos e podem continuar assim num futuro previsível. Ser incapaz de imaginar um experimento que teste a teoria das cordas leva cientistas como Glashow a questionar se ela pertence mesmo à ciência. Outros discordam e notam que há experimentos em curso procurando esses efeitos. O experimento Super-Kamiokande, no Japão, poderia testar a teoria das cordas buscando o decaimento do próton – um decaimento hipotético, com uma escala de tempo extremamente longa –, previsto pela supersimetria. A teoria das supercordas pode explicar muito do Universo desconhecido, como por que o bóson de Higgs é tão leve e a gravidade é tão fraca, e ajudar a lançar luz sobre a natureza da energia escura e da matéria escura. Alguns cientistas pensam que a teoria das cordas poderia projetar o destino do Universo, e se ele continuará ou não a se expandir. ∎

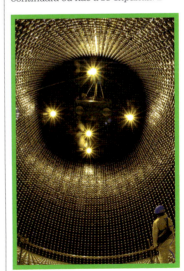

As paredes do observatório de neutrinos Super-Kamiokande, no Japão, são revestidas com fotomultiplicadores que detectam a luz emitida pela interação de neutrinos com a água dentro do tanque.

ONDULAÇÕES NO ESPAÇO-TEMPO

ONDAS GRAVITACIONAIS

EM CONTEXTO

FIGURAS CENTRAIS
Barry Barish (1936–),
Kip Thorne (1940–)

ANTES
1915 A teoria da relatividade geral de Einstein fornece alguma evidência da existência de ondas gravitacionais.

1974 Os cientistas observam indiretamente ondas gravitacionais ao estudar pulsares.

1984 Nos EUA, é instalado o LIGO, um observatório de interferometria a laser, para detectar ondas gravitacionais.

DEPOIS
2017 Os cientistas detectam ondas gravitacionais da fusão de duas estrelas de nêutrons.

2034 A missão LISA deve ser lançada ao espaço em 2034 para estudar ondas gravitacionais.

Em 2016, os cientistas fizeram um anúncio que prometia revolucionar a astronomia: em setembro de 2015, uma equipe de físicos tinha obtido a primeira evidência direta de ondas gravitacionais, ondulações no espaço-tempo causadas pela fusão ou colisão de dois objetos. Até então, o conhecimento do Universo e de como ele funciona tinha derivado principalmente do que pode ser visto sob a forma de ondas de luz. Agora, os cientistas tinham um novo modo de sondar buracos negros, estrelas e outras maravilhas do cosmos.

A ideia de ondas gravitacionais já existia há mais de um século. Em 1905, o físico francês Henri Poincaré

A RELATIVIDADE E O UNIVERSO 313

Ver também: Ondas eletromagnéticas 192-195 ▪ Ver além da luz 202-203 ▪ Da física clássica à relatividade especial 274 ▪ Relatividade especial 276-279 ▪ Curvatura do espaço-tempo 280 ▪ Massa e energia 284-285 ▪ Buracos negros e buracos de minhoca 286-289

Dois objetos massivos no espaço, como dois buracos negros, **entram em órbita** um do outro.

↓

Com o tempo, os dois objetos **começam a espiralar**, cada vez mais próximos, orbitando **cada vez mais rápido**. → Por fim, eles **colidem e se fundem** num só objeto, produzindo uma **quantidade enorme de energia**.

↓

As ondas chegam à Terra, deixando um **sinal evidente nos instrumentos** e permitindo aos cientistas deduzir de onde elas vêm. ← A maior parte da energia toma a forma de **ondas gravitacionais**, que viajam pelo Universo à velocidade da luz.

---

tinha postulado a teoria de que a gravidade é transmitida numa onda, que ele chamou *l'onde gravifique* – a onda gravitacional. Uma década depois, Albert Einstein levou essa ideia a outro patamar em sua teoria da relatividade geral, na qual propôs que a gravidade não era uma força mas uma curvatura do espaço-tempo, causada por massa, energia e momento.

Einstein mostrou que qualquer objeto massivo faz o espaço-tempo se curvar, o que, por sua vez, pode curvar a própria luz. Quando uma massa se move e muda essa distorção, produz ondas que viajam a partir da massa à velocidade da luz. Qualquer massa em movimento produz essas ondas, mesmo coisas do dia a dia como duas pessoas rodando num círculo, mas essas ondas são pequenas demais para ser detectadas.

Apesar de suas teorias, o próprio Einstein resistia a acreditar nas ondas gravitacionais, e anotou em 1916: "Não há ondas gravitacionais análogas às ondas de luz". Ele retomou a ideia num novo artigo sobre ondas gravitacionais em 1918, propondo que poderiam existir, mas não havia meio de um dia medi-las. Em 1936, ele voltou atrás e declarou que essas ondas não existiam.

Em busca do que não se pode ver

Só nos anos 1950 os físicos começaram a perceber que as ondas gravitacionais poderiam, sim, ser reais. Uma série de artigos destacou que a relatividade geral, na verdade, previa a existência das ondas como um modo de transferir energia por meio de radiação gravitacional.

A detecção de ondas gravitacionais, porém, colocava enormes desafios aos cientistas. Eles tinham quase certeza de sua presença por todo o Universo, mas precisavam imaginar um experimento sensível o bastante para detectá-las. Em 1956, o físico britânico Felix Pirani mostrou que, ao passar, as ondas gravitacionais moveriam partículas e que isso, em teoria, seria detectável. Os cientistas começaram, então, a criar experimentos que fossem capazes de medir essas perturbações.

As primeiras tentativas de detecção malograram, mas em 1974 os físicos americanos Russell Hulse e Joseph Taylor descobriram a primeira evidência indireta de ondas gravitacionais. Eles observaram um par de estrelas de nêutrons (estrelas pequenas criadas pelo colapso de estrelas gigantes) orbitando uma à outra, uma das quais era um pulsar (estrela de nêutrons de rotação rápida). Conforme giravam ao redor uma da outra e se aproximavam, as estrelas estavam perdendo energia, que era consistente com a radiação de ondas gravitacionais. A descoberta levou os cientistas um passo adiante no caminho para provar a existência de ondas gravitacionais.

As máquinas de ondas

Embora massas tão grandes e rápidas como estrelas de nêutrons se orbitando possam vir a produzir as maiores ondas gravitacionais, estas criam um efeito incrivelmente pequeno. Mas no fim dos anos 1970, vários cientistas, como o teuto-americano Rainer Weiss e o escocês Ronald Drever, começaram a »

Assume-se que a onda se propaga à velocidade da luz.
Henri Poincaré

aventar que fosse possível detectar as ondas usando feixes de laser e um instrumento chamado interferômetro. Em 1984, o físico americano Kip Thorne se juntou a Weiss e Drever para criar o Observatório de Ondas Gravitacionais por Interferômetro Laser (LIGO, na sigla em inglês), com o objetivo de fazer um experimento que permitisse detectar ondas gravitacionais.

Em 1994, o trabalho começou nos EUA com dois interferômetros, um em Hanford, em Washington, e o outro em Livingstone, na Louisiana. Era preciso duas máquinas para verificar se alguma onda detectada era gravitacional e não uma vibração local aleatória. A pesquisa foi liderada pelo físico americano Barry Barish, que se tornou diretor do LIGO em 1997 e criou a Colaboração Científica LIGO, uma equipe de mil cientistas de todo o mundo. Essa colaboração global deu um novo impulso ao projeto e, em 2002, os cientistas concluíram as duas máquinas do LIGO. Cada uma consistia em dois tubos de aço, de 1,2 m de largura por 4 km de comprimento, protegidos dentro de um abrigo de concreto. Como as ondas gravitacionais interagem com o espaço comprimindo-o e estirando-o em direções perpendiculares, os tubos foram construídos em ângulo reto um com o outro, em forma de L. Em teoria, uma onda que distorce o espaço-tempo mudaria o comprimento de cada tubo, estirando um e comprimindo o outro repetidamente até a onda passar. Para medir qualquer minúscula mudança, um feixe de laser era dividido em dois e seguia pelos dois tubos. Qualquer onda gravitacional que chegasse faria os feixes de luz se refletirem de volta em tempos diferentes, já que o próprio espaço-tempo é estirado e encurtado. Medindo essa mudança, os cientistas esperavam calcular de onde as ondas vinham e o que as causara.

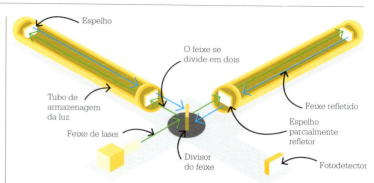

O LIGO usa feixes de laser para detectar ondas gravitacionais. Um feixe é disparado sobre um espelho parcialmente refletor, que divide o feixe por dois tubos de armazenagem da luz dispostos em ângulo reto. Cada feixe passa por outro espelho parcialmente refletor e ricocheteia entre este e um espelho no fim do tubo, com pouco da luz de cada tubo se encontrando no divisor do feixe. Se não houver ondas gravitacionais, os feixes se cancelarão mutuamente. Se houver ondas, haverá interferência entre os feixes, criando uma luz oscilante registrada num fotodetector.

Senhoras e senhores, detectamos ondas gravitacionais. Nós conseguimos!
Professor David Reitze
Físico de laser americano, diretor do LIGO

Ondulações cataclísmicas

Nos oito anos seguintes, nenhuma onda foi registrada, uma situação agravada por interferências captadas pelas máquinas, como o ruído do vento ou até o som de trens e madeireiras. Em 2010, decidiu-se reformar totalmente as duas máquinas do LIGO, e em 2015 elas foram ligadas de novo, capazes agora de perscrutar uma área de espaço muito maior. Em poucos dias, os novos instrumentos, mais sensíveis, captaram minúsculas ondulações de frações de segundo no espaço-tempo, chegando à Terra de um evento cataclísmico em algum lugar do Universo profundo.

Os cientistas conseguiram calcular que essas ondas gravitacionais foram produzidas por dois buracos negros colidindo a cerca de 1,3 bilhão de anos-luz da Terra, criando cinquenta vezes mais energia que todas as estrelas do Universo naquele momento. Eram buracos negros estelares com massas estimadas em 36 e 29 vezes a do Sol, formando um novo buraco negro de 62 massas solares. A diferença de massa – de três vezes a do Sol – foi arremessada no espaço quase totalmente como ondas gravitacionais. Medindo os sinais recebidos nos dois observatórios do LIGO – confirmados pelo interferômetro Virgo, na Itália –, os cientistas puderam olhar para trás no tempo, para a origem das ondas gravitacionais, e estudar novas

A RELATIVIDADE E O UNIVERSO

partes do Universo que antes eram simplesmente inacessíveis. Eles puderam fazer isso comparando os sinais que detectaram com os padrões esperados de diferentes eventos no espaço-tempo.

Desde a primeira detecção de ondas gravitacionais em 2015 e o anúncio revolucionário dessa descoberta em 2016, muitos outros sinais potenciais de ondas gravitacionais foram registrados. A maioria era de fusões de buracos negros, mas em 2017 os cientistas do LIGO fizeram a primeira detecção confirmada de ondas gravitacionais produzidas pela colisão de duas estrelas de nêutrons, há cerca de 130 milhões de anos.

Sinais de longe

O LIGO e o Virgo continuam a detectar ondas gravitacionais quase semanalmente. O equipamento é regularmente atualizado, conforme surgem lasers mais poderosos e espelhos mais estáveis. Objetos que mal chegam ao tamanho de uma cidade podem ser detectados através do Universo, chocando-se em eventos dramáticos que desafiam a física. A descoberta de ondas gravitacionais está ajudando os cientistas a explorar a própria natureza do Universo, revelando cada vez mais sobre suas origens e expansão, e até, potencialmente, sua idade.

Empurrando os limites do espaço

Os astrônomos também trabalham em novos experimentos que possam sondar as ondas gravitacionais em mais detalhes. Um deles é uma missão, organizada pela Agência Espacial Europeia, a Antena Espacial de Interferômetro a Laser (LISA, na sigla em inglês). Previsto para ser lançado em 2034, o sistema LISA consiste em três espaçonaves em triângulo, separadas por 2,5 milhões de quilômetros. Lasers serão disparados entre as naves, e os sinais produzidos, estudados em busca de qualquer evidência de minúsculo movimento devido a ondulações de ondas gravitacionais. As observações do LISA permitirão aos cientistas detectar ondas gravitacionais de uma variedade de outros objetos, como buracos negros supermassivos, ou até do início do Universo. Os segredos do espaço mais profundo poderão ser, por fim, revelados. ∎

Quando duas estrelas de nêutrons colidem, liberam raios gama detectáveis e ondas gravitacionais invisíveis que atingem a Terra praticamente ao mesmo tempo milhões de anos depois.

Kip Thorne

Nascido em Utah em 1940, Kip Thorne se graduou em física no Instituto de Tecnologia da Califórnia (Caltech) em 1962 e concluiu o doutorado na Universidade de Princeton em 1965. Ele voltou para o Caltech em 1967, onde hoje é professor Feynman emérito de física teórica.

O interesse de Thorne em ondas gravitacionais levou à fundação do projeto LIGO, em que colaborou identificando fontes distantes de ondas e criando técnicas para extrair informações delas. Por seu trabalho com ondas gravitacionais e no LIGO, Thorne recebeu o Prêmio Nobel de Física em 2017 com os colegas Rainer Weiss e Barry Barish.

Thorne também emprestou seu conhecimento de física às artes: o filme *Interestelar*, de 2014, baseou-se em ideias originais dele.

Obras principais

1973 *Gravitation* (Gravitação)
1994 *Black Holes and Times Warps* (Buracos negros e distorções do tempo)
2014 *The Science of Interstellar* (A ciência de *Interestelar*)

OUTROS GRANDES DA FÍSIC

A
NOMES

OUTROS GRANDES NOMES DA FÍSICA

Como o próprio Isaac Newton disse, numa frase memorável em carta a Robert Hooke em 1675, "Se pude ver mais longe, foi por estar apoiado nos ombros de gigantes". Desde seus inícios na Mesopotâmia, no quarto milênio a.C., a ciência foi marcada pela colaboração e pela continuidade. Dos filósofos naturais aos inventores, pesquisadores e, mais recentemente, cientistas profissionais, muito mais pessoas deram importantes contribuições a essa história do que seria possível explorar em detalhes nos capítulos anteriores deste livro. A lista seguinte tenta, assim, oferecer pelo menos um esboço de algumas outras figuras centrais em nossa busca, ainda em curso, para entender o modo como o Universo funciona – dos menores núcleos às mais distantes galáxias.

ARQUIMEDES
c. 287 a.C.–c. 212 a.C.

Nascido na colônia grega de Siracusa, na ilha mediterrânea da Sicília, Arquimedes foi um dos mais importantes engenheiros, físicos e matemáticos do mundo antigo. Pouco se sabe de seus primeiros anos, mas ele pode ter estudado em Alexandria, no Egito, quando jovem. Embora mais tarde tenha sido aclamado por suas revolucionárias provas matemáticas, em especial no campo da geometria, em sua época foi mais famoso por invenções como a bomba de água "parafuso de Arquimedes" e a polia composta, além da célebre descoberta – pela qual consta que gritou "Eureca" – do princípio de Arquimedes, que descreve o deslocamento de água. Quando os romanos invadiram a Sicília, Arquimedes idealizou várias armas engenhosas para defender sua cidade. Foi morto por um soldado romano, apesar das ordens para que fosse capturado vivo.
Ver também: Método científico 20-23 ▪ Fluidos 76-79

HASAN IBN AL-HAYTHAM
c. 965–1040

O erudito árabe Al-Haytham (às vezes chamado, no Ocidente, Alhazen) nasceu em Basra, hoje no Iraque, mas passou grande parte de sua carreira no Cairo, Egito. Pouco se sabe sobre sua vida, mas de início ele trabalhou como engenheiro civil e deu contribuições à medicina, filosofia e teologia, além de física e astronomia. Al-Haytham foi um dos primeiros proponentes do método científico, criando experimentos para provar ou refutar hipóteses. É mais famoso por seu *Livro de óptica* (1021), que combinou com êxito várias teorias clássicas sobre a luz com observações de anatomia, explicando a visão em termos de raios de luz refletidos pelos objetos, coletados pelo olho e interpretados pelo cérebro.
Ver também: Método científico 20-23 ▪ Reflexão e refração 168-169 ▪ Focar a luz 170-175

AVICENA
c. 980–1037

Ibn Sina (conhecido no Ocidente como Avicena) foi um polímata persa nascido perto de Bukhara, no atual Uzbequistão, numa família bem situada de servidores públicos da dinastia persa samânida. Desde jovem ele mostrou talento para aprender, absorvendo as obras de muitos sábios islâmicos clássicos e anteriores. Apesar de mais famoso hoje por obras extremamente influentes de medicina, escreveu muito sobre uma gama de campos, incluindo a física. Desenvolveu uma teoria do movimento que reconhecia o conceito mais tarde chamado inércia e a influência da resistência do ar, e foi um dos primeiros a afirmar que a velocidade da luz deve ser finita.
Ver também: Leis do movimento 40-45 ▪ A velocidade da luz 275

JOHANNES KEPLER
1571–1630

Matemático e astrônomo alemão, Johannes Kepler ficou famoso nos anos 1590 por uma teoria que tentava vincular as órbitas dos planetas à geometria dos "sólidos platônicos" matemáticos. Tornou-se assistente do grande astrônomo dinamarquês Tycho Brahe, que compilava o catálogo de movimentos planetários mais preciso já tentado. Após a morte de Tycho, em 1601, Kepler continuou e desenvolveu seu trabalho. O sucesso de suas leis do movimento planetário de 1609, que colocavam os planetas em órbitas elípticas (e não circulares) ao redor do Sol, completou a "revolução copernicana" e preparou o caminho para as leis mais gerais do movimento e da gravitação universal de Newton.
Ver também: Leis da gravidade 46-51 ▪ Os céus 270-271 ▪ Modelos do Universo 272-273

OUTROS GRANDES NOMES DA FÍSICA **319**

EVANGELISTA TORRICELLI
1608–1647

Nascido na província de Ravena, na Itália, Torricelli mostrou talento para a matemática desde cedo e foi mandado para uma abadia local, a fim de ser educado por monges. Mais tarde foi para Roma, onde se tornou secretário e aluno não oficial de Benedetto Castelli, professor de matemática e amigo de Galileu Galilei. Torricelli se tornou discípulo da ciência galileana e participou de muitas discussões com Galileu nos meses antes de sua morte, em 1642. No ano seguinte, Torricelli publicou uma descrição do primeiro barômetro a mercúrio – a invenção pela qual é mais conhecido hoje.
Ver também: Método científico 20-23 ▪ Pressão 36 ▪ Fluidos 76-79

GUILLAUME AMONTONS
1663–1705

Filho de um advogado, o parisiense Guillaume Amontons se dedicou à ciência após perder a audição na infância. Essencialmente autodidata, foi um hábil engenheiro e inventor, e aperfeiçoou vários instrumentos científicos. Ao investigar as propriedades dos gases, descobriu as relações entre temperatura, pressão e volume, mas não conseguiu quantificar as equações precisas das posteriores "leis dos gases". É mais lembrado por suas leis do atrito, que descrevem as forças do atrito estático e cinético que afetam corpos cujas superfícies estão em contato.
Ver também: Energia e movimento 56-57 ▪ Leis dos gases 82-85 ▪ Entropia e segunda lei da termodinâmica 94-99

DANIEL GABRIEL FAHRENHEIT
1686–1736

Nascido em Dantzig (hoje Gdansk), na Polônia, numa família de comerciantes alemães, Fahrenheit passou a maior parte da vida nos Países Baixos. Órfão a partir de 1701, preparou-se para o comércio antes de seguir seus interesses científicos e conviver com vários dos principais pensadores da época, como Ole Rømer e Gottfried Leibniz. Deu aulas de química e aprendeu a fazer peças delicadas de vidro para instrumentos científicos como termômetros. Isso levou em 1724 a seu conceito de uma escala de temperatura padronizada (embora a escolha do próprio Fahrenheit dos pontos "fixos" de temperatura tenha sido depois revisada para tornar mais precisa a escala que ainda leva seu nome).
Ver também: Método científico 20-23 ▪ Calor e transferência 80-81

LAURA BASSI
1711–1778

Filha de um bem-sucedido advogado de Bolonha, na Itália, Bassi se beneficiou de uma educação particular, em que cedo revelou um interesse por física. Na juventude, ficou fascinada com as teorias, ainda controversas, de Isaac Newton. Após obter o doutorado em filosofia aos vinte anos, tornou-se a primeira mulher a ter uma cadeira universitária em ciências. Trabalhando na Universidade de Bolonha, conheceu e se casou com um colega palestrante, Giuseppe Veratti, e trabalharam muito unidos pelo resto de suas carreiras. Bassi criou muitos experimentos avançados para demonstrar a precisão da física newtoniana e escreveu amplamente sobre mecânica e hidráulica. Em 1776, foi nomeada professora de física experimental da universidade.
Ver também: Leis do movimento 40-45 ▪ Leis da gravidade 46-51

WILLIAM HERSCHEL
1738–1822

William Herschel foi um astrônomo nascido na Alemanha que se mudou para a Inglaterra aos dezenove anos. Ele leu muito sobre acústica e óptica e, graças a um cargo musical permanente em Bath a partir de 1766, pôde dedicar-se a sério a seus interesses. Ele construiu os melhores telescópios refletores da época e começou a estudar sistematicamente as estrelas, ajudado a partir de 1772 por sua irmã, Caroline. Sua descoberta do planeta Urano em 1781 lhe valeu a nomeação por Jorge III da Grã-Bretanha como "astrônomo do rei". Em 1800, ao medir as propriedades das diversas cores da luz visível, descobriu a existência da radiação infravermelha.
Ver também: Ondas eletromagnéticas 192-195 ▪ Os céus 270-271 ▪ Modelos do Universo 272-273

PIERRE-SIMON LAPLACE
1749–1827

Laplace cresceu na Normandia, na França, e desde cedo mostrou talento para a matemática. Entrou na Universidade de Caen aos dezesseis anos e depois tornou-se professor da Escola Militar de Paris. Durante sua longa carreira, não só produziu um importante trabalho em matemática pura, como aplicou-a a áreas que iam da previsão de marés e da forma da Terra à estabilidade das órbitas planetárias e à história do Sistema Solar. Foi o primeiro a sugerir que o Sistema Solar se formou de uma nuvem de gás e poeira em contração, e também o primeiro a colocar os objetos hoje chamados buracos negros em bases matemáticas.
Ver também: Leis da gravidade 46-51 ▪ Modelos do Universo 272-273 ▪ Buracos negros e buracos de minhoca 286-289

SOPHIE GERMAIN
1776–1831

Nascida numa rica família de comerciantes de seda de Paris, Germain enfrentou o preconceito dos pais para seguir seu interesse por matemática. De início autodidata, a partir de 1794 ela conseguiu anotações de aulas da École Polytechnique e teve a tutoria particular de Joseph-Louis Lagrange. Mais tarde, correspondeu-se com os principais matemáticos da Europa. Apesar de mais conhecida pelos trabalhos em matemática, deu também importantes contribuições à física da elasticidade, vencendo uma competição da Academia de Paris (inspirada pelos experimentos acústicos de Ernst Chladni) ao descrever matematicamente a vibração de superfícies elásticas.

320 OUTROS GRANDES NOMES DA FÍSICA

Ver também: Distender e comprimir
72-75 ▪ Música 164-167

JOSEPH VON FRAUNHOFER
1787–1826

Aprendiz de um fabricante de vidro na
Alemanha após ter ficado órfão aos onze
anos, o jovem Fraunhofer viu sua vida
transformada em 1801 quando a oficina
de seu mestre ruiu e ele foi salvo dos
escombros por um grupo de resgate de
dignitários locais. O príncipe-eleitor da
Bavária e outros benfeitores
estimularam seus pendores acadêmicos
e acabaram inscrevendo-o num
instituto de manufatura de vidro, onde
ele pôde prosseguir os estudos. As
descobertas de Fraunhofer permitiram
à Bavária tornar-se o centro principal de
manufatura de vidro para instrumentos
científicos. Suas invenções incluem a
rede de difração, para dispersar as
diferentes cores da luz, e o
espectroscópio, para medir a posição
precisa dos diversos aspectos de um
espectro.
Ver também: Difração e interferência
180-183 ▪ Efeito Doppler e desvio para o
vermelho 188-191 ▪ Luz que vem do
átomo 196-199

WILLIAM THOMSON, LORDE KELVIN
1824–1907

Nascido em Belfast, William Thomson
foi uma das figuras mais importantes
da física do século XIX. Após estudar
nas universidades de Glasgow e
Cambridge, no Reino Unido, o
talentoso Thomson voltou a Glasgow
como professor, aos 22 anos. Seus
interesses eram amplos – ele ajudou
a estabelecer a ciência da
termodinâmica, calculou a idade da
Terra e investigou o destino possível
do próprio Universo. Ganhou maior
fama, porém, como engenheiro elétrico
e deu contribuições cruciais ao projeto
do primeiro cabo transatlântico de
telégrafo, planejado nos anos 1850. O
sucesso final da empreitada, em 1866,
lhe valeu aclamação pública, o título
de cavaleiro e, por fim, o de nobreza.

Ver também: Calor e transferência
80-81 ▪ Energia interna e primeira lei da
termodinâmica 86-89 ▪ Máquinas
térmicas 90-93

ERNST MACH
1838–1916

Nascido e criado na Morávia (hoje parte
da República Tcheca), o filósofo e físico
austríaco Mach estudou física e
medicina na Universidade de Viena.
Interessado de início pelo efeito Doppler
em óptica e acústica, ele foi instigado
pela invenção da fotografia *schlieren*
(método de imageamento de ondas de
choque de outro modo invisíveis) a
investigar a dinâmica de fluidos e as
ondas de choque formadas ao redor de
objetos supersônicos. Embora mais
conhecido por esse trabalho (e pelo
"número de Mach" de medida de
velocidades em relação à velocidade do
som), ele também deu importantes
contribuições à fisiologia e à psicologia.
Ver também: Energia e movimento
56-57 ▪ Fluidos 76-79 ▪ Desenvolvimento
da mecânica estatística 104-111

HENRI BECQUEREL
1852–1908

O terceiro físico em sequência de uma
rica família parisiense – que continuaria
com seu filho Jean –, Becquerel seguiu
as carreiras conjuntas de engenharia e
física. Seu trabalho envolveu o estudo de
objetos como a polarização linear da luz,
geomagnetismo e fosforescência. Em
1896, notícias da descoberta dos raios X
por Wilhelm Roentgen inspiraram
Becquerel a investigar se os materiais
fosforescentes, como certos sais de
urânio, produziam raios similares. Ele
logo detectou algum tipo de emissão dos
sais, mas outros testes mostraram que
os compostos de urânio emitiam raios
mesmo que não fossem fosforescentes.
Becquerel foi a primeira pessoa a
descobrir a existência de materiais
"radiativos", o que lhe valeu dividir o
Prêmio Nobel de 1903 com Marie e
Pierre Curie.
Ver também: Polarização 184-187 ▪ Raios
nucleares 238-239 ▪ O núcleo 240-241

NIKOLA TESLA
1856–1943

Físico e inventor sérvio-americano,
Nicola Tesla foi uma figura de
tremenda importância no início da
instalação de energia elétrica
generalizada. Após provar seu talento
como engenheiro na Hungria, ele foi
empregado das empresas de Thomas
Edison em Paris e em Nova York,
demitindo-se depois para negociar de
modo independente suas próprias
invenções. Uma delas, um motor a
indução que podia ser movido a
corrente alternada (CA), provou-se
muito importante para a adoção ampla
da CA. As muitas outras invenções de
Tesla (algumas delas à frente de seu
tempo) incluíam a iluminação e
energia sem fio, veículos controlados a
rádio, turbinas sem pás e melhorias no
próprio sistema de CA.
Ver também: Corrente elétrica e
resistência 130-133 ▪ Efeito motor 136-
137 ▪ Indução e efeito gerador 138-141

J. J. THOMSON
1856–1940

Nascido em Manchester, no Reino
Unido, Joseph John Thomson
demonstrou muito cedo um talento
incomum para a ciência, ingressando
no Owens College (hoje Universidade
de Manchester) com apenas catorze
anos. Dali ele seguiu para a
Universidade de Cambridge, onde se
distinguiu em matemática, sendo
nomeado professor Cavendish de física
em 1884. Ele é mais conhecido hoje
pela descoberta do elétron, em 1897,
após cuidadosa análise das
propriedades dos recém-descobertos
"raios catódicos". Alguns meses depois
desse feito, conseguiu demonstrar que
as partículas dentro dos raios podiam
ser desviadas em campos elétricos e
calculou a razão entre suas massas e
cargas elétricas.
Ver também: Teoria atômica 236-237 ▪
Partículas subatômicas 242-243

OUTROS GRANDES NOMES DA FÍSICA **321**

ANNIE JUMP CANNON
1863–1941

Filha mais velha de um senador americano por Delaware, Jump Cannon aprendeu sobre as estrelas quando criança com a mãe, que depois estimulou seu interesse por ciência. Ela progrediu em seus estudos, apesar de um ataque de febre escarlatina que a deixou quase totalmente surda. Ingressou na equipe do Observatório de Harvard College em 1896, para trabalhar num ambicioso catálogo de fotografias de espectros estelares. Lá, classificou manualmente cerca de 350 mil estrelas, desenvolvendo um sistema de classificação de uso generalizado ainda hoje e publicando os catálogos que, por fim, revelariam a composição das estrelas.

Ver também: Difração e interferência 180-183 ▪ Luz que vem do átomo 196-199 ▪ Quanta de energia 208-211

ROBERT MILLIKAN
1868–1953

Robert Millikan nasceu em Illinois, nos EUA, e cursou estudos clássicos no Oberlin College, em Ohio, antes de mudar para física por sugestão de seu professor de grego. Ele obteve o doutorado na Universidade de Colúmbia e começou a trabalhar na Universidade de Chicago. Foi lá que, em 1909, ele e o estudante de pós-graduação Harvey Fletcher idearam um experimento engenhoso para medir a carga do elétron pela primeira vez. Essa constante fundamental da natureza abriu caminho para o cálculo preciso de muitas outras importantes constantes físicas.

Ver também: Teoria atômica 236-237 ▪ Partículas subatômicas 242-243

EMMY NOETHER
1882–1935

A matemática alemã Noether mostrou um dom para a matemática e a lógica desde cedo. Ela obteve o doutorado na Universidade de Erlangen, na Bavária, na Alemanha, apesar das políticas discriminatórias contra estudantes mulheres. Em 1915, os matemáticos David Hilbert e Felix Klein a convidaram para seu prestigioso departamento na Universidade de Göttingen, para trabalhar na interpretação da teoria da relatividade de Einstein. Lá, ela acabou dando enormes contribuições aos fundamentos da matemática atual. Em física, porém, ela é mais conhecida por uma prova, publicada em 1918, de que a conservação de certas propriedades (como momento e energia) está ligada à simetria subjacente aos sistemas e às leis físicas que os governam. O teorema de Noether e suas ideias sobre simetrias embasam muito da física teórica moderna.

Ver também: Conservação da energia 55 ▪ Mediadores de força 258-259 ▪ Teoria das cordas 308-311

HANS GEIGER
1882–1945

Geiger foi um físico alemão que estudou física e matemática na Universidade de Erlangen, na Bavária, na Alemanha, onde obteve o doutorado. Em 1906, recebeu uma bolsa da Universidade de Manchester, no Reino Unido. A partir de 1907, trabalhou com Ernest Rutherford na universidade. Antes, Geiger tinha estudado descarga elétrica através de gases, e os dois formularam um método para aproveitar esse processo e detectar partículas radiativas, de outro modo invisíveis. Em 1908, sob a direção de Rutherford, Geiger e seu colega Ernest Marsden realizaram o famoso "experimento Geiger-Marsden", que mostrou como umas poucas partículas alfa disparadas numa fina folha de ouro ricocheteavam de volta em direção à fonte, demonstrando assim a existência do núcleo atômico.

Ver também: Teoria atômica 236-237 ▪ O núcleo 240-241

LAWRENCE BRAGG
1890–1971

Filho de William Henry Bragg (1862–1942), professor de física na Universidade de Adelaide, na Austrália, Lawrence Bragg cedo se interessou pelo tema. Após a mudança da família para o Reino Unido, para que William assumisse uma cadeira na Universidade de Leeds, Lawrence se inscreveu na Universidade de Cambridge. Foi lá que, como estudante de pós-graduação em 1912, teve uma ideia para definir o antigo debate sobre a natureza dos raios X. Ele concluiu que, se os raios X fossem ondas eletromagnéticas em vez de partículas, deveriam produzir padrões de interferência por difração quando passassem por cristais. O pai e o filho desenvolveram um experimento para testar a hipótese, não só provando que os raios X são realmente ondas, mas também sendo pioneiros numa nova técnica de estudo da estrutura da matéria.

Ver também: Difração e interferência 180-183 ▪ Ondas eletromagnéticas 192-195

ARTHUR HOLLY COMPTON
1892–1962

Nascido numa família acadêmica em Wooster, em Ohio, nos EUA, Compton era o mais novo de três irmãos que se doutoraram na Universidade Princeton. Ele se interessava pelo modo como os raios X podem revelar a estrutura interna dos átomos. Em 1920, tornou-se chefe do departamento de física da Universidade Washington em St. Louis. Foi lá que, em 1923, seus experimentos levaram à descoberta do "espalhamento Compton" – a transferência de energia de raios X para elétrons que só poderia ser explicada se os raios X tivessem propriedades de partícula, além de ondulatórias. A ideia de um aspecto de partícula para a radiação eletromagnética tinha sido proposta tanto por Planck quanto por Einstein, mas a descoberta de Compton foi sua primeira prova indiscutível.

Ver também: Ondas eletromagnéticas 192-195 ▪ Quanta de energia 208-211 ▪ Partículas e ondas 212-215

IRÈNE JOLIOT-CURIE
1897–1956

Filha de Marie e Pierre Curie, Irène mostrou cedo um talento para a

322 OUTROS GRANDES NOMES DA FÍSICA

matemática. Após trabalhar com radiologia na Segunda Guerra Mundial, ela se graduou e continuou os estudos no Instituto Radium, fundado por seus pais, onde conheceu o futuro marido, o químico Frédéric Joliot. Trabalhando juntos, eles foram os primeiros a medir a massa do nêutron, em 1933. Estudaram também o que acontecia quando elementos leves eram bombardeados com partículas alfa (núcleos de hélio) radiativas e descobriram que o processo criava materiais também radiativos. Os Joliot-Curie criaram com sucesso isótopos radiativos artificiais, o que lhes valeu o Prêmio Nobel de Química de 1935.

Ver também: Raios nucleares 238-239 ▪ O núcleo 240-241 ▪ Aceleradores de partículas 252-255

LEO SZILARD
1898–1964

Nascido numa família judia em Budapeste, na Hungria, Szilard mostrou talento cedo, ao conquistar o prêmio nacional de matemática aos dezesseis anos. Ele concluiu os estudos na Alemanha e instalou-se no país, mas com a ascensão do partido nazista foi para o Reino Unido. Lá, cofundou uma organização para ajudar acadêmicos refugiados e formulou a ideia da reação em cadeia nuclear – processo que aproveita a cascata de nêutrons para liberar energia dos átomos. Após emigrar para os EUA em 1938, participou do Projeto Manhattan, trabalhando com outros para tornar realidade a reação em cadeia.

Ver também: Raios nucleares 238-239 ▪ O núcleo 240-241 ▪ Bombas nucleares e energia 248-251

GEORGE GAMOW
1904–1968

Gamow estudou física em casa, na cidade de Odessa (então parte da URSS, hoje na Ucrânia), e depois em Leningrado, onde ficou fascinado pela física quântica. Nos anos 1920, a colaboração com colegas ocidentais levou a êxitos, como sua descrição do mecanismo por trás do decaimento alfa

e da "meia-vida" radiativa. Em 1933 fugiu da União Soviética, cada vez mais opressora, e acabou se instalando em Washington, DC. A partir do final dos anos 1930, Gamow renovou um antigo interesse por cosmologia, e em 1948 ele e Ralph Alpher delinearam o que é hoje chamado "nucleossíntese do Big Bang" – o mecanismo pelo qual um enorme surto de energia deu origem aos elementos básicos do Universo primordial nas proporções corretas.

Ver também: Raios nucleares 238-239 ▪ Zoo de partículas e os quarks 256-257 ▪ Universo estático ou em expansão 294-295 ▪ O Big Bang 296-301

J. ROBERT OPPENHEIMER
1904–1967

A genialidade do nova-iorquino Oppenheimer começou a florescer na pós-graduação, na Universidade de Göttingen, na Alemanha, em 1926, onde trabalhou em Max Born e conheceu muitas das principais figuras da física quântica. Em 1942, foi recrutado para trabalhar nos cálculos do Projeto Manhattan, desenvolvendo uma bomba atômica nos EUA. Alguns meses depois, foi escolhido para chefiar o laboratório no qual a bomba seria construída. Após liderar o projeto até a conclusão, no fim da Segunda Guerra Mundial, quando bombas atômicas foram lançadas sobre Hiroshima e Nagasaki, no Japão, com resultados devastadores, Oppenheimer se tornou um declarado crítico da proliferação nuclear.

Ver também: O núcleo 240-241 ▪ Bombas nucleares e energia 248-251

MARIA GOEPPERT-MAYER
1906–1972

Nascida numa família acadêmica de Katowice (hoje na Polônia), Goeppert-Mayer estudou matemática e depois física na Universidade de Göttingen, na Alemanha. Sua tese de doutorado, de 1930, previu o fenômeno de átomos absorvendo pares de fótons (demonstrado em 1961). Em 1930, casou-se e foi para os EUA com o marido, químico americano, mas teve

dificuldade em obter uma posição acadêmica. A partir de 1939, trabalhou na Universidade de Colúmbia, onde participou da separação de isótopos de urânio necessária para a bomba atômica, na Segunda Guerra Mundial. No fim dos anos 1940, na Universidade de Chicago, desenvolveu o "modelo nuclear de camadas", explicando por que os núcleos atômicos com certos números de núcleons (prótons e nêutrons) são particularmente estáveis.

Ver também: Raios nucleares 238-239 ▪ O núcleo 240-241 ▪ Bombas nucleares e energia 248-251

DOROTHY CROWFOOT HODGKIN
1910–1994

Após aprender latim especificamente para passar no exame de admissão, Hodgkin estudou no Sommerville College, em Oxford, e depois foi para Cambridge trabalhar com cristalografia de raios X. Em seu doutorado, foi pioneira em métodos de uso de raios X para analisar a estrutura de moléculas de proteína biológica. De volta a Sommerville, continuou sua pesquisa e aperfeiçoou suas técnicas para trabalhar com moléculas cada vez mais complexas, como esteroides e penicilina (ambos em 1945), vitamina B12 (em 1956, o que lhe valeu o Prêmio Nobel de Química em 1964) e insulina (concluído em 1969).

Ver também: Difração e interferência 180-183 ▪ Ondas eletromagnéticas 192-195

SUBRAHMANYAN CHANDRASEKHAR
1910–1995

Nascido em Lahore (então parte da Índia, hoje no Paquistão), Chandrasekhar obteve sua primeira graduação em Madras (hoje Chennai) e continuou os estudos na Universidade de Cambridge a partir de 1930. Seu trabalho mais famoso foi sobre física de estrelas superdensas, como as anãs brancas. Ele mostrou que, em estrelas com mais de 1,44 vezes a massa do Sol, a pressão interna não poderia resistir à contração gravitacional – levando a um colapso catastrófico (a origem de estrelas

OUTROS GRANDES NOMES DA FÍSICA 323

de nêutrons e buracos negros). Em 1936, mudou-se para a Universidade de Chicago, naturalizando-se cidadão dos EUA em 1953.
Ver também: Números quânticos 216-217 ▪ Partículas subatômicas 242-243 ▪ Buracos negros e buracos de minhoca 286-289

RUBY PAYNE-SCOTT
1912–1981

A radioastrônoma australiana Ruby Payne-Scott nasceu em Grafton, em Nova Gales do Sul, e estudou ciências na Universidade de Sydney, graduando-se em 1933. Após pesquisas iniciais sobre o efeito de campos magnéticos em organismos vivos, interessou-se por ondas de rádio, o que a levou a trabalhar com tecnologia de radares no Laboratório de Radiofísica do governo australiano durante a Segunda Guerra Mundial. Em 1945, foi coautora do primeiro relatório científico a ligar os números de manchas solares a emissões solares em rádio. Ela e os outros coautores instalaram depois um observatório que foi pioneiro em modos de localizar fontes de rádio no Sol, relacionando de modo conclusivo as erupções de rádio à atividade das manchas solares.
Ver também: Ondas eletromagnéticas 192-195 ▪ Ver além da luz 202-203

FRED HOYLE
1915–2001

Hoyle nasceu em Yorkshire, no Reino Unido, e estudou matemática na Universidade de Cambridge antes de trabalhar no desenvolvimento de radares na Segunda Guerra Mundial. Discussões com outros cientistas sobre o projeto despertaram seu interesse por cosmologia e, em viagens aos EUA, ele conheceu as pesquisas mais recentes em astronomia e física nuclear. Anos de trabalho levaram, em 1954, à sua teoria da nucleossíntese em supernovas, explicando como elementos pesados são produzidos e espalhados pelo Universo quando estrelas massivas explodem. Hoyle ficou famoso como escritor e cientista popular, mas defendeu algumas ideias mais controversas, como

a não aceitação da teoria do Big Bang.
Ver também: Fusão nuclear em estrelas 265 ▪ Universo estático ou em expansão 294-295 ▪ O Big Bang 296-301

SUMIO IIJIMA
1939–

Nascido na província de Saitama, no Japão, Iijima estudou engenharia elétrica e física do estado sólido. Nos anos 1970, usou microscopia eletrônica para pesquisar materiais cristalinos na Universidade do Estado do Arizona, nos EUA, e ao voltar ao Japão nos anos 1980 continuou a investigar estruturas de partículas sólidas muito finas, como os recém-descobertos "fulerenos" (bolas com sessenta átomos de carbono). A partir de 1987, trabalhou na divisão de pesquisa da gigante eletrônica NEC e foi lá, em 1991, que descobriu e identificou outra forma de carbono, estruturas cilíndricas de enorme resistência chamadas nanotubos. As aplicações possíveis do novo material ajudaram a estimular uma onda de pesquisa em nanotecnologia.
Ver também: Modelos de matéria 68-71 ▪ Nanoeletrônica 158 ▪ Teoria atômica 236-237

STEPHEN HAWKING
1942–2018

Talvez o mais famoso cientista dos tempos modernos, Hawking foi diagnosticado com doença do neurônio motor em 1963, quando preparava seu doutorado em cosmologia na Universidade de Cambridge. Sua tese de doutorado em 1966 demonstrou que a teoria do Big Bang, em que o Universo se desenvolveu a partir de um ponto infinitamente quente e denso chamado singularidade, era consistente com a relatividade geral (demolindo uma das últimas objeções importantes à teoria). Hawking passou o início de sua carreira investigando buracos negros (outro tipo de singularidade) e em 1974 mostrou que deviam emitir uma forma de radiação. Seus últimos trabalhos abordaram questões sobre a evolução do Universo, a natureza do tempo e a unificação da teoria quântica com a gravidade.

Hawking também ficou famoso como divulgador científico após a publicação, em 1988, de seu livro *Uma breve história do tempo*.
Ver também: Buracos negros e buracos de minhoca 286-289 ▪ O Big Bang 296-301 ▪ Teoria das cordas 308-311

ALAN GUTH
1947–

Pesquisador, a princípio, de física de partículas, Guth mudou o foco de seu trabalho após assistir a palestras de cosmologia na Universidade Cornell, nos EUA, em 1978–1979. Ele propôs uma solução para algumas das maiores questões pendentes sobre o Universo, introduzindo a ideia de um breve momento de violenta "inflação cósmica", que inflou uma pequena parte do jovem Universo, dominando todo o resto, só uma fração de segundo após o próprio Big Bang. A inflação oferece explicações para perguntas como por que o Universo ao nosso redor parece tão uniforme. Outros usaram a ideia como um trampolim, propondo que nossa "bolha" particular é uma de muitas num "multiverso inflacionário".
Ver também: Assimetria matéria-antimatéria 264 ▪ Universo estático ou em expansão 294-295 ▪ O Big Bang 296-301

FABIOLA GIANOTTI
1960–

Após obter o PhD em física de partículas experimental na Universidade de Milão, Gianotti ingressou no CERN (Organização Europeia para Pesquisa Nuclear), onde trabalhou em pesquisa e projeto de experimentos usando os vários aceleradores de partículas do órgão. Mais ainda, foi líder de projeto do enorme experimento ATLAS, no Grande Colisor de Hádrons, chefiando a análise de dados que conseguiu confirmar a existência do bóson de Higgs, o elemento final que faltava no Modelo Padrão da física de partículas, em 2012.
Ver também: Aceleradores de partículas 252-255 ▪ Zoo de partículas e os quarks 256-257 ▪ Bóson de Higgs 262-263

GLOSSÁRIO

Neste glossário, termos definidos em outra entrada são identificados com *itálico*.

Aceleração A taxa de mudança da *velocidade* com o tempo, ou seja, mudança na velocidade escalar, na orientação ou em ambos. A aceleração é causada por uma *força*.

Ano-luz Unidade de distância igual à que a luz percorre em um ano, ou seja, 9,461 trilhões de km.

Antimatéria *Partículas* e *átomos* feitos de *antipartículas*.

Antipartícula *Partícula* igual à partícula normal, à exceção da *carga elétrica*, que é oposta. Toda partícula tem uma antipartícula equivalente.

Átomo A menor parte de um *elemento* com as propriedades químicas desse elemento. Acreditava-se que o átomo era a menor parte da *matéria*, mas hoje se conhecem muitas *partículas* subatômicas.

Atrito *Força* que resiste ou detém o movimento de objetos que estão em contato.

Big Bang Evento com que se acredita que o Universo teve início, por volta de 13,8 bilhões de anos atrás, explodindo a partir de uma *singularidade*.

Bóson de Higgs *Partícula* subatômica associada ao *campo* de Higgs. Sua interação com outras partículas lhes fornece *massa*.

Bósons *Partículas* responsáveis pelas interações fundamentais. Têm spin inteiro e obedecem à estatística de Bose-Einstein.

Buraco negro Objeto no espaço que é tão denso que a luz não consegue escapar de seu *campo* gravitacional.

Campo Distribuição de uma *força* através do *espaço-tempo* em que a cada ponto pode ser atribuído um valor para essa força. Um campo gravitacional é um exemplo de campo em que a força sofrida num ponto em particular é inversamente proporcional ao quadrado da distância da fonte de *gravidade*.

Carga elétrica Propriedade das *partículas* subatômicas que as faz se atraírem ou repelirem.

Circuito Caminho pelo qual uma *corrente elétrica* pode fluir.

Coeficiente Número ou *expressão*, em geral uma *constante*, colocado antes de outro número e multiplicado por ele.

Colisão elástica Colisão em que não é perdida *energia* cinética.

Comprimento de onda Distância entre dois picos sucessivos ou dois vales sucessivos de uma *onda*.

Condutor Substância pela qual o calor ou *corrente elétrica* flui com facilidade.

Constante Numa *expressão* matemática, quantidade que não varia – em geral simbolizada por uma letra como a, b ou c.

Constante cosmológica Termo que Albert Einstein acrescentou às suas equações da *relatividade geral*. É usado para modelar a *energia escura* que está acelerando a expansão do Universo.

Corpo negro Objeto teórico que absorve toda a *radiação* incidente nele. Irradia *energia* de acordo com sua temperatura e é o mais eficiente emissor de radiação.

Corrente alternada (CA) *Corrente elétrica* cujo sentido se inverte a intervalos regulares. Ver também *Corrente contínua (CC)*.

Corrente contínua (CC) *Corrente elétrica* que flui apenas em um sentido. Ver também *Corrente alternada (CA)*.

Corrente elétrica Fluxo de objetos com *carga elétrica*.

Decaimento beta Forma de *decaimento radiativo* em que um *núcleo* atômico emite *partículas* beta (*elétrons* ou *pósitrons*).

Decaimento gama Forma de decaimento radiativo em que um núcleo atômico libera *radiação* gama, de alta energia e pequeno *comprimento de onda*.

Decaimento radiativo Processo em que *núcleos* atômicos instáveis emitem *partículas* ou *radiação eletromagnética*.

Desvio para o vermelho (redshift) Estiramento da luz emitida por *galáxias* que se distanciam da Terra,

GLOSSÁRIO 325

devido ao *efeito Doppler*. Isso faz a luz visível se mover para o lado vermelho do *espectro*.

Diferença de potencial A diferença de *energia* por unidade de carga entre dois lugares num *campo* ou circuito elétrico.

Difração Flexão de *ondas* ao redor de obstáculos e seu espalhamento ao passar por pequenas aberturas.

Dilatação do tempo Fenômeno pelo qual dois objetos que se movem um em relação ao outro, ou em diferentes *campos* gravitacionais, experimentam taxas diferentes de fluxo de tempo.

Efeito Doppler Mudança de frequência de uma *onda* (como as de luz ou som) percebida por um observador em movimento em relação à fonte da onda.

Efeito fotoelétrico Emissão de *elétrons* da superfície de certas substâncias quando luz incide sobre elas.

Elemento Substância que não pode ser quebrada em outras substâncias por reações químicas.

Eletrodinâmica quântica (EDQ) Teoria que explica a interação de *partículas* subatômicas em termos de troca de *fótons*.

Eletrólise Mudança química numa substância causada pela passagem de *corrente elétrica*.

Elétron *Partícula* subatômica com uma *carga elétrica* negativa.

Emaranhamento Em física quântica, relação entre *partículas* em que uma mudança em uma afeta a

outra, não importando quão distantes no espaço estejam.

Energia Capacidade de um objeto ou sistema fazer *trabalho*. A energia pode existir de muitas formas, como energia potencial (por exemplo, armazenada numa mola) e energia cinética (movimento). Pode mudar de uma forma para outra, mas nunca ser criada nem destruída.

Energia escura Força pouco compreendida que atua no sentido oposto da *gravidade*, fazendo o Universo se expandir. Cerca de três quartos da *massa-energia* do Universo são energia escura.

Entropia Medida da desordem de um sistema, baseada no número de modos específicos em que um sistema em particular pode ser arranjado.

Espaço-tempo As três dimensões do espaço combinadas com uma quarta — tempo —, formando um só contínuo.

Espectro eletromagnético Todos os *comprimentos de onda* da *radiação eletromagnética*. O espectro completo vai dos raios gama, com comprimentos de onda menores que um *átomo*, às ondas de rádio, com comprimentos de onda que podem ter quilômetros.

Exoplaneta Planeta que orbita uma estrela que não seja o Sol.

Expressão Qualquer combinação de símbolos matemáticos com significado.

Férmion *Partícula* subatômica, como um *elétron* ou um *quark*, associada à massa.

Fissão nuclear Processo pelo qual o *núcleo* de um *átomo* se divide em

dois núcleos menores, liberando *energia*.

Força Empurrão ou puxão que move ou muda a forma de um objeto.

Força eletromagnética Uma das quatro *forças fundamentais* da natureza. Envolve a transferência de *fótons* entre *partículas*.

Força nuclear forte Uma das quatro *forças fundamentais*. Liga os *quarks*, formando *nêutrons* e *prótons*.

Força nuclear fraca Uma das quatro *forças fundamentais*. Atua dentro do *núcleo* atômico e é responsável pelo *decaimento beta*.

Forças fundamentais As quatro *forças* que determinam como a matéria se comporta. São elas: a *força eletromagnética*, a *gravidade*, a *força nuclear forte* e a *força nuclear fraca*.

Fóton A *partícula* de luz que transfere *força eletromagnética* de um lugar para outro.

Frequência O número de *ondas* que passam por um ponto a cada segundo.

Fusão nuclear Processo pelo qual *núcleos* atômicos se unem, formando núcleos mais pesados e liberando *energia*. Dentro de estrelas como o Sol, esse processo envolve a fusão de núcleos de hidrogênio, formando hélio.

Galáxia Um grande conjunto de estrelas e nuvens de gás e poeira unido pela *gravidade*.

Gás ideal Gás em que há zero *forças interpartículas*. As únicas interações entre partículas num gás ideal são *colisões elásticas*.

326 GLOSSÁRIO

Geocentrismo Modelo histórico do Universo com a Terra em seu centro. Ver também *Heliocentrismo*.

Glúons *Partículas* dentro dos *prótons* e *nêutrons* que mantêm os *quarks* unidos.

Gravidade *Força* de atração entre objetos com *massa*. Os *fótons*, sem massa, também são afetados pela gravidade, no que a *relatividade geral* descreve como curvatura do *espaço-tempo*.

Heliocentrismo Modelo do Universo com o Sol em seu centro.

Horizonte de eventos Limite ao redor de um *buraco negro* dentro do qual a atração gravitacional do buraco negro é tão forte que a luz não consegue escapar. Nenhuma informação sobre o buraco negro pode transpor o horizonte de eventos.

Inércia Tendência de um objeto a se manter em movimento ou repouso até que uma *força* atue sobre ele.

Interferência Processo pelo qual duas ou mais *ondas* se combinam, seja se reforçando, seja cancelando uma à outra.

Íon *Átomo*, ou grupo de átomos, que perdeu ou ganhou um ou mais *elétrons*, tornando-se carregado eletricamente.

Isolante Material que reduz ou detém o fluxo de calor, eletricidade ou som.

Isótopos *Átomos* do mesmo *elemento* que têm o mesmo número de *prótons*, mas um número diferente de *nêutrons*.

Léptons *Férmions* que só são afetados por duas das *forças fundamentais* – a *força*

eletromagnética e a *força nuclear fraca*.

Linhas de Fraunhofer Linhas escuras de absorção presentes no *espectro* do Sol, identificadas pela primeira vez pelo físico alemão Joseph von Fraunhofer.

Luz polarizada Luz em que todas as *ondas* oscilam num único *plano*.

Magnetismo *Força* de atração ou repulsão exercida por ímãs. O magnetismo se origina do movimento de *cargas elétricas* ou do momento magnético de *partículas*.

Massa Propriedade de um objeto que é a medida da *força* necessária para acelerá-lo.

Matéria Qualquer substância física. Nosso mundo visível todo é feito de matéria.

Matéria escura *Matéria* invisível que só pode ser detectada por seu efeito gravitacional sobre a matéria visível. A matéria escura mantém as galáxias coesas.

Mecânica clássica Conjunto de leis que descrevem o movimento dos corpos sob a ação de *forças*.

Mecânica quântica Ramo da física voltado para *partículas* subatômicas que se comportam como *quanta*.

Modelo Padrão Teoria da física que descreve as *partículas* elementares com doze *férmions* fundamentais – seis *quarks* e seis *léptons* – e a forma como interagem entre si.

Molécula Dois ou mais *átomos* ligados um ao outro para formar uma partícula maior.

Momento A *massa* de um objeto multiplicada por sua *velocidade*.

Momento angular Medida da rotação de um objeto que leva em conta sua *massa*, forma e a velocidade do *spin*.

Morte térmica Possível estado final do Universo em que não há diferenças de temperatura no espaço e não pode haver *trabalho*.

Neutrino *Férmion* eletricamente neutro com massa muito pequena, até hoje não mensurada. Os neutrinos podem atravessar a *matéria* sem ser detectados.

Nêutron *Partícula* subatômica eletricamente neutra que faz parte do *núcleo atômico*. O nêutron é feito de um *quark* up e dois quarks down.

Núcleo A parte central do *átomo*. O núcleo consiste em *prótons* e *nêutrons* e contém quase toda a *massa* do átomo.

Onda Oscilação que viaja pelo espaço, transferindo *energia* de um lugar para outro.

Onda gravitacional Distorção do *espaço-tempo* que viaja à velocidade da luz, gerada pela aceleração de *massa*.

Óptica Estudo da visão e do comportamento da luz.

Órbita Trajetória de um corpo ao redor de outro mais massivo.

Partícula Minúscula porção de *matéria* que pode ter *velocidade*, posição, *massa* e *carga elétrica*.

Partícula alfa *Partícula* feita de dois *nêutrons* e dois *prótons*, emitida

GLOSSÁRIO 327

durante uma forma de *decaimento radiativo* chamada decaimento alfa.

Piezeletricidade Eletricidade produzida ao aplicar pressão mecânica a certos cristais.

Plano Superfície em que quaisquer dois pontos dados podem ser ligados por uma linha reta.

Plasma Fluido quente e eletricamente carregado em que os *elétrons* estão livres de seus *átomos*.

Pósitron *Antipartícula* que é a contraparte do *elétron*, com a mesma *massa,* mas *carga elétrica* positiva.

Pressão Uma *força* contínua por unidade de área exercida sobre um objeto. A pressão dos gases é causada pelo movimento de suas *moléculas.*

Princípio da incerteza Propriedade da mecânica quântica segundo a qual quanto maior a precisão com que são medidas certas qualidades, como o *momento*, menos se conhecem outras qualidades, como posição, e vice-versa.

Próton *Partícula* com carga positiva do *núcleo* do *átomo*. O próton contém dois *quarks* up e um quark down.

Quanta (sing. quantum) Pacotes de *energia* que existem em unidades discretas. Em alguns sistemas, um *quantum* de energia é a menor quantidade discreta de energia.

Quark *Partícula* subatômica de que são feitos *prótons* e *nêutrons.*

Radiação *Onda* eletromagnética ou fluxo de *partículas* emitido por uma fonte radiativa.

Radiação cósmica de fundo em micro-ondas (RCFM) Fraca *radiação* em micro-ondas detectável em todas as direções. A RCFM é a radiação mais antiga do Universo, emitida quando ele tinha 380 mil anos. Sua existência era prevista pela teoria do *Big Bang* e foi detectada pela primeira vez em 1964.

Radiação eletromagnética Forma de *energia* que se move pelo espaço. Tem campos elétrico e magnético, que oscilam em ângulo reto um em relação ao outro. A luz é uma forma de radiação eletromagnética.

Raios cósmicos *Partículas* de alta energia, como *elétrons* e *prótons*, que viajam pelo espaço a velocidades próximas à da luz.

Refração Mudança na direção de *ondas* eletromagnéticas ao passar de um meio para outro.

Relatividade especial Teoria de Einstein de que um tempo absoluto ou um espaço absoluto é impossível. A relatividade especial resulta de considerar que tanto a velocidade da luz como as leis da física são as mesmas para todos os observadores.

Relatividade geral Descrição teórica do *espaço-tempo* em que Einstein considerou referenciais *acelerados*. A relatividade geral descreve a *gravidade* como a curvatura do espaço-tempo pela *energia*.

Resistência Medida de quanto um material se opõe ao fluxo de *corrente elétrica*.

Resistência do ar *Força* que resiste ao movimento de um objeto através do ar.

Semicondutor Substância que tem *resistência* entre a de um *condutor* e a de um *isolante.*

Singularidade Ponto no *espaço-tempo* com dimensão zero.

Spin Qualidade das *partículas* subatômicas similar ao *momento angular*.

Supernova Resultado do colapso de uma estrela massiva. Causa uma explosão que pode ser bilhões de vezes mais brilhante que o Sol.

Superposição Em física quântica, o princípio de que, até ser medida, uma *partícula* como um *elétron* existe em todos seus estados possíveis ao mesmo tempo.

Teoria das cordas Modelo físico em que as partículas elementares correspondem a diferentes formas de vibração de cordas que se propagam no espaço. A interação entre partículas corresponde à interação entre cordas.

Teoria eletrofraca Teoria que explica as torças *eletromagnética* e *nuclear fraca* como uma força "eletrofraca".

Termodinâmica Ramo da física que trata do calor e sua relação com *energia* e *trabalho*.

Trabalho A *energia* transferida quando uma *força* move um objeto numa direção particular.

Velocidade Medida da velocidade escalar (rapidez) e orientação (direção e sentido) de um objeto.

Voltagem Termo comum para *diferença de potencial* elétrico.

Zero absoluto A temperatura mais baixa que seria possível atingir: 0 K ou $-273,15$ °C. (Pesquisadores já conseguiram atingir 10^{-12} K.)

ÍNDICE

Números de página em **negrito** remetem a referências principais.

A

Abd al-Rahman al-Sufi 268, 290
aberração cromática e esférica 174
aceleração
    energia e movimento 56
    gravitacional 35, 44, 49, 77
    leis do movimento 16, 32-34, 43, 44-45, 53
aceleradores de partículas 127, 235, 247, **252-255**, 263, 285
aceleradores lineares (*linacs*) 254
aceleradores síncrotron 254
ações e reações iguais 45
acreção, discos de 289
aeronáutica 78
aglomerados de galáxias 303
água 100, 101, 103
Albert, Wilhelm 72
alfa, partículas/radiação 234, 238, 239, 240-241, 243, 247, 252, 253
álgebra 28, 30-31
Al-Ghazali 70
al-Khwarizmi, Muhammad Musa 26, 28
Allen, John F. 79, 228
Alpher, Ralph 299
altura do som 162, 164-177, 188, 190
AM, rádio 153
âmbar 120, 124, 125, 130
Amontons, Guillaume **319**
Ampère, André-Marie 121, 134, 136, **137**, 144, 146, 179, 187
Ampère-Maxwell, lei de 146-147
amplitude 203
ampolas de Lorenzini 156
anãs brancas 287, 306, 307
anatomia 22
Anderson, Carl D. 235, 245, 246, 247, 264
Andrews, Thomas 100, 101
Andrômeda, galáxia de 268, 269, 290, 292-293, 303-304, 305
animal, bioeletricidade 128, 129, **156**
aniquilação matéria-antimatéria 71
ânodos 153, 242
antielétrons 245, 246
antimatéria 127, 231, **246**, 300
    assimetria matéria-antimatéria **264**
antineutrinos 259
antinêutrons 300
antiprótons 127, 246, 300
antiquarks 257
Arago, François 182, 183, 187
arco-íris 187
Aristarco de Samos 22
Aristóteles 12, 20, **21**, 22, 32-33, 34, 42, 43, 48, 70, 164, 167, 212, 268, 270, 271, 272, 275
armas nucleares 235, 248, **250-251**, 265, 284, 285
armazenamento de dados **157**
Arquimedes 27, 77, **318**
Arquitas 167
Aruni 69
Aspect, Alain 207, 223, 228
Atkins, Peter William 96

atomismo 66, 69, 70-1
átomo primordial 299
átomos 66, **68-71**, 110
    divisão 71, **248-251**, 252, 253, 285
    luz que vem dos **196-199**, 217
    modelos 206, 216-217, 218, 220, 241, 242-243
atração
    e repulsão 120-121, 122, 126
    forças de **102-103**
atrito 42, 43, 44, 45, 87
aumento (em óptica) **172-175**
Avicena **318**
Avogadro, Amedeo 67, 79, 85, 236

B

Bacon, Francis 20, 23
Baker, Donald 200
Balmer, Johann Jakob 197-198
banda de condução 154
banda de valência 154
Bardeen, John 152, **155**, 228
bárions 245, 256
bárions lambda 245
Barish, Barry 312, **314**, 315
barômetros 83, 84, 106
Bartholin, Erasmus 163, 185
Bassi, Laura **319**
Becquerel, Edmond 208
Becquerel, Henri 234, 238, 239, **320**
Beeckman, Isaac 82, 83, 275
Bell, Alexander Graham 135
Bell, John Stewart 207, 222, **223**
Bell Burnell, Jocelyn 163, 202, **203**
Berkeley, George 45
Bernoulli, Daniel 36, 52, 53, 66, 76-79, **77**, 106-107
Bernoulli, Jacob 74
beta, partículas/radiação 234, 235, 239, 258-259
Bethe, Hans **265**, 284
Big Bang 255, 264, 269, 293, **296-301**, 307, 310
Big Crunch 295
binárias, estrelas 190-191
bioeletricidade 128, 129, **156**
Biot, Jean-Baptiste 185
birrefringência 163, 185, 186
Black, Joseph 66, **80-81**, 86, 91
Bohr, Niels 196, 198-199, **199**, 206, 207, 212, 216-217, 218, 220, 221, 222, 234, 240, 241, 243
Bolyai, János 30
Boltzmann, Ludwig 79, 96, 106, 107, **108-111**, **109**
bombas atômicas *ver* armas nucleares
Bombelli, Rafael 29
borboleta, efeito 111
Borelli, Giovanni 49
Born, Max 207, 217, 218, 251
boro 85, 154, 253
Bose-Einstein, condensados de 79
bóson de Higgs 225, 235, 257, **262-263**, 308, 309, 310, 311
bósons 225, 235, 247, 257, 258, 259, 262-263, 308, 309, 310, 311
bósons W 235, 257, 258, 259, 262, 263
bósons Z 235, 257, 258, 259, 262, 263
Boyle, Robert 66, 68, 73, 74, 78, **82-84**, 90, 106
Boyle, William 176

Bradley, James 188
Bragg, Lawrence **321**
Brahmagupta 26, 29
Bramah, Joseph 36, 71
Brand, Hennig 196
Brattain, Walter 154, 155
Brewster, David 187
Brout, Robert 262
Brown, Robert 107, 237
browniano, movimento 71, 106, **107**, 110, 237
Brus, Louis 230
Bullialdus, Ismael 49
Bunsen, Robert 115, 180, 190, 197, 216
buracos de minhoca 286, **288**
buracos negros 216, 269, **286-289**, 303, 311, 312, 313, 314, 315
    estelares 314
    supermassivos 202, 203, **289**, 315
Buridan, Jean 37
bússolas 122, 123, 135, 144
Buys Ballot, C. H. D. 189-190

C

Cabrera, Blas 159
Cajori, Florian 166
cálculo 27, 29-30
calor
    aquecimento Joule 133
    conservação de energia 55
    dissipação 98, 99
    e cor 117
    e luz 114-115
    e movimento **90-93**, 107, 114
    entropia 98-99
    e temperatura 80, 86
    fluxo de 96-97, 110
    latente 81
    leis da termodinâmica 86, **88-89**, **96-99**
    radiante 81
    transferência de **80-81**, 89, 114
    ver também cinética, energia
calórica, teoria 86, 87, 88, 107, 108
camadas do elétron 216, 217, 241, 243
câmaras de bolhas 244, 259
câmaras de nuvens 244-245
campo de temperatura 145
campos de força 145-146
campo gravitacionais 269, 287, 311
campos magnéticos 53, 121, 127, 132, 157, 246
    campos de força 144-147
    dínamos 141, 149
    efeito motor 136-137
    eletroímãs 134-135
    fusão nuclear 251, 265
    indução 138-140
    luz 163, 185, 187, 192, 193, 213
    scanners de MRI 230
    Sol 203
    supercondutores 228
campos vetores 146
Cannon, Annie Jump **321**
caos, teoria do 111
capacitores 253
Capra, Fritjof 223

ÍNDICE 329

Caranguejo, nebulosa do 98, 271
Cardano, Gerolamo 29
Carnot, Sadi 13, 67, 86, 90, 91-93, **92**, 96
catástrofe do ultravioleta 117, 209
catódicos, raios 195, 234, 242
cátodos 153, 195, 242
Caton, Richard 156
Cauchy, Augustin-Louis 72
Cavendish, Henry 130
Cefeidas, variáveis 291-292, 293
Celsius, Anders 80
células fotovoltaicas 151
células nervosas 156
células solares 208
CERN 223, 235, 246, 264
    câmara de bolhas de Gargamelle 259
    Grande Colisor de Hádrons (LHC) 252, 263, 278, 284, 285, 305, 308, 310
    Supersíncrotron de Prótons 255, 258, 259, 262
Chadwick, James 216, 234, 235, **243**, 248, 253
Chandrasekhar, Subrahmanyan 216, 286, 287, **322-323**
Charles, Jacques 66, **82-84**
charme, quarks 235, 256, 257, 264
Chernobyl 248, 251
cíclotrons, aceleradores 254
cinética dos gases, teoria 67, 74, 77, **78**, 79, 85, 106-110, 110, 145
cinética, energia 17, **54**, 57, 67, 87, 107, 137, 254, 279
cintilação interplanetária 203
circuitos integrados 152, 155, 158
Clapeyron, Benoît Paul Émile 67, 93
Clarke, Edward 197
Clausius, Rudolf 67, 82, 86, 88-89, **96**, 97-99, 108, 110
Clegg, Brian 231
Cockcroft, John 252-254, **255**
colisões
    momento 37, 54
    partículas 127, 133
combustão interna, máquina a 90
combustíveis fósseis 67, 87, 151
complexos, números 29
compostos 67, 71, 237
compressão **72-75**
Compton, Arthur 206, 208, 211, 214, 245, **321**
computação quântica 207, 222, 223, 228, **230-231**
computadores
    armazenamento de dados **157**
    eletrônicos 153-154, 155
    quânticos 207, 222, 223, 228, **230-1**
condensação 67, 102
condensados 79, 228
condução 81
condução, banda de 154
condutores 131, 132, 133, 138, 141, 146
Conselice, Christopher 290
conservação de carga 127, 264
conservação de energia **55**, 66, 86, 87, 88, 89, 96, 109, 258
conservação de momento 37, 54
constante cosmológica 294, 295, 299, 306, 307
constante de Planck 62, 63, 199, 209, 214, 221
constantes físicas **60-63**
contração do comprimento 283
convecção 81
Cooper, Leon 155, 228
Copérnico, Nicolau 12, 16, 20, 22-23, 33, 42, 48, 268, 270, 271, 272, **273**, 290
corpo negro, radiação de 67, 114, 115, 116, 117, 208-209
corpos celestes **270-271**
corpos em queda 17, **32-35**, 49, 50
corpuscular, modelo da luz 177, 178, 181, 183, 186, 187
corrente alternada (CA) 150-151, 153
corrente contínua (CC) 150, 153
Coulomb, Charles-Augustin de 120-121, 124-126, **127**

côvados 16, 18-19
Cowan, Clyde 235, 258, 259, 261
Crick, Francis 23
criptografia quântica 223
cristais 154-155, 184, 185, 186, 187, 195
    piezelétricos 201
cromodinâmica quântica 260
Cronin, James 264
cronômetros marítimos 38, **39**
Crookes, William 240
Ctesíbio 90
Curie, Jacques 200, **201**
Curie, Marie 201, 234, 238-239, **239**, 248
Curie, Pierre 159, 200, **201**, 238, 239, 248, 283
Curtis, Heber 292, 293
Cygnus X-1 286, 288, 289

D

d'Alembert, Jean Le Rond 56
Dalton, John 67, 68, 84, 234, 236-237, **237**, 241
Daniell, John 128, 129, 149
Davenport, Thomas 137
Davidson, Robert 136
da Vinci, Leonardo 75
Davisson, Clinton 214
Davy, Humphry 139
de Broglie, Louis 206, 212, 214, **215**, 218, 220
de Forest, Lee 153
de Groot, Jan Cornets 34
de la Tour, Charles Cagniard 101
de Vaucouleurs, Gérard 290
decaimento atômico 238, 239, 258-259
decaimento beta 71
decaimento nuclear 238, 239, 258-259
decoerência 231
deformação 74, 75
Demócrito 66, 68-70, **69**, 71, 236
descarga eletrostática **125**
Descartes, René 28, 37, 42, 43, 56, 176, 280
desvio para o vermelho (redshift) **191**, 295, 299
deutério 265, 284, 300
Deutsch, David 207, 228, **231**
Dewar, James 100
Dhamakirti 70
diagramas de Feynman 225
dicroicos, minerais 187
diferença de potencial 129, 130, 131, 133, 138, 140
difração 163, **180-183**
    de raios X 23, 214
digital, revolução 153
dinâmica de fluidos computacional (DFC) 79
dínamos 140-141, 149-150
diodos 152, 153, 253
Diofante de Alexandria 28
dipolo-dipolo, ligação 102
Dirac, Paul 31, 159, 219, 224, 234, **246**, 260, 264
disco rígido (HD) 157
dispersão de London 102, 103
distância
    medidas **18-19**
    no espaço 291-293
distensão **72-75**
DNA (ácido desoxirribonucleico) **23**
Dollond, John 174
dopagem 153, 154-155
Doppler, Christian 163, 188-191, **189**
Doppler, efeito 163, **188-191**, 200
Drebbel, Cornelis 174
Drever, Ronald 313-314
du Bois-Reymond, Emil 156
du Châtelet, Émilie 17, **54**, 86, 87, 89, 96

Dudgeon, Richard 36
du Fay, Charles François 125
dupla fenda, experimento da 178, 187, 206, 212, 213, 215
Dussik, Karl 200

E

eclipses 269, 270, 271, 272, 280, 303
ecolocalização 200, 201
Eddington, Arthur 265, 269, 280, 284, **285**, 302, 303, 304
Edison, Thomas 121, 148-151, **151**
efeito borboleta 111
efeito fotoelétrico 114, 179, 193, 206, 208, **209-210**, 211, 214, 216
Egito antigo 16, 18-19, 21, 26, 273
Einstein, Albert 13, 31, 98, 141, 211, 224, **279**, 282, 311
    constante cosmológica 294, 295, 299, 306, 307
    efeito fotoelétrico 114, 206, 209-210, 214
    emaranhamento quântico 222-223, 231
    equivalência massa-energia 55, 249, 279, 284, 285
    luz 198, 220, 275
    movimento browniano 71, 106, 107, 110, 111, 237
    princípio da equivalência **281**
    teoria atômica 236
    teoria da relatividade especial 48, 51, 144, 146, 147, 179, 219, 222, 223, 260, 268-269, 274, **276-279**, 281, 284, 287
    teoria da relatividade geral 42, 44, 45, 48, 51, 269, 274, 280, 281, 287, 294, 298, 299, 303, 308, 309, 311, 312, 313
Ekimov, Aleksei 230
elasticidade 66, 73, 74, 75
elementos
    básicos 68-69, 70
    combinação de 67, 237
    formação 71, 236, 237
eletricidade 120-121
    campos elétricos 127, 128, 132, 145-147, 149, 155, 156, 159, 163, 193, 210, 213, 244, 254
    carga elétrica 120-121, **124-127**, 131
    corrente elétrica 121, **130-133**, 140, 141, 149, 153
    geração de **87**, 121, **148-151**
    motores elétricos **136-137**, 139
    potencial elétrico **128-129**, 131, 137, 156
    resistência elétrica 131, 132-133
    veículos elétricos 141
eletrodinâmica 137
eletrodinâmica quântica (EDQ) 225, **260**
eletrofraca, força 224, 225, 258
eletrólise 126
eletrólitos 131
eletromagnetismo 13, 121
    campos eletromagnéticos 147, 224-225, 254, 260
    descoberta 256
    espectro eletromagnético 163, 192, **194-195**, 209
    força fundamental 127, 159, 235, 247, 256, 257, 258, 259, 261, 262, 300, 308, 309, 310
    indução eletromagnética **138-141**, 144-145, 149, 193-194
    ondas eletromagnéticas 132, 138, 144, 147, 179, 187, 210, 213-214, 276, 277
    radiação eletromagnética 114, 115, 116, 141, 194, 195, 198, 202, 208
    teoria quântica 224, 260
eletrônica **152-155**
elétrons
    decaimento nuclear 258, 259
    descoberta dos **126-127**, 152-153, 198, 234, 240, 242, 256
    eletrônica **152-155**

330 ÍNDICE

energia elétrica 121, 133, 134, 140, 141
estado de superposição 230-231
fusão nuclear 251
ligações 102
livres 151, 154, 300
órbitas 198-199, 216-217, 218, 231, 234, 241
pares de Cooper 228
raios catódicos 195
spin 157
teoria das partículas 209-211, 212-215, 218, 221, 224, 242-243, 257, 309
teoria das supercordas 310
eletroscópios 123, 125
emaranhamento quântico 207, **222-223**, 228, 231, 311
Empédocles 176
empirismo 21-22
energia **66-67**
calor e transferência **80-81**
cinética **54**, 57, 87, 137, 254, 279
conceito de 88, 96
conservação de **55**, 66, 86, 87, 88, 89, 109, 258
conversão de **87-88**, 96
e movimento **56-57**
equivalência massa-energia 279, 284
interna **88-89**
leis da termodinâmica 67, 86, **88-89**, **96-99**, 110
máquinas térmicas **90-93**
nuclear 148, 151, 195, 235, 247, **248-251**, 265, 284
potencial **54**, 57, 86, 87, 89
radiação térmica **114-117**
solar 87, 151
energia de Planck 311
energia escura 235, 269, 294, 295, 304, **306-307**, 311
energia livre 96
Englert, François 262
entropia 67, 89, 96, **98-99**, 111
epiciclos 271
Epicuro 68, 70, 71
Eratóstenes 19, 272
ergódica, hipótese 109
Erlanger, Joseph **156**
escala de gravidade quântica 310
espaço
efeito fotoelétrico no **210**
e tempo 43, 45, 268, 274, 277, 278-279, 280, 281
medidas de distância no 291-293
relatividade 268-269, 274
espaço-tempo 269, 276, 280
buracos negros e buracos de minhoca **286-289**
curvatura 269, 274, **280**, 281, 287, 294, 302, 303, 304, 308, 313
dimensões de 269, 280, 308, 310, 311
ondas gravitacionais **312-315**
Universo espelhado 264
espectro de cores 114, 115, 117, 177, 182, 183, 192, 193
espectrografia 190, 191
espelhos 162, 172, 174
Essen, Louis 38, 229
estado estacionário, teoria do 299
estado: mudanças de **100-103**
estática, eletricidade 123, 127, 146, 254
estranheza 235, 256
estrelas 270-271, 312
buracos negros e buracos de minhoca **286-289**
cor 163, **188-190**
distância da Terra 291-293
evolução **284-285**, 301
fusão nuclear **265**
massivas 287, 288
superquentes 199
temperaturas **117**
ver também galáxias; movimento planetário; Universo
estrelas de nêutrons 203, 268, 287, 312, 313, 315
estrelas escuras 286-287
estrutura atômica 13, 67, 123, 196, 198-199, 216,

217, 218, 220, **240-243**
Euclides 16, **26**, 27-28, 30, 162, 168, 280
Euler, Leonhard 17, 29, 52, **53**, 57, 74, 75, 76, 77, 79
evaporação 101, 102
Everett, Hugh 220
experimentos 12, 20, 21, 23, 66

F

Fahrenheit, Daniel 80, **319**
Faraday, efeito 147, 187
Faraday, lei de 146, 149
Faraday, Michael 101, 131, **139**, 141, 197, 277
campos magnéticos 121, 147, 148
dínamos 140-141, 149
eletricidade 124, 126, 127, 128
eletromagnetismo 121, 134, **138-141**, 148, 187
indução eletromagnética 121, 136, 144-145, 146
motor elétrico 136, 138, 139
Ferdinando II de Medici 80
Fermat, Pierre de 29, 57, 162, 168, **169**
Fermi, Enrico 235, 242, 248-250, **251**, 258
férmions 257, 309, 310, 311
ferromagnetismo 123
Fert, Albert **157**, 158
Fessenden, Reginald 192
Feynman, diagramas de 225
Feynman, Richard 147, 158, 207, 215, 222, 224, **225**, 228, 230-231, 260
física de partículas 127, 234-235
aceleradores de partículas **252-255**
antimatéria **246**
assimetria matéria-antimatéria **264**
bóson de Higgs **262-263**
força forte **247**
Grande Teoria Unificada 159
monopolos magnéticos 159
neutrinos **261**
núcleo **240-241**
Modelo Padrão 31, 225, 235, 257, 261, 262, 263, 264, 308, 309, 310
partículas subatômicas 13, **242-245**
teoria atômica **236-237**
teoria das cordas **308-311**
zoo de partículas e quarks **256-257**
física do estado sólido 154
física nuclear 234-235
bombas e energia nuclear **248-251**
fusão nuclear em estrelas **265**
mediadores de força **258-259**
raios nucleares **238-239**
física quântica 206-207, 208, 212, 221, 228
aplicações quânticas **226-231**
dualidade onda-partícula **212-215**
emaranhamento quântico **222-223**
matrizes e ondas **218-219**
números quânticos **216-217**
princípio da incerteza de Heisenberg **220-221**
quanta de energia **208-211**
teoria de campo quântica **224-225**
fissão nuclear 242, **249-251**, 252, 265, 285
Fitch, Val 264
Fizeau, Armand 190
Fizeau, Hippolyte 275
Fleming, John Ambrose 140, 152, 153
flogisto 107
fluidos 36, 66, **76-79**
dinâmica dos fluidos aplicada **79**
mudança de estado e ligações **100-103**
fluorescência **196-197**
fluxo de ar 78
força nuclear forte 159, 225, 235, **247**, 256, 257, 259,

260, 300, 309, 310
força nuclear fraca 159, 224, 225, 235, 245, 256, 257, 258, 259, 262, 300, 308, 309, 310
força, mediadores de 224, 235, **258-259**, 262, 309, 311
forças
ação-reação iguais 45
distensão e compressão **72-75**
e movimento 43, 44, 45
fluidos **76-79**
fundamentais 127, 159, 225, 235, 245, 247, 259, 261, 262, 300, 309, 310
ver também eletromagnetismo; atrito; gravidade; magnetismo; força nuclear forte; força nuclear fraca
Ford, Kent 303-304, 305
fósforo 154
fotolitografia 155, 158
fótons 179, 206, 208, 209, 211, 214, 215, 216, 220-221, 224, 230, 257, 260, 263, 300
Foucault, Léon 174, 275
Fourier, Joseph 52, 133
Frahm, Hermann 52
Franklin, Benjamin 120, 124, 125
Franklin, Rosalind 23
Fraunhofer, Joseph von 183, 216, **320**
Fraunhofer, linhas de 183, 190, 216
frequência 116, 117, 153, 164, 165, 188, 189, 190, 199, 208, 210, 228, 230
Fresnel, Augustin-Jean 163, 168, 179, 180, 181-183, **182**, 192
Friedel, Georges 184
Friedmann, Alexander 191, 294-295, **295**
função de onda 219, 220
fusão nuclear **251**, 285
em estrelas 261, **265**, 301

G

galáxias 269, 270, 289, **290-293**, 294, 295, 298, 299, 300, 301, 302, 303-304, 307
espirais 304
rotação de 302-303
Galfard, Christophe 218
Galilei, Galileu 12, 22, 23, **33**, 43, 72, 83, 164
corpos em queda 16, **32-35**, 42, 49, 50, 281
pêndulos 17, 38-39, 50
relatividade 268, 274, 276-277, 281
telescópios e espaço 48-49, 162, 172, 173, 268, 271, 272, 273, 290
termoscópios 80, 81
velocidade da luz 175
Galilei, Vincenzo 167
Galois, Évariste 30-31
Galvani, Luigi 128, 129, 156
galvanômetros 139, 140
gama, radiação 163, 195, 202, 234, 239, 243, 253, 284
Gamow, George 252-253, 299, **322**
gases 70, 71, 76, 78
combinação de 85
forças de atração 102-103
leis dos gases 66-7, **82-85**, 100
liquefação 100
mudanças de estado e ligações 100-103
teoria cinética **79**, 85
Gassendi, Pierre 68, 70-71
Gasser, Herbert Spencer **156**
gato de Schrödinger 218, **221**
Gauss, Carl Friedrich 61-62, 144, 146, 280
Gay-Lussac, Joseph 66, 67, 82, 83, 84, **85**
Geiger, Hans 198, 234, 240, 243, **321**
Geissler, Heinrich 197
Gell-Mann, Murray 235, 247, 256-257, **257**

ÍNDICE 331

geocentrismo 22, 23, 48-49, 176, **270-273**
geometria 27-28, 29
Georgi, Howard 159
geotérmica, energia 151
geradores elétricos 138, 141, 149
Gerlach, Walter 206
Germain, Sophie **319-320**
germânio 154, 155
Gianotti, Fabiola **323**
Gibbs, Josiah 96
Gibbs, Willard 106, 111
Gilbert, William 120, 122, **123**, 134, 136
Glashow, Sheldon 159, 224, 235, 262, 311
glúons 225, 247, 255, 257, 300
Goeppert-Mayer, Maria 217, **322**
Gordon, James 141
Goudsmit, Samuel 157
GPS, navegação por 191, 228, 229, 282
Gramme, Zenobe 149
Grande Teoria Unificada 159, 310
gravidade **32-35**
    e Universo 294, 295, 300, 301, 302-304, 307
    e velocidade 42
    força fundamental 159, 225, 301
    leis da **46-51**
    princípio da equivalência 281
    relatividade geral 30
    teoria das cordas 308-311
gravitacionais, campos 269, 287, 311
grávitons 309, 311
Gray, Stephen 130-131
Green, George 128
Green, Michael 310
Gregory, James 183
Gribbin, John 210
Grimaldi, Francesco Maria 32, 35, 49, 180-181, 182
Gross, David 310
Grünberg, Peter **157**, 158
Guericke, Otto von 66, 91
Guralnik, Gerald 262
Guth, Alan 300, **323**

H

Hafele, Joseph 282
Hagen, C. Richard 262
Hahn, Otto 249
Hall, Chester Moore 174
Halley, cometa de 271
Hamilton, William Rowan 42, 54, 56, 57
harmônico, movimento **52-53**
harmônicos 166
Harrison, John 38, **39**
Hau, Lene 79
Hawking, partículas de 289
Hawking, Stephen 287, 289, **323**
Heaviside, Oliver 144
Heisenberg, Werner 37, 207, 218-219, 220-221, **221**, 246, 278, 311
heliocentrismo 22, 23, 33, 42, 48-49, 268, 271, 273, 290
Helmholtz, Hermann von 55, 86, 87, 88, 89, 96, 193
Henlein, Peter 38
Henry, Joseph 135, 136, 140
Heráclito 68
Herapath, John 82, 106, 107
Heron de Alexandria 90, 91, 162, 168, 169
Herschel, William 114, 163, 192-193, 202, **319**
Hertz, Heinrich 144, 147, 192-194, **193**, 202, 210
Hertzsprung, Ejnar 292
Hess, Victor 234, 244, 245
Hewish, Antony 203
hidráulica **36**

hidreletricidade 151
hidrogênio, células de combustível a 151
hidrogênio, ligações do 102-103
hidrostática, pressão 78
Higgs, bóson de 225, 235, 257, **262-263**, 308, 309, 310, 311
Higgs, campo de 262, 263, 309, 310
Higgs, Peter 262-263, **263**
Hiparco 270, 271
Hipasso 27
hipótese 20, 21, 22
Hiroshima 251
Hodgkin, Alan 156
Hodgkin, Dorothy Crowfoot **322**
Hooft, Gerard 't **159**
Hooke, Robert 51, **73**
    gravidade 49
    luz 162-163, 177, 178, 180, 181
    microscópios 162, 174
    molas 66, **72-75**
    tempo 38, 39, 72, 73
horizonte de eventos 287, 288, 289
Hoyle, Fred 299, **323**
Hubble, Edwin 191, 269, 270, 290, 292, **293**, 294, 295, 298, 299, 306
Huggins, William e Margaret 190
Hulse, Russell 269, 313
Hund, Friedrich 229
Huxley, Andrew 156
Huygens, Christiaan
    luz 147, 163, 169, 177-178, 179, 181, 182, 183, 185
    momento 37
    tempo 16, 19, **38-39**, 52, 73

I

Ibn al-Haytham, Hasan (Alhazen) 12, 22, 30, 176, **318**
Ibn Sahl 12, 162, 168, 169
Iijima, Sumio **323**
imageamento quântico 229-230
ímãs
    aceleradores de partículas 254
    criação de **134-135**
indução, anéis de 139-140
indução eletromagnética **138-141**, 144-145, 149, 193-194
indução magnética 254
indutivo, carregamento **141**
inércia 43, 44, 53, 56
infravermelha, radiação 81, 114, 117, 163, 193, 194, 202
Ingenhousz, Jan 80, 81, 96
interferência, difração e **181-183**
interferometria 275, 312, 314, 315
interna, energia **88-89**
interpretação de Copenhague 207, 218, 219, 220, **221**, 222
ionização 125, 234, 245
íons 129, 131, 149, 156, 244, 245
isolantes 131, 154
ITER 265

JK

Jacobi, Moritz von 136
Jansky, Karl 202
Jeans, James 117, 209
Joliot-Curie, Frédéric 243, 253
Joliot-Curie, Irène 243, 253, **322**

Jordan, Pascual 218
Josephson, Brian 228
Joule, James Prescott 17, **55**, 67, 86, 87-88, 89, 108, 114, 130
Júpiter 22, 23, 48-49, 268, 272, 273
Kant, Immanuel 35
káons 256, 264
Kapitsa, Piotr 79, 228
Keating, Richard 282
Kelvin-Planck, enunciado de 99
Kepler, Johannes 31, 42, 48-49, 173, 209, 272, 273, 281, **318**
Kibble, Brian 60, 62, **63**
Kibble, Tom 262
Kilby, Jack 152, 158
Kirchhoff, Gustav 72, 114, 115-117, **115**, 130, 180, 190, 193, 197, 216
Klein, Oscar 308
Kleist, Georg von 120, 128
Knoll, Max 172
Köhler, August 172
Koshiba, Masatoshi **261**

L

Ladenburg, Rudolph W. 199
Lagrange, Joseph-Louis 17, 56, **57**, 146
Lamb, desvio de 260
lâmpadas 133
Land, Edwin H. 184
Landau, Lev 264
Langevin, Paul 200, **201**, 282-283, **283**
Langsdorf, Alexander 244
Laplace, Pierre-Simon 63, 286, **319**
lasers 199, 230, 314, 315
latitude 39
Laue, Max von 195
Lautorbur, Paul 230
Le Verrier, Urbain 48
Leavitt, Henrietta Swan 290, 291-292, **293**
Lee, Tsung-Dao 259
Leibniz, Gottfried 26, 28, 29, 42-45, **42**, 54, 88, 169
Lemaître, Georges 288, 298-299, **298**
Lenoir, Étienne 90
lenteamento gravitacional 303, 304
lentes 172-175, 177
Lenz, Emil 140
léptons 257, 309
Leucipo 66, 69, 70, 236
Lewis, Gilbert 208
ligações 100, **102-103**
ligações metálicas 74
ligações moleculares **102-103**
Lilienfeld, Julius 152
linhas espectrais 183, 190, 199, 217
    de emissão 180, 197-198, 199
Lippershey, Hans 173
Lippmann, Gabriel 201
liquefação 100, 103
líquidos 36, 70, 71, 76, 100-103
lixo nuclear 265
Lobatchevski, Nikolai 30
Lomonossov, Mikhail 107
London, dispersão de 102, 103
longitude 39, 72
Lorentz, Hendrik 144, **274**
Lorenz, Edward 111
Lorenzini, ampolas de 156
Lovelace, Ada 29
Lovell, Bernard 202
Lua 270, 271, 272
    gravidade 50

332 ÍNDICE

órbita ao redor da Terra 48, 281
pousos na 35, 49
Lucrécio 100, 176, 212
luz 162-163
    desvio da 176, 177, 269, 280, 281, 287, 303
    difração e interferência **180-183**
    e calor 114-115
    ecolocalização **200-201**
    efeito Doppler e *redshift* **188-191**
    foco **170-175**
    natureza da 212
    ondas eletromagnéticas **192-195**
    polarização **184-187**
    reflexão e refração 22, 162-163, **168-169**, 172, 176-177
    teoria eletromagnética da 115, 144, **147**, 260
    teorias de onda e partícula **212-215**, 218
    velocidade da 147, 268, 274, **275**, 277-278, 279, 282, 283
luz visível 114, 193, 194, 195, 197, 238

M

Mach, Ernst 109, 110, 111, **320**
macroestados 109
magnetismo 120-121, **122-123**
magnetita 120, 122-123
magnetorresistência gigante (MRG) 157, 158
Malus, Étienne-Louis 184-187, **186**
Mansfield, Peter 230
mão direita, regra da 140
máquinas a vapor 66, 80, 81, 86, 90-93, 96, 106, 149
máquinas térmicas 67, **90-93**, 96, 97, 99
Marconi, Guglielmo 192
Marsden, Ernest 198, 234, 240
massa
    leis da gravidade 51, 281
    leis do movimento 43, 44-45, 49
    equivalência massa-energia 55, 279, 284
    e velocidade 37, 44, 54, 88, 214
    razões de 71, 236, 237
massa atômica 236
massa gravitacional 287, 303
matemática 16, 17, **24-31**
matéria **66**, 235
    assimetria matéria-antimatéria **264**
    Big Bang 300
    distensão e compressão 74-75
    fluidos **76-79**
    leis dos gases **82-85**
    mudanças de estado e ligações 71, **100-103**
    modelos de **68-71**, 196
    visível 304
matéria escura 23, 235, 269, **302-305**, 311
materiais, resistência dos 74, 75
Maupertuis, Pierre-Louis 56
Maxwell, James Clerk 30, 60, 103, 137, **145**
    eletromagnetismo 13, 56, 114, 121, 138, 141, **144-147**, 159, 192-194, 213, 224, 260, 276, 277
    modelo da luz 163, 179, 187, 192-194, 213, 260
    teoria cinética dos gases 76, 79, 85, 106, 108, 110
Maxwell-Boltzmann, distribuição de 110
Mayer, Julius von 55, 86, 87, 89, 96
mecânica clássica 48, 51, 57
mecânica estatística **104-111**
mecânica matricial 207, **218-219**
mecânica quântica 70, 117, 127, 157, 218-219, 222, 224, 241, 243, 260, 309, 311
mediadoras, partículas 224, 257, 259, 262, 309, 311
medidas **16-17**
    de distância **18-19**
    no espaço 291-293

temperatura 80
tempo 17, **38-39**
    unidades SI e constantes físicas **60-63**
    velocidade da luz 147, 275
megaverso 310
meia-vida 239
Meissner, efeito 228
Meitner, Lise 242, 248, **249-250**
Mercúrio 48
Mersenne, Marin 164
mésons 235, 247, 256, 264
mésons B 264
mésons D 264
mésons K 264
Messier, Charles 270
Messier 87 (M87) 289
método científico 16, **20-23**
metrologia 17, 62
Michell, John 286-287, 289
Michelson, Albert 147, 268, **275**
microestados 109
micro-ondas 147, 194, 254
microprocessadores 152, 155
microscópios 162, 172, 174-175
    compostos 174-175
    eletrônicos 229-230
milhas 19
Miller, William Allen 190
Millikan, Robert 124, 127, 211, **321**
Minkowski, Hermann 269, 276, **280**
Mirkin, Chad 121, 158
Misener, Don 79, 228
Modelo Padrão 31, 225, 235, 257, 261, 262, 263, 264, 308, 309, 310
módulo elástico 72, 75
molas 72-74
molecular, movimento 79, **108**
Moletti, Giuseppe 32, 33
momento 17, **37**, 54, 87
Monardes, Nicolás 196
monopolos magnéticos **159**
Moore, Gordon **158**
Morley, Edward 268, **275**
morte térmica, teoria da 98
motores elétricos **136-137**, 139
Mouton, Gabriel 17
movimento
    calor e **90-93**, 107, 114
    corpos em queda **32-35**
    energia e **54**, **55**, **56-57**, 87
    harmônico **52-53**
    hidráulico **36**
    leis da gravidade **46-51**
    leis do 12, 17, **40-45**, 52, 53, 54, 56, 57, 108, 110, 276, 277, 278, 298
    medida de 17
    momento **37**, 87
    paradoxo da dicotomia 27
    planetário 42, 48-49, 167, **270-273**
    relatividade **274**, **276-279**
    velocidade da luz **275**
múons 235, 245, 247, 257
música 52, 162, **164-167**

N

Nagaoka, Hantaro 241
Nagasaki 251
Nakano, Tadao 256
Nambu, Yoichiro 262, 309-310
nanoeletrônica 121, **158**
nanopartículas 230

Navier, Claude-Louis 72, 79
nebulosas 115, 191, 270, 271, 292
    escuras 303
    espirais 191, 292
neutrinos 235, 257, 258-259, **261**
    do elétron 257, 261
    do múon 257, 261
    do tau 257, 261
    oscilação dos 261
    solares 261
nêutrons 216, 225, 234, 235, 243, 247, 248, 250, 255, 256, 257, 258, 259, 285, 300, 309
Newcomen, Thomas 81, 90, 91
Newton, Isaac **51**, 106, 107, 109
    átomos 66, 71, 100
    cálculo 26, 29
    fluidos 76, 78, 79
    leis da gravidade 32, **48-51**, 73, 126, 281, 302
    leis do movimento 12, 17, 37, **42-45**, 52, 53, 54, 56, 57, 108, 110, 204, 276, 277, 278, 298
    luz 163, 169, 177, 180, 181, 183, 185, 186, 192, 206, 212, 213, 216
    telescópio 174
    visão do Universo 22, 31, 99, 107
newtonianos, líquidos 78
Nielsen, Holger 310
Nierste, Ulrich 264
Nishijima, Kazuhiko 256
Noddack, Ida 249
Noether, Emmy 31, **321**
novas 292
Noyce, Robert 152
núcleo atômico 234-235, **240-241**
    aceleradores de partículas 253
    criação do primeiro 300
    descoberta do 148, 198, 241
    fissão e fusão nucleares 249, 250, 251, 252, 265
    mediadores de força 258-259
    modelo do 257
    orbitado por elétrons 216-217, 240, 241
    partículas subatômicas 242-243, 309
núcleons 247
números **26-31**
números negativos 26, 29
números quânticos **216-217**
Nuvens de Magalhães 261, 291, 292

OP

observações 21, 22, 23
Ohl, Russel 154
Ohm, Georg Simon 121, 130, 132-133, **132**
Oliphant, Mark 265
onda de matéria 214
onda-partícula, dualidade 179, 206, 210, **212-215**, 220, 221, 229-230
ondas, energia das 151
ondas de choque 110
ondas de luz 163, **176-179**, 180-199, 212-215, 287, 312
ondas gravitacionais 274, 305, **312-315**
ondas sonoras 162, 163, 164-167, 178, 188, 189, 200-201
Onnes, Heike Kamerlingh 100, 121, 130, 228
Oppenheimer, Robert J. 250, 251, 288, **322**
órbitas
    circulares 271
    de elétrons 198-199, 216-217, 218, 231, 234, 241
    elípticas 48, 50
Oresme, Nicole 16, 34
Ørsted, Hans Christian 121, 122, 134, **135**, 136, 137, 138, 144
oscilações

ÍNDICE 333

eletromagnetismo 193, 194, 213, 254
luz 163, 184, 185, 187, 213
movimento harmônico 52-53
neutrino 261
pêndulos 17, 39
som 165, 166, 167, 201
ovo cósmico 299
Pais, Abraham 308
Papin, Denis 91
paradoxo da vara e do celeiro **283**
paradoxo dos gêmeos **282-283**
paradoxos 27, 214, 220, 282-283
paralaxe 291, 292
Parkin, Stuart 157
Parry, Jack 38
Parsons, Charles 148
partículas quânticas 220-221, 224, 229
partículas subatômicas 13, 71, 126, 198, 206, 224, 234, **242-247**, 253, **256-257**
Pascal, Blaise 17, **36**, 75, 76, 78, 82
Pauli, Wolfgang 206, 216, **217**, 235, 258
Pauling, Linus 23
Payne, Cecilia 50
Payne-Scott, Ruby **323**
pêndulos 17, 38-39, 52
Penrose, Roger 288
Penzias, Arno 299, 301
Pepys, Samuel 73
Peregrinus, Petrus 122-123
Perkins, Jacob 90
Perlmutter, Saul 306-307, **307**
Perrin, Jean Baptiste 71, 107
Pickering, Edward Charles 291, 293
piezeletricidade **200-201**
pilhas 120, 128, 129, 131, 134, 141, 148-149
píons 247
Pirani, Felix 313
Pitágoras 26, 27, 162, 164-167, **167**, 272
Pixii, Hippolyte 137, 141, 148, 149
Planck, energia de 311
Planck, Max 13, 206, **211**, 220-221
máquinas térmicas 99
quanta de energia 67, 179, 198, **208-211**
radiação de corpo negro 67, 114, 117, 214
planetário, movimento 42, 48-49, 167, **270-273**
plasma 71, 251
plasma quark-glúon 255, 300
Platão 12, 21, 70, 167
Platz, Reinhold 76
Podolsky, Boris 220
poeira cósmica 292
Poincaré, Henri 312-313
Poisson, Siméon-Denis 128, 183
polarização 147, 163, 179, 180, 182, 183, **184-187**
Poliakov, Aleksandr **159**
polos magnéticos 123, 159
pontes suspensas 75
ponto crítico 101, 102, 103
pontos quânticos 228, **230**
pósitrons 127, 234, 245
Power, Henry 84
Preskill, John 159
pressão **36**
ar 83-84, 91, 106-107
fluidos 66, 77, 78, 100-101
previsões do tempo **111**
princípio da equivalência **281**
princípio da incerteza 207, 218-219, **220-221**, 222
princípio de exclusão 206, 217
prismas 114, 177, 183, 187, 192, 213
probabilidade, entropia e 96, 111
probabilidade, ondas de 219, 229
Proclo 26, 30
Projeto Manhattan 225, **250-251**, 259
prótons 127, 225, 230, 234, 235, 243, 245, 247, 249, 251, 255, 256, 257, 258, 259, 265, 300, 309

aceleradores de partículas 252, 253, 254
Protótipo Internacional do Quilograma 60, **61**, 62, 63
Proust, Joseph 236
Ptolomeu 22, 168, 268, 270, **271**, 272, 273
pulsares 163, 203, 312, 313

QR

quanta 67, 117, 179, 198, 206-207, **208-211**, 214, 216, 224
de energia **208-211**
de luz 210, 211
quântica de campo, teoria **224-225**
quânticas, aplicações **226-231**
quarks 224, 225, 235, 247, 255, **256-257**, 259, 262, 264, 300, 309, 310
qubits 228, 230-231
quebra de simetria 262
queda livre **32-35**, 50
radar 147, 191
radiação 234-235
cósmica 244, 245
cósmica de fundo de micro-ondas (RCFM) 298, 299-301, 306, 307
de corpo negro 67, 114, 115, 116, 117, 208-209
eletromagnética 114, 115, 116, 141, 194, 195, 198, 202, 208
nuclear **238-239**
quanta de energia 208-211
solar 98
térmica **112-117**
ultravioleta 193
radiatividade 98, 201, **238-239**, 248, 249, 251, 265, 285
rádio, ondas de 114, 141, 147, 163, 191, 192, 193, 194, 202, 230
radiofrequência, ondas de 254
radiotelescópios 202-203
raios cósmicos 234, 244, 245, 246, 247, 256
raios X 114, 163, 195, 206, 208, 211, 234, 238, 239
difração de 23, 214
Rankine, William 55, 86, 88, **89**, 96, 97, 98, 110
reações em cadeia 249, 250, 251, 284-285
reações nucleares 285
redshift (desvio para o vermelho) **191**, 295, 299
Reed, Mark 228
referenciais 26, 51, 274, 277, 278, 282-283
referenciais inerciais 274, 277
reflexão/refração da luz 22, 162-163, **168-169**, 172, 174, 186-187
Reines, Frederick 235, 258, 259, 261
Reitze, David 314
relâmpago 125, 127
relatividade 141, 268-269, **274**, **276-279**
especial, paradoxos da **282-283**
especial, teoria da 48, 51, 144, 146, 147, 179, 219, 222, 223, 260, 268-269, 274, **277-279**,
galileana 274, 276
geral, teoria da 42, 44, 45, 48, 51, 269, 274, 281, 287, 294, 298, 299, 303, 308, 309, 311, 312, 313 281, 284, 287
relógios 38-39, 72-73
atômicos 38, 39, **229**, 282
resistência 121, 131, 132-133
resistência do ar 35, 42, 44, 45, 50
ressonância magnética 228, 230
Revolução Científica 16, 20, 22, 33, 42, 72, 268
Revolução Industrial 13, 66, 74, 81, 86, 90, 148
Riccati, Giordano 75
Riccioli, Giovanni Battista 32, 35, 49
Richardson, Lewis Fry 200-201
Riemann, Bernhard 30
Riess, Adam 306, 307

Rittenhouse, David 183
Ritter, Johann 193
Robinson, Ian 62
Roentgen, Wilhelm 192, **195**
Rosen, Nathen 220
Ruska, Ernst 172
Rubin, Vera 302, 303-304, **305**
Rutherford, Ernest 107, 234-235, **241**
modelo atômico 198, **242-243**
núcleo atômico **240-241**, 248, 252, 253
radiação 234, 238, 239, 248
Rydberg, Johannes 198
Ryle, Martin 203

S

Saint-Venant, Jean Claude 72
Saint-Victor, Abel Niépce de 238
Sakharov, Andrei **264**
Salam, Abdus 224, 235, 262
saltos quânticos 216-217
satélites 50-51, 53, 202, 210, 229
Savery, Thomas 91
Scheele, Carl 80, 81, 96
Schmidt, Brian 306, 307
Schrieffer, John 155, 228
Schrödinger, Edwin 56, 196, 207, 212, 218, **219**, 220, 222
Schuckert, Sigmund 148
Schuster, Arthur 246
Schwartz, John 310
Schwarzschild, Karl 269, 286, 287-288, **289**
Schwarzschild, raio de 287
Schwinger, Julian 225, **260**, 264
Scott, David 32, 35, 49, 281
Sebastian, Suchitra 213
Seebeck, Thomas 152
semicondutores 152, 153, 154, 155, *229*, 230
Shapley, Harlow 292, 293
Shen Kuo (Meng Xi Weng) 122
Shockley, William 155
SI (*Système International*), unidades 17, 18, 19, 60-63, 127
Siemens, Werner von 149
silício 121, 153, 154, 155, 158
simetria CP 264
simetria CPT 264
simetria P (paridade) 264
Simmons, Michelle Yvonne 228
singularidades 287, 288, 300, 311
síntese de abertura 202, 203
sistema métrico 17, 18, 19, 60-61
Sistema Solar, modelos de 22, 23, 42, 48-49, 176, 268, **270-273**, 298
Slipher, Walter 191
Smith, George E. 176
Smoluchowski, Marian von 106, 107, 110, 111
Snellius, Willebrord 162, 169
Snyder, Hartland 288
Sócrates 12, 21
Soddy, Frederick 239
Sol
campo magnético 203
energia 261, 285
gravidade 49
heliocentrismo 22, 48-49, 268, 270-273, 290
posição do 292, 293
sólidos 70, 71, 100
som 162-163
música 162, **164-167**
piezeletricidade e ultrassom **200-201**
sonar 201

334 ÍNDICE

Spallanzani, Lazzaro 200
spin quântico 206, 230
SQUIDS 228
Stanley, William 150-151
Stenger, Victor J. 211
Stern, Otto 206
Stevin, Simon 18, 19, 34
Stewart, Balfour 115-116
Stokes, George Gabriel 79, 197
Stonehenge 270
Stoney, George J. 124, 126, 242
Strassmann, Fritz 249
Strutt, John (lorde Rayleigh) 117, 209
Sturgeon, William 135, 137, 138
supercondutividade 103, 121, 132, 155, **228**
superfluidos 79, **228-229**
Super-Kamiokande 261, 311
supernovas 261, 288, 301, 306-307
superposição 220, 221, 311
supersimetria 309, **310-311**
Susskind, Leonard 279, 308, 309, **310**
sustentação 76, 78
Szilard, Leo **322**

T

Tales de Mileto 12, 20, 21, 27, 120, 122, 124
táquions 310
taus 257
Taylor, Joseph 269, 313
telegrafia sem fio 194
telescópios 13, 115, 162, 172-174, 191, 202-203, 268, 289, 292, 301, 306
temperatura
    e calor 80, 86
    e radiação térmica 114-115
    e resistência 132
    estrelas **117**
    mudança de estado 101, 102
tempo
    dilatação do 278, 282
    e espaço 43, 45, 277, 278-279, 280, 281
    medida do 17, **38-39**, 52
    relatividade 268-269, 274, 276-279
    relógios atômicos **229**
    seta termodinâmica do 67, **99**
tensão 74, 75, 78
tensão de ruptura **75**
tensão de superfície 102
teoria atômica 69-71, 85, **236-237**, **240-243**
teoria das cordas **308-311**
teoria das supercordas 311
Teoria de Tudo 311
teoria M 308
teoria quântica 207, 211, 214, 220, 223, 231, 260, 295, 311
térmica, energia 67, **87**, 93, 99, 114, 133, 249, 250
termodinâmica 67, 91-92, 93, 111
    estatística 109-110
    leis da 67, 86, **88-89**, **96-99**, 110
termoelétrico, efeito 152
termômetros 80
Terra
    circunferência 19, 272
    energia 97
    esférica 268, 272, 273, 280
    geocentrismo 22, 23, 48, 176, 270-273, 298
    gravidade 50
    idade da 97-98
    magnetismo 122-123, 134
    rotação sobre o eixo 53, 273
Tesla, Nikola 150, **320**

Tevatron 255
Thompson, Benjamin (conde de Rumford) 54, 55, 66, 86, 87, 114
Thomson, George 214
Thomson, J. J. 124, 145, 153, **320-321**
    descobre o elétron **126-127**, 198, 208, 212, 218, 234, 236, 238, 240, **242**
    modelo atômico **242-243**
Thomson, William (lorde Kelvin) **320**
    magnetorresistência 157
    termodinâmica 67, 88, 89, 96-99, 108, 110
    zero absoluto 84, 107, 114
Thorne, Kip 312, 314, **315**
timbre 165
tokamak, reatores 251, 265
Tomonaga, Shin'ichirô 225, **260**
Tompion, Thomas 73
top, quarks 255, 256, 257, 262
torques 137
Torricelli, Evangelista 36, 77, 82, 83, 84, 106, **319**
torsão 126
Townes, Charles 196
Townley, Richard 84
trabalho e energia 67, 88, 89, 96
transdutores 201
transferência de calor **80-81**, 89, 114
transferência de energia 96
transformadores 139, 150-151
transistores 152, 153, 154, 155, 158, 229
Treiman, Sam 308
triodos 153
tubos de vácuo 152, 153, 154, 155, 195, 242
tunelamento quântico 229, 253
turbinas
    a vapor 141, 151
    a vento, ondas e marés 151
Turing, Alan 231

UVW

Uhlenbeck, George 157
ultrassom **200-201**
ultravioleta, luz 117, 163, 179, 193, 195, 197, 208, 209, 210, 238, 301
Universo 268-269
    Big Bang **296-301**
    buracos negros e buracos de minhoca **286-289**
    campo de Higgs 262-263
    corpos celestes **270-271**
    curvo 280
    descoberta de galáxias 269, **290-293**
    em expansão 191, 269, 293, **294-295**, 298, 299, 301, 303, 306-307, 311
    energia do **97-98**
    energia escura **306-307**
    espaço-tempo curvo **280**
    espelhado de antimatéria 264
    estático 268, **294-295**
    expansão acelerada 188, 294, 298
    forma do 295
    futuro do 98, 99, 289, **294-295**, 301, 306
    matéria escura **302-305**
    Modelo Padrão 308-309, 310
    modelos de 271, **272-273**, 299-300
    ondas gravitacionais **312-315**
    origens do 255, 269, **298-301**
    teoria das cordas **308-311**
    teoria do estado estacionário 299
urânio 238-239, 249, 250
Urey, Harold C. 265
usinas elétricas 121, 138, 141, 148, 150, 235, 248, 251
vácuo
    leis dos gases 66, 83

luz no 274, 275, 277
    máquinas térmicas 91
valência, bandas de 154
válvulas 153
van der Waals, Johannes Diderik 67, 100, 102-103, **103**
van Leeuwenhoek, Antonie 172, **175**
van Musschenbroek, Pieter 120, 128
vaporização 101, 102
velocidade
    constante 274, 277, 282
    de escape 289
    e massa 37, 44, 54, 88, 214
    fluidos 66, 77
    leis do movimento 42, 44, 45
    momento 17, 37
    orbital 50, 51
ventos, energia dos 151
Vênus 49
Vesalius, Andreas 20, 22, 23
Via Láctea 202, 203, 269, 270, 286, 289, 290, 291, 292, 293
Viète, François 28
vikings 184
Villard, Paul 234, 238, 239
viscosidade 76, 78, 79
Vogel, Hermann Carl 190
Volta, Alessandro 120, 121, 128, **129**, 130, 131, 134, 149
vulcânica, atividade 97
Wallis, John 17, **37**, 54
Walton, Ernest 253-254, 255
Waterston, John 106, 107-108
Watson, James 23
Watt, James 66, 80, **81**, 86, 91
Weinberg, Steven 224
Weiss, Pierre-Ernest 122
Weiss, Rainer 313-314, 315
Westinghouse, George 151
Wheeler, John 288
Wien, Wilhelm 116
Wild, John 200
Wilkins, John 19
Wilson, Alan Herries 152
Wilson, Charles T. R. 244, **245**
Wilson, Robert 299, 301
WIMPS 23, 304-305
Witten, Edward 308
Wollaston, William Hyde 216
Wren, Christopher 37
Wu, Chien-Shiung 258, **259**
Wu Xing 69

XYZ

Yang, Chen Ning 259
Young, Thomas 54, 72, 88, 102, **179**
    luz 163, 168, 176-179, 181-182, 186, 187, 192, 206, 212, 213, 215, 287
    módulo de **75**
Yukawa, Hideki 235, **247**
Zeilinger, Anton 222
Zenão de Eleia 27
zero, conceito de 26, 28
zoo de partículas **256-257**
Zwicky, Fritz 302, **303**

CRÉDITOS DAS CITAÇÕES

As citações seguintes são atribuídas a pessoas que não são a figura central do tópico em destaque.

MEDIDA E MOVIMENTO

18 **O homem é a medida de todas as coisas**
Protágoras, filósofo grego

20 **Uma pergunta sensata é metade da sabedoria**
Francis Bacon, filósofo inglês

24 **Tudo é número**
Lema dos pitagóricos

32 **Os corpos só sofrem resistência do ar**
Isaac Newton, matemático e físico inglês

38 **As produções mais incríveis das artes mecânicas**
Mary L. Booth, jornalista americana

55 **A energia não pode ser criada nem destruída**
Julius von Mayer, químico e físico alemão

58 **Precisamos olhar o céu para medir a Terra**
Jean Picard, astrônomo francês

ENERGIA E MATÉRIA

76 **As mínimas partes da matéria estão em rápido movimento**
James Clerk Maxwell, físico escocês

80 **Em busca do segredo do fogo**
Thomas Carlyle, físico escocês

86 **A energia do Universo é constante**
Rudolf Clausius, físico e matemático alemão

100 **O fluido e seu vapor se tornam um só**
Michael Faraday, físico britânico

ELETRICIDADE E MAGNETISMO

124 **A atração da eletricidade**
Joseph Priestley, filósofo e químico britânico

128 **Energia potencial se torna movimento palpável**
William Thomson (lorde Kelvin), físico irlandês-escocês

130 **Uma taxa sobre a energia elétrica**
Helen Czerski, física e oceanógrafa britânica

134 **Cada metal tem certo poder**
Alessandro Volta, físico e químico italiano

156 **Eletricidade animal**
Luigi Galvani, físico italiano

157 **Uma descoberta científica totalmente inesperada**
Comitê do Prêmio Nobel de 2007

158 **Uma enciclopédia na cabeça de um alfinete**
Richard Feynman, físico teórico americano

SOM E LUZ

170 **Um novo mundo visível**
Robert Hooke, físico inglês

180 **Nunca se soube que a luz se desviasse para a sombra**
Isaac Newton

196 **A linguagem dos espectros é uma verdadeira música das esferas**
Arnold Sommerfeld, físico teórico alemão

202 **Um grande eco flutuante**
Bernard Lovell, físico e radioastrônomo britânico

O MUNDO QUÂNTICO

208 **A energia da luz se distribui de modo descontínuo no espaço**
Albert Einstein, físico teórico nascido na Alemanha

212 **Elas não se comportam como nada que você viu antes**
Richard Feynman

222 **Ação fantasmagórica a distância**
Albert Einstein

FÍSICA NUCLEAR E DE PARTÍCULAS

238 **Uma verdadeira transformação da matéria**
Ernest Rutherford, físico britânico nascido na Nova Zelândia

242 **Os tijolos com que se constroem os átomos**
J. J. Thomson, físico britânico

246 **Os opostos podem explodir**
Peter David, escritor americano

252 **Uma janela para a criação**
Michio Kaku, físico americano

260 **A natureza é absurda**
Richard Feynman

261 **O mistério dos neutrinos faltantes**
John N. Bahcall, astrofísico americano

262 **Acho que o pegamos**
Rolf-Dieter Heuer, físico de partículas alemão

A RELATIVIDADE E O UNIVERSO

275 **O Sol como era cerca de oito minutos atrás**
Richard Kurin, antropólogo americano

281 **A gravidade é equivalente à aceleração**
David Morin, acadêmico e físico americano

282 **Por que o gêmeo que viaja é mais novo?**
Ronald C. Lasky, acadêmico americano

286 **Onde o espaço-tempo simplesmente acaba**
Abhay Ashtekar, físico teórico indiano

294 **O futuro do Universo**
Stephen Hawking, cosmólogo britânico

302 **A matéria visível só não é o bastante**
Lisa Randall, física teórica americana

308 **Fios de uma tapeçaria**
Sheldon Glashow, físico teórico americano

312 **Ondulações no espaço-tempo**
Govert Schilling, escritor científico holandês

AGRADECIMENTOS

A Dorling Kindersley gostaria de agradecer a Rose Blackett-Ord, Rishi Bryan, Daniel Byrne, Helen Fewster, Dharini Ganesh, Anita Kakar e Maisie Peppitt pela assistência editorial; a Mridushmita Bose, Mik Gates, Duncan Turner e Anjali Sachar pela assistência de design; a Alexandra Beeden pela revisão; a Helen Peters pela indexação; e a Harish Aggarwal (designer sênior DTP), Priyanka Sharma (coordenadora editorial de capas) e Saloni Singh (editora-executiva de capas).

CRÉDITOS DAS IMAGENS

A editora gostaria de agradecer às seguintes pessoas e instituições pela gentil permissão de reproduzir suas fotos: (abreviaturas: a: em cima; b: embaixo; c: no centro; d: na direita; e: na esquerda; t: no topo)

19 akg-images: Rabatti & Domingie (te). **21 Getty Images:** DEA / A. Dagli Orti (td). **22 Wellcome Collection http://creativecommons.org/licenses/by/4.0/:** (td). **23 Alamy Stock Photo:** Science History Images (be). **26 Alamy Stock Photo:** AF Fotografie (be). **27 iStockphoto.com:** Photos.com (b). **28 Alamy Stock Photo:** Science History Images (b). **31 Getty Images:** Pictorial Parade (td). **33 Dreamstime.com:** Georgios Kollidas / Georgios (td). **34 Getty Images:** De Agostini / G. Nimatallah (td). **39 Alamy Stock Photo:** North Wind Picture Archives (te); Science History Images (bd). **42 Alamy Stock Photo:** North Wind Picture Archives (be). **45 Alamy Stock Photo:** Mark Garlick / Science Photo Library (bd). **49 The Metropolitan Museum of Art:** The Elisha Whittelsey Collection, The Elisha Whittelsey Fund, 1959 (te). **50 iStockphoto.com:** Iurii Buriak (ceb). **51 Wellcome Collection http://creativecommons.org/licenses/by/4.0/:** (td). **53 Getty Images:** Heritage Images / Hulton Archive (td, bc). **55 Getty Images:** Science & Society Picture Library (cb). **57 Alamy Stock Photo:** Heritage Image Partnership Ltd (td). **61 Bureau International des Poids et Mesures, BIPM:** (be). **Rex by Shutterstock:** Gianni Dagli Orti (td). **63 National Physical Laboratory:** NPL Management Ltd (be). **NIST:** Curt Suplee (td). **69 Alamy Stock Photo:** Archive World (td); The Print Collector / Oxford Science Archive / Heritage Images (cea). **73 Wikipedia:** Department of Engineering Science, Oxford University, pintado por Rita Greer (td). **74 Alamy Stock Photo:** Science History Images (te). **75 Alamy Stock Photo:** Francois Roux (te). **77 Alamy Stock Photo:** Pictorial Press Ltd (te). **78 NOAA:** Rare Books and Special Collections - Daniel Bernoulli's Hydrodynamica (be). **81 Alamy Stock Photo:** Science History Images (be). **Dreamstime.com:** Mishatc (td). **83 Alamy Stock Photo:** The Granger Collection (bd). **85 Alamy Stock Photo:** Impress (td); Science History Images (te). **87 Pixabay:** Benita5 / 37 images (cea). **88 Dorling Kindersley:** cortesia de Engineering Expert Witness Blog (be). **89 Alamy Stock Photo:** Artokoloro Quint Lox Limited / liszt collection (td). **91 Wellcome Collection http://creativecommons.org/licenses/by/4.0/:** (cda). **92 Science Photo Library:** J-L Charmet (be). **96 Getty Images:** Bettmann (be). **97 Getty Images:** Stocktrek Images / Richard Roscoe (bd). **98 ESO:** (be). **99 Getty Images:** Alicia Llop (bd). **103 Alamy Stock Photo:** History and Art Collection (td). **Dreamstime.com:** Franco

Nadalin (be). **107 iStockphoto.com:** Danielle Kuck (bd). **109 Getty Images:** Imagno / Hulton Archive (be). **110 SuperStock:** Fototeca Gilardi / Marka (td). **111 Dreamstime.com:** Victor Zastol'skiy / Vicnt (be). **115 Getty Images:** Science & Society Picture Library (be). **NASA:** infravermelho distante: ESA / Herschel / PACS / SPIRE / Hill, Motte, HOBYS Key Programme Consortium; raios X: ESA / XMM-Newton / EPIC / XMM-Newton-SOC / Boulanger (te). **117 Getty Images:** Mark Garlick / Science Photo Library (td). **123 Wellcome Collection http://creativecommons.org/licenses/by/4.0/:** (td). **125 Dreamstime.com:** Danielkmalloy (td). **127 Alamy Stock Photo:** Interfoto / Personalities (be). **129 Alamy Stock Photo:** Prisma Archivo (bc). **Dreamstime.com:** Ovydvborets (bc/fundo). **Wellcome Collection http://creativecommons.org/licenses/by/4.0/:** (td). **132 Getty Images:** Science & Society Picture Library (be). **133 iStockphoto.com:** choness (bc). **135 Alamy Stock Photo:** Granger Historical Picture Archive (td); World History Archive (td). **137 Wellcome Collection http://creativecommons.org/licenses/by/4.0/:** (be). **139 Alamy Stock Photo:** Science History Images (td). **145 Getty Images:** Corbis Historical / Stefano Bianchetti (td). **147 Alamy Stock Photo:** World History Archive (td). **149 Alamy Stock Photo:** Everett Collection Historical (cea). **151 iStockphoto.com:** querbeet (bc). **Wellcome Collection http://creativecommons.org/licenses/by/4.0/:** (td). **153 Alamy Stock Photo:** Pictorial Press Ltd (cb). **155 Science Photo Library:** Emilio Segre Visual Archives / American Institute of Physics (te). **156 Getty Images:** Ken Kiefer 2 (bc). **158 Getty Images:** Roger Ressmeyer / Corbis / VCG (bd). **166 Dreamstime.com:** James Steidl (bd). **167 Alamy Stock Photo:** FLHC 80 (te). **Wellcome Collection http://creativecommons.org/licenses/by/4.0/:** (td). **169 Alamy Stock Photo:** The Granger Collection (be). **Unsplash:** Michael Heuser / @gum_meee (cda). **174 Science Photo Library:** (te). **175 Getty Images:** Science & Society Picture Library (bc). **Wellcome Collection http://creativecommons.org/licenses/by/4.0/:** (td). **177 Getty Images:** Science Photo Library / David Parker (te). **179 Alamy Stock Photo:** Science History Images / Photo Researchers (te). **181 Alamy Stock Photo:** Durk Gardenier (cda). **182 Getty Images:** De Agostini Picture Library (te). **183 Unsplash:** Lanju Fotografie / @lanju_fotografie (te). **185 iStockphoto.com:** Darunechka (bd). **186 Wellcome Collection http://creativecommons.org/licenses/by/4.0/:** (be). **189 Getty Images:** Imagno / Hulton Archive (td). **191 NASA:** ESA, R. Ellis (Caltech) e o HUDF 2012 Team (bd). **193 Alamy Stock Photo:** Cola Images (cea). **195 Alamy Stock Photo:** World History Archive (td). **197 Science Photo Library:** Mark A. Schneider (cea). **199 Alamy Stock Photo:** Archive Pics (td). **201 Alamy Stock Photo:** Lordprice Collection (td). **Pixabay:** KatinkavomWolfenmond / 57 images (bc). **203 Alamy Stock Photo:** Geraint Lewis (be). **Science Photo Library:** Max-Planck-Institut fur Radioastronomie (te). **210 NASA:** (te). **211 Alamy Stock Photo:** Science History Images (td). **214 Alamy Stock Photo:** Science History Images (be). **215 Getty Images:** ullstein picture Dtl. (be). **216 Getty Images:** Encyclopaedia Britannica / Universal Images Group (bd). **217 Science Photo Library:** Emilio Segre Visual Archives / American Institute of Physics (te). **219 Getty Images:** Bettmann (bd). **221 Alamy Stock Photo:** Pictorial Press Ltd (cea). **223 Getty Images:** Mark Garlick

/ Science Photo Library (bc). **Science Photo Library:** Peter Menzel (td). **225 Getty Images:** Bettmann (be). **228 Science Photo Library:** Patrick Gaillardin / Look at Sciences (tc). **229 NIST:** G. E. Marti / JILA (cea). **230 Alamy Stock Photo:** Ian Allenden (te). **231 Getty Images:** Robert Wallis / Corbis (td). **237 Alamy Stock Photo:** Science History Images (be). **Dorling Kindersley:** Science Museum, Londres (td). **239 Alamy Stock Photo:** The Print Collector / Heritage Images (td). **241 Getty Images:** Print Collector / Hulton Archive (td). **243 Getty Images:** Photo 12 / Universal Images Group (be). **244 Getty Images:** Print Collector / Hulton Archive (be). **245 Science Photo Library:** (td). **249 Alamy Stock Photo:** Everett Collection Historical (td). **251 Alamy Stock Photo:** Science History Images (te, td). **255 © CERN:** Maximilien Brice (tc). **Science Photo Library:** Emilio Segre Visual Archives / American Institute of Physics (tc). **257 Getty Images:** Bettmann (be). **259 Alamy Stock Photo:** Science History Images (be). **Science Photo Library:** CERN (td). **260 Getty Images:** The Asahi Shimbun (cdb). **263 Getty Images:** Colin McPherson / Corbis Entertainment (td). **Science Photo Library:** David Parker (cea). **265 Getty Images:** EFDA-JET / Science Photo Library (cd). **270 Pixabay:** ciprianbogacs (bd). **271 Alamy Stock Photo:** GL Archive (td). **273 NASA:** JPL / DLR (cda). **Wellcome Collection http://creativecommons.org/licenses/by/4.0/:** (be). **274 Alamy Stock Photo:** Prisma Archivo (cd). **279 Alamy Stock Photo:** Granger Historical Picture Archive (td). **iStockphoto.com:** wodeweitu (bc). **283 Getty Images:** Keystone-France / Gamma-Keystone (td). **285 Alamy Stock Photo:** Archive Pics (td). **NASA:** GSFC / SDO (be). **289 NASA:** CXC / M.Weiss (be). **Science Photo Library:** Emilio Segre Visual Archives / American Institute of Physics (td). **292 Alamy Stock Photo:** Pictorial Press Ltd (be). **NASA:** ESA e o Hubble Heritage Team (STScI / AURA)-Hubble / Europe Collaboration (td). **293 Alamy Stock Photo:** GL Archive (td). **295 Alamy Stock Photo:** FLHC 96 (td). **298 Alamy Stock Photo:** Granger Historical Picture Archive (be). **299 Science Photo Library:** NASA / WMAP Science Team (be). **301 Alamy Stock Photo:** Granger Historical Picture Archive (bd). **NASA:** ESA, e P. Oesch (Universidade de Yale) (ceb). **305 Alamy Stock Photo:** Dennis Hallinan (be). **Science Photo Library:** Emilio Segre Visual Archives / American Institute of Physics (td). **307 NASA:** JPL-Caltech (bd). **Rex by Shutterstock:** (be). **310 eyevine:** Jeff Singer / Redux (be). **311 Alamy Stock Photo:** BJ Warnick / Newscom (bd). **315 Alamy Stock Photo:** Caltech / UPI (td). **Getty Images:** Mark Garlick / Science Photo Library (be)

Todas as outras imagens © Dorling Kindersley
Para mais informações ver: www.dkimages.com

Conheça todos os títulos da série:

DK | Penguin Random House **GLOBO LIVROS**